玻璃纤维复合材料筋混凝土结构及其工程应用

BOLI XIANWEI FUHE CAILIAOJIN HUNNINGTU JIEGOU JIQI GONGCHENG YINGYONG

赵军　李明　张普　赵科　著

化学工业出版社
·北京·

本书从材料、构件和工程应用的角度，全面、系统地介绍了玻璃纤维增强复合材料（GFRP）筋及其增强混凝土结构的受力性能、计算理论和设计方法，主要包括GFRP筋的原材料及其成型工艺、GFRP筋在常规环境下和高温下的力学性能和搭接性能、GFRP筋增强混凝土受弯构件的承载力计算和设计方法、GFRP筋混凝土柱的力学性能、GFRP筋增强混凝土受弯构件的疲劳性能、GFRP筋增强混凝土结构的相关标准和规程综述、GFRP筋及其混凝土结构的工程应用典型案例等内容。

本书适合土木工程、水利工程、交通工程等专业的学生、教师和相关工程从业人员阅读参考。

图书在版编目（CIP）数据

玻璃纤维复合材料筋混凝土结构及其工程应用/赵军等著.—北京：化学工业出版社，2017.11

ISBN 978-7-122-30699-9

Ⅰ.①玻… Ⅱ.①赵… Ⅲ.①玻璃纤维-复合材料-加筋混凝土结构 Ⅳ.①TU377

中国版本图书馆CIP数据核字（2017）第238787号

责任编辑：辛　田　　文字编辑：冯国庆
责任校对：边　涛　　装帧设计：王晓宇

出版发行：化学工业出版社（北京市东城区青年湖南街13号　邮政编码100011）
印　　刷：大厂聚鑫印刷有限责任公司
装　　订：三河市宇新装订厂
787mm×1092mm　1/16　印张15½　字数409千字　2018年1月北京第1版第1次印刷

购书咨询：010-64518888（传真：010-64519686）　售后服务：010-64518899
网　　址：http://www.cip.com.cn
凡购买本书，如有缺损质量问题，本社销售中心负责调换。

定　　价：78.00元

混凝土是一种多孔复合材料，当钢筋混凝土结构处于腐蚀性环境中，腐蚀性介质能够通过混凝土的多孔结构向钢筋表面渗透，进而破坏钢筋表面的钝化膜，使钢筋产生锈蚀现象。钢筋锈蚀产物的体积膨胀会引起混凝土的开裂，严重时会产生顺筋裂缝，大大削弱甚至破坏钢筋和混凝土的黏结能力。裂缝的出现又进一步加剧腐蚀性介质的侵入，从而形成恶性循环。这是引起钢筋混凝土结构耐久性问题的主要因素。

20世纪80年代中期以来发展起来的连续纤维增强复合材料（FRP）筋，有望从根本上解决钢筋锈蚀引起的混凝土结构耐久性问题。纤维增强复合材料（FRP）筋是一种高强、轻质、耐腐蚀的新型复合材料，可以代替钢筋和预应力钢筋应用于混凝土结构中。国内外已大量开展了FRP筋的力学性能、加工工艺性能和结构性能等的研究，在试验研究和工程应用方面取得了丰硕的成果。研究表明，FRP筋具有抗拉强度高、密度小、黏结性能好、耐腐蚀性能好、抗疲劳性能好、电磁绝缘性能好、完全线弹性性质、弹性模量低等特点。采用FRP筋代替钢筋增强混凝土是既解决耐久性问题又能达到结构功能要求的行之有效的方法。

根据增强纤维种类的不同，纤维增强复合材料（FRP）筋可分为碳纤维增强复合材料（CFRP）筋、玻璃纤维增强复合材料（GFRP）筋、芳纶纤维增强复合材料（AFRP）筋和玄武岩纤维增强复合材料（BFRP）筋。其中，性能最佳的是碳纤维增强复合材料筋，其力学指标、耐腐蚀性能和疲劳性能等都优于其他纤维增强复合材料筋及普通钢筋。但是，考虑到价格因素，目前工程中常用的是玻璃纤维增强复合材料（GFRP）筋，在土木、交通和水利等工程领域进行了实际应用，取得了优异的应用效果，已被广大工程技术人员所接受，玻璃纤维增强复合材料筋也已进入到工业化生产和工程应用阶段。

随着国内外关于FRP筋和FRP筋混凝土结构理论研究、工程应用和技术标准的逐步完善，关于FRP筋混凝土结构的研究和应用成果越来越多，涉及的纤维种类也比较全面。但是，还没有比较系统的有关GFRP筋混凝土结构方面的专著。本书在笔者长期从事FRP筋及其混凝土结构研究和应用成果的基础上，进一步总结凝练而成，包括GFRP筋的原材料与物理力学性能、GFRP筋的成型与生产过程、GFRP筋的力学性能、GFRP筋的高温力学性能、GFRP筋的搭接性能、GFRP筋混凝土矩形截面梁正截面承载力、GFRP筋混凝土矩形截面梁斜截面承载力、GFRP筋混凝土圆形截面梁的承载能力、GFRP筋混凝土梁的抗弯设计方法、GFRP筋混凝土柱受压承载力、GFRP筋混凝土板的疲劳性能、GFRP筋相关标准和规程、GFRP筋的工程应用等内容。

本书适合于从事纤维增强复合材料及其混凝土结构研究和应用的高等学校教师、科研人员、工程技术人员等参考，也可供相关专业研究生使用。感谢刘海双、付亚男、惠慧、贺红卫、吴浩、张飞等在郑州大学攻读学位期间为本书做出的辛勤工作。

本书由赵军、李明、张普和赵科共同完成，具体分工如下：第1章，赵科；第2章，赵科、李明、赵军；第3章，张普、李明、赵科；第4章、第5章，赵军；第6章，李明；第7章，赵军；第8章，李明、张普、赵军；第9章，张普；第10章，张普、李明；第11章，赵军；第12章、第13章，赵军、李明。

由于笔者学术水平有限，书中可能存在疏漏之处，敬请读者批评指正。

赵 军

目 录
CONTENTS

第1章 GFRP筋的原材料与物理力学性能

原材料的选择与复合材料的性能关系很大，正确选择合适的原材料就能得到需要的复合材料的性能，就GFRP筋而言，玻璃纤维、基体树脂与固化剂、添加剂等影响到其性能与价格，基于应用为目标的技术经济性是原材料选择普遍遵守的原则，本章先介绍相关内容，最后说明部分研究结果。

1.1 玻璃纤维与GFRP筋原材料选择

1.1.1 玻璃纤维成分

目前，中国玻璃纤维的生产量和消费量占据世界第一，有很多品种供选择，正确理解这些玻璃纤维的特性，对GFRP筋生产至关重要。

玻璃纤维的性能随玻璃成分的变化而变化，见表1-1。

表1-1 各种玻璃纤维的成分与性能

成分与性能	各种玻璃成分含量/%				
	E	C	A	AR	S
SiO_2	52.4	64.6	72.0	62.0(SiO_2)	64.4
Al_2O_3、Fe_2O_3	14.4	4.1	1.5	0.8(Al_2O_3)	25.0
CaO	17.2	13.4	10.0	5.6(CaO、MgO)	—
MgO	4.6	3.3	2.5	16.7(ZrO_2)	10.3
Na_2O、K_2O	0.8	9.6	14.2	14.8(Na_2O)	0.3
B_2O_3	10.6	4.7	—	0.1(TiO_2)	—
BaO	—	0.9	—	—	—
相对密度	2.56	2.45	2.45	2.70	2.49
折射率	1.548	1.520	1.512	—	1.523
单丝强度/GPa	3.6	—	3.1	2.48	4.5
拉伸弹性模量/GPa	76	—	72	80	86
软化点/℃	850	690	700	—	—

主要玻璃纤维成分有5种，即无碱E玻璃纤维、中碱C玻璃纤维、高碱A玻璃纤维、耐碱AR玻璃纤维和高强度S玻璃纤维，有代表性的成分见表1-1，事实上这些成分在一定程度上可以变化，从而形成各公司的产品，并受到相关专利的保护；此外，还包括高模量M玻璃纤维，其模量高于S玻璃纤维，但目前多为实验室小批量生产，价格较高；低介电性能D玻璃纤维，其力学性能远低于E玻璃纤维，但密度和介电常数都比较低，适合于雷

达天线罩结构；多种玻璃纤维的断裂延伸率在3%～4%之间，当温度超过300℃时，力学性能指标就可能有较大幅度下降。

就GFRP筋而言，受到关注和得到应用的是无碱E玻璃纤维，中碱C玻璃纤维和高碱A玻璃纤维只是用于临时性支护结构中的筋材、锚杆等，主要作用是尽量降低生产成本（高碱A玻璃纤维价格是E玻璃纤维的一半以下）并维持一定的力学性能，从而满足使用需要。随着时间的延长和环境温度、湿度的变化，由于这些玻璃纤维中较高含量的碱金属吸收空气中的水分而自身力学性能的下降，采用中碱C玻璃纤维和高碱A玻璃纤维制备的筋材、锚杆等，力学性能衰减较快。而由E玻璃纤维制造的GFRP筋材，力学性能的长期稳定性较好，只是在碱溶液条件下，E玻璃纤维仍然面临碱腐蚀问题。耐碱AR玻璃纤维是专用于增强混凝土结构的，高的氧化锆成分保证了其在混凝土的强碱性环境下，仍然能够保持较高的剩余强度，但此玻璃纤维的强度低于E玻璃纤维，且纤维表面没有偶联剂成分，导致其与树脂的结合能力较低。另外，高的碱金属含量导致其容易吸收水分而力学性能下降，此玻璃纤维价格是E玻璃纤维的3倍左右，从多方面考虑，虽然此玻璃纤维特有的抗碱腐蚀能力突出，但目前不用于制造GFRP筋。

高强度S玻璃纤维和高模量M玻璃纤维，这两类玻璃纤维的价格是E玻璃纤维2倍以上，可使GFRP筋的强度和模量相应提高，但就原材料成本的提高与最终产品力学性能的提高而言，基于应用目标的技术经济性并没有优势，因而不是GFRP筋的首选材料；在要求强度、模量更高的GFRP锚索中可采用此玻璃纤维，以与CFRP、AFRP锚索形成竞争，并可能具有一定的性价比优势，此方面应用属于预应力范畴，要求复合材料的强度和模量需要达到一定的值，以满足应用要求。在本章1.4节部分，通过实验说明无碱、中碱、高碱玻璃纤维对GFRP筋性能的影响。

1.1.2 玻璃纤维生产工艺

玻璃纤维是由特定矿物原料组成的配合料，其成分见表1-1，配合料经窑头料仓、螺旋投料机送入单元熔窑，在玻璃熔窑中，经1600℃左右的高温熔化成液体，并经过长时间的澄清、均化而得到高度均匀的玻璃液，然后经铂铑合金漏板上的漏孔流出，经高速拉伸成直径为3～24μm的细纤维，此方法称为池窑拉丝法，此外，还有坩埚拉丝法，即先由玻璃熔窑将配合好的粉料熔制成高度均匀的玻璃球（ϕ16～20mm），然后以玻璃球为原料加入铂铑合金制成的坩埚炉，或加入由优质耐火材料砌筑的、底部有铂铑合金漏板的小型电炉中。漏板由电阻发热，温度维持在1200℃左右，通过漏板后的拉丝工艺与池窑拉丝工艺相同。

由漏板出来的玻璃纤维迅速经过浸润辊和集束器，两次被覆以特定的浸润剂，然后经排纱轮卷绕到拉丝机的绕丝筒上，即称为原丝。在漏孔数较少（200孔以下）时可免除浸润辊，而由集束器一次被覆浸润剂。对于漏孔数在2000孔以上大漏板拉丝工艺，原丝直接卷绕为无捻粗纱纱团，经烘干后称为直接无捻粗纱，用于缠绕、拉挤用纱。

而漏孔数在800孔以下的拉制的玻璃纤维原丝卷绕在拉丝机机头上，从机头卸下的半成品称为原丝丝饼，烘干后，经退解合股、短切或在毡机组上制毡后，方能制成各种玻璃纤维制品。一般原丝丝饼所含水分为其总质量的8%～10%，采用专用的烘干设备给予人工干燥，使水分含量在0.1%左右，在此过程中，浸润剂中的黏结剂经加热熔融转为聚合、交联、成膜，使原丝性能得到改善。

就GFRP筋而言，有直接无捻粗纱和合股纱两类连续玻璃纤维纱供选择，直接无捻粗纱和合股纱的力学性能与表1-1相比有不同程度的下降，主要是纤维之间难以同时受力的缘故，其中直接无捻粗纱中各纤维的张紧程度基本相同，因而各纤维可以基本同时受力，应尽量选择。直接无捻粗纱中玻璃纤维直径通常在20μm以上，而单丝强度随直径的增加而减少；合股纱中玻璃纤维直径低于20μm，因而单丝强度更高，只是合股后，纱中玻璃纤维张紧程度差异性的原因，使得各纤维难以同时受力，不仅制备出的GFRP筋力学性能相对较差，而且生产稳定性降低，只是合股纱的价格相对较低。当GFRP筋作为锚杆使用时，往往需要配套的GFRP托盘和GFRP螺母，此时需要采用其他类型的玻璃纤维制品为原材料。

在要求强度、模量更高的GFRP锚索中，可以采用单丝直径更小且数量更少的玻璃纤维原丝束为原材料（不再经过合股），由于GFRP锚索是由众多小直径的锚索组成，因而以小线密度的玻璃纤维束为原材料更合适。

1.1.3 玻璃纤维浸润剂

玻璃纤维虽然具有很高的强度和模量，但其性脆，不耐磨，摩擦后易带静电，而且表面光滑，不易与树脂黏结。因此，需要对玻璃纤维的表面进行被覆处理，被覆处理有两个目的：满足由玻璃纤维制备出的各种最终材料的加工要求，满足玻璃纤维与各种树脂良好的黏结性。在玻璃纤维生产过程中，需要玻璃纤维在浸润剂中浸润，使其表面被覆浸润剂，然后干燥后。浸润剂永久覆盖在玻璃纤维表面，其含量虽然只有玻璃纤维质量的0.5%～2.0%，但影响其性能。

浸润剂一般包含以下组分：偶联剂、成膜剂、润滑剂、防静电剂、乳化剂等，这些组分在水中分散。以乳液状态稳定存在，以满足玻璃纤维通过时，浸润剂各种成分均匀分散。浸润剂是玻璃纤维生产中的“秘密武器”，通常作为技术核心而严格保密。下面说明浸润剂组分与GFRP筋性能的关系。

采用增强不饱和聚酯树脂、乙烯基树脂作为基体树脂，采用连续玻璃纤维纱作为GFRP筋用增强材料，此玻璃纤维表面含有偶联剂KH-570，这种偶联剂中含有不饱和双键，可以与不饱和聚酯树脂、乙烯基树脂发生交联反应而固化。与此对应的成膜剂则有聚酯乳液、环氧乳液、聚乙酸乙酯乳液及聚氨酯乳液，各种乳液含有几个品种，以适应不同的需要。与此对应的润滑剂、防静电剂、乳化剂有各自的应用范围，其目的主要是适应连续玻璃纤维生产的稳定性。

市场上有针对环氧树脂的连续玻璃纤维拉挤用纱产品，其特征是浸润剂中成膜剂以环氧乳液为主，偶联剂和其他助剂相应调整；在要求强度、模量更高的GFRP锚索中，可以采用此类玻璃纤维原丝束，以增强环氧树脂。

热塑性GFRP筋通常是指连续玻璃纤维增强聚丙烯筋，此类筋最大的特点是能够现场加热弯曲，适应现场二次加工要求，以满足混凝土结构。在制备热塑性GFRP筋时，不能选择增强热固性树脂的连续玻璃纤维拉挤纱，这是因为此类玻璃纤维表面的浸润剂与聚丙烯不相容，聚丙烯熔体难以浸润此连续玻璃纤维，导致玻璃纤维团聚严重，玻璃纤维增强效果很差；而应该选择专用于增强聚丙烯的连续玻璃纤维纱，此玻璃纤维表面含有聚丙烯成膜剂和对应的偶联剂KH-550，但由于聚丙烯成膜剂分子量较低且结晶性能较弱，影响到玻璃纤维的增强效果。

1.2 基体树脂、固化剂与GFRP筋原材料选择

按高分子材料性能分类，可分为树脂（塑料）、橡胶和纤维三大类。树脂（塑料）又分为热塑性树脂（塑料）和热固性树脂（塑料），热塑性树脂（塑料）由线型高聚物组成，能够溶解和熔融，可以反复多次成型加工。热固性树脂（塑料）由反应性低分子量预聚体或带反应性官能团的高分子合成材料通过加热固化而成，在成型过程中，通过反应性官能团发生交联反应，形成体型网状结构，固化后的热固性高分子材料不溶不熔。树脂和塑料，在学术

规范方面是不同的，但约定俗成后，两者代表一个含义。

GFRP筋中，树脂作用：一是将分散的增强纤维粘接在一起，使其成为整体，使纤维定向定位；二是起着传递作用，将外力有效地传递到增强纤维上。GFRP筋的各项主要性能如电性能、耐温性、防腐性，主要是由树脂决定的。GFRP筋中，热塑性树脂和热固性树脂应用方面差异很大，下面分别说明。

1.2.1 热固性树脂、固化剂

应用于GFRP筋的热固性树脂主要是环氧树脂、乙烯基酯树脂和不饱和聚酯树脂，此三类树脂需要对应的固化剂使其固化，下面分别说明。

环氧树脂是指含有两个或两个以上环氧基，并在适当固化剂的作用下能够交联成网络结构的一类聚合物。根据环氧树脂的组成不同，可以分为双酚A型、双酚F型、双酚S型、氢化双酚A型、线型酚醛型、多官能基缩水甘油胺树脂、卤化型（溴化、氟化）。环氧树脂固化剂种类很多，固化反应各异，如按固化剂的化学结构不同，可分为胺类、酸酐类以及其他树脂固化剂等；如按固化剂的固化温度不同，又可分为低温、中温和高温固化剂，以及潜伏性固化剂等；如果按固化反应的类型不同，则大体上可分为催化剂型和交联剂型两大类。由于GFRP筋、锚索成型的特点，环氧树脂通常采用酸酐类固化剂，在相同玻璃纤维体积率的前提下，GFRP筋、GFRP锚索呈现出更高的强度和模量，且热变形温度更高，但采用酸酐类固化剂交联的环氧树脂，不能耐受混凝土的强碱性。对于GFRP、CFRP、AFRP片材加固混凝土结构，为提高结构的承载能力，需要使用胺类固化剂，此类固化剂可以在常温下固化环氧树脂，使得GFRP、CFRP、AFRP片材与混凝土之间具有较高的界面黏结能力；同时，浸渍GFRP、CFRP、AFRP单向、双向布使其固化成为片材也使用胺类固化剂；环氧树脂、胺类固化剂多品种，可以满足多种应用需要且耐受混凝土的强碱性，但热变形温度不高是其应用潜在的隐患。典型酸酐175℃固化后的环氧树脂基体力学性能见表1-2。

表1-2 典型酸酐175℃固化后的环氧树脂基体力学性能

拉伸强度/MPa	拉伸弹性模量/GPa	断裂延伸率/%	断裂韧性/(kJ/m²)	玻璃化转变温度/℃	抗溶剂性能
70～75	3.8	1～2	0.1	121	优良

乙烯基酯树脂是20世纪60年代发展起来的一类新型高度耐腐蚀的树脂。它通常是环氧树脂和含烯键的不饱和一元羧酸的加成聚合物，简称VE。在树脂分子中，只在分子链的两个端部有不饱和双键和酯键，酯键的密度远小于不饱和聚酯树脂，且由于存在交联后苯乙烯长链的保护性，因而耐碱腐蚀能力远高于不饱和聚酯树脂。VE的工艺性能与不饱和聚酯树脂相似，黏结性和力学性能上又与环氧树脂相近。这类树脂既具有环氧树脂优良的黏结性和力学性能，又具有不饱和聚酯树脂良好的工艺性能，因而可称为结合不饱和聚酯树脂和环氧树脂的长处而产生的一类新型树脂。其主要特点如下：①可以通过引发剂的引发而实现迅速固化，其固化工艺和不饱和聚酯树脂相同；②对增强纤维具有优良的渗透和黏结能力，这种性能和环氧树脂相同；③通过控制交联结构，可以获得中等或较高的热变形温度，同时获得较大的延伸性；④具有优良的耐化学腐蚀性能。对于混凝土结构长期使用的GFRP筋而言，耐受碱腐蚀的能力很关键，乙烯基酯树脂是首选，其中甲基丙烯酸与环氧树脂的加成物耐碱腐蚀能力更强于丙烯酸与环氧树脂的加成物，应优先选择。由于环氧树脂品种很多，导致乙烯基酯树脂品种很多，性能差异性很大。典型固化后的乙烯基酯树脂的力学性能见表1-3。

表 1-3　典型固化后的乙烯基酯树脂的力学性能

拉伸强度/MPa	断裂延伸率/%	弯曲强度/MPa	弯曲模量/GPa	热变形温度/℃	巴氏硬度
85	5	154	3.9	105	41

不饱和聚酯树脂是热固性树脂中最常用的一种。它是由饱和二元酸、不饱和二元酸（或酸酐）和二元醇缩聚而成的线型聚合物，经过交联单体或活性溶剂稀释形成具有一定黏度的树脂溶液，简称 UP。在树脂分子中同时含有重复的不饱和双键和酯键，使用时再加入固化剂苯乙烯单体，使苯乙烯单体和不饱和聚酯分子中的双键发生自由基共聚反应，最终交联成为体型结构的树脂。不饱和聚酯具有 100%的反应能力，即液态组成物能够全部转变成固态聚合物，而不分离出副产品，同时具有良好的力学、介电、耐酸、耐腐蚀性能。不饱和聚酯树脂与单体共聚物的性质与如下因素有关：①酯和单体的化学组成；②反应组分的配比；③聚酯合成时的工艺条件（温度、操作、步骤）；④引发剂和促进剂的类型及用量。树脂种类包括：邻苯型、间苯型、对苯型、双酚 A 型、卤化物型。对于混凝土结构短期使用的 GFRP 筋而言，由于不饱和聚酯树脂性能范围宽泛且价格较低，因而得到应用。多种固化后的不饱和聚酯树脂的力学性能见表 1-4。

表 1-4　多种固化后的不饱和聚酯树脂的力学性能

聚酯类型	拉伸强度/MPa	拉伸弹性模量/GPa	弯曲强度/MPa	断裂延伸率/%	热变形温度/℃
邻苯二甲酸型	65～75	3.2	100	2.0～4.0	55～110
间苯二甲酸型	70～85	3.5	140	3.5	75～130
新戊二醇型	70	3.4	130	2.4	110
间苯二甲酸/新戊二醇型	60	3.4	130	2.5	90～115
HET 酸型	40～50	3.2	80	1.3～4.0	55～80
间苯二甲酸/HET 酸型	55	3.2	85	2.9	70
双酚 A 型	60～75	3.2	130	2.5～4.0	120～136
氯化石蜡型	50～60	3.4	110	1.2～4.8	55～80
间苯二甲酸/氯化石蜡型	60	2.0	90	4.8	50

通常用于乙烯基酯树脂、不饱和聚酯树脂的交联剂是苯乙烯，其基本物性见表 1-5。

表 1-5　苯乙烯的基本物性

熔点/℃	沸点/℃	相对密度(水=1)	相对蒸气密度(空气=1)	饱和蒸气压/kPa	燃烧热/(kJ/mol)	临界温度/℃	闪点/℃	爆炸上限(体积分数)/%	爆炸下限(体积分数)/%
−30.6	146	0.91	3.6	1.33(30.8℃)	4376.9	369	34.4	6.1	1.1

苯乙烯用量变化对树脂的硬度和强度影响最重要。如采用苯乙烯与聚酯链中不饱和双键比为 1∶1（摩尔比，配料）时，苯乙烯占树脂质量分数的 15%～20%，树脂脆而硬，强度很低。将苯乙烯用量增加到 30%～35%（质量分数），可获得最高强度。将苯乙烯用量（质量分数）增加到 40%、50%、60%时，又使得树脂强度下降，此时树脂中出现更多的聚苯

乙烯链，影响性能。由表 1-5 可知，苯乙烯属于乙类爆炸性液体，同时爆炸下限很低，因而具有一定的危险性，且苯乙烯对人体、生物体、环境会造成伤害，医学上将其列入致癌性物质，已经成为不饱和聚酯树脂、乙烯基酯树脂的公害，但由于此单体价格便宜且固化后树脂的各项指标良好，目前仍然是应用的首选。虽然商品化的不饱和聚酯树脂、乙烯基酯树脂已包含一定量的苯乙烯，但由于需要在这些树脂中添加一定量的添加剂以改善性能，导致树脂混合物的黏度增加，影响到纤维的浸渍，通过再补充一定量的苯乙烯单体以降低黏度，满足浸渍要求，导致苯乙烯总量增加而影响树脂性能。

苯乙烯单体和不饱和聚酯树脂、乙烯基酯树脂需要在自由基的作用下进行交联固化反应，一方面苯乙烯与此两类树脂中的不饱和双键发生交联；另一方面苯乙烯发生自身聚合形成长链。自由基来自引发剂的分解，导致引发剂分解的外界因素是加热或化学反应，前者使得引发剂发生热分解，后者使得引发剂通过氧化还原反应而分解，这种还原剂被称为促进剂。此外，为了保证树脂具有常温下足够长的稳定期，需要添加阻聚剂，它能够吸收自由基。引发剂、促进剂、阻聚剂是不饱和聚酯树脂、乙烯基酯树脂进行交联固化反应的重要物质，它们之间具有制衡作用，其品种很多，以适应不同的产品和相应的工艺。由于篇幅所限，在此不作进一步说明，将在后续有关部分介绍。

1.2.2 热塑性树脂

钢筋在增强混凝土结构中得到广泛的应用，其中钢筋易弯曲性能是关键。在腐蚀性环境下可以使用环氧树脂涂层钢筋，我国建筑行业标准 JG 3042—1997 规定，弯曲时，环氧树脂涂层不得从钢筋表面脱离、断裂，否则需要修补达到要求；钢筋能够弯曲的关键是弹塑性材料具有屈服点且断裂延伸率较高。

FRP 筋材料是弹性材料，没有屈服点且断裂延伸率很小，这些特性表明 FRP 筋不可能像钢筋一样进行现场弯曲以适应混凝土结构要求，只能采用工厂预先制备的方法成型，从而带来很多不便。GFRP 筋作为箍筋时，需要预先将玻璃纤维在树脂中浸渍，然后模压成为最终的 GFRP 箍筋，此箍筋的拉伸强度、拉伸模量与热固性 FRP 筋材的相关指标差距甚远，比如拉伸模量难以达到 20GPa，而环氧树脂涂层钢筋作为箍筋时，其拉伸模量可达到 200GPa，其值是 GFRP 箍筋的 10 倍以上。

目前就国内外初步研发的可弯曲 GFRP 筋来看，普遍采用聚丙烯作为基体树脂，连续玻璃纤维为增强纤维，制备出直线状态的 GFRP 筋。在需要弯曲的部位，进行现场二次加热、加压，然后弯曲成型，最后冷却到常温而定型，因而弯曲部位形状基本可以保持圆形或椭圆形，且弯曲部位能够承受一定的压力、弯矩。聚丙烯的基本性能见表 1-6，作为混凝土增强用的纤维之一，聚丙烯纤维耐碱腐蚀性能是前提，一定的力学性能是关键。

表 1-6 聚丙烯的基本性能

熔点/℃	成型温度/℃	吸水率/%	拉伸强度/MPa	拉伸模量/GPa	伸长率屈服/%	伸长率断裂/%	弯曲强度/MPa	压缩强度/MPa	热变形温度/℃
161～171	200～230	0.035	27～32	1.1～1.6	10～20	>200	42～56	39～56	57～65

聚丙烯经过玻璃纤维增强后，其力学性能、热变形温度变化很大，见表 1-7。

丙烯和少量的乙烯共聚，形成的共聚聚丙烯仍然具有一定的结晶能力，拉伸强度、模量以及弯曲模量有一定程度的下降，但缺口抗冲击强度增加明显。采用短玻璃纤维增强后，表 1-7 中的各项力学性能指标增加明显，尤其是热变形温度提高近一倍。随着玻璃纤维长度的增加，玻璃纤维聚丙烯复合材料性能增加明显，见表 1-8。

表 1-7　玻璃纤维对聚丙烯力学性能的影响

性能	均聚聚丙烯		共聚聚丙烯	
	未增强	40%玻璃纤维增强	未增强	40%玻璃纤维增强
拉伸强度/MPa	30～40	57～103	28～38	41～69
弯曲模量/GPa	1.2～1.7	6.6～6.9	0.9～1.4	4.1～6.5
缺口冲击强度/(J/m)	21～75	75～105	59～74	48～160
热变形温度/℃	49～60	140～166	57～60	137

表 1-8　ICI 公司长玻璃纤维增强聚丙烯的力学性能

玻璃纤维质量分数/%	拉伸强度/MPa	弯曲强度/MPa	弯曲模量/GPa	缺口冲击强度/(J/m)	热变形温度/℃
40	120	178	6.9	242	156

长、短玻璃纤维增强聚丙烯粒料，主要用于注塑成为最终的产品，产品中的玻璃纤维长度不同，进而影响到产品的力学性能，表 1-7 和表 1-8 反映了这种差异性。

当玻璃纤维的长度再增加达到连续玻璃纤维时，连续玻璃纤维增强聚丙烯复合材料力学性能较表 1-7 和表 1-8 增加更加明显。法国圣哥班公司生产一种纤维束状的玻璃纤维增强聚丙烯热塑性复合材料预浸纱，该产品适合于缠绕和拉挤成型工艺，也可用于纤维织物加工，主要用于汽车部件等一般工业结构件的制造。预浸纱有不同规格产品，增强玻璃纤维质量含量分别为 35%、60%和 75%，对应的线密度分别为 1500tex、1870tex 和 2100tex 等，使用时将复合纱加热到聚丙烯熔点以上，并在一定压力下固结。由此复合纱制备的材料的力学性能和工艺参数见表 1-9。

表 1-9　连续玻璃纤维增强聚丙烯的力学性能和工艺参数

性能	玻璃纤维质量含量	
	60%	75%
拉伸强度/MPa	700	800
拉伸模量/GPa	28	38
弯曲强度/MPa	427	600
弯曲模量/GPa	24	32
线密度/tex	1875	2100
成型工艺	缠绕、拉挤、编织	
缠绕/拉挤成型温度/℃	200～220	
拉挤速度/(m/min)	67	

与表 1-1 中的热固性 GFRP 筋性能对比，表 1-9 中玻璃纤维含量（质量分数）60%、75%对应的复合材料的拉伸强度满足要求，玻璃纤维含量（质量分数）75%对应的复合材料拉伸模量接近 40GPa，而拉挤速度可高达 67m/min，此速度几乎是热固性 GFRP 筋的 50～100 倍，显然从大规模、高效率生产 GFRP 筋角度来看，采用纤维束状的玻璃纤维增强聚丙烯热塑性复合材料预浸纱生产 GFRP 筋更具备优势。

1.3　添加剂与 GFRP 筋原材料选择

对于 GFRP 筋而言，添加剂并不是必需的，只是在特定的条件或实现特定的功能时，才考虑添加剂。添加剂有颗粒状或粉状填料，还可以包含液体状。添加剂使用得当，可以改善树脂体系的加工工艺性和固化后制品的性能，如使用不当会严重影响树脂性能。

一般而言，添加剂对液体树脂体系的影响是提高黏度，产生触变，加快固化或阻滞固化，减少放热，此外还包括其他影响，下面以 GFRP 筋性能进行说明。

前文介绍的煤矿支护用 GFRP 锚杆内容，除力学性能指标外，还包括阻燃性能、抗静电性能。具有阻燃功能的环氧树脂、乙烯基酯树脂、不饱和聚酯树脂中往往含有氯、溴、氟元素等，这些树脂的价格是普通非阻燃树脂的数倍。为了降低生产成本，往往采用在普通非阻燃树脂中添加阻燃成分的方法，这些阻燃成分包括：氢氧化铝、三氧化二锑、十溴联苯等无机、有机添加剂，且这些添加剂之间具有协同关系。为了使得 GFRP 锚杆具有一定的抗静电功能，需要在树脂中添加炭黑，或者在成品锚杆表面涂覆炭黑以增加导电性，但炭黑会阻滞固化且同时增加树脂的可燃烧性能；显然，阻燃性能、抗静电性能相互制衡，对树脂体系的配方、固化制度、工艺条件产生影响，且影响锚杆的力学性能，在 1.4 节说明这些影响以及工业化有效的解决方案。

对于增强混凝土结构用的 GFRP 筋而言，力学性能要求远高于 GFRP 锚杆。由于混凝土的不可燃烧性能，因而不需要 GFRP 筋具有阻燃、抗静电功能，因此在 GFRP 筋中，往往不用添加剂。如果需要 GFRP 筋与钢筋颜色接近，可添加炭黑，可采用在树脂中添加或筋材表面涂覆两种方式。

1.4 部分研究结果

1.4.1 树脂选用的试验验证

选用几种不同的树脂，配合无碱玻璃纤维纱，进行拉挤-缠绕复合成型（相关内容见第 2 章）得到 GFRP 螺纹筋，并测试其力学性能，主要是拉伸强度和弹性模量，分析结果，最终找到合适的树脂配方和工艺。

选用的树脂如下：A 公司，不饱和聚酯 2931，邻苯型；B 公司，MX-1，邻苯型；C 公司，MG-2（乙烯基酯）、MG-3（邻、对苯混合型）。相关数据见表 1-10～表 1-15。

表 1-10 筋材力学性能（A 公司，不饱和聚酯 2931，邻苯型）

编号	直径/mm	拉伸强度/MPa	弹性模量/GPa	最大荷载/kN
1	24.24	691.72	49.92	319.22
2	24.32	644.88	42.27	299.57
3	24.80	657.04	44.80	317.38
4	24.92	699.34	—	341.10
平均	24.57	673.25	45.66	319.32

表 1-11 筋材力学性能（B 公司，MX-1，邻苯型）

编号	直径/mm	拉伸强度/MPa	弹性模量/GPa	最大荷载/kN
1	24.80	681.45	—	329.18
2	24.76	681.50	46.00	328.14
3	24.90	739.32	44.32	360.01
4	24.98	682.71	43.68	334.59
平均	24.86	696.25	44.67	337.98

表 1-12　筋材力学性能［C 公司，MG-2（乙烯基酯）］

编号	直径/mm	拉伸强度/MPa	弹性模量/GPa	最大荷载/kN
1	24.76	649.99	—	312.97
2	24.90	697.43	44.99	339.62
3	24.88	798.61	44.87	388.26
4	25.00	669.67	44.33	328.72
平均	24.89	703.93	44.73	342.39

表 1-13　筋材力学性能［C 公司，MG-3（邻、对苯混合型）］

编号	直径/mm	拉伸强度/MPa	弹性模量/GPa	最大荷载/kN
1	24.76	700.69	45.80	337.94
2	24.82	660.69	48.87	319.66
3	24.36	680.13	50.36	316.99
4	24.62	644.96	48.86	320.56
平均	24.64	671.62	48.47	323.79

结果分析：试验数据表明，选用的四种树脂均能很好地满足生产和性能的要求（拉伸强度≥550MPa，弹性模量≥40GPa）。考虑到不饱和树脂的耐碱性较差，能否胜任实际应用中的苛刻环境条件，需要进一步进行耐候性试验。同时考虑成本，在初期选用 C 公司 MG-2、MG-3 两种树脂，分别为乙烯基酯树脂和邻、对苯混合型不饱和聚酯树脂，对两者均进行耐候性试验。

表 1-14　耐碱性试验的筋材力学性能［C 公司，MG-2（乙烯基酯）］

浸泡时间	直径/mm	拉伸强度/MPa	弹性模量/GPa	最大荷载/kN
未浸泡	17.58	640.68	41.24	155.5
7 天	17.51	611.95	42.04	147.46
1 个月	17.51	601.53	42.34	143.03
3 个月	17.57	619.84	42.88	150.39

结果分析：GFRP 螺纹筋经碱溶液浸泡后，表面出现较明显的溶胀现象，并伴有发黏、发白的状态，其中浸泡时间为 1 个月、3 个月的两批次螺纹筋较为明显。对螺纹筋表面进行水洗后，发黏的现象消失，但表面发白的现象仍然存在，同时可以发现有少量纤维外露并断裂。分析其原因，碱溶液对树脂有一定的腐蚀作用，导致表面的树脂溶解，进而使纤维外露，但树脂溶解的程度并不严重。乙烯基酯树脂为原料的 GFRP 螺纹筋的耐碱性较理想，在经过碱溶液浸泡后，其力学性能基本保持（包括拉伸强度和弹性模量），只是略有降低，充分说明 MG-2 乙烯基酯树脂的耐碱性很优秀，完全符合实际工程中的应用。

表 1-15　耐碱性试验的筋材力学性能［C 公司，MG-3（不饱和聚酯树脂）］

浸泡时间	直径/mm	拉伸强度/MPa	弹性模量/GPa	最大荷载/kN
未浸泡	24.74	729.71	42.90	357.48
7 天	25.04	608.17	41.06	299.51
1 个月	24.97	603.62	40.50	295.53
3 个月	24.93	588.26	40.13	281.59

结果分析：GFRP 螺纹筋浸泡 7 天、1 个月和 3 个月后，拉伸强度由原样的 729.71MPa 分别下降到 608.17MPa、603.62MPa 和 588.26MPa，呈不断下降的趋势，下降幅度分别为 16.66%、17.28%和 19.38%；弹性模量由原样的 42.90GPa 分别下降到 41.06GPa、40.50GPa 和 40.13GPa，也呈不断下降的趋势，下降幅度分别为 4.29%、5.59%和 6.46%。

综上所述，MG-2 乙烯基酯树脂力学性能优良，耐碱性优异，符合长期实际工程的应用要求，可供批量生产使用；MG-3 不饱和树脂的力学性能优良，但耐碱性较差，价格比 MG-2 稍便宜，可在短期工程和无耐候性要求的工程中应用。

1.4.2 GFRP 锚索专用柔性树脂的选择

针对 GFRP 锚索的研发要求，需要选择一种韧性、刚性均较好的树脂。GFRP 锚索的主要优点在于，在固化制成 GFRP 锚索后可以进行一定弧度的弯曲，从而能盘成一定直径的圆盘，对于长度要求较高的应用领域，可以方便运输；而到施工现场之后，GFRP 锚索又能恢复成直线形态，并且对其力学性能没有影响，能够正常的使用。对于这一特殊的性能要求，对多家的树脂供应商进行考察和研究，并对其推荐的多种柔性树脂进行性能测试和分析，确定最终柔性树脂供应商和型号种类，结果见表 1-16～表 1-18。

表 1-16　D 公司锚索专用柔性树脂的工艺性能

序号	树脂名称	凝胶时间/s	放热峰温度/℃	黏度/mPa·s	备　注
1	MG-5	1080 1137	130.5 136.9	419	树脂固化后裂纹明显，硬且脆
2	MG-6	542 549	130 135.1	431	树脂固化后裂纹明显，硬且脆
3	柔性树脂 A	670 620 640	184.7 187 210	415	树脂固化成型后，无任何可见裂纹，能承受一定量的变形。强度较高，对冲击不敏感
4	柔性树脂 B	790 765	130.2 116.5	432	浇注体固化成型后，无可见裂纹，缺点是强度极低，树脂很软；纯树脂无实用价值
5	丙烯酸型乙烯基树脂	1270 1220	197.7 194.7	333	放热峰值温度较高，浇注体刚性明显
6	PET 改性乙烯基树脂	550 540 545	144 144.5 144.6	413	放热峰较低，浇注体刚性明显

表 1-17　E 公司树脂

序号	树脂名称	凝胶时间/s	放热峰温度/℃	黏度/mPa·s	备　注
1	树脂 A	858 810	101 108	420	整个过程温度变化平稳，放热峰值较低，固化后树脂无任何可见裂纹，且树脂有一定的强度。缺点：表干性能较差，表面发黏严重
2	树脂 B	640 700	186 153	1030	树脂黏度太高，不适合拉挤工艺；放热峰较高，固化后树脂裂纹比较明显且脆性明显

表 1-18　F 公司树脂

序号	树脂名称	凝胶时间/s	放热峰温度/℃	黏度/mPa·s	备　注
1	树脂 A	1110 1160	142.2 132.2	496	树脂强度和韧性都很高，树脂浇注体断裂面呈典型的韧性热固性塑料特征。其韧性比环氧树脂 E51 还好
2	树脂 B	913 883	160 180	521	树脂强度很高，其韧性明显优于目前所用的 MG-2、MG-3 树脂，但仍然不及专用树脂

通过对 D 公司、E 公司、F 公司等厂家的树脂进行比较，得出以下结论。

F 公司的树脂 A 的柔韧性、强度俱佳，是柔性锚索树脂基体的首选，缺点是该树脂的价格较高；D 公司的柔性树脂 A 也具备柔性锚索用树脂基体的潜力，但是否有足够的强度尚待验证；D 公司的柔性树脂 B 是一种极软的树脂，分子中可供反应的交联点极少。在对产品强度要求不高的情况下，可以作为刚性树脂的柔性改性剂。E 公司的树脂 A 也有较好的柔韧性和强度，也可以作为柔性锚索用树脂基体的备选。

运用现有设备，进行 GFRP 锚索的初步试验和探索，并已制得样品，如图 1-1 和图 1-2 所示。

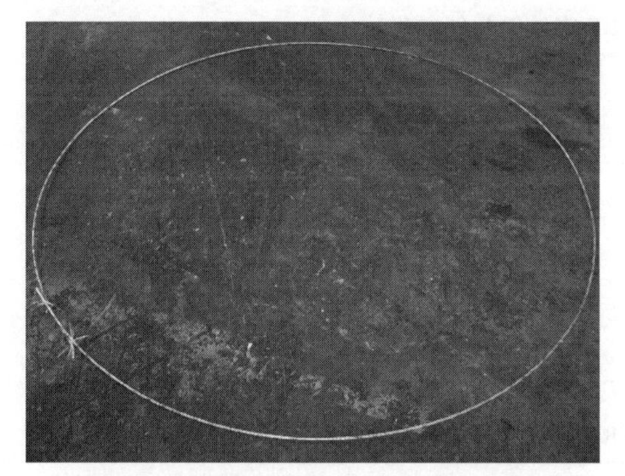

图 1-1　盘成直径 2.5m 的 GFRP 锚索

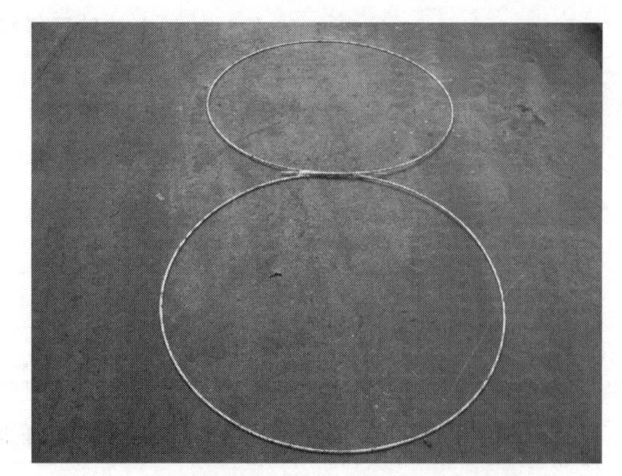

图 1-2　盘成直径 1m 的 GFRP 锚索

对盘成直径 2.5m 的 GFRP 锚索进行力学性能测试，具体数据见表 1-19 和表 1-20。

表 1-19　盘圈后的 GFRP 锚索拉伸试验数据

编号	直径/mm	拉伸强度/MPa	弹性模量/GPa	最大荷载/kN
1	7.48	871.39	44.05	38.29
2	7.60	899.28	44.46	40.16
3	7.50	863.07	43.37	38.13
均值	7.53	877.91	43.96	38.86

注：将 GFRP 锚索盘成直径为 2.5m 的圆盘，在常温下自由放置 1 个月后，进行拉伸性能试验的结果。

表 1-20　未盘圈的 GFRP 锚索拉伸试验数据

编号	直径/mm	拉伸强度/MPa	弹性模量/GPa	最大荷载/kN
1	7.52	896.54	44.13	39.82

续表

编号	直径/mm	拉伸强度/MPa	弹性模量/GPa	最大荷载/kN
2	7.46	860.89	43.86	37.68
3	7.56	879.32	43.91	39.55
均值	7.51	878.92	43.97	39.02

试验结果表明：F公司提供的专用树脂可以很好地通过拉挤成型与玻璃纤维复合固化制得直径为8mm的GFRP锚索。制得的GFRP锚索可以在不破坏宏观结构的情况下，盘成2.5～3m的圆盘，这样就大大提高超长锚索材料的运输可能性。分别对未盘圈和盘成圈的GFRP锚索进行拉伸试验，结果表明盘圈后再还原成直线状的GFRP锚索，在力学性能上与未盘圈的几乎没有区别。说明盘圈的过程和状态的保持对GFRP锚索本身的性能没有影响。

1.4.3 玻璃纤维选用的试验验证

将中碱玻璃纤维和高碱玻璃纤维制备成直径12mm的GFRP螺纹筋，并测试力学性能，具体数据见表1-21和表1-22。

表1-21 中碱玻璃纤维对GFRP螺纹筋性能的影响

编号	直径/mm	拉伸强度/MPa	弹性模量/GPa	最大荷载/kN
1	12.00	806.08	43.38	91.17
2	12.04	792.31	—	90.21
3	12.10	765.83	45.38	88.06
4	12.00	787.44	45.94	89.06
平均	12.04	787.92	44.90	89.63

表1-22 高碱玻璃纤维对GFRP螺纹筋性能的影响

编号	直径/mm	拉伸强度/MPa	弹性模量/GPa	最大荷载/kN
1	12.02	657.42	37.81	74.35
2	12.06	639.21	38.82	72.29
3	12.00	669.54	38.96	79.20
4	12.02	655.58	38.07	75.99
平均	12.03	655.44	38.42	75.46

结果分析：由中碱玻璃纤维制备的GFRP螺纹筋，其拉伸强度达到787.92MPa，弹性模量为44.90GPa，符合GFRP螺纹筋的国家标准GB 50608—2010要求。由高碱玻璃纤维制备的GFRP螺纹筋，其拉伸强度达到655.44MPa，符合GFRP螺纹筋的国家标准GB 50608—2010要求；而弹性模量只有38.42GPa，达不到GB 50608—2010标准中弹性模量大于40GPa的要求。

选用中碱玻璃纤维制备的直径12mm的GFRP螺纹筋，在碱溶液中浸泡不同的时间（7天、1个月、3个月）之后，测试其力学性能，重点考察它的性能损失的大小，是否会影响实际的工程应用，具体试验数据见表1-23。

表 1-23　直径 12mm 的中碱 GFRP 的耐碱性

浸泡时间	直径/mm	拉伸强度/MPa	弹性模量/GPa	最大荷载/kN
未浸泡	12.04	787.92	44.90	89.63
7 天	12.07	683.90	43.95	78.29
1 个月	12.00	594.71	40.60	62.67
3 个月	12.01	391.60	31.75	44.29

结果分析：中碱玻璃纤维制备的 GFRP 螺纹筋经碱水浸泡，随着时间的增长，筋材的强度不断呈现下降的趋势，7 天、1 个月和 3 个月的下降幅度分别为 13.20%、24.52%和 50.30%。浸泡 3 个月后筋材的平均强度小于 400MPa。浸泡后筋材表面树脂遭受腐蚀，直径相对变小，弹性模量只有 31.75GPa，达不到国家标准 GB 50608—2010 中弹性模量大于 40GPa 的要求。

通过试验发现，中碱玻璃纤维的耐碱性较差，但其本身的力学性能尚可，可以在短期工程和无耐候性要求的工程中应用。

1.4.4　GFRP 锚杆表面涂覆抗静电液

煤矿支护中的 GFRP 锚杆，除力学性能指标外，还包括阻燃性能、抗静电性能。用于阻燃性能的添加剂包括：氢氧化铝、三氧化二锑、十溴联苯等无机、有机添加剂，它们直接添加到液体树脂中，对固化反应影响不大；为了使得 GFRP 锚杆具有一定的抗静电功能，需要在树脂中添加炭黑，或者在成品锚杆表面涂覆炭黑以增加导电性，但炭黑会阻滞固化且同时增加树脂的可燃烧性能，为此可采用表面涂覆防静电涂料的方案，同时提高阻燃性能。

防静电涂料：将一定量的炭黑分散在酚醛树脂中，对应的固化剂是无机酸或有机酸，常用的酸类固化剂有磷酸、对苯磺酸、苯酚磺酸或者其他磺酸，固化反应温度是常温，采用喷雾或涂刷方式涂覆，常温下数小时就完全固化，炭黑起抗静电作用，而酚醛树脂具有阻燃功能；最终形成的 GFRP 锚杆需要通过抗静电、阻燃性能测试，并达到 MT/T 1061—2008 中的指标要求。

对应混凝土用 GFRP 筋材，如果需要其具有钢筋的外表面，可以采用同样方式处理，只是生产分两个阶段进行，效率不高。

第2章 GFRP筋的成型与生产过程

本章主要介绍土木工程增强用GFRP直筋、箍筋的生产，岩土工程锚固用GFRP锚杆、锚索的生产，煤矿工程支护用GFRP锚杆的生产，与锚杆、锚索配套的GFRP托盘、GFRP螺母和端部锚固系统的生产、制造等内容。

2.1 成型方法

本节主要介绍GFRP直线状态筋材成型方法。由于GFRP产品以直线状态为主，与此对应成型方法有：拉挤成型、拉挤-缠绕成型、拉挤-模压成型三类，下面说明其特点及在GFRP筋、板材成型中的应用。

2.1.1 拉挤成型

用于连续纤维增强复合材料棒材、型材、条板及管材等，在纵向具有极高的强度与刚度，纤维含量一般为60%～70%（体积分数）。所用增强材料主要是连续玻璃纤维无捻纱，辅助以粗格子布、短切毡等。

拉挤成型有两种工艺：一种是将纤维材料浸过含有引发剂的树脂后，被拉挤通过模具，把多余树脂挤出，然后通过模具的加热段使得树脂固化定型后，最后被拉挤出来；另一种是在恒定的拉挤速度下将纤维材料引进加热的模具内，同时将已引发的树脂注射入模具，使纤维充分浸渍，并凝胶固化成型。前一种方法需用适用期较长的树脂体系，后一种方法需用适用期较短的树脂体系，且树脂注射压力为0.1～0.5MPa，为加速固化，也可将纤维预热到100℃左右，再通过模具。

拉挤成型的两种工艺用于不同的GFRP材料，第一种工艺用于通常的GFRP材料，所对应的树脂体系主要是热固性树脂（如环氧树脂、乙烯基酯树脂和不饱和聚酯树脂）；第二种工艺用于需要二次加工的GFRP材料，所对应的树脂体系主要是热塑性树脂（如聚氨酯树脂），此两类应用差异很大。由于第一种工艺在第1章以及本章的2.2～2.5节有较详细的说明，下面重点说明第二种工艺及应用。

玻璃纤维增强热塑性聚氨酯拉挤成型技术是一项很有发展前途的技术，国内外都有研究。其中Fulcrum热塑性复合材料技术公司报道，该公司拥有自己专有的热塑性拉挤技术及系列产品，该系列产品以工程塑料聚氨酯为基体，以连续玻璃纤维为增强材料，采用快速连续成型的热塑性拉挤工艺加工成型。拉挤产品有空心管、实心棒、各种型材等多种类型，其中空心管的内径为3.0～40.0mm，外径为4.6～43.0mm，实心棒的直径范围为4.6～12.7mm。其典型性能见表2-1。

表 2-1 Fulcrum 热塑性复合材料的典型性能

性能	树脂体系	玻璃纤维含量(体积分数)/%	拉伸强度/MPa	拉伸模量/GPa	断裂伸长率/%	弯曲强度/MPa	弯曲模量/GPa	玻璃化温度/℃	热变形温度/℃
一般纤维含量	聚氨酯	47	—	35	—	906	35	—	—
高纤维含量	聚氨酯	59	1000	45	2.2	1150	35	90	80

由于采用热塑性聚氨酯为基体材料，因而可以通过二次热成型将拉挤产品加工成最终使用的复合材料制品，下面以 GFRP 箍筋为例进行说明。

对于土木工程用增强混凝土的 GFRP 箍筋而言，采用玻璃纤维增强热塑性聚氨酯拉挤技术制备出的 GFRP 直筋，在需要弯曲的部位，进行现场二次加热、加压，然后弯曲成型，最后冷却到常温而定型，因而弯曲部位形状基本可以保持圆形或椭圆形，且弯曲部位能够承受一定的压力和弯矩，由此制备出的箍筋，会比传统采用玻璃纤维浸渍热固性树脂，然后用模压方式生产得到的箍筋，具备更好的性能且成本更低。

将表 2-1 与表 1-9 对比，玻璃纤维含量（体积分数）为 59%的玻璃纤维增强热塑性聚氨酯材料的拉伸强度、拉伸模量、弯曲强度、弯曲模量高于玻璃纤维含量（体积分数）为 75%的玻璃纤维增强热塑性聚丙烯材料对应的性能，并且高于 GB 50608—2010 标准要求的热固性 GFRP 筋最低性能指标。

对比聚丙烯和聚氨酯，聚丙烯能够耐受混凝土的碱性，而聚氨酯则容易被混凝土的强碱性降解，因而玻璃纤维增强热塑性聚氨酯制备出的直筋和箍筋，都需要在其表面再次涂覆耐混凝土碱性的抗腐蚀层，但表 2-1 中，此复合材料的热变形温度、玻璃化温度较低，对抗腐蚀层材料及涂装工艺限制很多。此外，玻璃纤维增强热塑性聚氨酯材料的拉挤速度与玻璃纤维增强热固性树脂接近，只有表 1-9 对应速度的 1/100～1/50，这是由热塑性聚氨酯通过反应达到的分子链、分子量增长速度决定的，此方面反应与热固性树脂交联类似，因而速度受到限制。而聚丙烯自身就是高分子物质，玻璃纤维增强热塑性聚丙烯材料成型只是加热熔融树脂、纤维浸渍、树脂冷却定型过程，因而速度提升空间较大；同时，玻璃纤维增强热塑性聚丙烯材料具有比玻璃纤维增强热塑性聚氨酯材料更高的热变形温度。

总之，在混凝土增强用筋材方面，玻璃纤维增强热塑性聚氨酯材料具有潜在的优势，但存在问题不少，如果这些问题得到克服，则会有一定应用前景。

与上述第二种工艺形成对比，第一种工艺更加成熟，下面说明。

对于岩土工程锚固用 GFRP 锚索而言，需要锚索具有更高的强度和模量，此类锚索是由数根小直径的拉索组成，采用热固性树脂体系（为了制造顺利，通常在树脂体系中加入脱模剂）制备出的拉索，在制造锚固系统时，采用局部打磨的方法以除去拉索表面的脱模剂成分以增加黏结能力，可用环氧树脂、石英砂等将数根拉索锚固在锚头中，通过施加预应力而实现锚固，更详细的内容见 2.4.3“端部锚固系统”。

为了实现型材中树脂的良好固化，主要方法是使模具加热，对于断面较小或较薄而均匀的型材，可用加热板直接接触模具进行加热。对于断面较大或圆形、方形棒料，或断面厚薄不均匀时，需要采用高频加热使得型材中的树脂迅速均匀固化，或在模具以后再另外连接一个隧道固化炉进行后固化。除湿法浸渍外，还可用预浸料进行干法拉挤。预浸料在加热模具中通过时，树脂熔化，被压缩成规则断面而固化。此外，拉挤法还可用于夹芯板材的生产，即两侧是纤维增强聚合物片材保护层、中间是夹芯材料的强度高而重量轻的型材。由这些方法可以生产 GFRP 片材、夹芯板材，用环氧树脂、胺类固化剂将这些材料黏结在混凝土结构外侧，以提高结构承载能力。

2.1.2 拉挤-缠绕成型

根据生产的过程可分为：先拉挤-后缠绕、拉挤-缠绕同步两种方法，下面依次说明各自的特点和应用。

2.1.2.1 先拉挤-后缠绕方法

由拉挤成型方法可知，此类产品表面光滑且横截面尺寸在全长范围保持不变，因而产品纵向具有极高的强度与刚度，纤维含量（体积分数）一般为 60%～70%，但对于混凝土结构、岩土工程、煤矿支护而言，需要杆体与混凝土、岩土、煤层具有一定的锚固能力，因而采用拉挤法生产出的产品难以满足使用要求，需要在产品表面再缠绕纤维增强聚合物粗纱以形成长度方向表面凹凸不平状态，生产分为两个阶段且优缺点与此密切有关。

在岩土工程、煤矿支护中，锚杆的尾部锚固系统很重要，由于尾部锚固系统受力复杂且承载能力很大，因而需要比其他部位更好的强度和刚度，甚至最好得到强化，采用先拉挤-后缠绕方法生产出的锚杆可满足此要求。

采用热固性树脂（通常为不饱和聚酯树脂及引发剂等，如果是煤矿使用，还需要添加阻燃剂、抗静电剂等成分），以连续玻璃纤维为增强材料，先采用定长拉挤工艺制造出一定长度、直径的杆体，并使尾部不固化。在尾部套上一定长度、厚度的钢管，在一定压力下令钢管变形，使钢管-GFRP 预成型体形成相互之间的物理嵌套，然后在钢管表面加工形成一定规格的螺纹，将 GFRP 杆体在砂轮机上连续打磨使其表面不平，同时部分去除杆体表面的脱模剂。根据需要，将一股连续玻璃纤维粗纱缠绕在拉挤 GFRP 产品表面，使表面凹凸不平。然后将此半成品在热固性树脂中浸渍，使树脂充分渗透进入连续玻璃纤维粗纱内部。最后将此半成品放入烘烤箱固化定型，从而形成尾部是螺纹钢管的 GFRP 锚杆，与对应的钢螺母和钢托盘配套使用。此方法最大的优点是锚杆的尾部得到加强并能够承受更大的应力，最大的缺点是生产效率太低而成本较高。此系统中钢管、钢螺母、钢托盘如果是不锈钢材料，则具有良好的耐腐蚀性能，且比全部由不锈钢材料制备的锚杆具有成本优势。此复合锚杆中，采用拉挤技术形成的杆体具有很高的强度和模量，缠绕技术形成的环向纤维增强聚合物使得杆体具有很高的抗扭能力并增加杆体与锚固剂之间的黏结能力，尾部螺纹钢管提高锚杆的抗剪切能力和承受更大、更复杂的应力，螺纹钢管-GFRP 之间的物理嵌套以及固化后树脂的黏结能力保证足够的界面强度以传递应力。

2.1.2.2 拉挤-缠绕同步方法

将缠绕技术引入到拉挤成型工艺中，组成拉挤-缠绕复合成型技术是拉挤技术的新发展，其工艺过程是在拉挤工艺的固化成型之前的适当环节中引入缠绕工艺，构成一个以拉挤工艺为主、缠绕工艺为辅的复合材料成型系统。与先拉挤-后缠绕方法相比，拉挤-缠绕同步方法属于连续生产，效率高、成本低，更能体现复合材料成型的产品的可设计性特点，即通过改变缠绕铺层、缠绕角及缠绕速度来改变性能；集合了缠绕成型和拉挤成型的优点，弥补了由拉挤成型和缠绕成型加工产生的缺陷；制品综合性能好；但此技术复合程度高，对成型设备、制造过程、控制系统、辅助装置和材料等要求很高。

对于混凝土结构、岩土工程、煤矿支护应用而言，需要杆体自身拉伸强度高、模量大，同时还需要杆体与混凝土、岩土、煤层具有一定的锚固能力，采用拉挤-缠绕同步方法可以一次成型此类杆体，并且性能具有可设计性，基于应用为目标的技术经济性角度看，拉挤-缠绕同步方法优于先拉挤-后缠绕方法。在国内外众多的 GFRP 筋生产企业中，拉挤-缠绕同步方法应用最为普遍，如美国的 Hough Brother 公司生产的 Aslan 系列 GFRP 筋，加拿大的 Pultraul 公司通过研究制造的 Isorod GFRP 筋等。在本章的 2.2 节、2.3 节、2.5 节较详细地说明了各种不同的拉挤-缠绕同步方法，以及部分研究结果。

2.1.3 拉挤-模压成型

将模压技术引入到拉挤成型工艺中，组成拉挤-模压复合成型技术是拉挤技术的新发展，其过程是在拉挤工艺中，拉挤采用的牵引机夹头是由模具的两个部分组成，即两个循环往复的牵引机履带是由对应的两个连续模具组成的，在牵引过程中，完成对纤维浸渍树脂预成型体的成型、加热、固化等工艺。相比拉挤-缠绕同步方法，拉挤-模压成型难度更高，如美国 Marshall Industries Composites 公司生产的 GFRP 筋（C-bar）采用此工艺，其外表面与通常使用的钢筋相似，即有横肋、纵肋，因而其与混凝土之间的黏结性能与钢筋相似，而采用拉挤-缠绕同步方法生产的 GFRP 筋，由于没有纵肋，其与混凝土之间的黏结强度只有钢筋的 70%左右，且 GFRP 筋（C-bar）的强度和模量达到相应标准规范要求。

由于拉挤-模压成型的特点，由此生产出的 GFRP 筋（C-bar）规格较少，通常以 4mm，甚至部分以 6mm 为间隔形成系列产品供用户选择，而拉挤-缠绕同步方法通常以 2mm 为间隔形成系列产品供用户选择。从耐混凝土的碱性腐蚀角度看，GFRP 筋（C-bar）表面覆盖更厚而均匀的树脂和填料层，而拉挤-缠绕同步方法生产的 GFRP 筋表面难以覆盖均匀且有一定厚度的树脂和填料层。由于拉挤-模压成型难度较高且受到专利保护，相关文献很少，有兴趣的读者可以查阅 Marshall Industries Composites 公司网址和 GFRP 筋（C-bar）产品说明，下面重点介绍采用拉挤-缠绕同步方法生产的 GFRP 筋。

2.2 成型设备

虽然都属于拉挤-缠绕同步方法生产 GFRP 筋、锚杆，但各种成型设备之间还存在一定的差异。

2.2.1 成型设备分类

按照单方向、双方向缠绕，可以分为单缠绕和双缠绕设备。经常使用的单缠绕设备是指设备可以实现左、右缠绕，以生产出左旋螺纹、右旋螺纹锚杆，用于岩土、煤矿支护使用，旋向与锚杆安装功能有关，对于混凝土使用而言，旋向没有影响。双缠绕设备是指设备有两个独立的缠绕装置，可以同时实现左、右缠绕，由这种方式生产出的 GFRP 筋材，由于独特的双方向缠绕，导致筋材内部的压力较大，挤胶能力和效果较好，因而筋材纤维含量更高，故强度、模量更高，同时，筋材与混凝土之间的黏结能力更好，这与筋材表面特定的凹凸不平状态有关。

按照最终 GFRP 筋、锚杆表面是否有缠绕材料，可以分为含缠绕纤维带和不含缠绕纤维带两类产品。美国 Hough brother 公司生产的 Aslan 系列 GFRP 筋，采用表面喷砂和表面螺旋缠绕玻璃纤维束的生产工艺，因而最终 GFRP 筋含有缠绕纤维带；加拿大 Pultraul 公司通过研究制造了 Isorod GFRP 筋，虽然制造过程中使用缠绕材料，但最终 GFRP 筋表面没有缠绕纤维带。是否含有缠绕纤维带，对 GFRP 筋、锚杆的力学性能有影响，在 2.5 节中进行说明。从单方向、双方向缠绕纤维带，并相应利用各自对应的设备生产得到对应筋材角度看，含双方向缠绕纤维带的 GFRP 筋材、锚杆力学性能更优，但生产难度更大。

按照缠绕材料是否能够循环使用，可以分为循环缠绕丝和缠绕-解缠两种。循环缠绕丝是指将特种钢带作为循环缠绕丝使用，由于此钢带受到热疲劳、力疲劳双重作用，并由于玻璃纤维的摩擦损伤等多种因素，此钢带的使用寿命很短，通常难以超过 48h，并且此钢带断裂属于突发事件，事先没有征兆，从而导致生产突然中断、材料浪费等损失。缠绕-解缠是指将缠绕带缠绕在浸渍树脂的玻璃纤维粗纱表面并使其预成型，然后通过热固化成型，再将缠绕带解缠，从而形成 GFRP 筋材、锚杆表面凹凸不平的状态，加拿大 Pultraul 公司通过研究制造的 Isorod GFRP 筋，可能采用此方法。如果换成预先浸渍过树脂的纤维束进行缠绕，则热固化成型后，则不能将缠绕用的纤维带解缠，美国 Hough brother 公司生产的 Aslan 系列 GFRP 筋可能采用此方法。下面重点说明此方法与设备。

2.2.2 循环缠绕丝和缠绕-解缠两种生产设备

两者都属于单方向缠绕，都可生产实心和空心杆体。循环缠绕丝比较适合于大直径 GFRP 筋的生产，其最小直径难以达到 12mm，且肋比较深；而缠绕-解缠可以适应各种直径 GFRP 筋的生产，其最小直径可以达到 4mm，且肋深可以调节。这两种方式都可以生产全螺纹锚杆，故可称为全螺纹锚杆成型机。

采用缠绕-解缠法的全螺纹锚杆成型机由玻纱架、浸胶、缠绕、加热成型、退绕、牵引、切割、下料堆放八部分组成，各部简称为供丝（玻璃纤维）系统、浸胶刮胶系统、缠绕、主体热固化成型系统、退绕系统、牵引系统、切割系统、下料堆放系统。全机采用自动化生产控制过程，一次成型全螺纹锚杆，热固化成型温度可控，生产速度随时可调，生产线可随时停机，随时开机，生产线可连续 24h 不停机连续运行。工作环境温度为 5～35℃，相对湿度为 20%～80%。加工的玻璃钢锚杆规格：锚杆长度在 800mm 以上，锚杆直径为 16mm、18mm、20mm、22mm、24mm、25mm、27mm、28mm、30mm、32mm。全螺纹锚杆成型机设备清单见表 2-2。

表 2-2 缠绕-解缠法的全螺纹锚杆成型机设备清单

名称	实芯锚杆设备		中空锚杆设备	
	用途	备注	用途	备注
大树脂槽	主体玻璃纤维浸润(树脂)		主体玻璃纤维浸润(预热树脂槽)	7 套
后模	去除多余树脂		去除多余树脂	
预热烤箱	制作大直径杆体预热	2.4kW	制作大直径杆体预热	2.4kW
小料槽	浸润(螺纹部分)玻璃纤维		浸润(螺纹部分)玻璃纤维	
中心管	保证杆体直径		保证杆体直径	
分线盘	平均分布绕线,去除多余树脂		平均分布绕线,去除多余树脂	
绕线电动机(小)	保持螺纹深度	0.75kW×2	保持螺纹深度	0.75kW×2
绕线主机	保持螺纹螺距	1.5kW	保持螺纹螺距	1.5kW,共四台
风勾	去除杆体表面多余树脂		去除杆体表面多余树脂	
烤箱	杆体固化(加热)	2.4kW×6m	杆体固化(加热)	2.4kW×6m
托轮	支撑杆体(生产大直径杆体)		支撑杆体(生产大直径杆体)	
拆线主机	拆除螺纹绕线	1.5kW+0.75kW	拆除螺纹绕线	1.5kW+0.75kW
烤箱,升架,气缸	减少生产浪费		减少生产浪费	

续表

名称	实芯锚杆设备		中空锚杆设备	
	用途	备注	用途	备注
牵引机	牵引杆体出生产线	1.5kW×2	牵引杆体出生产线	1.5kW×2
切割机	杆体定长切割	2.2kW	杆体定长切割	2.2kW

采用循环缠绕丝法的全螺纹锚杆成型机与采用缠绕-解缠法的全螺纹锚杆成型机有一定的异同点，两者对比见表 2-3。

表 2-3 GFRP 锚杆生产设备主要工序比较

结构	缠绕-解缠	循环缠绕丝
牵丝模头	主体丝经穿丝板浸胶，经约 70cm 的钢管刮胶挤干，两边少量丝经穿丝板分别浸胶后，与主体丝合拢，经模头缠绕成型 主体丝挤胶干净，两边少量丝浸胶后，方便加工螺纹，减少烘道滴胶和降低树脂用量	主体丝（1/2～2/3）经穿丝板浸胶，经挤胶孔（约 10mm 打孔钢板）将胶尽量挤干，两边余下丝（不浸胶）经穿丝板与主体丝合拢，经模头缠绕成型 1/3 左右的丝不浸胶，烘道内几乎无滴胶，树脂用量最低，相对成本较低
缠绕	用双股尼龙绳缠绕，通过变频电动机控制螺纹深度和螺距	采用申请专利的缠绕丝（特制钢带，约 20m）进行缠绕，经烘道后自动退丝，反复循环使用，平均使用寿命超过 24h，节约了缠绕带
烘道	加热烘道约 6m，内置红外灯管，烘道呈方形，与下部底板分开，上部加热烘道可液压升起，便于对滴胶的清理，设备发生故障时烘道升起，也可减少杆体损耗。烘道间装有刮胶片	加热烘道约 2m，圆形，外加电热板加热。由于大量使用不浸胶干丝，烘道内基本无滴胶现象，一般不需要清理 烘道后有 5～6m 的鼓风冷清段，中间增加水冷却，确保杆体牵引前已经完全固化成型
退丝	有自动退丝系统	钢带缠绕丝反复循环
牵引速度	牵引机有效长度超过 1.8m，橡胶块使用寿命较长（约 1 年） 牵引速度 1.2m/min（直径 20cm），24h 产量约 1700m（单烘道）。	牵引机有效长度超过 1.8m，橡胶块中加有钢块，延长橡胶块寿命 牵引速度 1.2m/min（直径 20cm），24h 产量约 1700m（单烘道）
切割	有切割和除尘装置	有切割和除尘装置
下料	自动下料堆放系统（锚杆）	无

采用循环缠绕丝法、缠绕-解缠法的全螺纹锚杆成型机不仅可以成型岩土、煤矿支护用 GFRP 锚杆，其直径在 16～32mm 之间，还可用于成型同样直径的混凝土用 GFRP 筋，此两者有一定的差异，表现在锚杆的螺纹精度要求更高，以便于锚杆与螺母的结合，并且煤矿支护需要阻燃、抗静电，因而需要在树脂中添加阻燃剂。对于采用循环缠绕丝法制造的 GFRP 锚杆，在其外表面另外涂覆抗静电剂，相关内容见第 1 章的 1.4.4“GFRP 锚杆表面涂覆抗静电液”部分。对于采用缠绕-解缠法制造的 GFRP 锚杆，则表面纤维需要在添加有炭黑、阻燃剂的树脂中浸渍，而内部的纤维只需要在添加阻燃剂的树脂中浸渍，这样能够减少由于添加炭黑而导致交联反应速率的下降程度，最终的产品不需要再次涂覆抗静电剂成分等，从此方面看，采用缠绕-解缠法制造的 GFRP 锚杆更有优势。

采用循环缠绕丝法的一个特别突出的优势在于其树脂用量最少，这会产生正反两方面的效果，减少树脂用量对降低生产成本是有利的，但部分外层的纤维没有树脂的浸渍，出现更多裂纹，会导致力学性能的下降。如果由此生产混凝土增强用 GFRP 筋，即使采用乙烯基酯树脂，更多裂纹无法抵抗混凝土的强碱性腐蚀，耐混凝土碱性腐蚀的能力会低于采用缠绕-解缠法制造的 GFRP 筋材。

值得说明的是，锚杆的一个重要指标是抗扭能力，此能力与直径密切相关，根据我国标准 MT/T 1061—2008 指标要求，锚杆的最小直径是 16mm。表 2-2 描述的是直径在 16～32mm 之间 GFRP 锚杆的生产设备组成和功能，以适应较多的玻璃纤维粗纱、不同纤维在不同树脂中的浸渍、相应的生产速度等要求。对于更小直径的 GFRP 筋材，如 ϕ12mm 及以下的 GFRP 筋材，则拟采用更为简洁、高速、灵活的生产设备，由表 2-2 和表 2-3 描述的锚杆生产设备生产此类直径更小的筋材，不仅效率低下，甚至不可以生产，下面说明。

GFRP 筋的几何尺寸效应明显，即直径越大，筋材强度、模量越小，因而从尽量利用 GFRP 筋拉伸力学性能角度来看，并且由于黏结强度与直径呈现负相关性的原因，应该多采用小直径的 GFRP 筋，但表 2-2 和表 2-3 描述的锚杆生产设备只是单条生产线，其极限生产速度受到限制，如果能够将同样的功率用于多条生产更小直径的 GFRP 筋生产线，则总的生产速度提高且能量利用率增加，这就是小直径 GFRP 筋更多采用多条生产线集中在一套设备的原因，但带来自动化解缠困难而需要人工解缠的问题。

2.2.3 缠绕-解缠方法生产小直径 GFRP 筋设备

小直径 GFRP 筋设备基本组成为纱架、导纱板、树脂浸渍槽、预成型模具、缠绕装置、刮胶板、加热固化装置、冷却段、牵引装置和切割装置等，如图 2-1 所示。

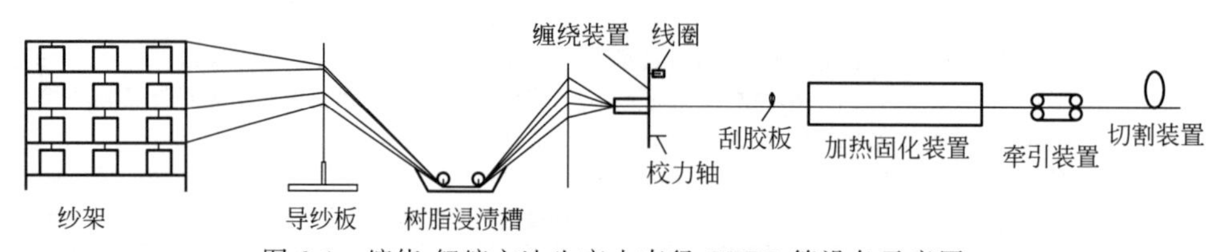

图 2-1 缠绕-解缠方法生产小直径 GFRP 筋设备示意图

（1）纱架　放置生产过程中所需要的纤维增强材料的装置，玻璃纤维纱盘按照要求摆放整齐，纱架壁上开有导纱孔，避免导纱过程中玻璃纤维束的缠绕打结；当多条生产线并排排放时，纱架相应并排排放，避免玻璃纤维束缠绕打结是重点。

（2）导纱板　一方面是将玻璃纤维按束分离，避免玻璃纤维束之间的缠绕打结；另一方面使玻璃纤维束进入浸渍槽时有一定的张力，便于树脂充分浸润。

（3）树脂浸渍槽　保证基体树脂能够更加充分地浸润纤维，其上方装有可拆卸的辊轴，辊轴可以使纤维完全浸没在基体树脂之中，纤维浸胶效果的好坏对筋材的性能影响很大。

（4）预成型模具　将需要生产的筋材直径对应的预成型模具安装在预成型装置中，根据所需要生产筋材的直径确定合适的纤维纱线密度和对应的股数，充分浸渍树脂的连续玻璃纤维纱由松散状态进入到此预成型模具中变成张紧状态，多余的树脂被挤出流回到树脂槽中；对应小直径的 GFRP 筋材，可以在一条生产线上同时装配多个预成型模具，如通常两个、四个、六个、八个甚至更多，它们之间可以一排、两排甚至三排排列以节约空间，每条生产线同时生产多根 GFRP 筋材。

（5）缠绕装置　主要由三相异步电动机，摆线针轮减速机和绕线盘组成，绕线盘上装有校力轴和线圈，线圈上有缠绕材料，缠绕材料通过校力轴施加预拉力，从而控制浸渍树脂后的连续玻璃纤维粗纱束表面的螺纹深度和几何尺寸，缠绕装置中的三相异步电动机由变频器控制，从而控制缠绕速度，以得到不同螺距的 GFRP 筋材（需要与牵引速度配合）；缠绕装置与预成型模具数量相对应，即每个预成型模具必须匹配一个缠绕装置，以满足每条生产线同时生产多根 GFRP 筋材的要求。

（6）刮胶板　刮胶板设置在浸渍树脂后的连续玻璃纤维粗纱进入加热装置入口前、加热装置中间和加热装置后，其主要作用是将筋材表面多余的树脂刮掉，因为表面树脂过多可能在筋材底部形成很多聚集的突起，这些突起的树脂颗粒本身强度很低，如果不处理将严重影响GFRP筋与混凝土的黏结；另外多余的树脂也会掉落到加热装置的底部造成积胶现象，不能保证生产的稳定性和连续性；刮胶板与预成型模具数量相对应，即每个预成型模具必须匹配一组刮胶板。一般而言，筋材直径越小，则每组刮胶板对应的数量越少，通常采用硅橡胶板作为刮胶板材料，这样可以不伤害到玻璃纤维增强材料而能有效刮除树脂。

（7）加热固化装置　加热固化装置有多种型式，其传热方式也不同，有红外线灯管直接加热空气方式，还有电热加热片加热管道、管道再加热空气的方式等，热的空气加热浸渍树脂后的连续玻璃纤维粗纱，使得树脂交联固化，从而形成GFRP筋材。如采用一个整体箱式加热，可以同时对多根小直径的浸渍树脂后的连续玻璃纤维粗纱进行固化，从而形成相应的GFRP筋材，这样可以提高生产速度，每根GFRP筋材只需要配备一个刮胶板；而采用多段管式加热，则每次只能生产一根直径较大的GFRP筋材，且需要配备多个刮胶板。此外，还有其他加热方式，如采用微波加热固化方式，该方式最大的特点是可从树脂内部加热，而不是由外到内的传统加热，因而对大直径GFRP筋固化更有利，但存在微波对人体的危害。相对而言，微波加热属于“冷加热”，微波只加热树脂和玻璃纤维，其能量利用率最高，只要能够防止微波对操作人员的伤害，此种加热方式具有更大的前途。

（8）冷却段　由加热固化装置出来的GFRP筋基本固化，此时GFRP筋中心的温度通常高于200℃，远高于树脂的热变形温度（对不饱和聚酯树脂和乙烯基酯树脂而言，通常为60～80℃；对环氧树脂而言，采用酸酐固化后，通常为100～120℃），因而必须采用冷却方式降低GFRP筋的温度。对于小直径的GFRP筋而言，采用强制空气冷却，在连续运行的过程中，筋材温度逐渐下降，从加热固化装置到牵引机入口，10m的距离可以保证。当直径增大时，可以采用喷射冷水的方式进行强制降温，并辅助采用强制空气冷却。但过高的冷却速率，将导致GFRP筋内外表面温度梯度过大而产生附件内应力，并由此产生裂纹而导致力学性能衰减，GFRP筋力学性能离散性偏大与冷却过程有关。

（9）牵引装置　一方面是提供动力的装置，将固化后的GFRP筋从加热固化装置拉出；另一方面可以通过调节牵引机的速度控制筋材在加热固化装置的停留时间，并与缠绕装置配合，可以生产出不同螺距的GFRP筋材。从生产连续性方面看，有连续性的履带式牵引机、间歇性的夹持式牵引机两种，前者对GFRP筋的压力较大，故容易导致筋材变形，但牵引力大以克服沿途阻力，比较适合大直径的GFRP筋；后者对GFRP筋的压力、牵引力都较小，适合小直径筋材。对于一台牵引机同时牵引出多根GFRP筋材的情况，宜采用履带式牵引机。GFRP筋在进入履带式牵引机前，必须经过充分的冷却，最好使得GFRP筋中心的温度低于热变形温度，这样就可以保证GFRP筋不会被牵引机压变形。

（10）切割装置　有自动定长切割与手动人工切割两种，由于GFRP筋材是连续由牵引机引出，所以切割需要在连续运行的条件下进行。切割时会产生一定量的粉尘和气味，此粉尘中含有碎玻璃纤维、碎树脂等物质，这些物质对人体和环境有危害，一般由粉尘收集装置或粉尘收集系统收集，并辅助喷水系统以降低生产车间的粉尘量。气味主要是未反应完全的苯乙烯单体产生的（对于不饱和聚酯树脂和乙烯基酯树脂而言），此物质有危害，在第1章中的1.1节中有专门的说明。当生产车间有多条生产线同时运行时，产生的粉尘和气味是非常严重的，因而相关的装置、个人的防护与保护是必不可少的，由此产生的职业病是潜在的危害。

2.3 制造过程

由于不饱和聚酯树脂、乙烯基酯树脂的固化过程相似，而环氧树脂固化过程与此相距较大，且环氧树脂原料检验等内容差异很大，下面重点说明玻璃纤维增强不饱和聚酯树脂、乙烯基酯树脂形成 GFRP 筋材的过程。

2.3.1 原材料检验

用于制备 GFRP 筋材、锚杆的树脂所需检测的主要指标有固含量、黏度、反应活性、凝胶时间和酸值等，具体的检测方法如下。

（1）项目标准　固含量的测定：GB/T 7193.3《不饱和聚酯树脂固体含量的测定方法》。黏度的测定：GB/T 7193.1《不饱和聚酯树脂黏度测定方法》，反应活性、放热峰的测定：GB/T 7193.4《不饱和聚酯树脂在 80℃下反应活性测定方法》。酸值的测定：GB/T 2895《不饱和聚酯树脂酸值的测定》。

（2）树脂浇注体制造部分　在树脂中加入指定数量的引发剂和促进剂，混合均匀并尽可能消除混合料中的气泡，将模具涂好脱模剂后把混合料缓慢倒入规定的模具中，尽量避免产生气泡，按指定的温度和时间进行固化，所做的试样每批不得少于十个，脱模并对样块进行必要的加工处理（参考 GB/T 2567—2008）。

（3）树脂浇注体性能测试　耐碱性的测定：GB 7194《不饱和聚酯树脂浇注体耐碱性测定方法》，试验介质应为 10%的 NaOH 溶液，试样有效数量不得小于 5 个。拉伸性能、压缩性能、弯曲性能和剪切性能的测定：GB/T 2567—2008《树脂浇注体性能试验方法》，每种性能测试试样有效数量不得小于 5 个。

（4）玻璃纤维部分　用于 GFRP 增强材料的无碱玻璃纤维无捻粗纱需要检测的主要指标有碱金属氧化物含量、含水率、线密度、断裂强力和断裂伸长率、直径等，具体的检测方法如下。碱金属氧化物的含量的测定：GB/T 1549—1994《钙钠硅铝硼玻璃化学分析方法》。线密度的测定：GB/T 7690.1—2001《增强材料　纱线试验方法》第一部分：线密度的测定。断裂强力和断裂伸长率的测定：GB/T 7690.3《增强材料　纱线试验方法》第三部分：玻璃纤维断裂强力和断裂伸长的测定。直径的测定：GB/T 7690.5《增强材料　纱线试验方法》第五部分：玻璃纤维纤维直径的测定。含水率的测定：GB/T 9914.1—2001《增强制品试验方法》第一部分：含水率的测定。

此外还包括引发剂、促进剂、阻聚剂和其他添加剂，性能检测见相关标准。

2.3.2 工艺及控制部分

本部分内容包括：生产前的准备工作、工艺参数的设置和调整。

2.3.2.1 生产前的准备工作

生产前的准备工作主要包括：生产 GFRP 筋材所需玻璃纤维纱数量的确定、玻璃纤维纱的分配、玻璃纤维纱穿过模头、刮胶皮的选择和安放、牵引、树脂的配制等。

（1）玻璃纤维纱数量的确定　生产 GFRP 直筋所需的玻璃纤维纱的数量是根据所需生产的 GFRP 筋材的直径来确定的，具体计算方法有两个，其一为筋材的径向截面积乘以 0.3，即

$$\text{所需玻璃纤维纱的根数}=0.3\frac{\pi D^2}{4}$$

式中　π——圆周率；

D——杆体直径。

其二是根据纤维的密度和线密度、树脂的密度及纤维和树脂的质量比例来计算的，在确定筋材中纤维和树脂的质量比后得出的数据比较精确，具体如下。

$$N=\frac{105RSP_{\mathrm{f}}P_{\mathrm{r}}}{(RP_{\mathrm{r}}+P_{\mathrm{f}})T}$$

式中 N——需用纤维的根数；

R——纤维与树脂的质量比；

S——杆体的横截面积，cm^2；

P_{f}——纤维的密度，g/cm^3，玻璃纤维一般为 $2.5g/cm^3$；

P_{r}——树脂的密度，g/cm^3，不饱和聚酯树脂、乙烯基酯树脂的密度一般在 $1.1g/cm^3$；

T——纤维的线密度，tex。

实际生产中由于不同厂家的产品存在一定的差别，在杆体直径达不到要求或偏小时，可酌情增加或减少纱的根数。

(2) 玻璃纤维纱的分配　生产筋材所需的纤维的根数确定后，玻璃纤维纱必须进行合理的分配。由于纤维在杆体中的不均匀分配很容易引起 GFRP 筋材内部存在强度缺陷，在受到外部载荷的作用下，该处极易引起应力集中，使材料在该处破坏而失效，因此玻璃纤维纱的分配必须满足均匀分配的原则，尽量成中心对称。

(3) 玻璃纤维纱穿过模头　玻璃纤维纱在穿过模头之前，先将玻璃纤维纱按照导纱板上的区域分成股，每股均需加捻，然后再用胶带缠紧一起穿过模头，用胶带缠紧加捻的玻璃纤维时应尽量使其端部细而尖，以便四股加捻的玻璃纤维纱能够比较容易地穿过模头。

(4) 刮胶皮的选择和安放　刮胶皮孔径的大小及安放位置直接影响 GFRP 筋材的外观质量及杆体径向的几何尺寸，一般刮胶皮的孔径及安放可按方便生产原则确定并根据生产调节。

(5) 牵引　牵引时应尽量用铁丝将四股玻璃纤维纱绑紧，为确保将玻璃纤维纱绑紧，可将玻璃纤维纱绑好后，将其端部沿牵引方向向模头方向倒扣后再用铁丝绑紧，以防止其在牵引过程中脱落。

(6) 树脂的配制　树脂的配制直接关系产品的质量，对于 GFRP 筋材，为确保产品的质量，应按以下步骤和顺序进行配制：称取适量的乙烯基酯树脂（视分散机分散能力的大小确定，分散时的搅拌速度慢），然后按配比将色浆（或其他填料）加入其中，搅拌 3min 左右进行分散，必要时再按配比加入苯乙烯搅拌 3min，最后加入引发剂搅拌 10min 左右后静置片刻，待气泡基本消除后方可倒入浸胶槽中。

2.3.2.2 工艺参数的设置和调整

GFRP 筋材的生产工艺参数主要包括温度的设定和调整、牵引速度、缠绕带的缠绕速度及张紧力度等，内容如下。

(1) 温度的设定和调整　成型温度对产品质量起着至关重要的作用，其对 GFRP 筋材强度影响最大，其次对产品的外形、几何尺寸等的影响也不容忽视，因此在生产中，温度的设定必须谨慎。对于 GFRP 筋材，由于乙烯基酯树脂固化时的放热峰高达 220～250℃，且其放热速率很快，数秒中后即可达到峰值，因此其成型温度的设定一般采用阶梯式，即中间温度最高，具体温度分布主要取决于杆体的直径。

(2) 牵引速度　牵引速度对产品的质量也有很大影响，特别是产品的力学性能。牵引速度过快，固化时间过短，导致产品的固化程度偏低甚至不固化，而使产品的力学性能偏低或丧失；牵引速度过慢，产品在烘道中的固化时间过长，不仅会导致产品过度固化，使其力学性能偏低，而且生产能力降低，直接影响产量。牵引速度的快慢与烘道的长短、各控制点的设定温度及杆体的直径有关，不同的生产线牵引速度也不一样，一般 GFRP 筋材直径越大，牵引速度越慢。

(3) 缠绕带的缠绕速度及张紧力度　在牵引速度确定的情况下，缠绕带的缠绕速度决定着螺距的大小，一般螺距要求为 10mm，螺距偏大时，在牵引速度不可变化的情况下，可将旋转频率调大（或将牵引速度调小）；反之可以降低旋转频率（或将牵引速度调大）。

缠绕带的张紧力度决定着螺纹的牙深，一般张紧力度越大，螺纹的牙深越深，同时在缠绕带的径向缠绕作用下，GFRP 筋材表层中的玻璃纤维处于弯曲状态，螺纹的牙深越深，表层中处于弯曲状态的纤维就越多。而玻璃纤维的伸长率较小，GFRP 筋材在受到外部载荷的情况下，承担载荷的只有筋材内层的处于伸直状态的纤维，即有效承载载荷的纤维。表层纤维的弯曲导致有效承载载荷的纤维的数量减少，因而对产品的力学性能有很大影响，特别是杆体直径在 16mm 以下时，其对强度的影响非常显著。因为在螺纹牙深一样时，杆体直径越小，其有效承载载荷的纤维所占的比例也相对越小，故其强度损失越严重。一般螺纹的牙深控制在 0.2～0.4mm 为好，筋材直径越小，螺纹的牙深宜越低。

2.3.3　产品的检验

本部分包括土木工程用 GFRP 筋材、煤矿支护用 GFRP 锚杆两部分。

土木工程用 GFRP 筋材需要测试的主要有抗拉强度、弹性模量、断裂延伸率、弯曲强度、压缩强度及剪切强度等，相关内容见第 3 章。

煤矿支护用 GFRP 锚杆需要测试的主要有外观及几何尺寸、抗拉强度、抗剪强度、扭矩、锚固力、螺纹承载力、抗静电性能、阻燃性能等，具体标准见我国标准 MT/T 1061—2008 指标要求，在第 3 章有部分指标说明。

2.4　产品种类

本节包括 GFRP 筋弯曲问题及相应的 GFRP 箍筋，与 GFRP 锚杆配套的 GFRP 托盘、GFRP 螺母，与 GFRP 锚索配套的端部锚固系统等问题。

2.4.1　GFRP 箍筋

钢筋在增强混凝土结构中得到广泛的应用，由于钢筋是弹塑性材料，具有屈服点且断裂延伸率较高，具有较好的弯曲性能。近年来，GFRP 筋凭借其轴向拉伸强度高而剪切强度低，切割无火花的特点，成功地取代了传统钢筋，在地铁工程盾构断头围护桩结构中得到了广泛的应用。但由于 GFRP 筋产品本身的性能局限性，成型后不能和传统钢筋一样，在实际应用时进行弯折、焊接等工序，导致在土木工程的异形结构（非直线型，如带折的堵头筋、围护桩的方形筋、圆形筋等）中无法得到应用，大大限制了使用范围。针对这一问题，通过改变 GFRP 筋的固化成型工艺，已成功开发出多种异形 GFRP 筋的产品（图 2-2），并能按照客户的具体要求进行各种形状、规格的异形 GFRP 筋定做，得到了客户的一致好评，大大拓展了 GFRP 筋的产品线。

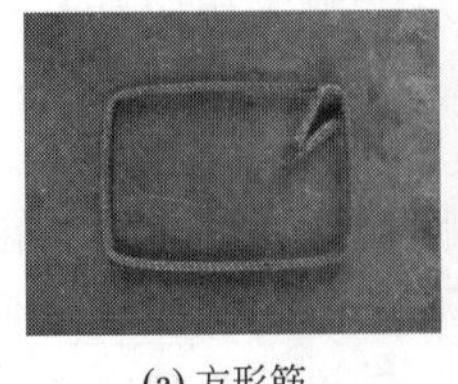

(a) 方形筋

(b) W形筋

(c) L形筋

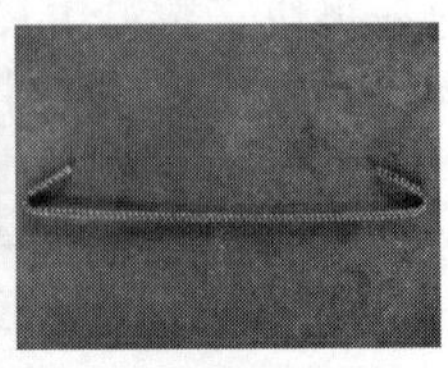

(d) 钩形筋

图 2-2　异形 GFRP 箍筋

GFRP箍筋与直筋的成型略有不同，主要区别在于其不需经过烘道固化，纤维经过模头初次成型，经刮胶、牵引后，用符合产品要求的模具预成型，然后直接进入烘箱进行固化定型。用模具进行预成型时，初次成型的杆体必须处于张紧状态，否则会影响材料的力学性能；固化定型时的温度一般为160℃±10℃，固化时间为15min，为保证均匀固化，旋转装置必须开启；固化定型后不可骤然冷却，以免导致热应力集中，影响产品质量。

以玻璃纤维增强聚丙烯热塑性复合材料预浸纱为原料，采用类似美国Marshall Industries Composites公司生产的GFRP筋（C-bar）的拉挤-模压技术，并引入冷却工艺，就能生产出连续玻璃纤维增强聚丙烯筋，其外表面类似钢筋；而连续玻璃纤维增强热塑性聚氨酯棒材的学性能高于热固性GFRP筋性能指标；连续玻璃纤维增强热塑性聚丙烯、聚氨酯筋的弯曲需要采用热弯曲技术，在需要弯曲的部位，进行现场二次加热、加压，然后弯曲成型，最后冷却到常温而定型，因而弯曲部位形状基本可以保持圆形或椭圆形，且弯曲部位能够承受一定的压力、弯矩，由此制备出的箍筋就会比传统采用玻璃纤维浸渍热固性树脂，然后模压方式生产得到的箍筋具备更好的性能，且成本更低。

虽然连续玻璃纤维增强热塑性聚丙烯、聚氨酯筋是发展方向，但目前技术及相关产品性能还存在一定的问题，因而仍然采用玻璃纤维浸渍热固性树脂，然后模压方式生产得到的箍筋，此箍筋的拉伸强度、拉伸模量与表1-10～表1-13中的相关指标差距甚远。这是因为表1-10～表1-13中的FRP筋是采用拉挤（包括拉挤、拉挤-缠绕、拉挤-模压）工艺制造的，拉挤时必须施加一定的拉力，因而纤维在此定向拉力作用下被拉直。而模压时，就无法施加一定的拉力，纤维更容易弯曲变形，因而由此固化工艺制备的箍筋，比如拉伸模量难以达到20GPa，而环氧树脂涂层钢筋作为箍筋时，其拉伸模量＞200GPa，其值是GFRP箍筋的10倍以上。

总之，GFRP箍筋是限制GFRP筋用于混凝土结构的一个关键问题，解决之后有可能带来GFRP筋混凝土结构的大发展。但是目前GFRP箍筋尚存在较多问题，常见问题、原因及解决方法如下。

（1）箍筋杆体弯曲不均　可能原因：箍筋在预成型时未曾整理拉紧。解决方法：预成型箍筋在进入烘箱固化定型前进行整理并使其张紧。

（2）箍筋杆体表面有大量气泡　可能原因：箍筋进入烘箱之前，杆体之间的间隙过小或固化定型的温度过高。解决方法：箍筋进入烘箱之前，确保杆体之间存在5mm左右的间隙或适当调整烘箱的温度。

（3）箍筋局部较软，固化差　可能原因：旋转装置出现故障，导致固化定型时受热不均。解决方法：修复旋转装置。

2.4.2 GFRP托盘、GFRP螺母

整套GFRP筋作为锚杆使用时，由杆体、杆体尾部连接部位、尾部螺纹及螺母、托盘组成，并对各自的性能提出要求，根据我国标准MT/T 1061—2008指标要求，这些部位的承载能力按表1-11采用，GFRP锚杆按表1-10采用，此外，还包括阻燃、抗静电指标要求。对于岩土工程用锚杆及配套的装置而言，需要锚杆更高的承载能力，相应的GFRP托盘、GFRP螺母承载能力提高。前文已说明GFRP锚杆的制造，下面说明GFRP托盘、GFRP螺母的制造。

GFRP托盘、GFRP螺母的制造，可以采用两类方法：①玻璃纤维增强热塑性树脂（如尼龙等）注塑而成；②玻璃纤维增强热固性树脂（不饱和聚酯树脂、乙烯基酯树脂和环氧树脂）模压而成。相对而言，由玻璃纤维增强热固性树脂模压而成的制品，具有更大的承载能力、抗蠕变能力，但效率更低、成本更高。

玻璃纤维增强热固性树脂模压通常采用SMC预浸料片状材料（或BMC预浸料团状材料）热压而成，由此可以直接制备出GFRP螺母。为了提高GFRP托盘的抗弯曲能力，有时将玻璃纤维方格布、玻璃纤维针刺毡浸渍树脂成为预浸料作为托盘的底部，在其上面再采用SMC或BMC预浸料，热压而成GFRP托盘。

在岩土工程、煤矿支护用锚杆时，经常出现锚杆轴向与壁面不垂直的情况。锚杆轴向通常限制在壁面垂直方向的30°圆锥角内，此时对应GFRP托盘、GFRP螺母就需要采用球面接触方式，即两个制品接触面中，GFRP托盘为凹面而GFRP螺母为凸面，此时接触部位的GFRP螺母还需要做成圆台以提高强度、刚度。球形端头的螺母上端有六角形外缘，有内螺纹，可以用扳手或其他工具施加扭矩，通过螺纹产生轴向压力。

此外，还包括锥形、柱形端头螺母和相应配套的托盘。柱形端头螺母，其端部直接压在托盘端部平面上，螺母有六角形外缘，有内螺纹，可以用扳手或其他工具施加扭矩，通过螺纹产生轴向压力。而锥形端头螺母的上端有六角形外缘，有内螺纹，用扳手或其他工具施加扭矩，通过螺纹产生轴向压力。它与托盘的配合，是由锥形的下端插入托盘的锥形杯内，起到更紧密的固定作用，其中带有轴向锯缝的锥形螺母，在压紧托盘时，自身抱紧锚杆，对锚杆有较大的锚固力，其作用相当于锚具。

实践证明，GFRP锚杆系统的破坏通常在锚固端，其端部承载能力只有杆体的70%以下，杆体强度越高且直径越大，端部承载能力相对越低。产生此现象的原因是复杂的，其中锚杆制造时杆体的螺纹精度控制是关键之一。相对而言，螺母中的内螺纹精度控制很高，而锚杆体的外螺纹精度控制很低，因而螺母与锚杆表面螺纹旋合而共同受力时，难以保证全部甚至大部分螺纹同时受相同的力，部分受力更大的螺纹首先破坏，进而引发其他受力螺纹依次快速破坏。如何提高端部承载能力是提高锚杆系统整体承载能力的关键，除精确控制锚杆体的外螺纹外，螺母的结构设计等也是重要影响因素，而钢套管端部锚固强化内容见第2.1.2小节“拉挤-缠绕成型”中的先拉挤-后缠绕法。

2.4.3 端部锚固系统

由于玻璃纤维-聚合物界面剪应力滞后和材料内部的缺陷与几何尺寸成正相关，GFRP筋的拉伸强度、拉伸模量随着几何尺寸的增加而下降。通常而言，由于GFRP筋的拉伸强度、拉伸模量并不是特别高，因而在预应力领域不使用，GB 50608—2010对此有明确的说明。能够用于预应力领域的是CFRP筋、AFRP筋，它们具有更高的拉伸强度、拉伸模量以满足应用要求，但更高的价格限制这两种筋的应用。如何降低成本并维持一定的拉伸性能，从而在预应力领域得到应用，是GFRP筋相关技术的发展方向之一。

选择高强度S玻璃纤维和高模量M玻璃纤维，这两类玻璃纤维价格是E玻璃纤维的2倍以上，最终GFRP筋的强度和模量相应提高，但就原材料成本的提高与最终产品力学性能的提高而言，基于应用目标的技术经济性并没有优势，因而不是GFRP筋的首选材料。在要求强度、模量更高的GFRP锚索中可采用此玻璃纤维，以与CFRP、AFRP锚索形成竞争，并可能具有一定的性价比优势，此方面应用属于预应力范畴，要求复合材料的强度和模量需要达到一定的值，以满足应用要求。

选择高强度S玻璃纤维和高模量M玻璃纤维，环氧树脂通常采用酸酐类固化剂，通过拉挤-缠绕、拉挤方式生产小直径的GFRP锚索，此类锚索呈现出更高的强度和模量，且热变形温度更高，因而具备在预应力领域应用的可能性。

由于单根GFRP拉索的承载能力有限，需要更多根GFRP拉索组成锚索，以达到CFRP、AFRP锚索同样的承载能力，并由于总体价格优势，因而此技术有一定的发展空间。将多根GFRP拉索组成锚索，需要相应的端部锚固系统，此部分与2.4.2“GFRP托盘、GFRP 螺母”小节有相似之处，但不同之处的关键在于一根锚杆与多根拉索组成锚索，及由此产生的差异。

端部锚固系统有下列部件：GFRP 拉索、锚垫板、锚杯、夹片、波纹管。一套端部锚固系统包括一个锚垫板、一个锚杯、两个夹片。它们与多根预应力 GFRP 拉索配合，而多根预应力 GFRP 拉索穿过波纹管。将多根预应力 GFRP 拉索黏结在一起的是掺有环氧树脂（配套胺类固化剂）的水泥浆，并伴有石英砂以提高模量；此外，还有采用高强度混凝土作为黏结材料，GFRP 拉索表面需要预涂环氧树脂（配套胺类固化剂）以提高抗碱腐蚀能力。

对于腐蚀环境下使用的端部锚固系统而言，需要各部件都耐环境腐蚀，除 GFRP 拉索外，锚垫板、锚杯、波纹管可以采用 GFRP 材料制备，而夹片仍然需要采用铝材料，但铝本身耐腐蚀性能就比较好，且受到碱性黏结剂［环氧树脂（配套胺类固化剂）的水泥浆、高强度混凝土］的保护而具有较长的寿命。其中锚垫板、锚杯受力很大，需要预先设计，通常锚杯采用双向玻璃纤维布在环氧树脂（酸酐固化剂）浸渍后缠绕在特定的内模具表面并压模成型，固化后脱模而成。而锚垫板采用玻璃纤维方格布、玻璃纤维针刺毡浸渍环氧树脂（酸酐固化剂）后模压固化而成，由此制备的锚垫板、锚杯具有承载能力大且耐蠕变性能高的特点。而波纹管仅起保护 GFRP 拉索，使其与周围环境隔离的作用，受力很小，可用玻璃纤维增强热固性树脂薄壁管或阻燃聚乙烯管（钢绞线预应力拉索通常采用阻燃聚乙烯管隔离）。端部锚固系统施加预应力的方式见相关文献，本书在此不做进一步说明。

2.4.4 不同表面形式的 GFRP 筋

利用郑州大学教育部纤维复合建筑材料与结构工程研究中心的 FRP 拉挤-缠绕成型设备，制备不同表面形式 GFRP 筋，进行相关力学性能测试，探讨不同表面形式对 GFRP 筋力学性能的影响，为筋材性能改进以及研究筋材与混凝土的黏结奠定基础。本小节介绍不同表面形式 GFRP 筋的制备，其力学性能将在第 3 章中介绍。

郑州大学 FRP 拉挤-缠绕成型设备如图 2-3 所示，其基本组成为纱架、导纱板、树脂浸渍槽、预成型模具、缠绕装置、刮胶板、加热固化装置、牵引装置和切割装置，各部分作用见 2.2.3 小节。

图 2-3　郑州大学 FRP 拉挤-缠绕成型设备

本试验 GFRP 筋使用的基体树脂为双酚 A 型环氧乙烯基树脂，是国际公认的高度耐腐蚀树脂，该树脂含酯键量少，使其耐碱性能得以提高，主链上含有较多的仲羟基，改善了树脂对玻璃纤维的浸润性能与黏结性能，有助于提高产品的力学性能。如图 2-4 所示是其分子结构式，具体性能见表 2-4。

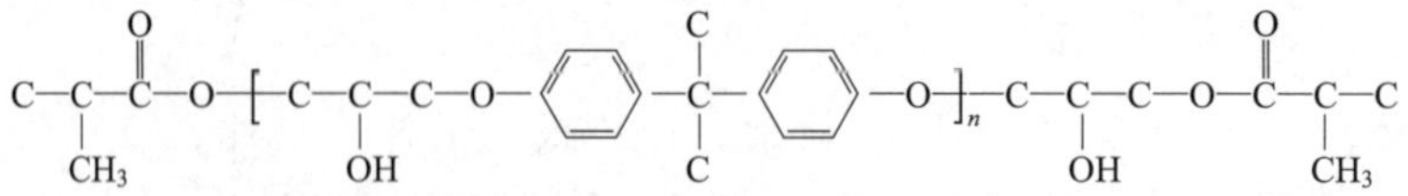

图 2-4　标准双酚 A 型环氧乙烯基树脂分子结构式

表 2-4　乙烯基树脂的基本性能

23℃黏度/mPa·s	酸值/(mg KOH/g)	固体含量/%	25℃凝胶时间/min
400～550	5.0～10.0	60.5	10.0～15.0
拉伸强度/MPa	弹性模量/GPa	伸长率/%	密度/(g/cm³)
70～85	2.9～3.5	6～8	1.2～1.5

本试验采用的是邢台金牛 EC24-4800W（J107 型）玻璃纤维，执行标准 GB/T 18369—2008，基本性能见表 2-5。玻璃纤维是一种性能优异的无机非金属材料，具有抗拉强度高、伸长率小、耐腐蚀性好等优点，并且与碳纤维和玄武岩纤维相比，原料易得，价格便宜，生产工艺相对简单成熟，便于工业推广应用

表 2-5　玻璃纤维的基本性能

拉伸强度/MPa	弹性模量/GPa	伸长率/%	线密度/tex	适用树脂
2250	70	4	4800	UP,VE,EP

注：UP 代表不饱和聚酯树脂；VE 代表乙烯基树脂；EP 代表环氧树脂。

本试验采用过氧化苯甲酰（BPO）、过氧化苯甲酸叔丁酯（TBPB）作为引发剂，基本性能见表 2-6。其中 TBPB 属于中高温引发剂，BPO 属于低温引发剂，由于生产 GFRP 筋材时，采用分段加热固化的方式，所以采用双引发剂，使得固化效果更好。

表 2-6　引发剂的基本性能

化学名称	密度/(g/cm³)	热分解温度/℃	溶解性
过氧化苯甲酰	1.021	60	易溶于醇、酯类有机溶剂
过氧化苯甲酸叔丁酯	1.33	103	溶于乙醇、苯等有机溶剂

本试验采用拉挤-缠绕成型工艺制备 GFRP 筋，此工艺融合拉挤成型工艺与缠绕工艺，将缠绕工艺设置在拉挤工艺固化成型之前，实现对 GFRP 筋未固化之前表面加肋的处理。

生产 GFRP 筋材时，基体树脂使用的是热固性环氧乙烯基树脂，由于树脂基体对应力在筋材内部的传导有较大影响。因此，成型温度的控制是筋材生产中的一个重要方面。采用分段加热固化方式，中间加热管温度设定高，两端加热管温度设定低。在加热固化装置中，基体树脂和纤维表面-基体树脂之间发生化学反应，温度过低时树脂不能完全固化；温度过高时树脂反应速率过快，容易造成爆聚，使筋材内部出现空隙，两者都会影响筋材的性能。经大量筋材生产试验，最终成型温度设定为初段加热管 165℃，中段加热管 200℃，末端加热管 175℃。

肋间距是通过调节牵引机的牵引速度和缠绕速度（电动机的转数）来控制的，牵引速度为 300mm/min，缠绕速度为 14r/min，制得肋间距为 18mm 的 GFRP 筋。牵引速度为 300mm/min，缠绕速度为 9r/min，制得肋间距为 27mm 的 GFRP 筋。肋深、肋浅的控制主要通过缠绕盘上的校力轴来实现，通过改变校力轴的角度，制备浅肋（大约 0.5mm）和深肋（1.5～2mm）两种肋深的 GFRP 筋。制备的不同表面形式 GFRP 筋材类如图 2-5 所示。

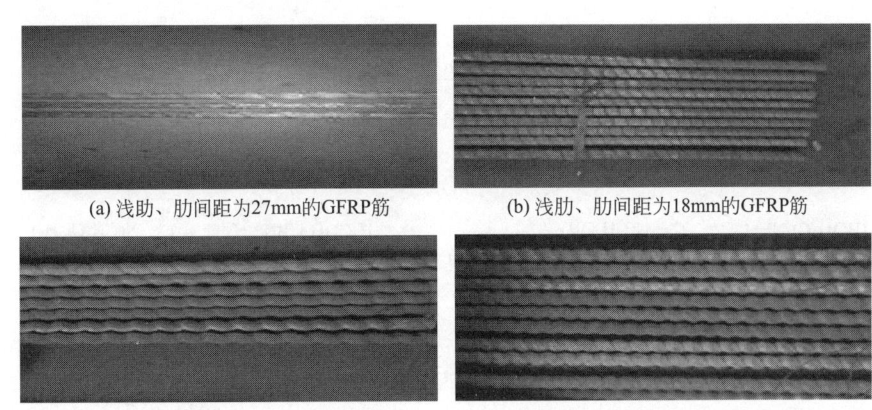

(a) 浅肋、肋间距为27mm的GFRP筋　(b) 浅肋、肋间距为18mm的GFRP筋

(c) 深肋、肋间距为27mm的GFRP筋　(d) 深肋、肋间距为18mm的GFRP筋

图 2-5　制备的不同表面形式 GFRP 筋材类

2.4.5　缠绕玻璃纤维带 GFRP 筋

上面介绍采用尼龙绳作为缠绕材料制备 GFRP 筋内容，制备出的 GFRP 筋需要人工解除此缠绕用的尼龙绳，因而增加工序。如果能够用玻璃纤维带代替尼龙绳缠绕，在使用前不需要将玻璃纤维带解掉，这不仅使玻璃纤维带与 GFRP 筋协同工作，有助于增强筋材的抗拉、抗弯、抗压、抗扭等力学性能，而且在制备完成后省掉了解尼龙绳的工序，节约大量的人力和时间，大大提高生产效率，缠玻璃纤维带也为后续喷砂工艺的研究提供了前提条件。

本部分先介绍缠绕用玻璃纤维带的制备和基本性能，然后介绍利用此玻璃纤维带代替尼龙绳缠绕，制备 GFRP 筋的内容，相关 GFRP 筋的力学性能见第 3 章。

本研究采用实验室自制的混醚化三聚氰胺甲醛树脂和水性环氧乳液复配制成浸润液用于浸润玻璃纤维，经加热反应后制得玻璃纤维带，相关内容如下。

水性环氧树脂是指环氧树脂以微粒或液滴形式分散在以水为连续相的分散介质中而制得的稳定分散体系。水性环氧树脂环保性好，适应能力强，对众多底材有极高的附着力，固化成膜性能优异，方便施工操作。由于水性环氧乳液是线型结构的热固性树脂，如若没有外加的固化剂，水性环氧乳液难以固化成膜。为了研究的方便，先在实验室合成相关的环氧树脂乳液，其性能见表 2-7。

三聚氰胺缩甲醛树脂是氨基树脂中综合性能较为优异、应用范围较广的一种树脂，其由三聚氰胺和甲醛经缩聚反应制得，但是由于其体系中羟甲基含量较高，使其极性较强，与水性环氧树脂复配效果较差，所以用醇类对其进行醚化改性，制得醚化三聚氰胺甲醛树脂。醚化三聚氰胺树脂合成过程的主要反应如图 2-6 所示，还可以采用部分甚至全部丁醇取代甲醇进行混醚化反应。根据相关文献得知，将醚化三聚氰胺缩甲醛树脂作为交联剂与水性环氧乳液复配，不仅可以使涂膜温度降低，而且固化成膜性能良好。为了研究的方便，先在实验室合成相关的混醚化三聚氰胺甲醛树脂，其性能见表 2-8。

浸润液采用实验室自制的甲醇和丁醇摩尔比为 8：2 的混醚化三聚氰胺甲醛树脂及水性环氧乳液复配制得。经研究，最佳涂膜固化条件为：混醚化三聚氰胺甲醛树脂及水性环氧乳液质量比为 1：2，固化温度为 200℃，固化时间为 10min，制得的涂膜性能优异，成膜均匀性良好。采用邢台金牛玻璃纤维厂生产的 EC24-4800W 玻璃纤维，具体性能见表 2-5。

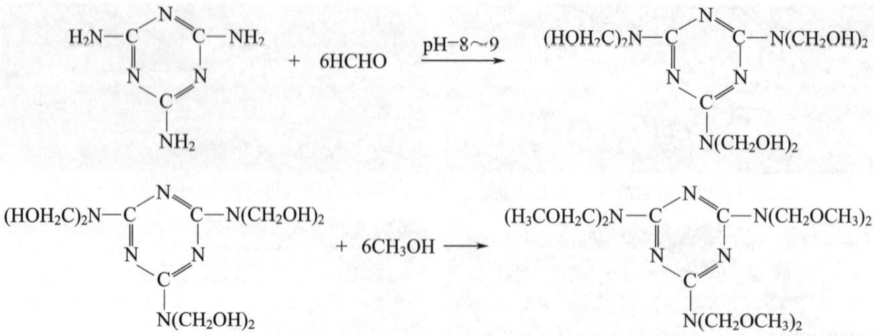

图 2-6　醚化三聚氰胺树脂合成过程的主要反应

表 2-7　水性环氧树脂性能分析结果

测试项目	测试结果	测试方法
外观	白色乳状液	目测观察
乳液颗粒粒径	＞1μm	激光粒度仪
固含量/%	50 左右	GB 1725—2007
储存稳定性	3 个月	GB 6753.3—1986
稀释稳定性	可稀释到固含量＜10%	蒸馏水定量稀释
抗盐稳定性	＞12d	5% $CaCl_2$ 等水溶液
抗碱稳定性	好,可达到 pH＝11	氨水调节
机械稳定性	转速 3000r/min,30min 不分层	离心机

表 2-8　混醚化三聚氰胺树脂性能分析结果

测试项目	测试结果	测试方法
外观	无色透明状液体	目测观察
固含量/%	25 左右	GB/T 2793—1995
pH 值	9 左右	GB 6753.3—1986
黏度/mPa·s	4～6	NDJ-79 型旋转黏度计测定
游离甲醛含量/%	＜5.5	GB 5543—2006

利用现有 FRP 筋拉挤-缠绕成型设备，将一股玻璃纤维纱穿过加热装置，将水性环氧乳液和混醚化三聚氰胺甲醛树脂按照不同的质量比复配，制成浸润液，搅拌均匀后，倒入小型树脂浸润槽中，然后将玻璃纤维浸润其中，调节加热装置，控制温度在 200℃，调节牵引机速度，使玻璃纤维在加热管道中的停留时间保持在 10min，制得玻璃纤维带。

由于生产 GFRP 筋的温度和时间与最佳固化涂膜条件下的温度和时间相当，并且现有的拉挤-缠绕成型设备对温度和时间的控制不是非常精确，所以暂且只讨论水性环氧乳液和醚化三聚氰胺树脂在不同质量比下，制得的玻璃纤维带的力学性能。经研究，在 200℃、反应时间为 10min 的条件下，水性环氧乳液和混醚化三聚氰胺树脂质量比为 2.5∶1、2∶1、1.5∶1、1∶1、1∶2 时基本都可以完全固化。测试制得的玻璃纤维带的力学性能，宏观上探讨玻璃纤维和基体树脂的协同受力情况。单独用水性环氧乳液浸润玻璃纤维，由于环氧树脂本身难以自交联固化，制得的玻璃纤维带非常柔软并且表面粘手，力学性能较低，不适合作为缠绕用玻璃纤维带。单独用混醚化三聚氰胺树脂浸润玻璃纤维，因为其不是长链聚合物，加热反应时，是分子间官能团的反应，对玻璃纤维附着力差，制得的玻璃纤维带分叉较为严重，同样不适合作为缠绕用玻璃纤维带。

测试设备为电伺服 50kN 万能试验机并配以拉伸试验机，如图 2-7 所示。测试对象为纯玻璃纤维束和5种不同配比下制得的玻璃纤维带，试件标长为300mm，两端粘有加强片，如图2-8所示。分6组试验，每组5个试件。经测试得表2-9试验数据。

图2-7 拉伸试验机

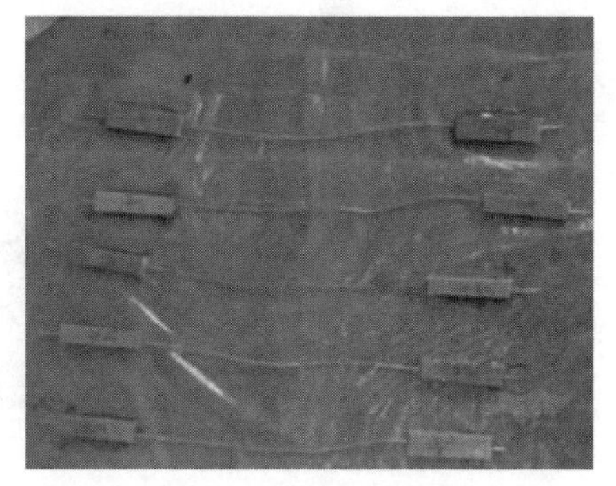
图2-8 带子拉伸试件

表2-9 玻璃纤维带和玻璃纤维束拉伸试验数据

质量比（EP∶MF）	最大载荷/N					平均载荷/N	方差
	试件1	试件2	试件3	试件4	试件5		
2.5∶1	1909.12	2019.70	2172.10	2171.15	2007.45	2129.10	2322.971
2∶1	2465.86	2193.42	2429.96	2266.97	2346.34	2328.31	2091.853
1.5∶1	2159.76	2116.66	2173.06	2239.24	2180.23	2093.79	3910.097
1∶1	1822.74	1731.08	1713.17	1865.65	1775.32	1781.59	4007.819
1∶2	1665.14	1415.79	1588.23	1678.54	1623.67	1614.27	4295.785
玻璃纤维束	1289.60	1021.67	1216.53	1031.65	1134.28	1138.75	13500.89

注：EP代表水性环氧乳液；MF代表醚化三聚氰胺树脂。

玻璃纤维纱经树脂浸润后，不再分叉，进入第一个加热管道后，管道两端有水汽冒出，管道中有“砰砰”声响，水分开始蒸发，环氧树脂和醚化三聚氰胺树脂开始接触反应。经过第二个加热管道，两者继续反应发出较为密集的“砰砰”声响，经过第三个加热管道声响非常细微，反应将近结束。玻璃纤维带经过最后一个加热管道后，基本已完全固化，树脂和纤维黏结在一起不分离。

通过表2-9中数据分析得图2-9。由图2-9可以看出，环氧乳液和醚化三聚氰胺树脂质量比为2∶1时，玻璃纤维带所承受的平均载荷最大。随着交联固化剂的比例增加，玻璃纤维带的平均承载力逐渐下降，这主要是由于交联剂的增多造成与环氧乳液复配成膜性能变差，对玻璃纤维的附着力降低，应力无法在纤维和树脂之间有效传递，导致玻璃纤维带承受的载荷降低。试验所用的J107型玻璃纤维适用于的基体树脂，包括不饱和聚酯树脂、环氧树脂和乙烯基树脂，所以其表面通常会用KH550型和KH570型偶联剂进行浸润处理。KH550型偶联剂其有机相段含有氨基官能团，在一定条件下可以和环氧键发生开环加成反应，因此玻璃纤维表面会和水性环氧乳液发生化学键合作用，使其成带后，协同受力效果更好。质量比为2.5∶1时，玻璃纤维带承载力较质量比为2∶1时低，可能是由于环氧树脂过量，有部分树脂未能完全交联固化，从而影响了其整体的力学性能。玻璃纤维束力学性能较小，并且数据相对比较离散，这是由于测试纯玻璃纤维束拉伸性能时，玻璃纤维束中单丝松紧程度差别很大，随着拉力增加，受力最大的单丝或是缺陷最严重的单丝开始陆续断裂，不断有松弛的单丝被拉紧而承载，弥补先前断裂的单丝。

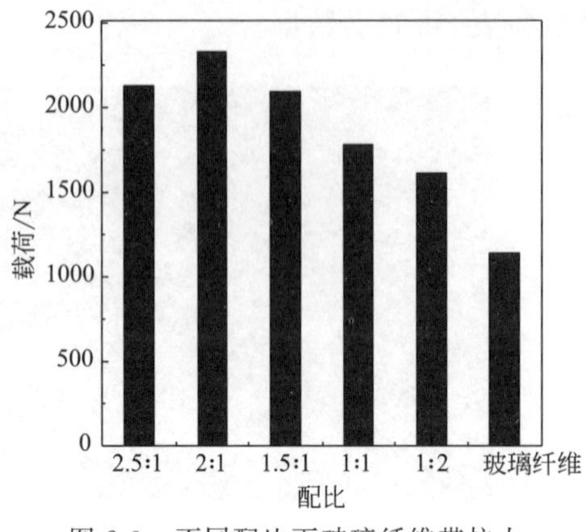

图 2-9　不同配比下玻璃纤维带拉力

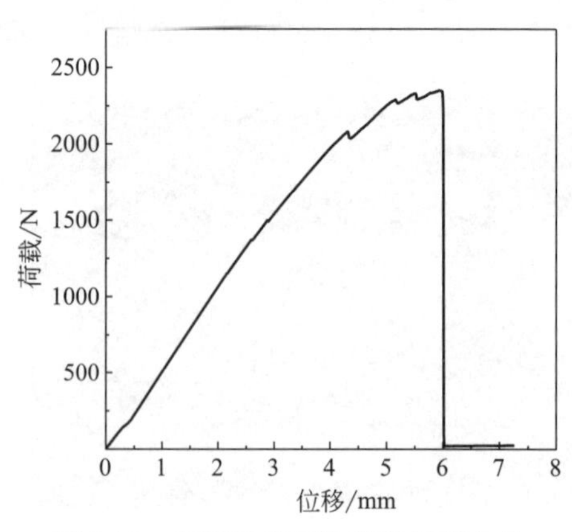

图 2-10　玻璃纤维带的荷载位移曲线

玻璃纤维带的断裂类似 FRP 筋拉伸断裂，当达到极限载荷时，突然断裂，没有屈服阶段，荷载位移曲线如图 2-10 所示，断裂形式如图 2-11 所示。玻璃纤维束拉伸过程中，可以明显听到纤维受拉绷直的声音，经过拉伸过后的玻璃纤维束表面起毛，变得粗糙，如图 2-12 所示。

图 2-11　玻璃纤维带拉伸破坏

图 2-12　玻璃纤维束拉伸破坏

用作缠绕用的玻璃纤维带，缠绕前必须具有一定的柔韧性，才可以缠绕在 GFRP 筋主体外。玻璃纤维带的柔韧性，在一定程度上可以用玻璃纤维带结圈，将玻璃纤维带缠绕在不同直径的 FRP 筋主体外，在尚未折断时的直径表示，如图 2-13 所示。所以讨论在不同反应温度和时间下，水性环氧乳液和混醚化三聚氰胺质量比为 2∶1 时玻璃纤维带的柔韧性，见表 2-10。

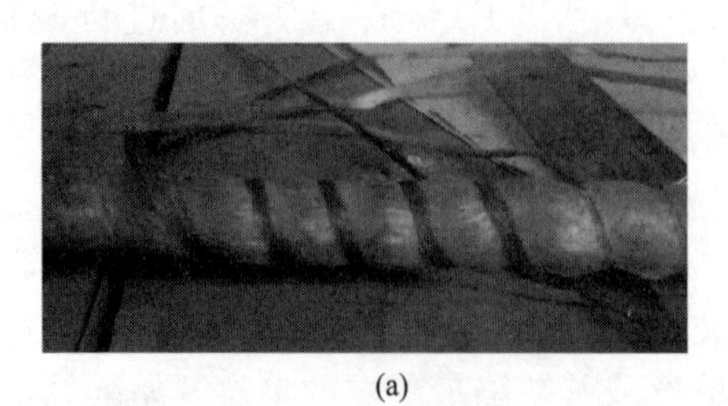

(a)　　(b)

图 2-13　柔性判断

表 2-10　不同温度和时间下玻璃纤维带柔性判断

温度/℃	时间/min	结果	筋材直径/mm
180	5	特别粘手，柔软	8、10、12、16
180	7	柔软	10、12、16
180	10	局部固化，易折断	—
190	5	柔软	10、12、16
190	7	柔软	10、12、16
190	10	局部固化，易折断	—
200	5	柔软	10、12、16
200	7	局部固化，易折断	—
200	10	完全固化，易折断	—

由表 2-10 数据可知，反应温度相同时，随着反应时间的增加，水性环氧乳液和混醚化三聚氰胺甲醛树脂反应程度逐渐完全，玻璃纤维带也从柔软变得局部僵硬，到完全固化僵硬。反应时间相同时，随着反应温度的增高，反应速率加快，水性环氧乳液和混醚化三聚氰胺交联程度变高，玻璃纤维带也由柔软变得僵硬。为了与筋材生产温度保持一致以及兼顾生产效率，一般采用 5min、190～200℃条件下生产玻璃纤维带。

将制得的有一定柔韧性的玻璃纤维带在 200℃下再加热一段时间使其完全固化，测试其力学性能，与上文在 200℃加热 10min 制得的一次固化成型玻璃纤维带力学性能做对比，试验数据见表 2-11。由表中数据可知，两种玻璃纤维带承载力相当，说明分段固化对其力学性能影响不大，可以一次固化成型玻璃纤维带的力学性能为研究依据。

表 2-11　一次固化和分段固化玻璃纤维带拉伸试验数据

质量比 2∶1	最大载荷/N					平均载荷/N	方差
	试件 1	试件 2	试件 3	试件 4	试件 5		
分段固化	2169.06	2385.57	2179.32	2366.87	2486.56	2277.48	10286.69
一次成型	2465.86	2193.42	2429.96	2266.97	2346.34	2328.31	2091.853

由于生产 GFRP 筋材时，需要相当长度的玻璃纤维带作为缠绕材料，所以尝试改变水性环氧乳液和醚化三聚氰胺树脂的固含量制备浸润液，以提高两者的利用率。混醚化三聚氰胺甲醛树脂固含量约为 25%，水性环氧乳液固含量约为 50%。用蒸馏水定量稀释水性环氧乳液和混醚化三聚氰胺甲醛树脂，然后复配作为浸润液，研究玻璃纤维的成带性，试验结果见表 2-12。

表 2-12　不同固含量下玻璃纤维的成带性

固含量	质量比	温度/℃	时间/min	成带性
10%EP、5%MF	2∶1	200	5	差，颜色白，有散丝
20%EP、10%MF	2∶1	200	5	差，颜色略黄，有散丝
30%PE、15%MF	2∶1	200	5	差，黄色加深，有散丝
40%EP、20%MF	2∶1	200	5	较差，散丝束减少
50%EP、25%MF	2∶1	200	5	良好

注：EP 代表水性环氧乳液；MF 代表混醚化三聚氰胺甲醛树脂。

由表 2-12 可知，固含量越低，成带性越差。因为固含量降低时，水性环氧乳液和混醚化三聚氰胺甲醛树脂交联程度变低，不能完全地附着在玻璃纤维表面，从而导致纤维束的分叉，不利于作为缠绕用玻璃纤维带生产 GFRP 筋，如图 2-14 所示。成带性良好的可以作为缠绕用的玻璃纤维带如图 2-15 所示，所用树脂不适合再稀释改变其固含量来生产玻璃纤维带。

图 2-14　成带性差的玻璃纤维带

图 2-15　成带性良好的可以作为缠绕用的玻璃纤维带

本试验用制备好的玻璃纤维带代替尼龙绳作为缠绕材料，利用拉挤-缠绕工艺，根据牵引机拉挤速度和缠绕机缠绕速度的关系，制备肋间距为 27mm、表面缠绕玻璃纤维带的 GFRP 筋。利用校力轴角度不同而对缠绕物施加力大小不同的原理制备深肋（1.5～2mm）的 GFRP 筋，如图 2-16 所示。没有生产浅肋 GFRP 筋是由于玻璃纤维带较宽较厚，生产浅肋 GFRP 筋时，玻璃纤维带容易被刮胶板刮乱，影响生产的连续性和稳定性。采用玻璃纤维带作为缠绕材料之前，尝试使用不浸胶的玻璃纤维束作为缠绕材料生产 GFRP 筋。由于生产中玻璃纤维束是无捻单独的丝束，容易缠绕在一起，影响生产的连续性和稳定性，所以只生产了少量玻璃纤维束缠绕的 GFRP 筋，如图 2-17 所示。

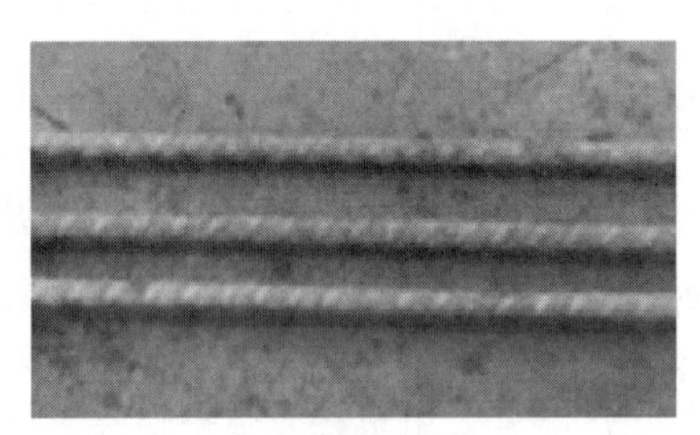

图 2-16　表缠缠绕纤维带 GFRP 筋

图 2-17　表面缠玻璃纤维束 GFRP 筋

第3章 GFRP筋的力学性能

3.1 FRP 筋简介

纤维增强复合材料（fiber reinforced polymer/plastics，FRP）筋是由增强材料和基体材料按照一定的比例混合并经过拉挤成型固化工艺复合形成的高性能新型材料。这种材料从20世纪40年代出现以来，在航空航天、船舶、汽车、医学及机械等领域得到广泛的应用。目前，土木工程领域所使用的纤维增强复合材料主要是由树脂材料做基体的玻璃纤维(glass fiber)、碳纤维（carbon fiber)、玄武岩纤维（basalt fiber)、芳纶纤维（aramid fiber)，其分别简称为GFRP、CFRP和AFRP。

FRP筋因其力学性能和耐久性的优异，人们广泛认为FRP筋是钢筋混凝土中钢筋的一种可能替代材料。FRP筋一般由纤维和基底树脂按一定的比例加热固化而成，纤维的含量一般为65%～75%，基底树脂含量为25%～35%。根据纤维种类不同，FRP筋可分为碳纤维增强塑料（CFRP）筋、玻璃纤维增强塑料（GFRP）筋和玄武岩纤维增强塑料（BFRP）筋，所用的基底树脂主要有聚酯树脂、乙烯基树脂、不饱和树脂和环氧树脂。FRP材料具有耐腐蚀性好、抗拉强度高、自重轻、抗疲劳等优点。其中GFRP筋因其价格低廉应用最为广泛，其次是BFRP筋和CFRP筋。到目前为止，FRP筋已广泛应用于民用建筑、道路桥梁、沿海近海及地下工程结构中。

3.1.1 FRP筋的特点

常见的FRP筋包括玻璃纤维增强复合材料（GFRP）筋，碳纤维增强复合材料（CFRP）筋、芳纶纤维增强复合材料（AFRP）筋和玄武岩纤维增强复合材料（BFRP）筋等几种。FRP直筋是以连续纤维为增强材料，合成树脂为基体，经拉挤缠绕成型的一种棒状的新型复合材料筋材。若在FRP筋材表面形成一定的肋或者进行表面喷砂处理，还可增强其与混凝土的黏结。

FRP筋产生与发展的基本思想是充分发挥增强材料和基质的不同材料的特性，并将其有机组合，使纤维增强复合材料筋具有传统钢筋所不具备的物理化学及力学特性，这种思想类似于钢筋混凝土的特性，利用钢筋承担大部分受拉应力，利用混凝土承担大部分受压应力。所不同的是，在FRP筋中，绝大部分应力均由具有较高强度的纤维丝承担，而基质主要起传递剪力和包裹纤维的作用。正是复合材料可以有机组合不同性质的材料，因此FRP筋具有传统材料（如钢材）无法比拟的优点，其优点如下。

（1）顺纤维向抗拉强度高　远高于普通钢筋，与高强钢丝或钢绞线相近。CFRP筋的拉伸强度一般为1500～2400MPa，有的可达3700MPa。

（2）密度小、重量轻　FRP 筋的密度一般仅为钢筋的 1/6～1/4，这有利于减轻结构自重，方便施工。FRP 索用作大跨度桥梁的悬索或斜拉索，可以显著提高桥梁的跨越能力。

（3）耐锈蚀　我国现阶段因土木工程结构中的钢筋的锈蚀而造成的经济损失也在逐步的增长。而在近海建筑、盐渍地区的地下工程、海洋工程中，FRP 筋优良的耐腐蚀性已经在国内外得到了证明。一些发达国家已经开始在寒冷地区和近海地区的桥梁、建筑中较大规模地采用 FRP 结构或 FRP 配筋混凝土结构以抵抗除冰盐和空气中盐分的腐蚀，极大地降低了结构的维护费用，延长了结构的使用寿命。CFRP 筋耐久性最好，长期处于酸、碱、盐、潮湿、紫外线等环境中的性能很少降低，因此适合在恶劣环境中使用。

（4）疲劳性能优良　CFRP 筋与 AFRP 筋的疲劳性能明显优于钢筋，CFRP 筋的疲劳性能最好。

（5）电磁绝缘性好　FRP 筋无磁感应，代替钢筋使用后可使结构满足特殊要求。

（6）良好的可设计性　与传统结构材料相比，这是 FRP 所独有的。工程师可以通过使用不同纤维种类、控制纤维的含量和铺陈不同方向的纤维设计出各种强度及弹性模量的 FRP 产品。而且 FRP 产品成型方便，形状可灵活设计。

但同时 FRP 筋材也存在一些不足之处，其缺点大致如下。

① FRP 筋的拉伸从开始至断裂都是处于线弹性阶段，无明显的塑性阶段，延性较差，其拉伸破坏具有一定的脆性。从结构设计的角度来考虑，应尽量避免这一缺点。

② FRP 筋的抗剪强度和抗压强度远不如其抗拉强度，因为 FRP 筋为各向异性，横向抗剪强度仅为纵向抗拉强度的 1/10，因此应避免在抗压和抗剪的结构中使用 FRP 筋。此外，如带有锚固的 FRP 筋构件需在工厂中预制，且弯曲锚固处的强度也显著降低。

③ FRP 材料的耐热和耐火性能较差。当超过某一温度范围，FRP 筋的抗拉强度将有所降低，抗剪强度和粘接强度下降将会非常明显，因此 FRP 筋不适合长时间用于高温环境。

④ FRP 筋在承受持续荷载时存在徐变断裂现象。经过一些试验研究发现，GFRP 筋是最易发生徐变断裂的 FRP 材料，CFRP 筋是最不易发生徐变断裂的 FRP 材料，AFRP 筋则介于 GFRP 筋和 CFRP 筋之间。

⑤ 热胀系数与混凝土之间存在一定差异。CFRP 筋的轴向温度膨胀系数较低，AFRP 筋的轴向温度膨胀系数甚至为负数，GFRP 筋的轴向温度膨胀系数则与混凝土差不多。温度变化会引起 CFRP 筋预应力混凝土和 AFRP 筋预应力混凝土的预应力损失，而传统预应力混凝土结构则无此项损失。FRP 筋横向温度膨胀系数均较大，温差作用有可能造成 FRP 筋与混凝土间粘接的破坏或混凝土的胀裂，影响结构的长期耐久性。

3.1.2　FRP 筋的物理力学性能

FRP 筋的抗拉强度都比钢筋的要高，其强度是钢筋强度的数倍到数十倍不等。尤其是，FRP 筋是一种脆性材料，其应力-应变曲线呈线性关系，无明显的屈服阶段，在达到极限抗拉强度之前没有塑性变形。几种不同的 FRP 筋的应力-应变关系曲线如图 3-1 所示。

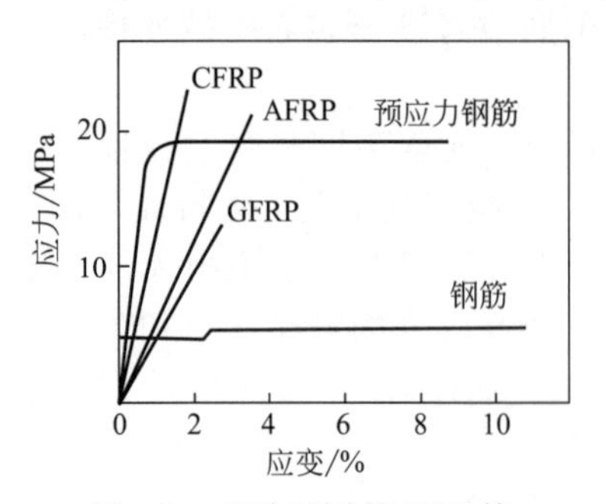

图 3-1　几种不同的 FRP 筋的应力-应变关系曲线

FRP 筋由于组成纤维与基底材料的不同，其力学性能差别也很大。不同 FRP 筋类型与钢筋（钢丝）的力学性能见表 3-1，不同树脂类型的主要性能见表 3-2，不同纤维类型的主要性能见表 3-3。

表 3-1 不同 FRP 筋类型与钢筋（钢丝）的力学性能

筋种	轴向纤维体积/%	直径/mm	密度/(g/cm^3)	保证受拉强度/MPa	弹性模量/GPa	延伸率/%
CFRP 筋	43～66	3.0～40.0	1.3～1.6	780～1800	73～210	0.4～1.5
AFRP 筋	43～69	3.0～21.8	1.2～1.5	1300～1830	42～78	2.0～3.5
GFRP 筋	40～68	2.4～19.4	1.5～2.0	590～1130	40～49	2.0～2.7

表 3-2 不同树脂类型的主要性能

性能	环氧树脂	聚酰亚胺树脂	聚酯树脂	热塑性树脂
拉伸强度/MPa	103～172	48～83	21～83	76～103
弹性模量/GPa	4.83～6.21	2.76～5.52	2.76～4.14	2.21～4.83
伸长率/%	<2.0	1.7～3.2	1.4～4.0	5.0～10.0

表 3-3 不同纤维类型的主要性能

性能	连续玄武岩纤维	E-玻璃纤维	S-玻璃纤维	碳纤维	芳纶纤维
密度/(g/cm^3)	2.8	2.54	2.54～2.57	1.78	1.45
拉伸强度/MPa	3000～4840	3100～3800	4020～4650	3500～6000	2900～3400
弹性模量/GPa	79.3～93.1	72.5～75.5	83～86	230～600	70～140
延伸率/%	3.1	4.7	5.3	1.5～2.0	2.8～3.6
最高工作温度/℃	650	380	300	500	250

表 3-4 规范中要求的 FRP 筋拉伸性能指标

规范	类型	弹性模量 E_{ft}/GPa	抗拉强度 f_{ut}/MPa		延伸率 e/%
ACI 440.1R-06	GFRP 筋	35.0～51.0	483～1600		1.2～3.1
	CFRP 筋	120.0～580.0	600～3690		0.5～1.7
	AFRP 筋	41.0～125.0	1720～2540		1.9～4.4
GB 50608—2010	GFRP 筋	≥40	d≤10mm	≥700	≥1.8
			22mm≥d>10mm	≥600	≥1.5
			d>22mm	≥500	≥1.3
	CFRP 筋	≥140	≥1800		≥1.5
	AFRP 筋	≥65	≥1400		≥2.0
	BFRP 筋	≥50	≥800		≥1.6

FRP 筋的力学性能受到纤维的种类（例如玻璃纤维、碳纤维和芳纶纤维等）、树脂的种类（例如环氧树脂基、聚酯和乙烯基酯等）和纤维的方向等因素的影响，这些参数的不同会导致 FRP 筋的力学性能有显著差别，表 3-4 为 ACI 440.1R-06 和《纤维增强复合材料建设工程应用技术规范》（GB 50608—2010）中提供的 FRP 筋抗拉性能的相关参数，从中可以发现，FRP 筋的抗拉性能有很大的离散性。

3.2 GFRP 筋原材料材性及制备

本节利用郑州大学教育部纤维复合建筑材料与结构工程研究中心的生产设备，根据不同的肋深、肋间距制备几种不同表面形式的 GFRP 筋，并进行一系列系统试验测试，研究了不同因素对于 GFRP 筋力学性能的影响。

利用拉挤缠绕工艺，根据牵引机拉挤速度和缠绕机缠绕速度的关系，制备肋间距为 18mm 和 27mm 两种肋间距的 GFRP 筋；利用校力轴角度不同而对缠绕物施加力大小不同的原理，通过改变校力轴的角度，制备浅肋（大约 0.5mm）和深肋（1.5～2mm）两种肋深的 GFRP 筋。

3.2.1 原料的材性

3.2.1.1 基底树脂

本试验 GFRP 筋使用的基底树脂为乙烯基树脂，基本性能见表 3-5。

表 3-5 乙烯基树脂的基本性能

23℃黏度/mPa·s	酸值/(mg KOH/g)	固体含量/%	25℃凝胶时间/h
400～550	5.0～10.0	60.5	10.0～15.0
拉伸强度/MPa	弹性模量/GPa	伸长率/%	密度/(g/cm³)
70～85	2.9～3.5	6～8	1.2～1.5

3.2.1.2 玻璃纤维

本试验采用的是金牛玻璃纤维，基本性能见表 3-6。

表 3-6 玻璃纤维的基本性能

拉伸强度/MPa	弹性模量/GPa	伸长率/%	密度/(g/cm³)
2250	70	4	2.48

3.2.2 GFRP 筋的制备

本小节采用郑州大学教育部纤维复合建筑材料与结构工程研究中心的 FRP 筋拉挤成型设备，制备肋间距不同、肋深不同的 GFRP 筋材，如图 3-2 所示。筋材的增强材料为无捻无

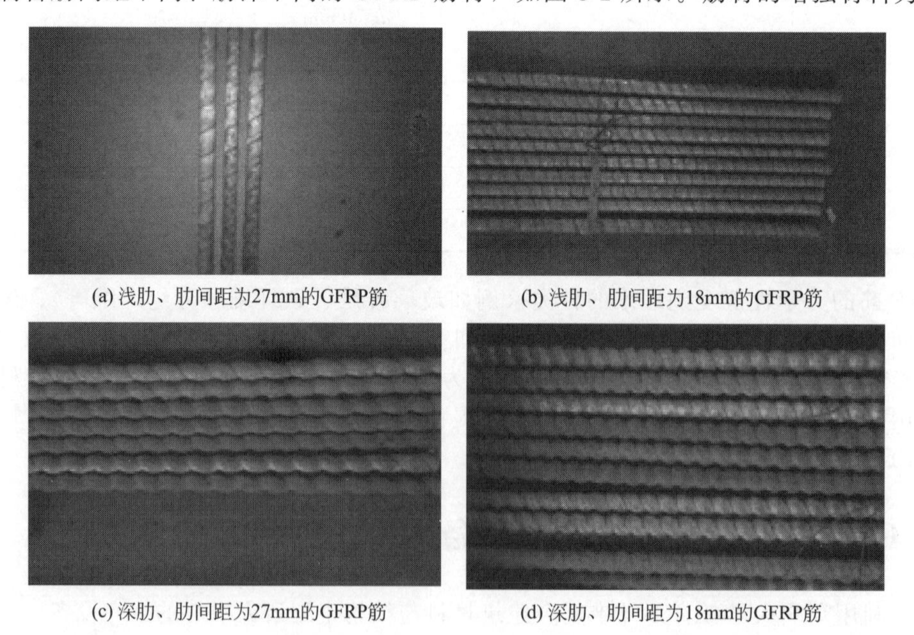

(a) 浅肋、肋间距为27mm的GFRP筋　(b) 浅肋、肋间距为18mm的GFRP筋

(c) 深肋、肋间距为27mm的GFRP筋　(d) 深肋、肋间距为18mm的GFRP筋

图 3-2 制备的 GFRP 筋材类型

碱玻璃纤维纱，基体树脂采用的是聚乙烯不饱和树脂，其中玻璃纤维体积含量为65%～75%，基体树脂体积含量为25%～35%，尼龙绳作为缠绕材料。

制备GFRP筋时，缠绕设备将尼龙绳单向缠绕于筋材表面，形成螺纹状肋变形，同时表面螺旋缠绕对纤维施加一定约束力，使纤维束紧密地结合在一起，通过变化缠绕速度和牵引速度可以改变肋间距的大小。二次浸胶使GFRP筋表面纤维充分浸渍。GFRP筋材的主要成型工艺包括粗纱、浸渍、预成型、缠绕、二次浸渍、固化成型、牵引和切割成品等。本试验制备了直径为16mm，肋间距分别为18mm、27mm，肋深分别为浅肋（大约0.5mm）和深肋（1.5～2mm），表面缠绕物为尼龙绳的GFRP筋材。

肋间距的调节由牵引速度和缠绕盘转速来决定，由缠绕机与牵引机配合共同完成。牵引速度由牵引机控制，缠绕机转速通过变频器变频，改变电动机的频率来调节。电动机的动力经变速后，带动小齿轮、大齿轮和缠绕盘转动，安装在缠绕盘上的线圈，在缠绕转动的牵动下，连续放线，线绳在运行的纤维束上勒出沟槽，从而完成筋材螺旋状肋的制作。通过控制牵引速度和电动机频率制作不同肋形式的GFRP筋材，通常牵引速度由成型温度决定。所以，通常通过调节变频器的频率来改变肋间距的大小。

3.3 基本力学性能

GFRP筋的基本力学性能主要包括：抗拉强度、抗压强度、弯曲强度、剪切强度和抗扭刚度等指标。

3.3.1 抗拉强度

可参考《拉挤玻璃纤维增强塑料杆力学性能试验方法》（GB/T 13096—2008），采用1000kN电伺服万能试验机。如图3-3所示，对GFRP筋进行拉伸性能测试，采用试验机配置的小变形计测量GFRP筋的拉伸变形，得到延伸率、弹性模量和极限抗拉强度。

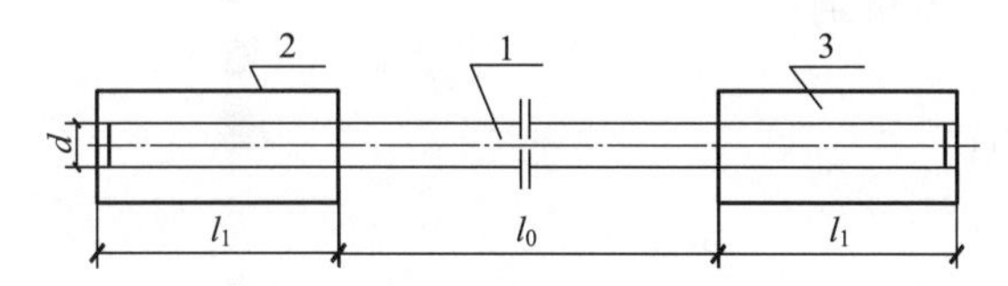

图3-3 锚具试样示意图

1—试样；2—钢管；3—锚具填充物；d—试样直径；l_0——测试部分长度；l_1——锚具部分长度

锚具填充物可用环氧树脂或者1∶1的树脂和净砂浆混合物，或者水泥灌浆。填充材料应与纤维固化树脂等相容，确保试样在拉伸试验中不会发生与锚具的拔出滑移

试验主要参数如下。

① 试件尺寸及形状：如图3-3所示。

② 测量试件直径和标距，测量精确到1mm。

③ 试验环境：温度25℃±2℃。

④ 加载速度应控制在100～500MPa/min范围内，保持均匀加载，若试验采用应变控制方法，应变增长速率应和前述应力加载速度换算后一致。

⑤ 试件数量：每组试样不少于5个。

⑥ 安装测量变形的小变形计于试件中部，对试件进行预加载至试验机夹具将试件牢牢夹死；为了避免引伸计破换，继续加载至60kN时将引伸计取下，然后继续加载至试样破

坏，记录最大荷载值及试样破坏形式，测量抗拉强度、拉伸弹性模量、延伸率及应力-应变曲线等材料性能指标。

⑦ 在锚固段内破坏、锚具附近处破坏以及筋材从锚具中滑出的试样应予作废。同批有效试样不足 5 个时，应从同一批筋材中补做相应数量的试样。

强度计算如下。

荷载（应力）-应变曲线由数据采集系统采集的数据得到。

拉伸强度按式(3-1) 计算，取三位有效数字。

$$\sigma_b = \frac{P_b}{A} \tag{3-1}$$

式中 σ_b——拉伸强度，MPa；

P_b——极限荷载，N；

A——试样的横截面面积，mm^2。

弹性模量按式(3-2) 计算，取三位有效数字。

$$E_L = \frac{P_1 - P_2}{(\varepsilon_1 - \varepsilon_2)A} \tag{3-2}$$

式中 E_L——弹性模量，MPa；

P_1——达到试样极限拉伸强度的 60%时的荷载，N；

ε_1——达到试样极限拉伸强度的 60%时的应变，无量纲；

P_2——达到试样极限拉伸强度的 20%时的荷载，N；

ε_2——达到试样极限拉伸强度的 20%时的应变，无量纲；

A——同式(3-1)。

极限应变按式(3-3) 计算，取三位有效数字。

$$\varepsilon_u = \frac{P_b}{E_L A} \tag{3-3}$$

式中 ε_u——极限应变，无量纲；

P_b——同式(3-1)；

E_L——同式(3-2)；

A——同式(3-1)。

3.3.2 拉伸性能测试

本小节参考《拉挤玻璃纤维增强塑料杆力学性能试验方法》（GB/T 13096—2008），1000kN 电伺服万能试验机，如图 3-4(a) 所示，对 GFRP 筋进行拉伸性能测试，采用试验机配置的大变形计测量 GFRP 筋的拉伸变形，得到极限延伸率、弹性模量和极限抗拉强度。

根据参考文献的试验方法，制成用环氧树脂和固化剂作为填充物的黏结式锚具试样，如图 3-4(b) 所示。本实验采用的 GFRP 筋材直径为 12mm，肋间距分别为 10mm、20mm、30mm，缠绕物分别为尼龙绳、一层玻璃纤维束和两层玻璃纤维束。

根据 ACI 规范规定，对纤维塑料增强聚合物筋进行拉伸性能测试时，要保证两端锚具间有效长度不小于筋材直径的 40 倍，本试验设计 GFRP 拉伸试件总长 $L=1240$mm，标距 $L_0=640$mm，两端采用套管锚固，锚固长度均为 $L=300$mm。套管采用的镀锌钢管，为外径 32mm、壁厚 3mm 的国标管。将生产的不同表面缠绕方式的 GFRP 筋在切割机上截取所需要的试件长度，然后将灌注用的环氧树脂灌入下端密封的钢套管中，将筋材缓缓插入套筒内，使其充分固结，经一段时间待完全固化后，将试件的另一端以同样的方法灌注，完全固化后可进行试验。本试验所做的试样尺寸如图 3-4(b) 所示。

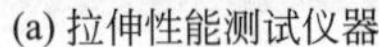

(a) 拉伸性能测试仪器

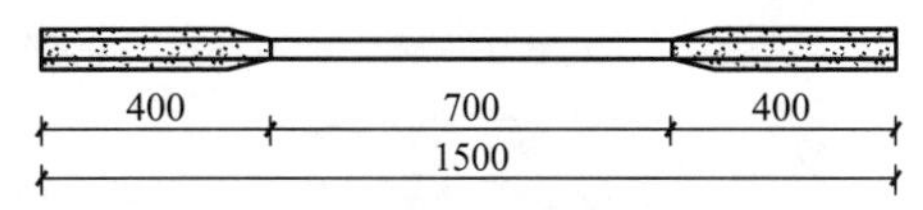

(b) 拉伸测试试件(单位：mm)

图 3-4　拉伸性能测试仪器及试件

制作试验试件时应注意：

① 进行灌注时保证钢套筒的下端是完全密封的，避免灌注胶流出；

② 插入筋材时要尽量保证对中，最好采取一定的措施，如套筒的两端用中孔的垫片，以保证试验数据的真实有效；

③ 环氧树脂一定要达到固化时间，以保证试验的成功率；

④ 特别注意补胶，因为灌注所用的环氧树脂经固化反应后体积会减小，如果不及时补胶就会造成钢管中胶不满，容易造成拉伸测试时筋材拔出，测试失败。

3.3.2.1　试验现象

试验过程中，测得的典型 GFRP 筋应力-应变曲线如图 3-5 和图 3-6 所示。对于浅肋的 GFRP 筋材，从开始受荷至完全破坏的受力过程中，应力-应变关系在达到极限强度前近似为一条斜直线。当荷载强度达到极限抗拉强的 40%左右时，开始出现细微的断裂声，疑似基底树脂断裂的声响，随着荷载的增加断裂声响逐渐加剧，当达到极限荷载前，出现急促而又绵密的响声，此时增强纤维开始断裂，当达到极限强度后，荷载曲线突然下降，不会出现明显的区服阶段，在 GFRP 即将达到极限荷载时，明显可以观察到筋材表面纤维出现断裂，并伴随剧烈爆炸声，整个筋材发生炸裂是破坏，如图 3-7(a) 所示。

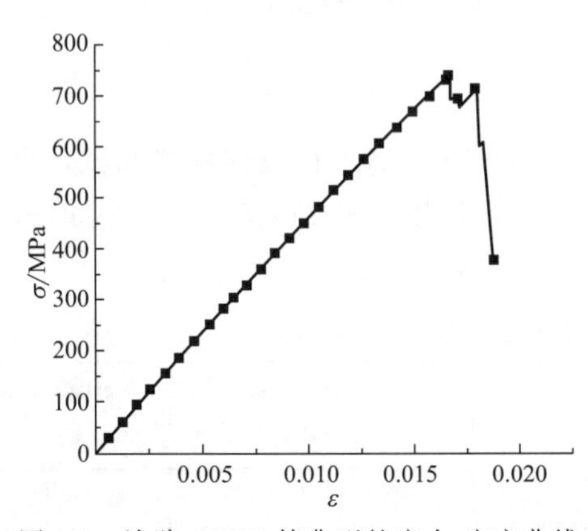

图 3-5　浅肋 GFRP 筋典型的应力-应变曲线

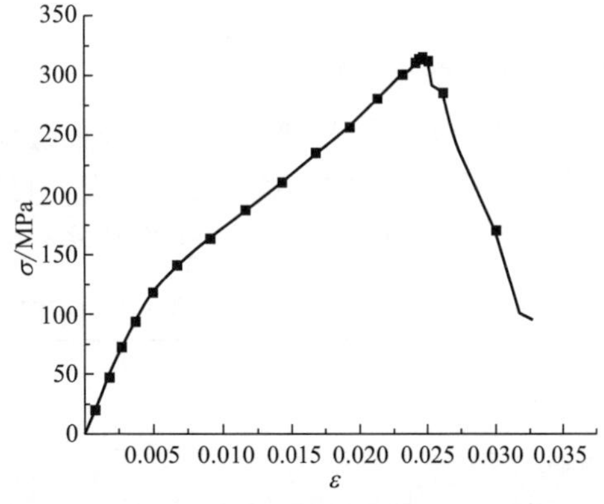

图 3-6　深肋 GFRP 筋典型的应力-应变曲线

对于深肋的 GFRP 筋材，开始加载时明显出现筋材表面的纤维迅速变形，反映在应力-应变曲线上则是加载前期不是一条直线，会有一段较为平滑的曲线，并伴随有“噼啪”声，为纤维与树脂的剥离声，因为筋材表面的肋较深，表层纤维的弯曲程度较大，加载前期表层纤维有一个先被拉直的过程，整个筋材截面纤维没有共同受力，随着荷载继续增大，当荷载增加到极限荷载的30%～50%时，应力-应变曲线开始呈现一条直线，达到极限荷载时，筋材一般会在中部断裂，整个筋材会瞬间散开，如图3-7(b)所示。

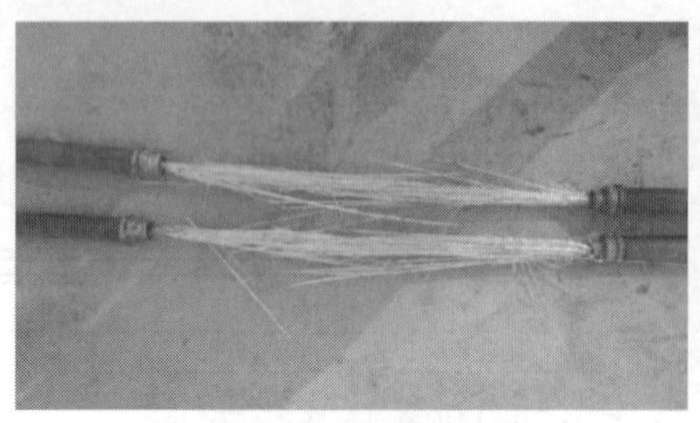

(a) 浅肋GFRP筋破坏形式

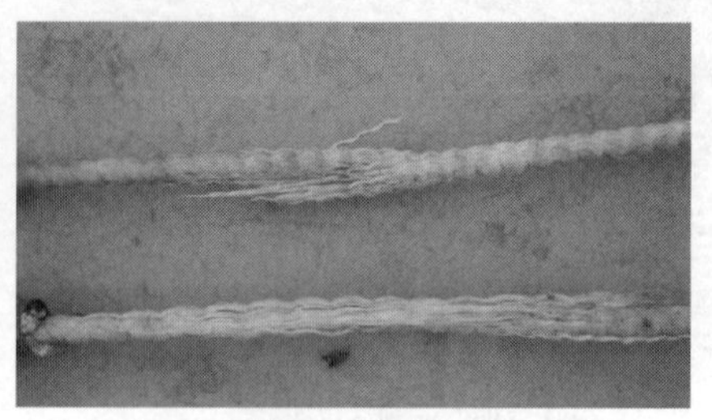

(b) 深肋GFRP筋破坏形式

图3-7　浅肋GFRP筋和深肋GFRP筋破坏形式

由于GFRP筋强度较高，在测试拉伸强度时部分试件出现破坏而不能测出有效的拉伸强度，主要的破坏形式有以下两种：①试件从GFRP筋中部位置破坏，为有效试件；②GFRP筋从黏结套筒中滑出或直接将套筒两端堵头拉断，为无效试件，如图3-8和图3-9所示。

图3-8　拉伸试样破坏形式(一)

图3-9　拉伸试样破坏形式(二)

3.3.2.2　试验数据处理

(1) 试验原始数据处理　对不同表面缠绕方式的GFRP筋进行拉伸性能测试，得到筋材的极限抗拉强度，根据ACI规范规定，将应力-应变曲线中应力值20%～50%的数据取出，得到这一段的斜率即为拉伸弹性模量，试验结果见表3-7。

表3-7　GFRP筋拉伸试验结果

试件编号	最大荷载 P_b/kN	抗拉强度 σ_b/MPa	拉伸弹性模量 E/GPa	极限延伸率 ϕ/%
18-1-01	79.5	395.5	33.7	1.17
18-1-02	77.8	387.3	25.4	1.52
18-1-03	82.8	412.2	24.9	1.66
18-1-04	78.8	391.4	32.8	1.19
18-1-05	78.4	390.1	29.6	1.32
27-1-01	63.2	314.4	23.7	1.33
27-1-02	64.8	322.3	21.9	1.47

续表

试件编号	最大荷载 P_b/kN	抗拉强度 σ_b/MPa	拉伸弹性模量 E/GPa	极限延伸率 ϕ/%
27-1-03	73.8	367.3	24.6	1.49
27-1-04	111.5	554.9	35.4	1.57
27-1-05	67.4	335.5	28.4	1.18
18-2-01	141.4	704.2	51.6	1.36
18-2-02	143.0	711.4	44.1	1.61
18-2-03	153.8	765.4	48	1.59
18-2-04	153.7	763.5	45.5	1.68
18-2-05	151.0	754.9	58.3	1.29
18-2-06	143.4	717.0	43.1	1.66
18-2-07	146.7	733.5	51.2	1.43
18-2-08	139.9	699.5	43.4	1.61
18-2-09	138.5	692.5	47.1	1.47
27-2-01	150.6	749.4	48.5	1.55
27-2-02	157.6	784.4	47.6	1.65
27-2-03	159.0	791.3	45.4	1.74
27-2-04	151.7	758.5	43.4	1.75
27-2-05	153.9	769.5	44.7	1.72

注：试样编号中18、27代表筋材肋间距18mm、27mm；－1、－2代表筋材为深肋、浅肋；－01、－02、－03、－04、－05等代表一组试验试件的编号。

(2) 试验数据进一步处理　数理统计中对数据的处理方法主要有以下几种。

① 平均数

$$E(x)=\frac{a_1+a_2+a_3\cdots a_n}{n} \tag{3-4}$$

平均数表示一组数据中所有数据之和再除以数据的个数，它是反映数据集中趋势的一项指标。

② 方差

$$D(x)=E[x-E(x)]^2 \tag{3-5}$$

$D(x)$ 是表示 x 取值分散程度的一个量，它是衡量 x 取值分散程度的一个尺度。若 x 的取值比较集中，则方差 $D(x)$ 较小；若 x 的取值比较分散，则方差 $D(x)$ 较大。

③ 协方差　协方差表示的是两个变量总体误差的方差。

④ 相关系数

$$\rho_{xy}=\frac{\mathrm{cov}(x,y)}{\sqrt{D(x)}\sqrt{D(y)}} \tag{3-6}$$

相关系数用来度量两个变量间的线性关系和相关程度。

根据以上数据处理的方法对数据求平均值、方差，见表3-8和表3-9。

表3-8　数据平均值

试件	平均最大荷载 P_b/kN	平均抗拉强度 σ_b/MPa	平均拉伸弹性模量 E/GPa	平均极限延伸率 ϕ/%
18-1	79.5	395.3	29.8	1.37
27-1	76.1	378.9	26.8	1.41
18-2	145.7	726.9	48.0	1.52
27-2	154.6	770.6	45.9	1.68

注：试样编号中18、27代表筋材肋间距18mm、27mm；－1、－2代表筋材为深肋、浅肋。

表 3-9　数据方差

试件	最大荷载 P_b/kN		抗拉强度 σ_b/MPa		拉伸弹性模量 E/GPa	
18-1	方差	3.868	方差	97.98	方差	16.58
	标准差	1.967	标准差	9.898	标准差	4.07
27-1	方差	407.1	方差	10089	方差	28.75
	标准差	20.18	标准差	100.4	标准差	5.361
18-2	方差	34.41	方差	804.6	方差	24.59
	标准差	5.866	标准差	28.37	标准差	4.969
27-2	方差	13.31	方差	304.0	方差	4.397
	标准差	3.649	标准差	17.44	标准差	2.097

注：试样编号中 18、27 代表筋材肋间距 18mm、27mm；－1、－2 代表筋材为深肋、浅肋。

3.3.2.3　试验数据及结果分析

（1）肋深对抗拉性能的影响　通过表 3-8 中数据分析得图 3-10。根据试验数据和对比图可知，在肋间距相同时肋深对拉伸性能产生很大的影响。对于肋间距为 18mm 的筋材，由深肋 GFRP 筋到浅肋 GFRP 筋，极限抗拉强度增加 83.9%，弹性模量增加 61.1%；对于肋间距为 27mm 的筋材，由深肋 GFRP 筋到浅肋 GFRP 筋，极限抗拉强度增加 103%，弹性模量增加 71.3%，在工程实际应用中，浅肋 GFRP 筋材可以大大减小使用量，并且减小梁、板等受力混凝土结构的变形和裂缝宽度。

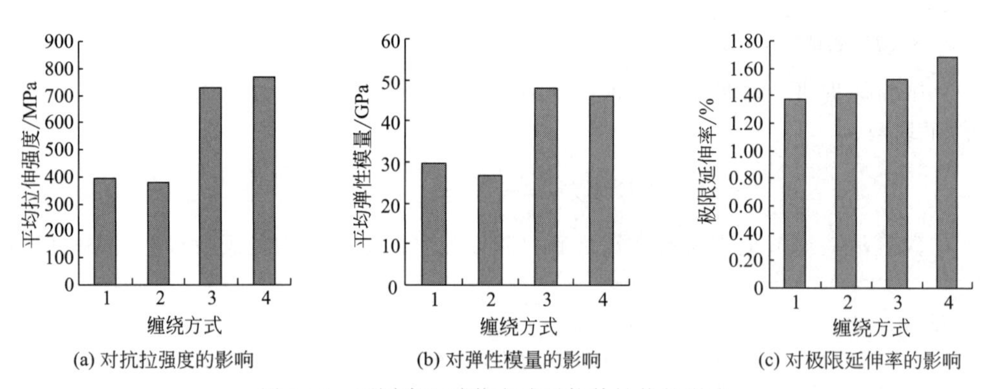

(a) 对抗拉强度的影响　(b) 对弹性模量的影响　(c) 对极限延伸率的影响

图 3-10　不同表面缠绕方式对拉伸性能的影响

图示中 1～4 分别代表表 3-8 中的 18-1、27-1、18-2、27-2 GFRP 筋材

通过表 3-9 中数据分析得图 3-11。根据试验数据和对比图可知，S27-1 的 GFRP 筋材不管是抗拉强度还是弹性模量都的方差比其他类型的筋材大很多，说明这种筋材本身的离散程

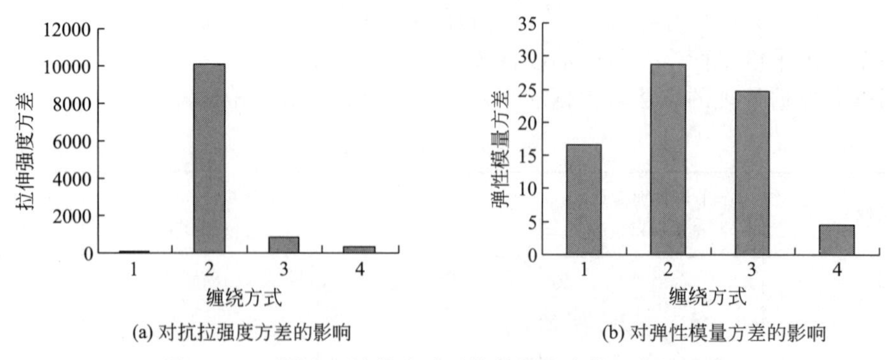

(a) 对抗拉强度方差的影响　(b) 对弹性模量方差的影响

图 3-11　不同表面缠绕方式对拉伸性能离散程度的影响

图示中 1～4 分别代表表 3-9 中的 18-1、27-1、18-2、27-2 GFRP 筋材

度远远大于其他类型的 GFRP 筋；对于深肋的筋材，肋间距对抗拉强度离散性的影响较大，造成这种结果的原因可能是由材料自身各向异性和生产工艺决定的。

如图 3-12～图 3-15 所示为肋间距为 18mm 和 27mm 肋深不同的 GFRP 筋材的应力-应变曲线。

从图 3-12～图 3-15 应力-应变曲线可以明显看出，浅肋的 GFRP 筋材弹性阶段为一条斜率基本没有变化的直线，这与材料本身为线弹性材料有关；深肋的 GFRP 筋材弹性阶段均存在一个直线斜率变化的过程，这与材料的线弹性不相符，因为深肋的 GFRP 筋表层很厚的一层材料呈现很大的弯曲，在受到拉伸时同一截面内的纤维没有同时受力，表面纤维有一个先拉直后承受荷载的过程。

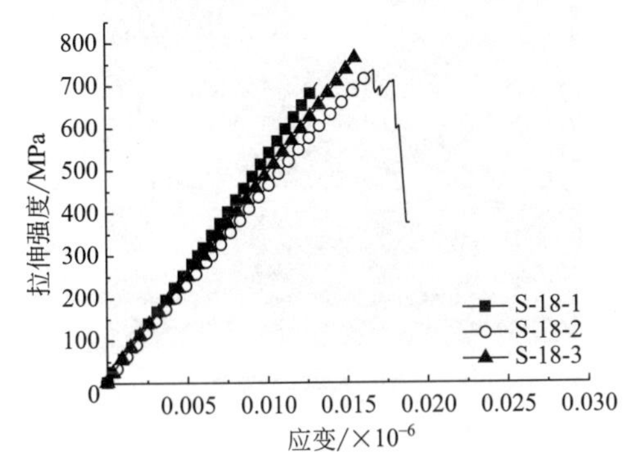

图 3-12　S18 应力应变曲线

图示中 S、D 分别表示浅肋、深肋；18、27 表示肋间距为 18mm、27mm，下同

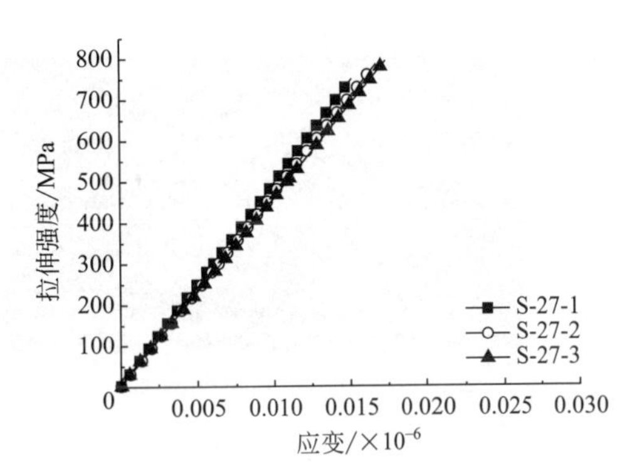

图 3-13　S27 应力应变曲线

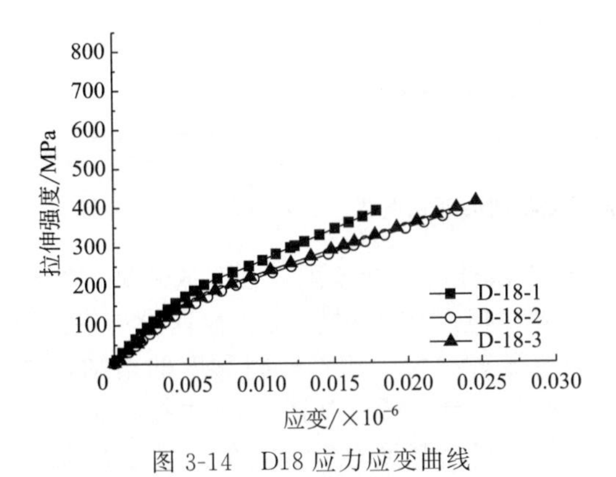

图 3-14　D18 应力应变曲线

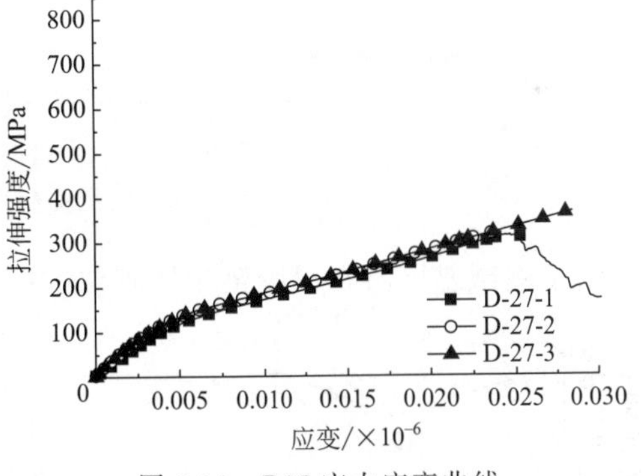

图 3-15　D27 应力应变曲线

（2）肋间距对拉伸性能的影响　从图 3-10 和图 3-11 可知，肋间距对抗拉强度和弹性模量几乎没有影响，不管是深肋还是浅肋，随着肋间距的增大，极限延伸率有略微增加；而对于抗拉强度和弹性模量的方差，即抗拉强度和弹性模量的离散程度有较大影响。

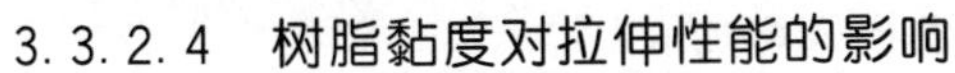

3.3.2.4　树脂黏度对拉伸性能的影响

在研究 GFRP 筋材生产过程中发现，随着时间的增长，浸胶槽里面的树脂会发生细微的变化，新鲜的树脂如图 3-16 所示，为透明色且黏度较小，在

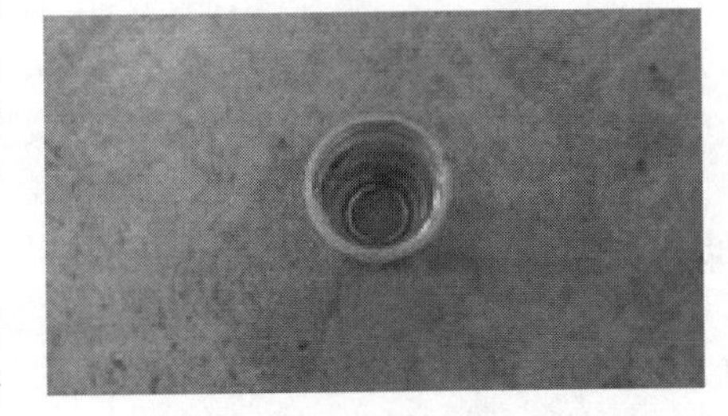

图 3-16　新鲜的树脂

生产过程中玻璃纤维表面的硅烷偶联剂和其他浸润剂会逐渐溶解到树脂中，同时也会有一定量的空气以微小气泡的形式进入到树脂内，使树脂由透明色逐渐地变浑浊，黏度也逐渐增大，如图 3-17 所示。

本试验用如图 3-18 所示的黏度计在生产过程中测试不同时间段浸胶槽中树脂的黏度，并对此时间段内经浸胶槽玻璃纤维生产的筋材进行标记，以便测试树脂黏度对于筋材拉伸性能的影响。如图 3-19 所示为实测的树脂黏度随时间的变化曲线；如图 3-20 所示为与实测黏度相应的 GFRP 筋抗拉强度。

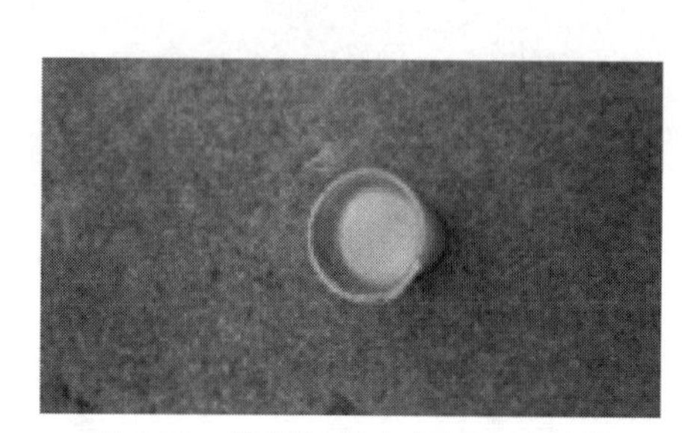

图 3-17　使用过程中变浑浊的树脂

图 3-18　黏度测试图

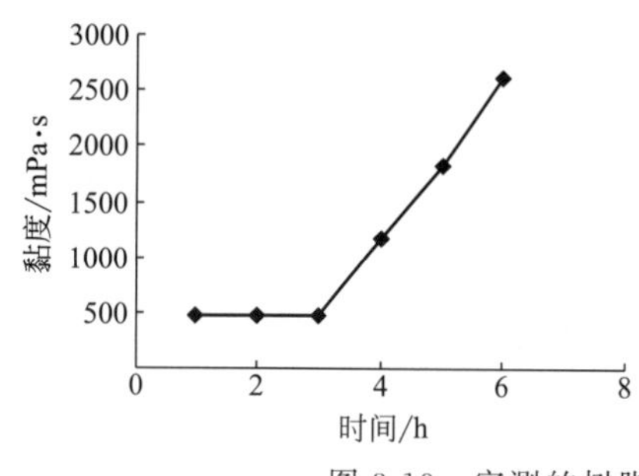

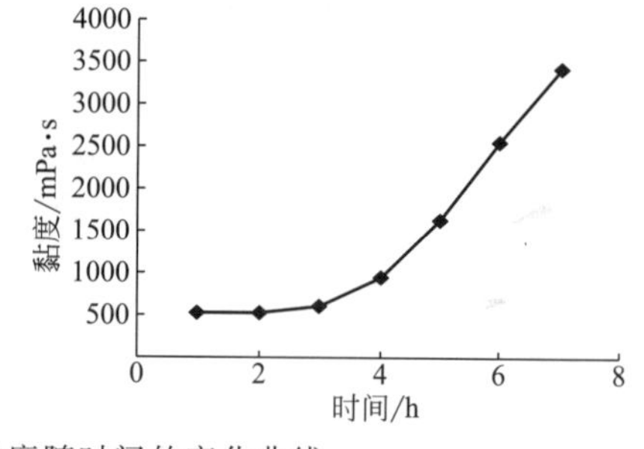

图 3-19　实测的树脂黏度随时间的变化曲线

由于测试黏度时在浸胶槽中取胶位置以及不同批次环境等的差别，会造成测试树脂黏度有部分差异，但总体上树脂黏度在前期变化不大，中后期会有显著增大。随着树脂黏度的增加，玻璃纤维的挂胶能力会下降，从图 3-20 中抗拉强度变化曲线中可知，虽然强度有差异，但这些差异是由于筋材本身的离散性所决定的，与树脂黏度无关。因此，只要浸胶槽中树脂足够量，能够完全浸没纤维，则基底树脂的黏度对于筋材本身的抗拉性能不会产生大的影响。

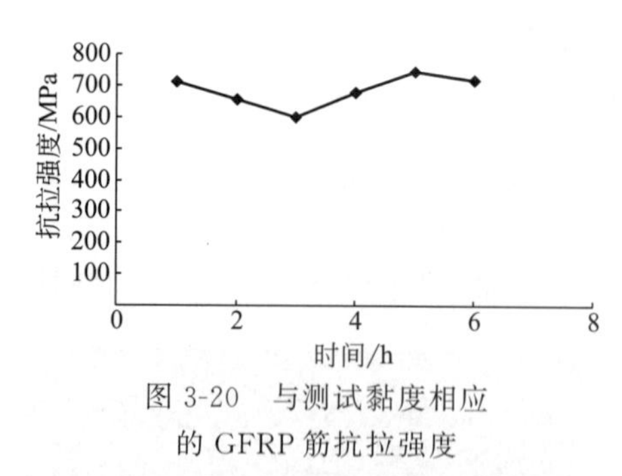

图 3-20　与测试黏度相应的 GFRP 筋抗拉强度

通过上述研究，得出如下结论。

① 对于肋间距为 18mm 的筋材，由深肋 GFRP 筋到浅肋 GFRP 筋，极限抗拉强度增加 83.9%，弹性模量增加 61.1%。

② 对于肋间距为 27mm 的筋材，由深肋 GFRP 筋到浅肋 GFRP 筋，极限抗拉强度增加 103%，弹性模量增加 71.3%。

③ 肋间距对抗拉强度和弹性模量几乎没有影响，不管是深肋还是浅肋，随着肋间距的

增大，极限延伸率有略微增加；而对于抗拉强度和弹性模量的方差，即抗拉强度和弹性模量的离散程度有较大影响，深肋的 GFRP 筋抗拉强度随肋间距的不同，离散程度很大。

④ 只要浸胶槽中树脂足够量，能够完全浸没纤维，则基底树脂的黏度对于筋材本身的抗拉性能不会产生大的影响，树脂黏度对于 GFRP 筋拉伸性能几乎没什么影响。

3.3.3 抗压强度

参考《纤维增强塑料压缩性能试验方法》（GB/T 1448—2005）有关要求，采用的 GFRP 筋材直径分别为 10mm、12mm、14mm、16mm，缠绕物为尼龙绳、一层玻璃纤维束和一层玻璃纤维束，制作试样如图 3-21 所示，试样的基本尺寸是 $H/d=3$（H 为试样高，d 为试样直径），如图 3-22 所示。

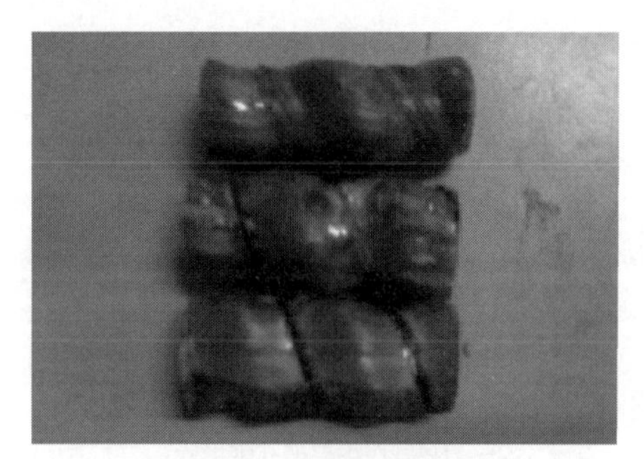

图 3-21　压缩测试试件

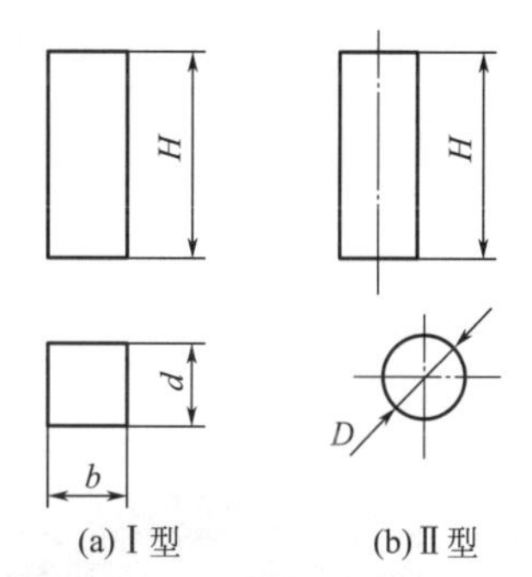

图 3-22　FRP 筋抗压试件示意图

3.3.3.1 试验现象

如图 3-23(a) 所示为压缩试验典型的应力-应变曲线，试验加载前期，曲线较为平滑，随后试件承受压力不断增大，当试件中树脂和玻璃纤维间的横向拉应力过大时，树脂与玻璃纤维黏结较差的薄弱点附近首先出现树脂与纤维剥离的现象，随着荷载的继续增加，树脂与纤维的剥离区也不断增大，直至最后产生纵向劈裂裂缝而破坏，如图 3-23(b) 所示。

GFRP 筋的破坏较为突然，破坏前基本上无明显预兆，破坏时伴有很大的响声。试样主要有两种破坏形式：①由于压力过大使压缩试件两端的玻璃纤维束散掉，此时端部呈圆台状；②试样沿纵向产生劈裂裂缝而破坏。

3.3.3.2 结果分析

对不同表面缠绕方式的 GFRP 筋进行压缩性能测试，试验数据见表 3-10，通过理论分析得图 3-23。由图 3-23 可知表面采用玻璃纤维束缠绕与表面缠绕尼龙绳的 GFRP 筋相比，可以明显提高小直径 GFRP 筋的抗压强度，提高幅度分别为 59%（$d=10$mm）和 41.6%（$d=12$mm），但是对大直径 GFRP 筋提高不明显。这是因为当压缩试样承受压力时，玻璃纤维束缠绕在筋表面，对试样有一定约束作用，相当于箍筋的作用，抑制了压缩试样的横向变形，从而提高了抗压强度。直径较大时，由于成型工艺不完善，约束效果较差，提高效果不明显。另外，缠绕层数对抗压强度的影响不明显。

表 3-10　GFRP 筋压缩试验结果

缠绕方式	$d=10$mm		$d=12$mm		$d=14$mm		$d=16$mm	
	最大荷载/kN	抗压强度/MPa	最大荷载/kN	抗压强度/MPa	最大荷载/kN	抗压强度/MPa	最大荷载/kN	抗压强度/MPa
缠尼龙绳	10.48	150.28	23.30	214.05	39.07	266.20	47.88	256.31

续表

缠绕方式	d=10mm		d=12mm		d=14mm		d=16mm	
	最大荷载/kN	抗压强度/MPa	最大荷载/kN	抗压强度/MPa	最大荷载/kN	抗压强度/MPa	最大荷载/kN	抗压强度/MPa
缠一层玻璃纤维束	15.22	189.22	31.40	303.12	43.48	271.59	46.85	266.10
缠两层玻璃纤维束	22.21	239.03	32.33	272.00	44.64	235.61	52.47	263.37

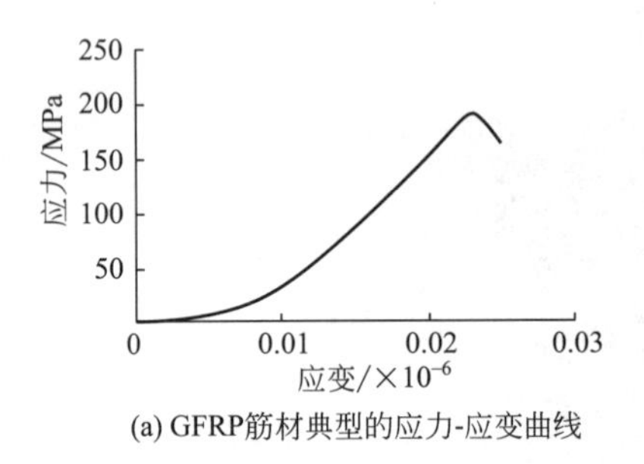

(a) GFRP筋材典型的应力-应变曲线

(b) 压缩试样破坏形式

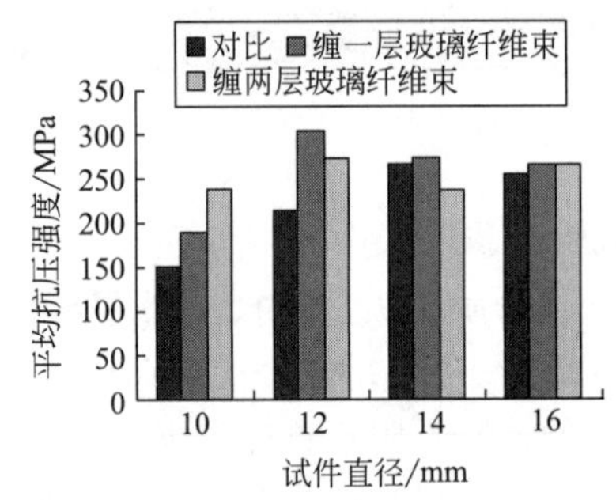

(c) 不同表面缠绕方式对抗压强度的影响

图 3-23 压缩性能破坏及分析图

3.3.4 弯曲强度

采用 CMT 系列电伺服 50kN 万能试验机并配以三点受弯测试夹具（图 3-24）进行抗弯试验。

本次试验采用的 GFRP 筋材直径为 16mm，肋间距为 18mm、27mm，肋深为深肋和浅肋，表面缠绕物为尼龙绳，试件长度为 130mm，试验参数主要如下。

① 试件尺寸及形状：如图 3-25 所示。

② 测量试件直径和标距，测量精确到 1mm。

③ 试验环境：温度 25℃±2℃。

④ 加载速度：2mm/min。

⑤ 试件数量：每组试样不少于 5 个。

⑥ 安装三点受弯测试夹具时要将下半部夹具两端点牢牢固定在底座上，避免下部两端点由于受到很大的力而向两侧滑移，设置预加载为 300N，测量抗弯强度与应力-应变曲线。

⑦ 有效试样不足 5 个时，应重做试验。

图 3-24　三点弯曲测试图

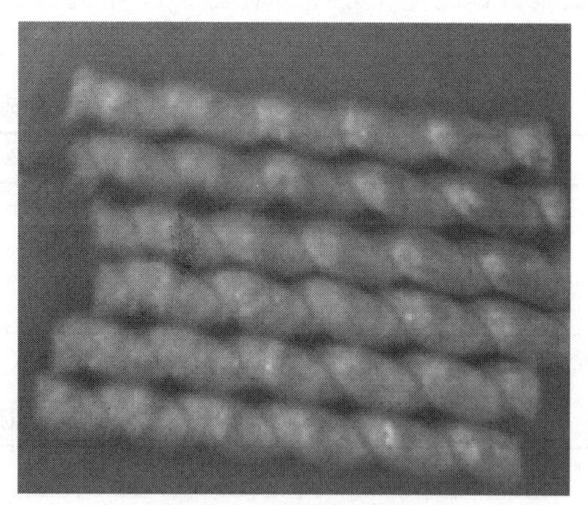

图 3-25　弯曲试件试样

3.3.4.1　试验现象

试件刚开始加载便听见细微的声响，疑似 GFRP 筋材底部树脂断裂，然后出现一段较为平静的阶段，当荷载增大到极限荷载附近时，出现较为密集的噼啪声响，此时纤维与树脂剥离，并伴随有碎屑迸出，随后会出现玻璃纤维断裂的声响，荷载急剧下降破坏。

3.3.4.2　试验数据处理

（1）原始试验数据处理　对不同表面缠绕方式的 GFRP 筋进行弯曲性能测试，得到筋材的极限抗弯强度，试验数据见表 3-11。

表 3-11　GFRP 筋弯曲试验结果

试件编号	最大荷载 P_b/kN	抗弯强度 σ_b/MPa
18-1-01	3.62	18.1
18-1-02	3.25	16.25
18-1-03	3.44	17.2
18-1-04	3.21	16.05
18-1-05	3.43	17.15
18-1-06	3.02	15.1
27-1-01	3.09	15.45
27-1-02	3.40	17
27-1-03	3.21	16.05
27-1-04	2.79	13.95
27-1-05	3.13	15.65
27-1-06	3.16	15.8
18-2-01	5.86	29.3
18-2-02	5.50	27.5
18-2-03	6.20	31
18-2-04	6.66	33.3
18-2-05	5.22	26.1
18-2-06	5.48	27.4
27-2-01	4.88	24.4
27-2-02	4.33	21.65
27-2-03	4.51	22.55
27-2-04	4.61	23.05
27-2-05	4.79	23.95
27-2-06	4.71	23.55

注：试样编号中 18、27 代表筋材肋间距 18mm、27mm；－1、－2 代表筋材为深肋、浅肋；－01、－02、－03、－04、－05、－06 代表一组试验试件的编号。

（2）试验数据的优化处理　对表 3-11 中的数据进行优化处理得表 3-12，方差和标准差见表 3-13。

表 3-12　优化处理结果

试件	平均最大荷载 P_b/kN	平均抗弯强度 σ_b/MPa
18-1	3.33	16.64
27-1	3.13	15.65
18-2	5.82	29.1
27-2	4.64	23.19

注：试样编号中 18、27 代表筋材肋间距 18mm、27mm；—1、—2 代表筋材为深肋、浅肋。

表 3-13　方差和标准差

试件	最大荷载 P_b/kN		抗弯强度 σ_b/MPa	
18-1	方差	0.045	方差	1.115
	标准差	0.211	标准差	1.056
27-1	方差	0.040	方差	0.987
	标准差	0.199	标准差	0.993
18-2	方差	0.286	方差	7.148
	标准差	0.545	标准差	2.674
27-2	方差	0.040	方差	0.994
	标准差	0.199	标准差	0.997

注：试样编号中 18、27 代表筋材肋间距 18mm、27mm；—1、—2 代表筋材为深肋、浅肋。

3.3.4.3　试验数据及结果分析

通过表 3-12 中数据分析得图 3-26。根据试验数据和对比图可知，在肋间距相同时肋深对抗弯性能产生很大的影响。对于肋间距为 18mm 的筋材，由深肋 GFRP 筋到浅肋 GFRP 筋，极限抗拉强度增加 74.9%；对于肋间距为 27mm 的筋材，由深肋 GFRP 筋到浅肋 GFRP 筋，极限抗弯强度增加 48.2%，因此，肋间距相同时浅肋的 GFRP 筋比深肋的 GFRP 筋抗弯强度有较大幅度增加。

通过表 3-13 中数据分析得图 3-27。根据试验数据和对比图可知，S18 型号的 GFRP 筋抗弯强度的方差是最大的，这说明此种筋材抗弯性能比较离散，其他几种筋材抗弯性能的离散程度都可以接受，造成这种结果的原因可能有：①GFRP 筋材本身的离散性；②由于肋间距比较小，相同长度内肋比较多，生产时容易出现差异；③试件个数较少出现偶然现象。

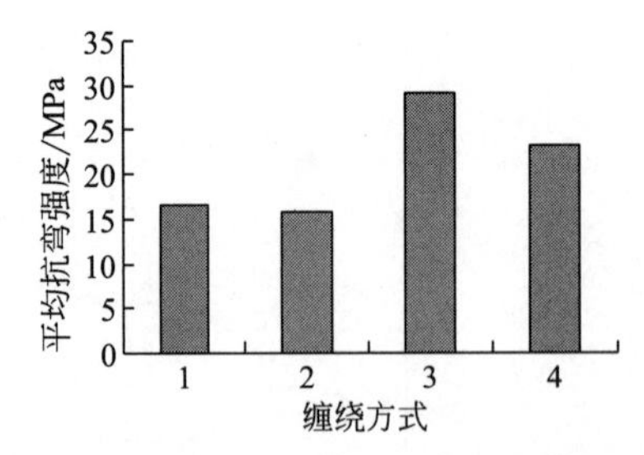

图 3-26　缠绕方式对平均抗弯强度的影响
1～4 对应应表 3-12 中的试件号

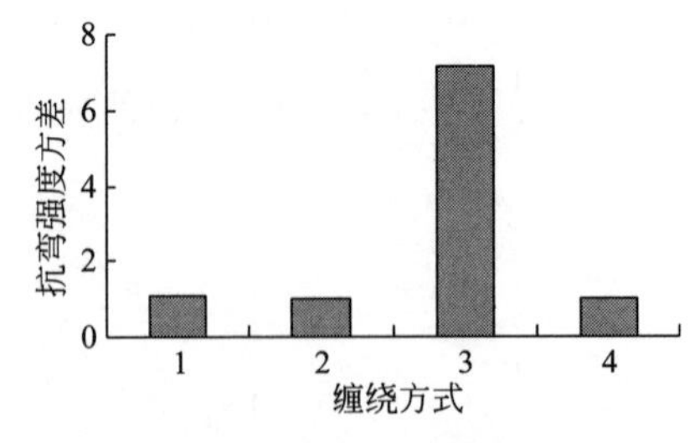

图 3-27　缠绕方式对抗弯强度方差的影响
1～4 对应应表 3-13 中的试件号

如图 3-28 和图 3-31 所示为肋间距为 18mm 和 27mm、肋深不同的 GFRP 筋材的荷载-位移曲线。

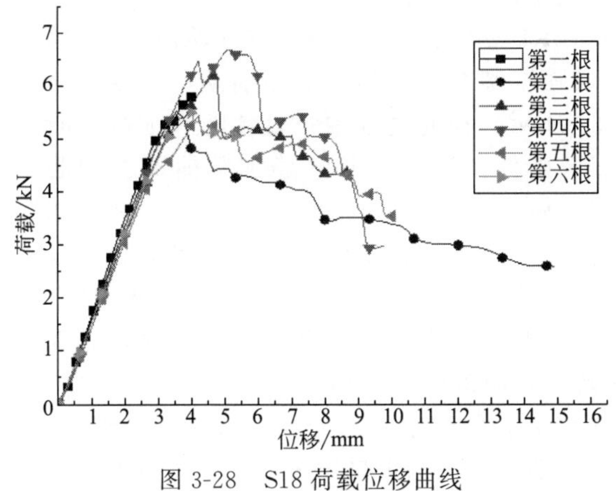

图 3-28　S18 荷载位移曲线

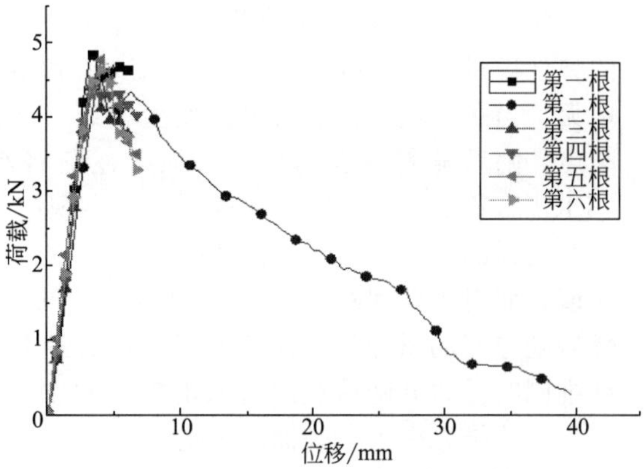

图 3-29　S27 荷载位移曲线

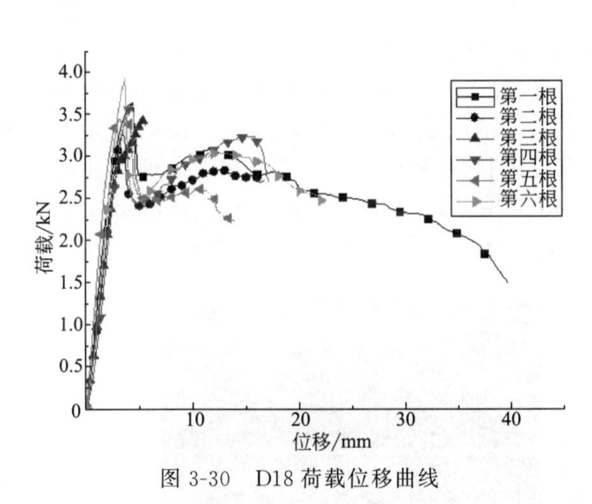

图 3-30　D18 荷载位移曲线

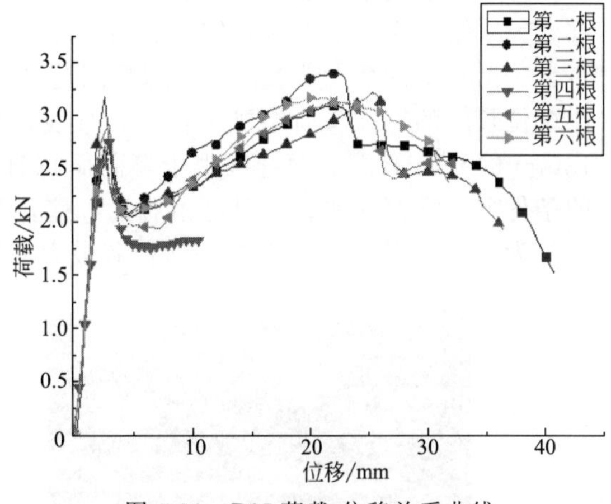

图 3-31　D27 荷载-位移关系曲线

应力与荷载的关系为

$$\sigma=\frac{1}{S}N \tag{3-7}$$

应变与位移的关系为

$$\varepsilon=\frac{\Delta l}{l_1} \quad l=nl_1 \quad \varepsilon=\frac{1}{nl_1}\omega \tag{3-8}$$

式中　σ——应力；

ε——应变；

N——荷载；

ω——位移；

S——筋材的截面积；

l——试件的长度；

l_1——计算应变时标距的长度；

n——试件长度相对于标距的倍数；

由式(3-7) 和式(3-8) 可以看出，应力与荷载、应变与位移都是线性关系，因此荷载-位移曲线可以代表应力-应变曲线的趋势，荷载位移曲线的斜率与应力-应变曲线的斜率也是线性相关的，而荷载位移曲线斜率可以代替弯曲弹性模量进行比较。

从图 3-28～图 3-31 荷载位移曲线可知，浅肋 GFRP 筋的弹性模量稍小于深肋 GFRP 筋的弹性模量，但差别不大；浅肋 GFRP 筋材的抗弯强度基本上就是在加载前期，强度逐渐增大，当达到极限荷载时突然发生劈裂，如图 3-32 所示。在此过程中一直伴随有细微的断裂声，随后随着应变的增加，强度逐渐将小，直至破坏，深肋 GFRP 筋加载前期与浅肋 GFRP 筋基本一样，但在加载到强度出现第一次峰值后开始下降，但随后还会有一个强度随应变增强的过程。对于肋间距为 18mm 的 GFRP 筋材，强度增长不会超过第一次荷载的最大值，而对于肋间距为 27mm 的 GFRP 筋材，第二次强度极限值会大于第一次强度极限值，然后随应变的增加强度开始下降，造成这种现象的原因是浅肋的 GFRP 筋在受弯时，底部纤维同时受力并随荷载的增加由表面向中心逐渐破坏，而深肋的 GFRP 筋材，在受力时中心平直纤维先受力，表面纤维逐渐由弯曲变平直再受力，此时中心部分纤维可能已经破坏，所以出现强度随应变有两次增加的过程，并且筋材一般出现上部被挤压破坏，整体更加容易弯曲，如图 3-33 所示。

另外，肋间距为 27mm 深肋的 GFRP 筋出现抗弯荷载第二次增大时，基本上其荷载值都要大于第一次的最大荷载值，而肋间距为 18mm 深肋的 GFRP 筋第二次荷载最大值一般不大于第一次的最大荷载值。主要是因为肋间距为 27mm 与肋间距为 18mm 的 GFRP 筋相比单位长度的纤维弯曲率要小很多，且表面弯曲纤维厚度也稍小一些，因此要使肋间距为 18mm 的 GFRP 筋表面纤维由于弯曲而拉直所需要的挠度变形稍大一些，在加载速率相同的条件下，需要的加载时间也相对长一些，荷载值也相对大一些，这就表现在图 3-33 中肋间距为 18mm 的 GFRP 筋第一次荷载最大值较大，大于第二次荷载最大值的现象。

图 3-32　浅肋筋劈裂破坏

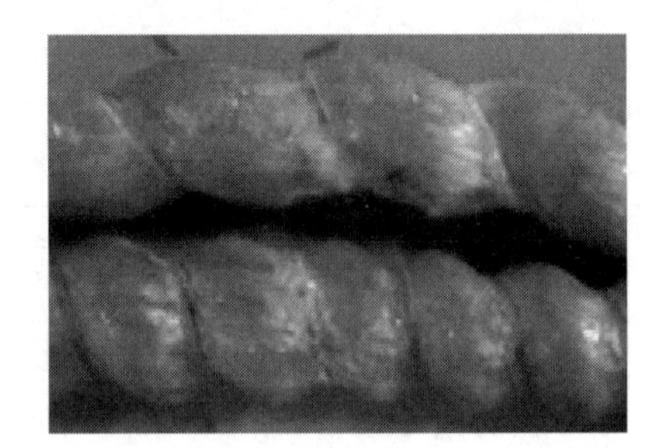

图 3-33　深肋筋弯曲破坏

通过上述试验研究，可以得到如下结论。

① 对于肋间距为 18mm 的筋材，由深肋 GFRP 筋到浅肋 GFRP 筋，极限抗拉强度增加 74.9%；对于肋间距为 27mm 的筋材，由深肋 GFRP 筋到浅肋 GFRP 筋，极限抗弯强度增加 48.2%，因此，肋间距相同时浅肋的 GFRP 筋比深肋的 GFRP 筋抗弯强度有较大幅度增加。

② 浅肋 GFRP 筋材的抗弯强度基本上就是在加载前期，强度逐渐增大，当达到极限荷载时突然发生劈裂，深肋 GFRP 筋会出现二次抗弯强度增加的过程。

3.3.5　剪切强度

参考《纤维增强塑料冲压式剪切强度试验方法》（GB/T 1450.2—2005），采用 CMT 系列电伺服 50kN 万能试验机并配以压式剪切器（图 3-34）进行剪切试验。

试验方案及参数如下。

采用 GFRP 筋材，直径为 18mm，肋间距为 18mm、27mm，肋深为浅肋，表面缠绕物

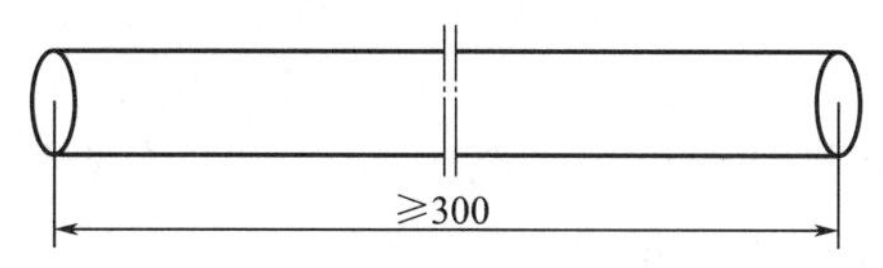

图 3-34 剪切试样示意图

为尼龙绳，试验试样尺寸与剪切模具相当，长度为 140mm。

试验参数主要如下。

① 试件尺寸及形状：如图 3-34 所示。

② 试验环境：温度 25℃±2℃。

③ 试件数量：每组试样不少于 5 个。

④ 测量试件直径和标距，测量精确到 1mm。

⑤ 加载速度为 0.1kN/s。

⑥ 将试样安放于剪切夹具的中部，使夹具完全插入底座中，以避免出现弯剪形式的破坏，设置预加载为 300N，保证试样与夹具完全接触后再加载，测量剪切强度、剪切模量及应力-应变曲线等材料性能指标。

⑦ 设置合理的破坏准则，即瞬时荷载下降幅度超过 20%时停机以保证试件的有效，有效试样不足 5 个时，应重做试验。

3.3.5.1 试验方案

采用不同表面缠绕方式的 GFRP 筋进行各项力学性能测试，试验方案如下。

参考《纤维增强塑料冲压式剪切强度试验方法》(GB/T 1450.2—2005)，采用 CMT 系列电伺服 50kN 万能试验机并配以压式剪切器［图 3-35(a)］进行剪切试验。采用 GFRP 筋材直径为 6mm、8mm、10mm、12mm、14mm、16mm，表面缠绕物为尼龙绳、一层玻璃纤维束、两层玻璃纤维束，试验试样尺寸与剪切模具相当，长度为 140mm，试样如图 3-35(b) 所示。

(a) 剪切性能试验仪器

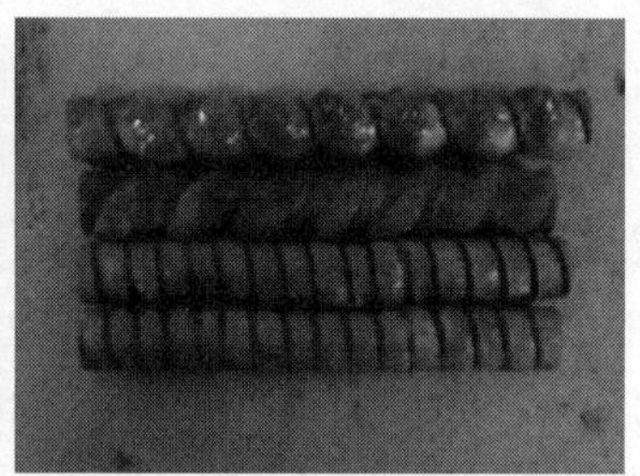

(b) 剪切测试试件

图 3-35 剪切性能测试验仪器及测试试样

3.3.5.2 试验现象

试验加载初期，呈现较平滑的曲线，主要是由于 GFRP 筋材表面的树脂在力很小时就会发生断裂，随着荷载的增大而发出纤维断裂的“噼啪”声，声音逐渐增大且越加密集，当试件破坏时，伴随着很大的响声。GFRP 筋试件的破坏均为整体缓慢切断，断口较整齐，且都有不同程度的挤压变形，没有发生脆性剪断，这说明 GFRP 筋中的树脂性能较好，纵向纤维对横向剪切有一定的作用。

3.3.5.3 结果分析

对不同缠绕方式的 GFRP 筋［图 3-36(a)］进行剪切性能测试，试验数据见表 3-14，通过理论分析得图 3-36(b)。由图可知，表面缠绕玻璃纤维束对剪切强度有明显的提高，玻璃纤维束的缠绕使GFRP筋成型时纤维更加紧密，与树脂充分结合，两者的协同工作性更强，从而使GFRP筋的剪切强度得到提高，同时，玻璃纤维束本身对剪切强度也有所贡献。在GFRP筋直径较小时，缠绕两层纤维束的GFRP筋剪切强度明显高于缠绕一层的GFRP筋，但是当直径较大时，两者的差别则不是很明显。

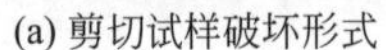

(a) 剪切试样破坏形式

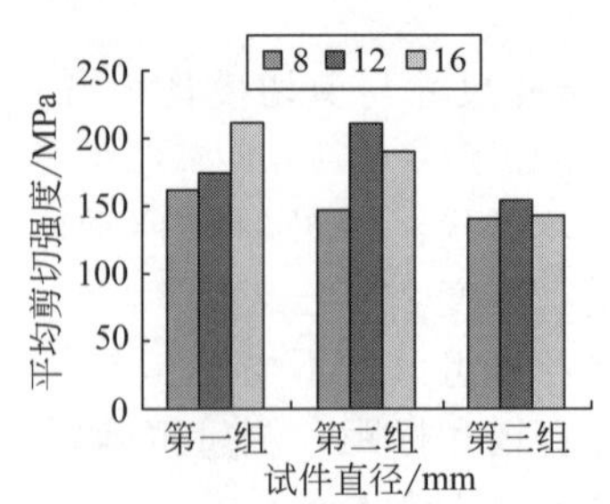

(b) 不同表面缠绕方式对抗剪强度的影响

图 3-36　剪切性能破坏及分析图

表 3-14　GFRP筋剪切试验结果　　单位：MPa

项目	筋材直径		
	$d=8$mm	$d=12$mm	$d=16$mm
缠尼龙绳	163.49	148.37	142.36
缠一层玻璃纤维束	175.25	211.81	155.01
缠两层玻璃纤维束	212.10	188.33	143.40

3.3.6　抗扭强度

玻璃纤维筋在一定工况下会涉及扭矩这个力学指标，这里简单介绍一下玻璃纤维筋进行扭转测试的方法。

本试验采用玻璃纤维带缠绕的GFRP筋和尼龙绳缠绕的GFRP筋进行抗扭性能测试，测试其扭矩是否符合规范规定的用于煤矿支护的GFRP锚杆的要求。

3.3.6.1　试验设备和试验试样

使用计算机控制扭转试验机，型号是NDW31000（图3-37）。计算机控制电子式扭转试验机主要用于非金属材料扭转性能试验，能够自动测量抗扭强度、屈服点，配备扭转计可测量切变模量、规定非比例扭转应力，而且能够自动记录扭矩与转角的曲线。试验机配有全数字测量控制系统，性能稳定，精度高。

所用抗扭试件如图3-38所示，使用的是肋间距为27mm，缠绕物分别为尼龙绳和玻璃纤维带的两种GFRP筋。

图 3-37　抗扭试验机

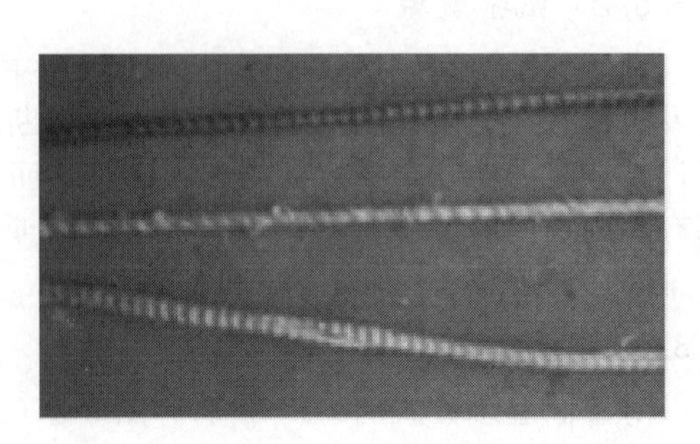

图 3-38　抗扭测试试件

3.3.6.2 试验现象

对于尼龙绳缠绕的GFRP筋进行测试时，当抗扭试验机逐步增加扭矩的过程中，筋材表面会逐渐出现一些细小的裂痕，当扭矩达到一定程度时，试件会突然破坏并出现严重的扭曲，甚至变成“麻花状”，如图3-39所示；对于玻璃纤维袋缠绕的GFRP筋，刚开始加载时与一般GFRP筋材相差无几，在达到规定的扭矩时玻璃纤维带缠绕的GFRP筋在破坏前会保持相当长的一段时间，即将破坏时，先发生缠绕带的断裂剥落，紧接着整个筋材发生破坏，形成以近似的“屈服平台”，这将有利于锚杆支护中锚杆的嵌入与防损坏，破坏形式如图3-40所示。

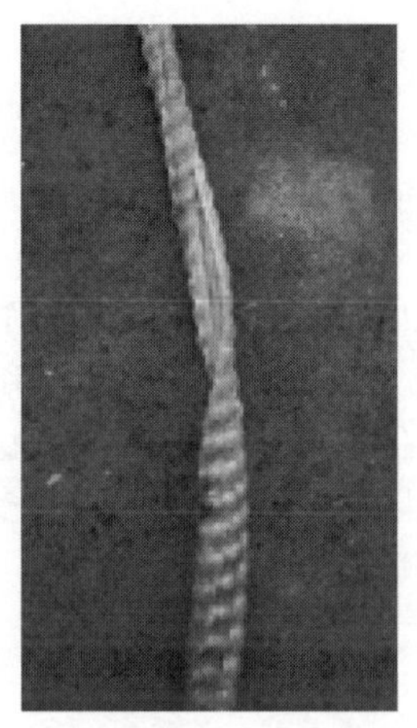

图3-39 尼龙绳缠绕GFRP筋抗扭破坏

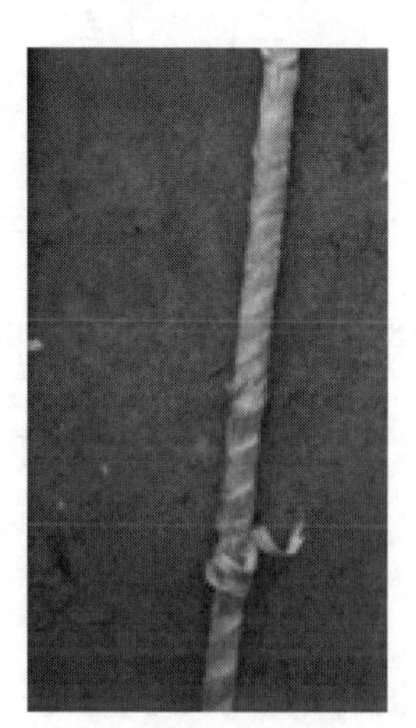

图3-40 玻璃纤维带缠绕GFRP筋抗扭破坏

3.3.6.3 数据处理与分析

根据试验数据得出时间-扭矩图3-41和图3-42所示。

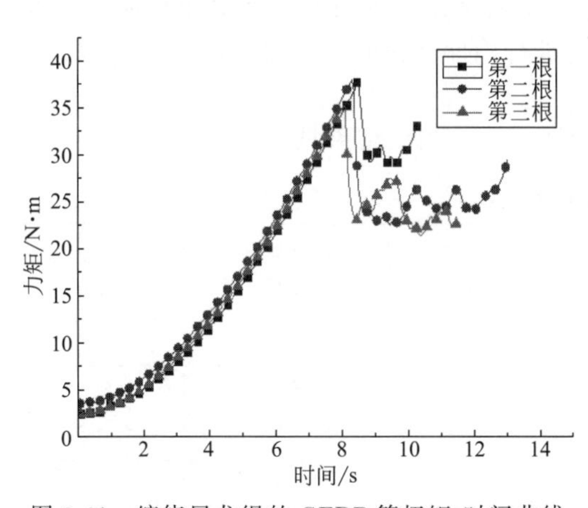

图3-41 缠绕尼龙绳的GFRP筋扭矩-时间曲线

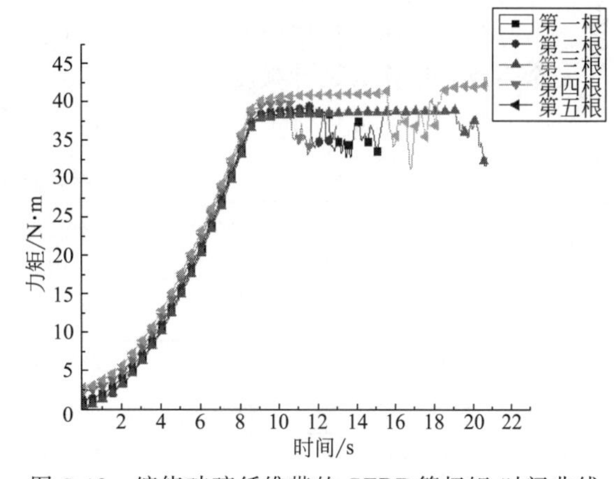

图3-42 缠绕玻璃纤维带的GFRP筋扭矩-时间曲线

从图3-41和图3-42可以看出，表面缠绕尼龙绳的GFRP筋不能达到行业标准规定的GFRP筋材的抗扭力矩应达到的40N·m，用玻璃纤维带缠绕的GFRP筋则都能达到40N·m；缠尼龙绳的GFRP筋几乎都是在达到最大扭矩时发生脆性破坏，没有一个近似“屈服平台”，这对于锚杆支护的应用不利。

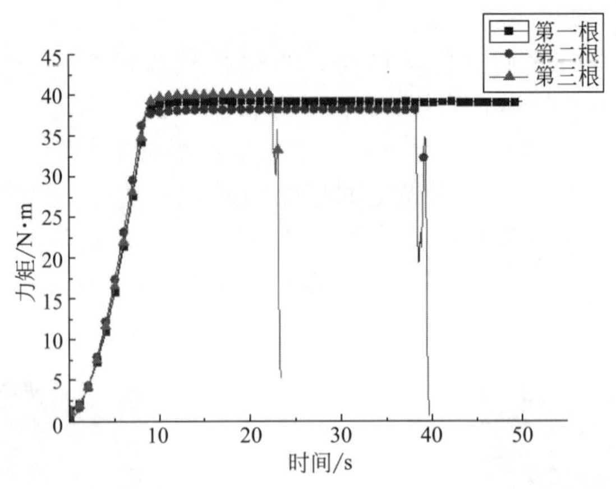

图 3-43　缠绕玻璃纤维束的 GFRP 筋扭矩-时间曲线

从图 3-43 中可以看出，缠绕玻璃纤维束的 GFRP 筋能够在 40N·m 扭矩作用下坚持更长的时间而不发生破坏，这对于 GFRP 锚杆在边坡、煤矿支护过程中更加有利。但由于用玻璃纤维束作为缠绕物生产时，纤维束为松散状，容易搅在一起而影响生产的稳定性与连续性，用玻璃纤维带缠绕时不会出现此问题，并且抗扭性能与用玻璃纤维束差不多，均比尼龙绳缠绕的强，综合考虑用玻璃纤维带缠绕的 GFRP 筋材更适合作为锚杆。

3.4　腐蚀环境下的力学性能

尽管 FRP 材料不会像金属那样产生电化学腐蚀，但仍然会在不同的化学环境中（包括酸、碱）发生性能的劣化。这种劣化随着温度的升高而加剧，由于纤维的“沥滤”作用，其很容易受到碱性和中性溶液的腐蚀，但是在树脂包裹下形成的 FRP 制品后会有很大的改善，目前国内外对此也开展了一定的研究，ACI 440 委员会有关研究没有对其产品给出明确的规定，但是强调暴露于环境中的构件，采用 GFRP 筋进行构件增强时，强度标准值应乘以 0.7 的安全系数，以作为设计强度。

某实验现场取样进行常温化学物质 3 个月腐蚀性试验，测试结果见表 3-15。

表 3-15　耐久性试验参数及结果

编号	样品	直径/mm	拉伸强度/MPa	变化幅度/%	弹性模量/GPa	最大荷载/kN
1	原样	28	602.51	—	41.68	370.81
2	酸性溶液	28	595.14	−1.22	45.64	366.27
3	碱性溶液	28	605.16	+0.43	46.12	372.44
4	NaCl 溶液	28	580.98	−3.93	41.65	357.56

通过几个月的试验研究发现，常规的酸性溶液、碱性溶液和 NaCl 溶液对于 GFRP 筋（乙烯基树脂、无碱玻璃纤维粗纱）制品确实有一定的侵蚀作用，同时由于乙烯基树脂极好的抵抗化学介质的性能，使得常规化学物质的常温侵蚀作用效果十分有限，一般不会超过 5%。如此看来，ACI 440 委员会强调暴露于环境中的构件，采用 GFRP 筋进行（混凝土）构件增强时，强度标准值应乘以 0.7 的安全系数，以作为设计强度的提法，是具有客观科学依据的。

3.4.1 酸性溶液

为了确认 GFRP 筋对于酸性溶液的抵抗能力，采用 ϕ28mm、由乙烯基酯树脂生产的玻璃纤维筋进行测试。试验条件如下。

① 分别采用 pH 值为 2 和 5 的 H_2SO_4 溶液作为实验介质。

② GFRP 螺纹筋的浸泡。

将 GFRP 螺纹筋分别放入两种 H_2SO_4 溶液中常温浸泡，浸泡时间为 90 天。

③ 浸泡后的 GFRP 螺纹筋再进行拉伸试验。

将浸泡后的 GFRP 螺纹筋取出后，用清水将表面洗净。

实验结果如下。

① GFRP 螺纹筋经过 pH=2 的 H_2SO_4 溶液浸泡 90 天后，拉伸强度由 602.51MPa 下降到 579.31MPa，拉伸强度保持率达 96.1%，下降幅度仅 3.85%。

② 弹性模量由 41.68GPa 上升到 43.19GPa，基本保持不变。

③ GFRP 螺纹筋经过 pH=5 的 H_2SO_4 溶液浸泡 90 天后，拉伸强度由 602.51MPa 上升到 610MPa，变化幅度为 1.2%。

④ 弹性模量由 41.68GPa 上升到 44.3GPa，基本保持不变。

3.4.2 碱性溶液

将 GFRP 筋泡在碱性环境［1L 水中含有 118.5g 的 $Ca(OH)_2$、0.9g 的 NaOH 和 4.2g 的 KOH，溶液的 pH 值为 12.8，以后每隔 1～2 周测试一次 pH 值，均保持在 12.5 左右。接近于混凝土与水泥砂浆的环境］中 3 个月（温度变化为 0～40℃），检测来看，表面出现较明显的溶胀现象，并伴有发黏、发白的状态，如图 3-44 所示。

(a) d=12mm

(b) d=25mm

图 3-44 直径 12mm 和 25mm 的 GFRP 筋浸泡 3 个月前后对比

试验用 GFRP 筋直径由 24.20mm，减少到 23.83mm，又 2 个月后减少到 23.74mm；

试验用 GFRP 筋直径由 12.25mm，减少到 12.19mm，又 2 个月后减少到 12.14mm

经过测试，研究人员没有发现 GFRP 筋（乙烯基树脂）在常温情况下，产品力学性能出现明显的降低，见表 3-16。

表 3-16 不同规格 GFRP 筋浸泡三个月后情况

规格	实测平均直径/mm	质量缺失/%	最大荷载/kN	拉伸强度/MPa	弹性模量/GPa
ϕ12	12.14	1.79	85.35	738.08	42.1
ϕ25	23.74	3.76	313.99	709.96	43.5

3.4.3 盐溶液

为了确认 GFRP 筋对于氯离子的抵抗能力，采用 ϕ28mm、由乙烯基酯树脂生产的玻璃纤维筋进行测试，试验条件如下。

（1）NaCl 溶液的配制

① 由 130kg 水、7.8kg NaCl 配制得到浓度为 6%的 NaCl 溶液。

② 由 110kg 水、40kg NaCl 配制得到饱和 NaCl 溶液。

（2）GFRP 螺纹筋的浸泡　将 GFRP 螺纹筋分别放入两种 NaCl 溶液中常温浸泡，浸泡时间为 30 天、90 天。

（3）浸泡后的 GFRP 螺纹筋再进行拉伸试验　将浸泡后的 GFRP 螺纹筋取出后，用清水将表面洗净。测试结果如下。

① GFRP 螺纹筋经过 6%的 NaCl 溶液浸泡 30 天后，拉伸强度由 604.75MPa 下降到 583.28MPa，拉伸强度保持率达 96.45%，下降幅度仅为 3.55%。

② 弹性模量由 43.21GPa 下降到 43.19GPa，基本保持不变。

③ GFRP 螺纹筋经过 6%的 NaCl 溶液中浸泡 90 天后，拉伸强度由 604.75MPa 下降到 598.10MPa，下降幅度仅 1.1%。

④ 弹性模量由 43.21GPa 下降到 41.44GPa，下降幅度为 4.1%。

⑤ GFRP 螺纹筋在饱和 NaCl 溶液中浸泡 30 天后，拉伸强度由 604.75MPa 下降到 575.72MPa，性能保持率达 95.20%，下降幅度仅为 4.80%。

⑥ 弹性模量由 43.21GPa 下降到 40.08GPa，性能保持率达 92.76%，下降了 7.24%。

⑦ GFRP 螺纹筋在饱和 NaCl 溶液中浸泡 90 天后，拉伸强度由 604.75MPa 下降到 566.83MPa，性能保持率达 93.73%，下降幅度约为 6.27%。

⑧ 弹性模量由 43.21GPa 下降到 41.78GPa，下降幅度约为 3.3%。

乙烯基酯树脂制得的 GFRP 螺纹筋在 NaCl 溶液中浸泡 30 天和 90 天后，拉伸性能方面的下降并不是十分明显，说明乙烯基树脂的耐氯离子的能力较强（图 3-45 和图 3-46）。

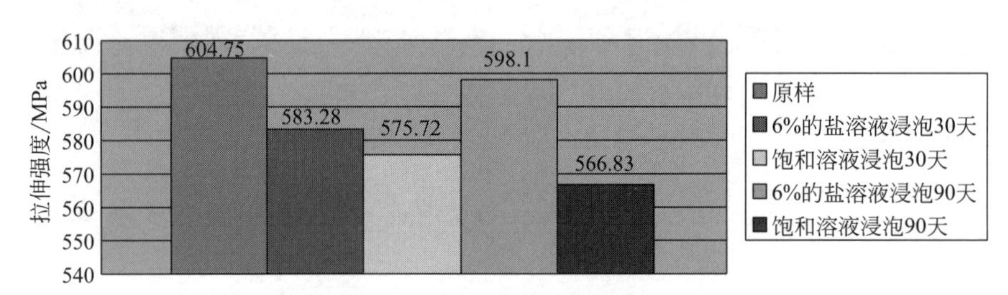

图 3-45　盐溶液浸泡前后的拉伸强度

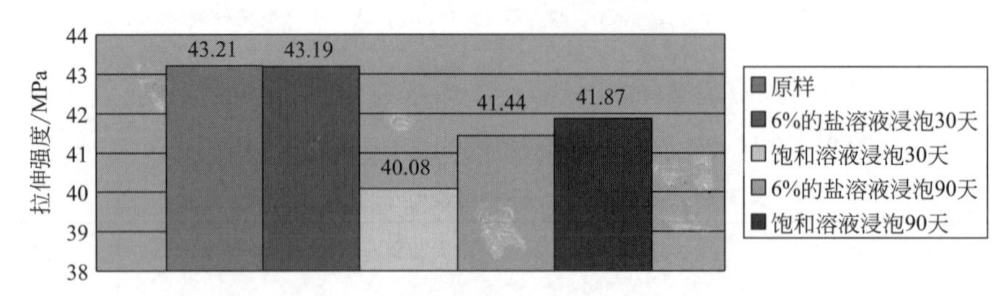

图 3-46　盐溶液浸泡前后的弹性模量

第 4 章 GFRP筋的高温力学性能

4.1 研究内容

随着国民经济现代化建设的发展，高层建筑不断涌现，房屋密度加大，大量新型建筑材料广泛应用，以及燃器、电器的普遍使用，建筑物的大规模化和功能的复杂化，导致火灾发生的因素随之增加，火灾规模也日趋扩大，大大增加了建筑物发生火灾的可能性且使火灾的危害性更加严重。

高温作用下，材料性能受到不同程度的损伤，混凝土的强度和弹性模量随着温度升高而降低，钢筋虽有混凝土保护，但强度也会降低。若结构的环境温度升高很多，或温度发生周期性变化时，结构会因使用性能下降或承载力下降而失效，发生局部破坏，甚至整体倒塌。

目前，国内外对钢筋的高温力学性能的研究较多，和钢筋相比，FRP 筋材料热稳定性较差，更不耐火。FRP 筋是由高强连续纤维通过胶体黏结成的复合材料，当承受外部荷载时，众多黏合在一起的纤维丝可以均匀受力，共同工作性能良好。黏结胶体是高分子材料，对高温比较敏感，高于一定温度会产生玻璃化和炭化，从而导致黏结作用退化和丧失。并且高于一定温度时，处于高温环境中的连续纤维丝的性能也会发生不同程度的变化，连续纤维材料的性质也变得不稳定。这些因素都会导致 FRP 筋材料的性能在火灾中逐步退化，造成 FRP 筋混凝土结构的破坏，严重威胁使用安全。因此，FRP 筋混凝土结构抗火性能的研究对其在土木工程中的应用至关重要，提供这种结构的抗火设计方法和抗火防护措施势在必行。另外，当混凝土结构遭遇火灾后，钢筋或者 GFRP 筋和混凝土力学性能的劣化可能导致火灾后结构的安全性和耐久性不足，需随结构的损伤及剩余承载力进行计算和评估，进而对确定是否能继续服役及灾后加固修复的选择具有重要的现实意义。

为了研究火灾环境中 FRP 筋材料和 FRP 筋增强混凝土结构的力学性能，保证 FRP 筋增强混凝土结构在火灾条件下的安全性，国外研究者从 20 世纪开始进行了尝试性的试验研究和理论分析。但目前国内外对 FRP 筋混凝土结构的抗火问题还没有系统深入，研究工作的欠缺导致对 FRP 筋混凝土结构的抗火性能认识不足，缺乏信心，从而影响了 FRP 筋在工程中的推广应用。

基于此，本章对钢筋混凝土结构中应用最多的钢筋-变形钢筋和钢筋的补充及替代的材料——GFRP 筋进行高温后力学性能的试验研究，主要研究 GFRP 筋高温后的力学性能，包括 GFRP 筋高温后的拉伸力学性能、GFRP 筋高温后的抗剪性以及高温后 GFRP 筋混凝土构件极限承载力的计算等。

4.2 高温后 GFRP 筋的拉伸性能

4.2.1 试验概况

4.2.1.1 试验目的

针对成型制备的 GFRP 筋进行高温后拉伸试验，筋材增强材料为无捻中碱玻璃纤维纱，基体树脂采用不饱和聚酯树脂（UP）和加入添加剂的改性不饱和聚酯树脂（MUP），对应筋材分别记为 GP 筋和 GMP 筋，筋材中玻璃纤维体积含量约为 70%，树脂体积含量约为 30%。添加剂为阻燃剂，阻燃剂为溴类化合物和锑的氧化物。试验采用纤维绳缠绕的 GFRP 筋。试验研究直径、基体树脂、温度、恒温时间和烧失量对 GFRP 筋高温后拉伸性能的影响。GFRP 筋拉伸试件详细情况列于表 4-1。GP 筋取 ϕ10mm 和 ϕ12mm 两种，GMP 筋取 ϕ10mm，试验温度取为：室温、100°C、150°C、200°C、250°C、300°C、350°C，共计 7 个工况。为了研究火灾高温持续时间对 GFRP 筋材料性能的影响，对于 ϕ10mm GP 筋，在 300°C 时对恒温 0.5h、1.0h、1.5h、2.0h 共 4 种工况下的 GP 筋进行了高温后的试验研究；为了保证试验结果的可靠性，每种工况中保证有至少 2 个以上的试件，共计 24 组 72 根试件。

表 4-1 试件分组

试验工况	直径/mm	不同温度下(℃)的组数						
		20	100	150	200	250	300	350
GP 筋	10	1	1	1	1	1	4	1
	12	1	1	1	1	1	1	1
GMP 筋	10	1	1	1	1	1	1	1

4.2.1.2 试验方法

参考《玻璃纤维增强塑料拉伸性能试验方法》（GB/T 1447—2005）、《纤维增强塑料性能试验方法总则》（GB/T 1446—2005）、《纤维增强塑料高低温力学性能试验准则》（GB/T 9979—2005）和美国 ACI 的《FRP 筋加强混凝土设计和施工指南》所推荐的 FRP 筋抗拉试验方法，采用大标距高温拉力试验机（包括高温炉、温控仪）和 1000kN 屏显液压伺服万能试验机（图 4-1），对 GFRP 筋进行室温和高温后拉伸性能测试。试验参数主要内容如下。

图 4-1 试验装置

① 试验环境：温度 20℃±2℃，相对湿度 50%±5%。

② 试件形状及尺寸：如图 4-2 所示。

③ 试件数量：每组试样不少于 2 个。

④ 试样固定后，炉温升到目标值并恒温 30min。

⑤ 取出冷却至室温，放置一天，贴应变片。

⑥ 测量试件直径，测量精确到 0.01mm。

⑦ 安装测量变形的电阻静态应变仪，检查并调整试样及变形测量系统，使其处于正常工作状态。

⑧ 加载速度为 4mm/min；连续载至试样破坏，记录最大荷载值及试样破坏型式，测量抗拉强度、拉伸弹性模量及应力-应变曲线等材料性能指标。

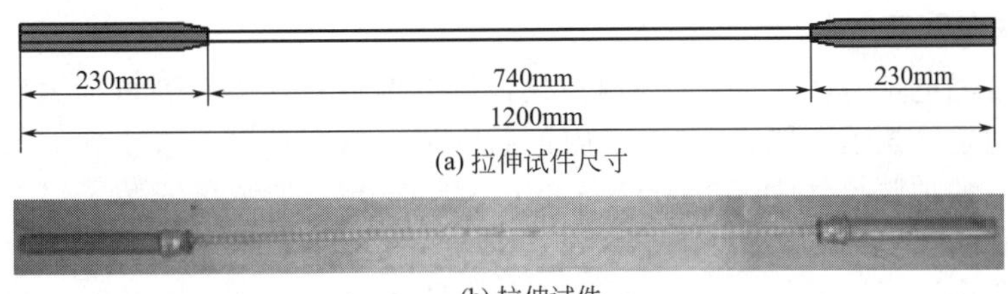

(a) 拉伸试件尺寸

(b) 拉伸试件

图 4-2　拉伸试件

4.2.1.3　试件设计

在 FRP 筋试样设计时，要确保试验时试样破断面在测试应变的预定破坏区域，设计有效的锚固系统是试验成功的关键。这样才能使试样在试验过程中稳固地夹持在试验机上下钳口内，不致因钳口施加的局部剪应力过大使 GFRP 筋端头提前失效。为此，很多研究者曾尝试过不同类型的锚固方法。如使用钢管环箍黏结剂的方法，钢管环箍膨胀水泥的方法。本文的前期试验表明，钢管环箍黏结剂的方法需要的锚固长度和钢套管长度较小，本文采用此法。

在进行锚固系统设计时，锚固长度和钢套管的尺寸是最重要的参数之一。本试验的 GFRP 筋拉伸试件总长 $L=1200$mm，两端采用套管锚固，锚固长度 $L_1=230$mm。套管采用镀锌铁管，外径 32mm，壁厚 3mm，端部与锥形铸铁大小头螺纹连接，锚固剂采用专用结构植筋胶。

另外确保 FRP 筋试样在钢套管内锚固时的垂直居中也是至关重要的。垂直居中可借助特制的木质框架（图 4-3）来实现。木框有三层水平撑，每层撑均有两排经过精心机加工出的孔洞，称为定位孔。上两层撑用于固定 FRP 筋，下层撑用于固定锚固钢套管。为便于装卸 FRP 筋并实现批量制作试件，上两层撑均由中间板和两边侧板三部分组成，中间板固定，两边侧板可活动，每排孔由固定的中间板和活动侧板上的半圆孔组成。试件制作时，将结构植筋胶配好灌入套管内，充满整个套管；再将充满结构植筋胶的钢套管置于下层定位孔内；随后将截取的 GFRP 筋试件一端旋入套管内，使其充分黏结；试件上部正好位于木框上部两层 FRP 筋定位孔内，将活动侧板和固定的中间板夹紧时，FRP 筋正好垂直位于钢套管中部，钢套管底部先用透明胶带粘贴密封，防止结构胶从下部流出；待锚固用结构植筋胶完全硬化后，从木框中取出试样，倒置过来用同样的方法锚固 GFRP 筋试件的另一端；完全固化后进行试验。

图 4-3　木质框架

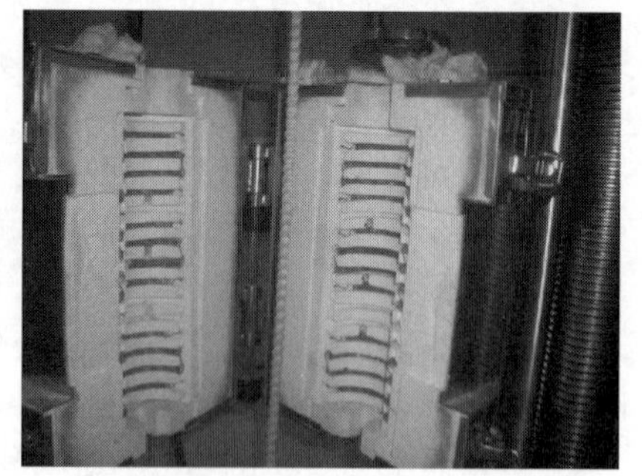

图 4-4　自动控温电炉

4.2.1.4　升降温方式

通过自动控温电炉（图 4-4）上的温控仪控制升温过程，当升到目标温度后电炉可以自动保持温度的恒定，误差一般在±3℃以内，温度值可以在控制仪表上实时显示。试验所用的自动控温电炉的炉膛尺寸为 300mm×80mm×350mm，炉膛里安装了三个热电偶，炉膛中部有 100mm 的均温带，温控仪上与三个热电偶对应的有三个温区：上温区、中温区、下温区。升温过程中下温区的温度在三个温区中是最低的，到达目标温度大约 10min 后三个温区温度基本平衡。在升温过程中记录下每分钟升高的温度，并作出试验各个温度的升温曲线，如图 4-5 所示。

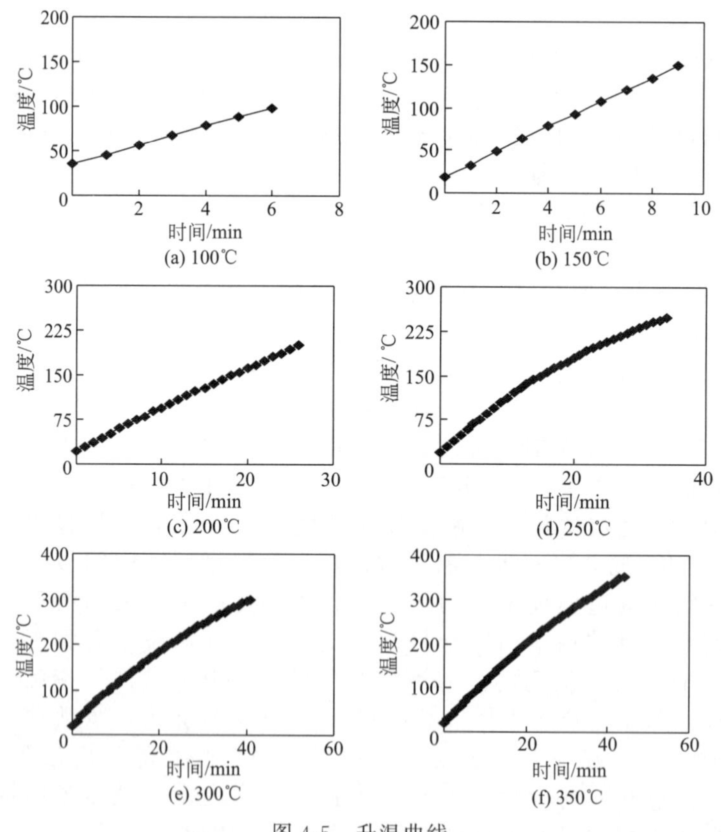

图 4-5　升温曲线

由图 4-5 可知，在不同的温度下升温速率是不同的。在温度较低时升温速率较大，且100℃、150℃、200℃时温升曲线接近直线，温度高于 200℃后温升曲线呈现二次抛物线。同样也说明了温度较高时升温速率较小。升温段与 ASTM 给出的温升曲线是有区别的，且本试验没有测下降段的温升曲线。图 4-5 给出的温升曲线表明温升速率低于 20℃/min 是满足国家标准的。

4.2.1.5 数据量测和加载制度

本试验主要量测 4 方面的内容：温度、荷载、与荷载相对应的应变和试件的烧失量，通过荷载可以计算出试件的应力和强度，通过应变可以计算出试件的弹性模量。应变是通过在试件上贴应变片，通过静态应变仪、计算机采集信息，同时试验机可以自动记录整个试件的位移。温度通过温控仪实时显示出来。烧失量通过电子秤在高温前的质量减去冷却至室温时的质量算得。

当温度升至目标温度并恒温 30min 钟后，冷却至室温，然后开始加载试验。试验时加载由位移控制，加载速度为 4mm/min，至试件断裂破坏，荷载由液压伺服试验机通过计算机实时显示和自动记录。

4.2.2 试验现象

4.2.2.1 表观特征

GP 筋的自然颜色为白色，GMP 筋的自然颜色为黑色；当 GP 筋受热后，在 100℃时试件表面的颜色几乎没有什么改变，仍然呈白色；在 150℃时，高温试验段的 GP 筋表面为很浅的黄色；200℃、250℃、300℃三种温度时高温试验段的颜色逐渐加深，由焦黄色→褐色→接近炭黑色；350℃时 GP 筋高温试验段的表面颜色已经完全呈炭黑色（图 4-6）。

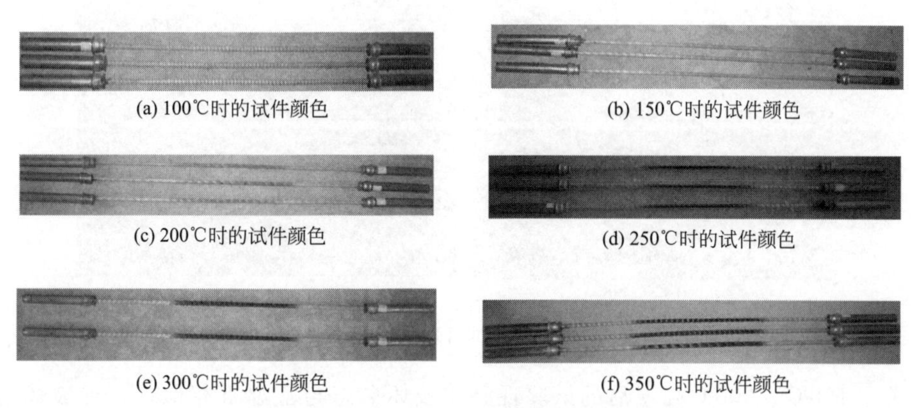

(a) 100℃时的试件颜色　(b) 150℃时的试件颜色

(c) 200℃时的试件颜色　(d) 250℃时的试件颜色

(e) 300℃时的试件颜色　(f) 350℃时的试件颜色

图 4-6 GP 筋试件表面颜色随温度变化

然而，GMP 筋常温时的颜色呈黑色，高温后颜色没有改变，还是呈现黑色，因此单从颜色很难判断 GMP 筋经历了多高的温度以及是否炭化（图 4-7）。

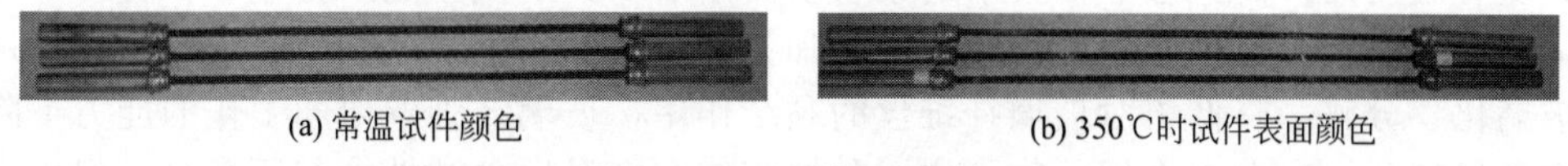

(a) 常温试件颜色　(b) 350℃时试件表面颜色

图 4-7 GMP 筋试件颜色

GP 筋试件表面颜色的变化是因为黏结胶体的炭化引起的。从表面颜色的变化可以看出试件随温度的变化过程：在温度低于 150℃时，黏结胶体没有炭化，所以 GP 筋材表面的颜色没有发生变化；在150℃时黏结胶体开始轻微炭化，并且随温度的升高，炭化逐步加剧，所以随温度的升高，GP筋的颜色逐渐加深；在300℃时GP筋的黏结胶体已经炭化很严重，所以高于此温度后试件都呈现炭黑色。

试验中发现，加热过程中，聚合物逐渐热解，试验温度越高，电炉口烟气越大，说明聚合物热解量越大。当试验温度高于300℃时，炉口的烟雾多且持续的时间长，高温试验段的GP筋开始明显变软，说明从300℃开始GP筋的热分解和炭化已经非常严重，此时筋的黏结胶体已经基本失去对玻璃纤维丝的黏结作用；350℃时高温试验段的GP筋已经变得非常柔软，能像纤维绳一样弯曲，说明此时GP筋的黏结胶体已经几乎完全分解和炭化，刚度几乎丧失殆尽，且很容易折断。说明此时GP筋的纤维丝由于高温的作用也已经变得不稳定。350℃时的烧失量一般在3g左右。

4.2.2.2 破坏形态

GP筋试件的典型破坏形态如图4-8所示。试件常温下的破坏形态和高温后的破坏形态有明显的差异，且有明显的阶段性。常温下，试件首先在中部薄弱面引发裂缝源，当荷载达到破坏荷载的30%～50%时，试件开始发出“噼啪”响声，应为纤维剥离树脂的声音，随着荷载的继续增大，纤维开始逐渐断裂，响声不断加大且更加密集，达到极限荷载时伴随着巨大的响声，试件成条束状爆裂破坏。在GFRP筋接近破坏时，可以明显看到表面部分纤维束也逐渐被拉断，随着断裂纤维束的增多，GFRP筋中部突然发生“爆裂式”破坏，破坏部位纤维呈发散状，同时飞散出许多细小纤维，此时试验结束，试件呈现明显的脆性破坏特征。

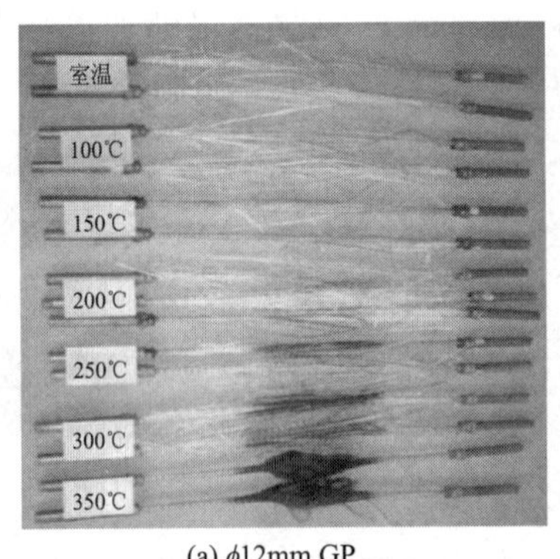

(a) ϕ12mm GP

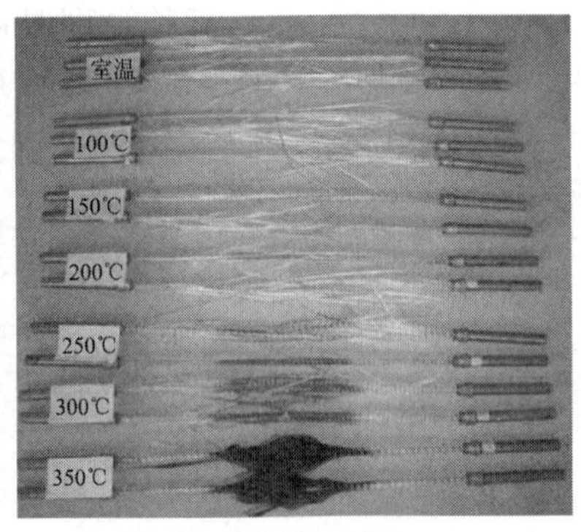

(b) ϕ10mm GP

图4-8　GP筋试件的典型破坏形态

100℃、150℃、200℃高温后的试验现象和破坏形态与常温下相似，临近破坏前的响声减弱，但破坏时的声音却仍然很大，伴随着“啪”的一声爆响，试件突然破坏；破坏处仍为发散状，说明玻璃纤维丝之间在温度降至室温后又恢复了部分黏结性能，可以协同受力。温度升至250°C、300°C时，断口处的GP筋颜色从白色逐渐变为焦黄色，但在250°C时仍然较浅；随着温度的升高，破坏处夹杂的絮状物逐渐增多，当试验温度为300°C时，破坏处的条状物已经明显减少，稍显蓬松的絮状物增加。这些现象说明，GP筋的黏结胶体由外至内逐渐玻璃化、分解，降低了对玻璃纤维丝的黏结作用，玻璃纤维丝协同工作的能力下降。断口处颜色呈褐色，夹杂少许絮状物，说明黏结胶体在降温后黏结性能有所恢复，但由于黏结胶体此时的热分解和炭化已较以前严重，玻璃纤维丝之间的黏结性能很大一部分不能恢复。温度升高至350℃后，破断处为蓬松的絮状物，说明温度高于350℃时黏结胶体已经完全炭化，降温后胶体的黏结性能将不能恢复。

为了研究恒温时间长短对 GP 筋材试件的影响，对 300°C 时不同受火时间的 GP 筋材高温后的力学性能进行了试验研究。试验过程中发现，GP 筋高温试验段外部玻璃纤维丝呈黑色，并且随恒温时间的增加，GP 筋试件破断处的蓬松扇子絮状物逐渐增加。恒温 90min 时从图 4-9 上已经很容易看到很多毛茸茸的絮状物，由外及内逐渐变浅，内部为浅黄色，具有明显的层次感，此时外部颜色已经很深，呈炭黑色；恒温 120min 时 GP 筋破断处的絮状物明显较以前多，但仍是外部颜色深，向内变浅，很有层次感，此时内外的颜色已经很接近，说明此时 GP 筋高温段的热分解和炭化已经很严重。从这些现象可以看出：在 300℃（恒温 120min）GP 筋中的黏结胶体已经大部分丧失了黏结能力，但外层纤维的炭化程度较重。

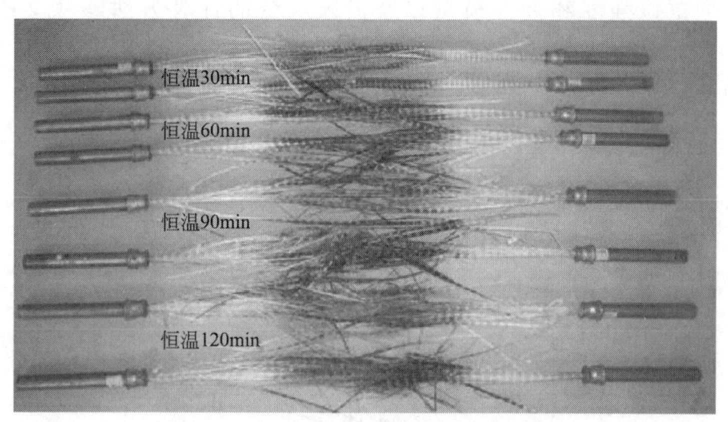

图 4-9　试件不同受热时间的破坏形式

GMP 筋在温度低于 300℃时的破坏型式和室温时的破坏型式相同（图 4-10～图 4-14）；当温度达到 300℃时，破断处的 GMP 筋有部分纤维被拉毛（图 4-15）；温度达到 350℃时破断处也为蓬松的絮状物（图 4-16）。说明：

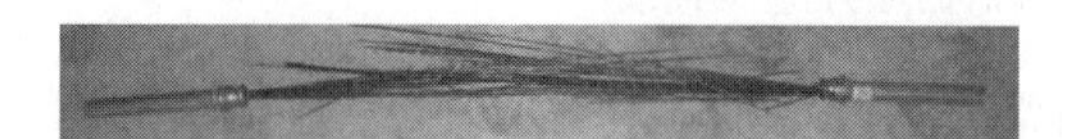

图 4-10　20℃时 GMP 筋破坏型式

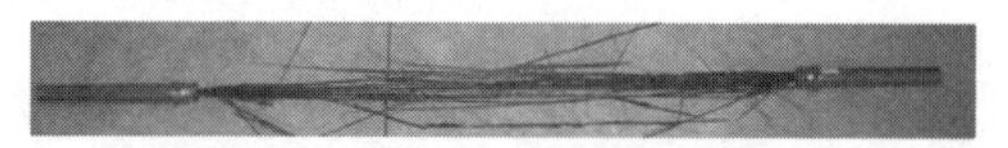

图 4-11　100℃时 GMP 筋破坏型式

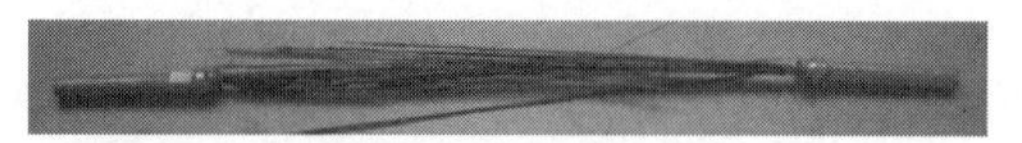

图 4-12　150℃时 GMP 筋试件破坏型式

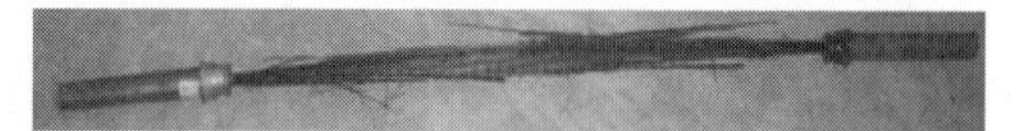

图 4-13　200℃时 GMP 筋试件破坏型式

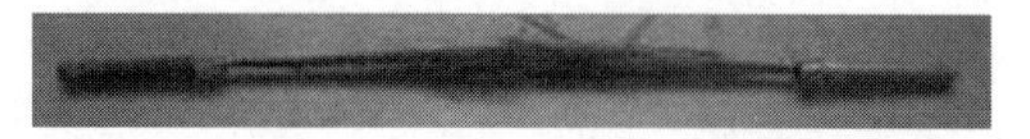

图 4-14　250℃时 GMP 筋试件破坏型式

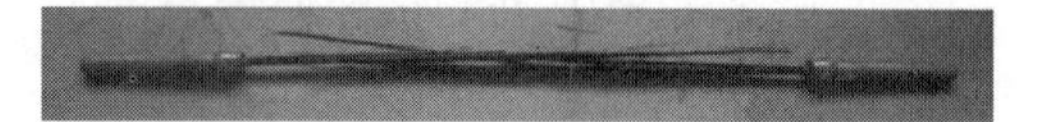

图 4-15　300℃时 GMP 筋试件破坏型式

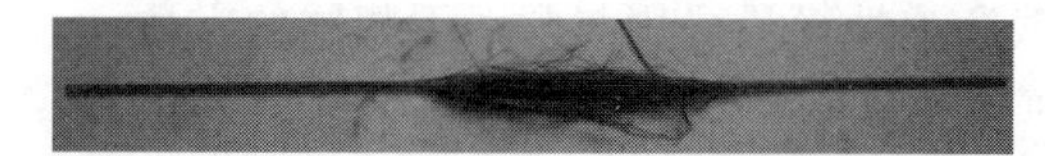

图 4-16　350℃时 GMP 筋试件破坏型式

① 温度高于 350℃时黏结胶体已经完全炭化，降温后胶体的黏结性能将不能恢复；

② 加入阻燃剂对 GMP 筋高温性能影响不是非常明显，温度低于 300℃时破断处的纤维被拉毛的情况较 GP 筋相同温度少些，但当温度高于 350℃时阻燃剂的加入对 GMP 筋的抗

高温性能没有明显的改善。

4.2.3 影响因素分析

采用贴应变片的方法量测 GFRP 筋的应变，只能量测 60%～80%极限荷载对应的应变。弹性模量一般取为 10%～50%极限荷载对应应变时的弹性模量。如图 4-17 所示是 GFRP 筋室温和高温后的应力-应变曲线。从图中可以看出：室温与高温后的应力-应变曲线相似，直至试件破坏前，这些试件的应力-应变曲线基本是呈理想的线弹性，由于应变片只能测得 60%～70%极限荷载对应的应变，所以没有下降段。

GFRP 筋极限抗拉强度和弹性模量以及极限应变的计算方法参照文献中采用的计算公式。

GFRP 筋抗拉强度计算公式为

$$\sigma_b=\frac{4P_b}{\pi d^2} \tag{4-1}$$

式中 σ_b——GFRP 筋实测抗拉强度，MPa；

P_b——GFRP 筋实测最大破坏荷载，N；

d——GFRP 筋实测直径，mm。

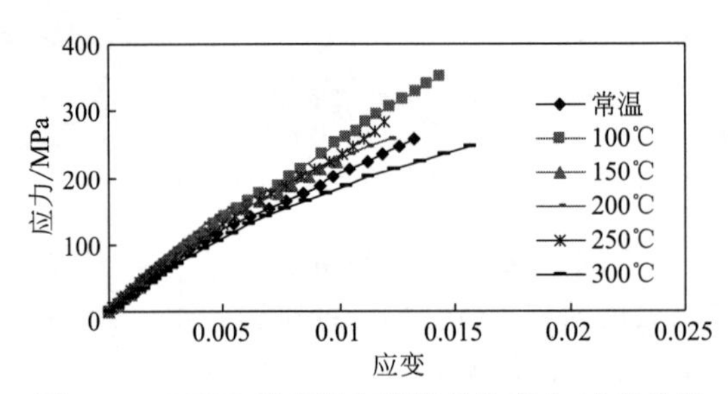

图 4-17 GFRP 筋室温和高温后的应力-应变曲线

高温后 GFRP 筋的残余极限抗拉强度采用与常温下相同的方法。

GFRP 筋拉伸弹性模量计算公式为

$$E=\frac{4\Delta P}{\pi d^2\Delta\varepsilon} \tag{4-2}$$

$$E=\alpha\frac{4l}{\pi d^2} \tag{4-3}$$

式中 E——GFRP 筋拉伸弹性模量，MPa；

l——GFRP 筋测试区原始长度；

d——GFRP 筋实测直径，mm；

$\Delta\varepsilon$——与 ΔP 对应的应变增量；

ΔP——荷载-变形曲线初始直线段（10% P_b～50%P_b）的荷载增量，N。

高温后 GFRP 筋的残余弹性模量采用与常温下相同的方法。

极限应变通过极限抗拉强度和弹性模量由下式求得。

$$\varepsilon_u=\frac{4P_b}{E\pi d^2} \tag{4-4}$$

各因素对 GFRP 筋力学性能的影响如下。

4.2.3.1 温度

温度对 GFRP 筋试件极限抗拉强度、平均弹性模量和平均极限应变的影响如图 4-18～

图 4-23 和表 4-2 所示。ϕ10mm GP 筋极限抗拉强度在温度低于 200℃时呈现增加的趋势，在 200℃时达最大值，比常温时增加了 18.85%，随后开始逐渐降低，ϕ10mm GP 筋 350℃时极限抗拉强度比常温时降低了 5.19%；ϕ10mm GMP 筋极限抗拉强度在 100℃时达最大值，比常温时增加了 9.91%，随后开始逐渐降低，ϕ10mm GMP 筋 350℃时极限抗拉强度比常温时降低了 37.35%；ϕ12mm GP 筋 350℃时极限抗拉强度比室温时降低了 26.16%，由于 GFRP 筋材离散性较大，温度对它影响的规律性不明显，并且在试验温度范围内极限抗拉强度有所波动。ϕ10mm GP 筋弹性模量温度低于 200℃时呈现增加的趋势，200℃时达最大值，比常温时增加了 27.63%，随后随温度升高逐渐下降，350℃时比常温时降低了 20.29%；ϕ10mm GMP 筋弹性模量在温度低于 300℃时和常温相差不多，350℃时弹性模量急剧降低，比常温时降低了 21.4%；ϕ12mm GP 筋弹性模量先降低，随后又有所增加，350℃时比常温时降低了 22.44%。ϕ10mm GP 筋的极限应变先随温度升高而降低，100℃时降至整个试验温度范围的最低点，随后开始逐渐增大，350℃时达最大值，比常温时增加了 36.66%；ϕ10mm GMP 筋极限应变先随温度升高小幅增大，100℃时达最大值，随后逐渐降低，300℃时降至最小值，比常温时降低了 38.33%；ϕ12mm GP 筋的极限应变温度低于 300℃时和常温相差不多，350℃时极限应变急剧降低，比常温时降低了 44.12%。350℃高温后 GFRP 筋极限抗拉强度维持在室温时的 80%以上，但是由于到达此温度时 GFRP 筋已经变得极为柔软，刚度很小，弹性模量不足常温时的 70%，所以即使高室温后极限强度有所恢复，建议 GFRP 筋的耐高温极限仍然不能高于 300℃。

从表 4-2 中可以看出：GFRP 筋的极限荷载、极限抗拉强度、平均拉伸弹性模量和极限应变在温度较高时比常温低。造成 GFRP 筋强度、弹性模量和极限应变降低的主要原因有 3 方面：①黏结胶体随温度的升高逐渐玻璃化、炭化和热分解，导致对抗拉强度的贡献逐渐减小乃至丧失；②黏结胶体黏结作用的降低导致 GFRP 筋纤维丝协同受力的能力下降，最终导致 GFRP 筋性能的劣化；③玻璃纤维丝本身的强度和性能随温度的升高逐渐劣化。其中弹性模量的下降幅度不大，这是因为影响 GFRP 筋弹性模量的主要原因是其中的玻璃纤维丝，在试验温度范围内对玻璃纤维丝弹性模量的影响不大。

4.2.3.2 基体树脂

基体树脂对 GFRP 筋试件极限抗拉强度、弹性模量和极限应变的影响如图 4-18～图 4-20 和表 4-2 所示。由图 4-18 可知，室温试验时相同直径的 GMP 筋试件比 GP 筋的极限抗拉强度有所降低，降低幅度为 70.71%；350℃高温后试验时相同直径的 GMP 筋比 GP 筋的极限抗拉强度降低了 50.30%；说明基体树脂里加入抗阻燃剂降低了 GFRP 筋试件的极限抗拉强度。但是 GMP 筋的弹性模量比相同直径的 GP 筋的弹性模量有所提高，室温试验时 GMP 筋的弹性模量比相同直径的 GP 筋的弹性模量提高了 8.75%。由图 4-20 也可以知，350℃高温后 GMP 筋的极限应变比室温时降低了 24.29%；室温时 GMP 筋的极限应变比相同直径的 GP 筋的极限应变降低了 26.65%；350℃高温后 GMP 筋的极限应变比相同直径的 GP 筋的极限应变降低了 6.28%。

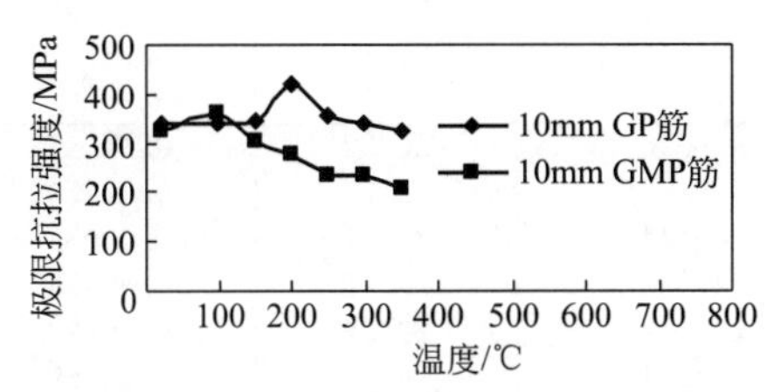

图 4-18 抗拉强度随温度变化（一）

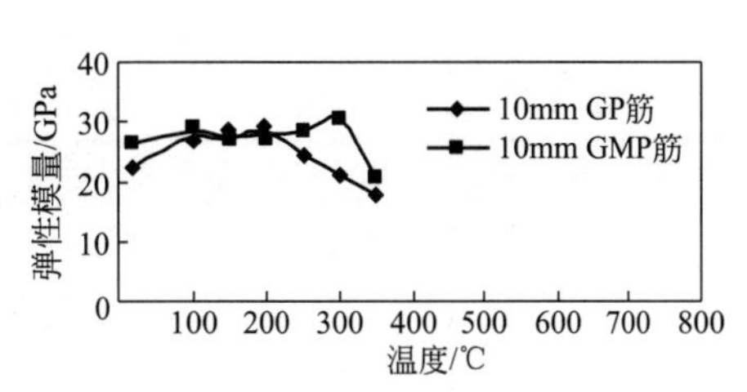

图 4-19 弹性模量随温度变化（一）

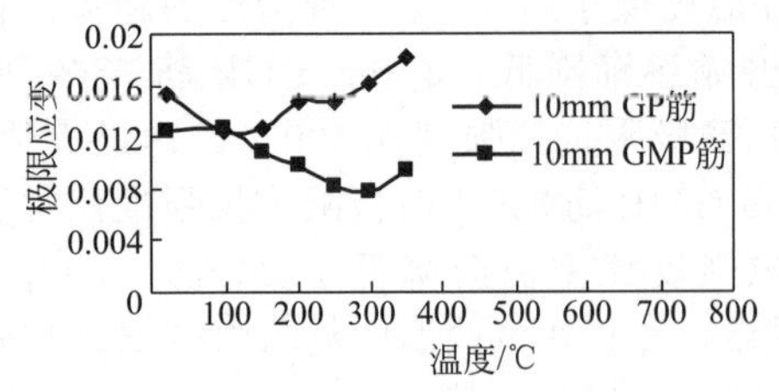

图 4-20 极限应变随温度变化（一）

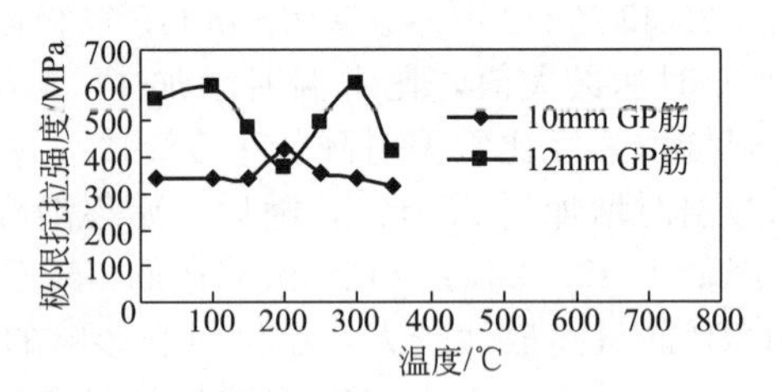

图 4-21 抗拉强度随温度变化（二）

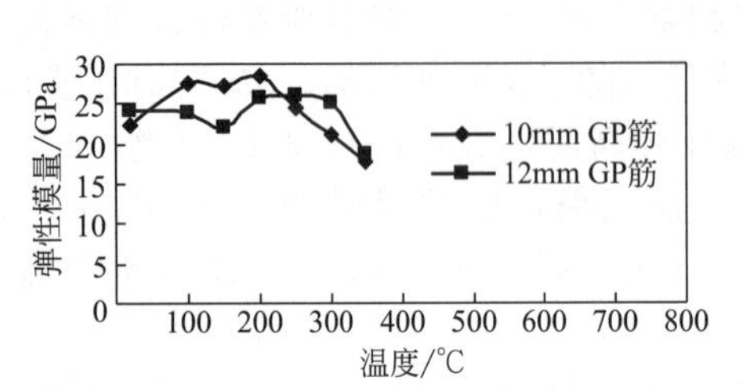

图 4-22 弹性模量随温度变化（二）

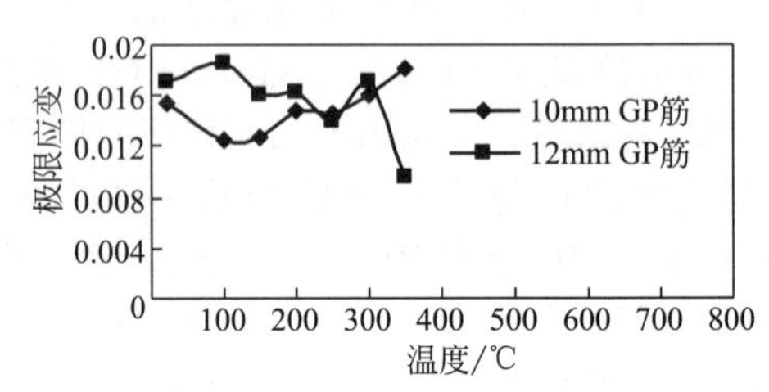

图 4-23 极限应变随温度变化（二）

4.2.3.3 直径

实测直径对 GFRP 筋抗拉强度的影响如图 4-21 所示。从图中数据可以看出，随直径的增大，GP 筋的抗拉强度逐渐增大，室温试验时 ϕ12mm GP 筋比 ϕ10mm GP 筋的极限抗拉强度增加了 63.16%，350℃高温后 ϕ12mm GP 筋比 ϕ10mm GP 筋的极限抗拉强度增加了 27.07%。分析造成这一结果的原因可能是：GFRP 螺纹筋在制备时是通过缠绕纤维绳形成表面凸肋，小直径 GFRP 筋形成的凸肋较明显，筋表面弯曲纤维较多，减少了承载纤维的数量，从而导致强度降低；而对于大直径 GFRP 筋，GFRP 筋肋的影响有所降低。

表 4-2 GFRP 筋拉伸试验结果

试件类型	直径/mm	温度/℃	平均最大荷载 P_b/kN	平均极限抗拉强度 σ_b/MPa	平均拉伸弹性模量 E/GPa	平均极限应变 ε
GP	10	20	26.86	342.10	22.33	0.01532
		100	26.86	342.10	27.51	0.01244
		150	27.18	346.29	27.12	0.01274
		200	33.02	420.68	28.50	0.01478
		250	27.96	356.18	24.35	0.01464
		300	26.65	339.47	21.08	0.01612
		350	25.46	324.33	17.80	0.01822
GP	12	20	63.10	558.18	24.11	0.017
		100	67.54	597.53	23.76	0.01848
		150	54.00	477.75	21.97	0.01598
		200	41.72	369.03	25.68	0.01633
		250	55.74	493.06	25.90	0.01399
		300	68.44	605.46	25.12	0.01717
		350	45.69	412.14	18.70	0.0095
GMP	10	20	36.96	326.96	26.22	0.01247
		100	40.66	359.66	28.26	0.01273
		150	34.19	302.44	27.81	0.01088
		200	31.01	274.32	28.12	0.00976
		250	26.56	234.92	28.57	0.00822
		300	26.46	234.11	26.42	0.00769
		350	23.16	204.84	20.61	0.00944

注：试件编号中 G 表示玻璃纤维；P 表示不饱和聚酯树脂；MP 表示改性不饱和聚酯树脂。

如图 4-22 所示为直径对拉伸弹性模量的影响规律。由图 4-22 及表 4-2 中的数据可知，随着直径的增大，拉伸弹性模量呈增大的趋势，室温试验时 ϕ12mm GP 筋试件比 ϕ10mm GP 筋的弹性模量逐渐增加了 7.9%，350℃高温后试验时 ϕ12mm GP 筋比 ϕ10mm GP 筋的弹性模量增加了 5.1%。

表 4-3　300℃时不同恒温时间的试验结果

恒温时间/min	平均最大荷载 P_b/kN	平均极限抗拉强度 σ_b/MPa	平均拉伸弹性模量 E/GPa	平均极限应变 ε
30	26.65	339.47	21.08	0.01612
60	35.10	447.13	28.92	0.01546
90	32.56	414.77	30.00	0.01383
120	30.04	382.67	33.10	0.01156

如图 4-23 所示为直径对极限应变的影响规律。由图 4-23 及表 4-3 中的数据可知，随着直径的增加，室温试验时 GFRP 筋试件的极限应变有少量增加，即直径大的 GFRP 筋试件的延伸性能好些；然而 350℃高温后试验时 ϕ12mm GP 筋比 ϕ10mm GP 筋的极限应变由于自身的原因随直径的增大有所降低。

4.2.3.4　恒温时间

为了研究恒温时间对 GFRP 筋试件材性的影响，300℃时进行了恒温 30min、60min、90min、120min 四个不同恒温时间的试验，试验结果见表 4-3。从图 4-24～图 4-26 可以看出，GFRP 筋的极限抗拉强度在恒温 60min 时达最大值，90min、120min 时比 60min 时有所降低；随恒温时间的增加，拉伸弹性模量逐渐增大；平均极限应变随恒温时间的增加小幅度减小。造成这一结果的原因是随恒温时间的增加，GFRP 筋试件炭化、分解越来越严重，所以极限应变随恒温时间的增加降低。

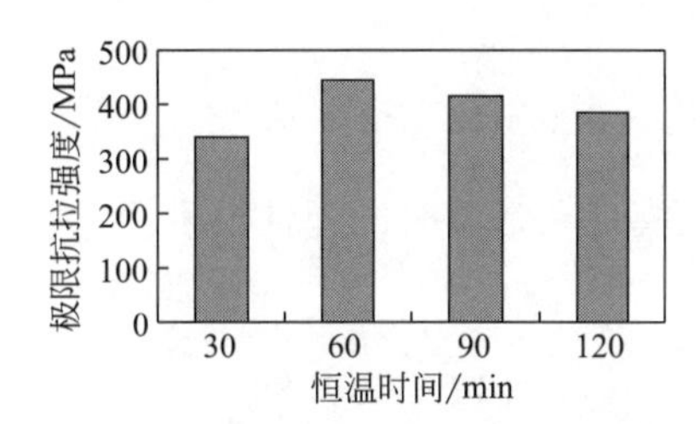

图 4-24　恒温时间对极限抗拉强度的影响

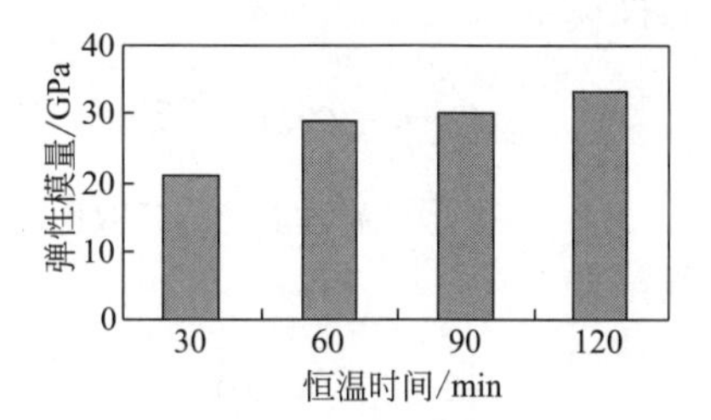

图 4-25　恒温时间对弹性模量的影响

4.2.3.5　烧失量对 GFRP 筋拉伸性能的影响

由图 4-27 知：ϕ10mm GP 筋温度低于 200℃时，烧失量为 1g；当温度升高至 250～300℃时，烧失量增加到 2g；当温度升高至 350℃时，烧失量增至 5g。说明随着温度的升高，烧失量越来越大，并且温度高于 200℃后，直径大的烧失量增加更快。当温度升至 350℃时，ϕ12mm GP 筋高温后高温试验段的 GFRP 筋试件烧失量达 6g。随着烧失量的增加，GFRP 筋试件的拉伸性能随之变化。如图 4-28 所示是烧失量对极限抗拉强度的影响，说明随着烧失量的增加，极限抗拉强度呈降低的趋势。如图 4-29 所示是烧失量对拉伸弹性模量的影响，表明随着烧失量的增加，弹性模量降低。图 4-28 和图 4-29 表明随着温度升高，高温试验段的性能逐渐劣化。

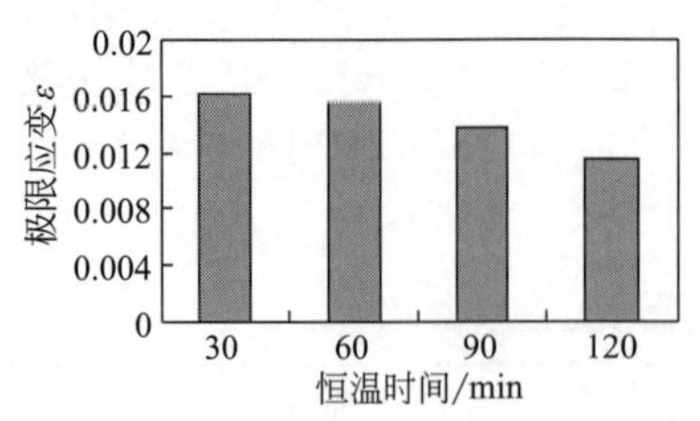

图 4-26　恒温时间对极限应变的影响

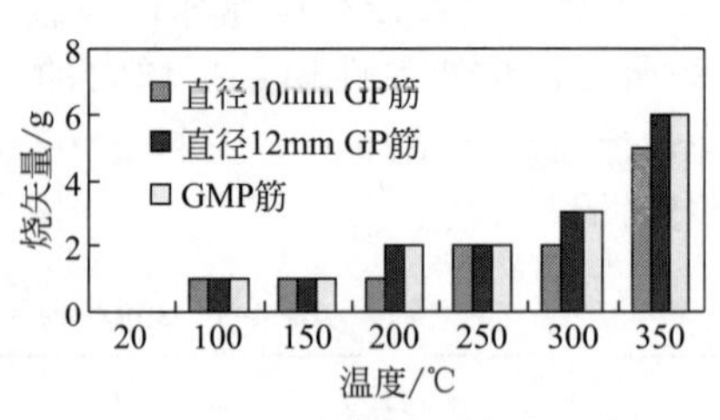

图 4-27　烧失量随温度的变化

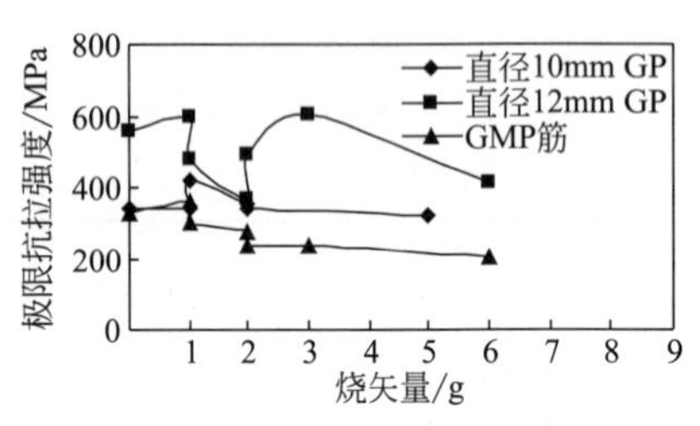

图 4-28　烧失量对极限抗拉强度的影响

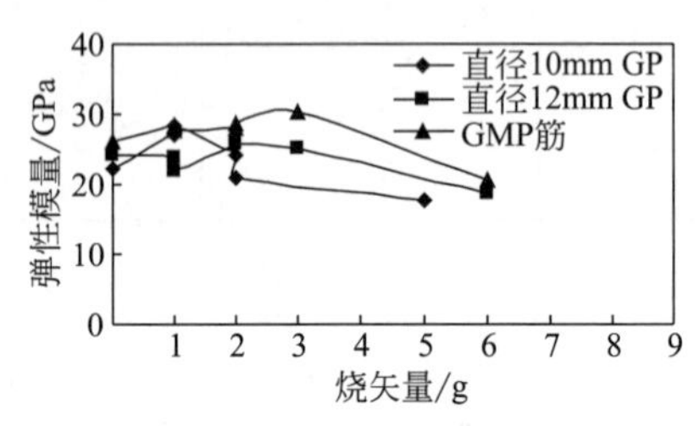

图 4-29　烧失量对弹性模量的影响

4.2.4　高温后 GFRP 筋的各项力学性能指标计算公式

根据试验结果，经回归分析，得到高温后 GFRP 筋极限抗拉强度、弹性模量和极限应变的变化模型。

（1）极限抗拉强度

$$\frac{f_{\mathrm{fu}}^{T}}{f_{\mathrm{fu}}}=-2\times10^{-8}T^{3}+9\times10^{-6}T^{2}-0.0003T+0.9903 \tag{4-5}$$

式中　f_{fu}^{T}，f_{fu}——经历温度 T 后 GFRP 筋的极限抗拉强度和常温时的极限抗拉强度。

（2）弹性模量

$$\frac{E_{\mathrm{f}}^{T}}{E_{\mathrm{f}}}=2\times10^{-8}T^{3}-2\times10^{-5}T^{2}+0.0054T+0.898 \tag{4-6}$$

式中　E_{f}^{T}，E_{f}——经历温度 T 后 GFRP 筋的弹性模量和常温时的弹性模量。

（3）极限应变

$$\frac{\varepsilon_{\mathrm{f}}^{T}}{\varepsilon_{\mathrm{f}}}=-3\times10^{-8}T^{3}+1\times10^{-5}T^{2}+0.016T+1.0536 \tag{4-7}$$

式中　$\varepsilon_{\mathrm{f}}^{T}$，$\varepsilon_{\mathrm{f}}$——经历温度 T 后 GFRP 筋的极限应变和常温时的极限应变。

上述三个公式的力学计算模型的变化规律如图 4-30～图 4-32 所示。

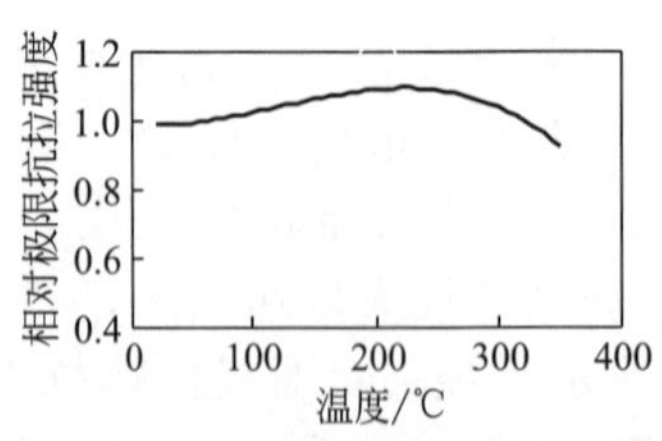

图 4-30　相对极限强度模型曲线

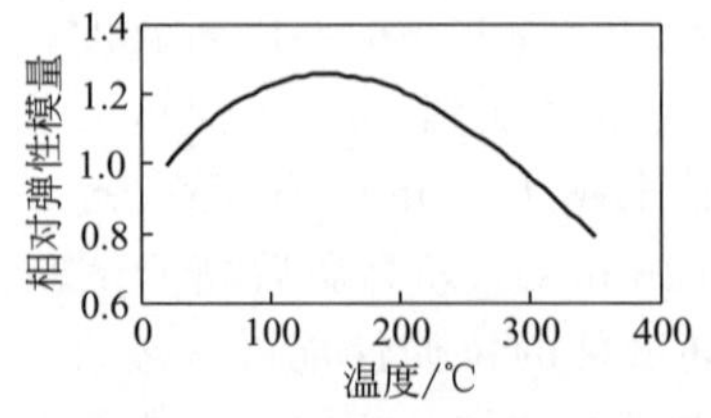

图 4-31　弹性模量模型曲线

根据相关文献，高温后 GFRP 筋的抗拉强度总体分布一般呈正态分布；偏于安全起见，其抗拉强度的标准值 f_{fu}^{T}取保证率 p 的下分位值，即取抗拉强度总体分布的平均值减去标准正态分布时保证率对应的区间点 k 乘以标准差 σ_{f}，即

$$f_{fu}^{T}=f_{u}^{T}-k\sigma_{f} \tag{4-8}$$

式中，当 $k=1.645$ 时，保证率为 95%；当 $k=2.0$ 时，保证率为 97.73%；当 $k=3.0$ 时，保证率为 99.87%。

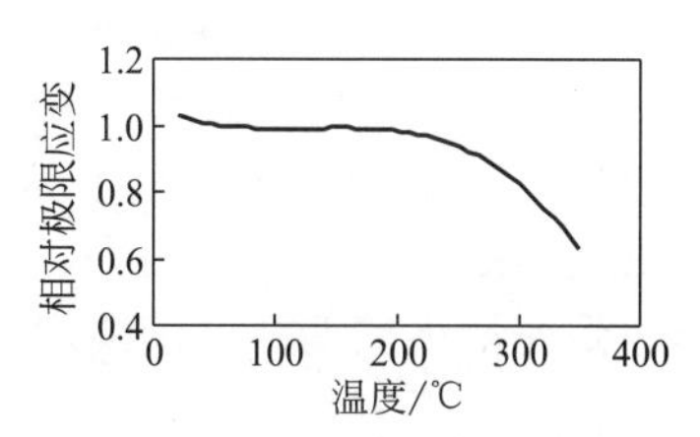

图 4-32　极限应变模型曲线

由于 GFRP 筋具有明显的各向异性和很大的离散性，GFRP 筋的抗拉力学指标的标准值取保证率 p 为 99.87%的下分位值，如下所示。

抗拉强度标准值 $f_{fu,k}^{T}$为

$$f_{fu,k}^{T}=f_{u}^{T}-3\sigma_{f}^{T} \tag{4-9}$$

对应的极限应变标准值 $\varepsilon_{fu,k}^{T}$为

$$\varepsilon_{fu,k}^{T}=\varepsilon_{u}^{T}-3\varepsilon_{\sigma}^{T} \tag{4-10}$$

式中　f_{u}^{T}，ε_{u}^{T}——经温度 T 后试件极限强度，极限应变的平均值；

σ_{f}^{T}，ε_{σ}^{T}——经温度 T 后试件极限强度，极限应变的标准差。

以上得出的力学参数是理论值，实际中 GFRP 筋的抗拉强度、蠕变强度和疲劳强度随所处环境的不同而有所降低。这时，设计中所实用的力学指标要进行折减。

抗拉强度设计值为

$$f_{fu}^{T}=Cf_{fu,k}^{T} \tag{4-11}$$

设计值极限应变为

$$\varepsilon_{fu}^{T}=C\varepsilon_{fu,k}^{T} \tag{4-12}$$

式中　C——工作环境系数，综合考虑火灾高温的影响工作环境系数取为 0.6。

4.3　高温后 GFRP 筋的剪切性能

工程结构中的材料除了承受拉力和压力之外，大部分还存在剪切应力，同样在 FRP 筋增强混凝土的受弯构件中，除了弯曲应力之外，还有较大的剪应力，FRP 筋的力学性能与普通钢筋相比，其纵向和横向都有很大的差异，所以，FRP 筋混凝土构件的抗弯、抗剪承载力的计算并不完全等同于传统的混凝土结构。同时由于 FRP 筋抗剪强度较低，将 FRP 筋用作预应力筋时需要专门研制相应的预应力锚具、夹具，因此在结构设计中要充分考虑 FRP 筋的抗剪强度。

由于 FRP 筋是由连续纤维材料和黏结胶体组成的复合材料，单根纤维丝的直径非常小，纤维丝之间通过黏结胶体黏合在一起。当 FRP 筋承受外部荷载时，众多黏合在一起的纤维丝可以均匀受力，并且具有良好的共同工作性能。由于黏结树脂对高温比较敏感，当温度高于一定限值时会发生玻璃化，即处于流塑状态，它对纤维丝的黏结作用会逐渐退化乃至丧失；处于高温环境中的连续纤维丝的性能也会发生不同程度的变化。因为高温下 FRP 筋的各种组成材料本身的变化，造成 FRP 筋的力学性能也会发生相应的变化。

Rehm 和 Franke 以及 Sen 研究发现，E-玻璃的熔化温度为 1260℃，但在 200℃时其强度比 20℃时要下降很多，当温度达到 550℃时，玻璃纤维的抗拉强度仅是室温条件下的1/2；黏结树脂的玻璃化点一般在 100～200℃，超过这一温度树脂将会发生玻璃化、热分解和炭化，从而失去黏结能力；由黏结材料和玻璃纤维丝共同组成的整体——GFRP 筋材在 100℃时的强度大约是 20°C 时的 70%（钢材大约是 95%），若温度高于 400°C，则下降到 30%

(钢材大约是50%)。由此可以看出：高温对GFRP筋材的影响是巨大的。

当火灾发生时，处于火场中的建筑构件均受到高温环境的影响，虽然处于混凝土保护层之内的FRP筋不直接暴露在火场中，但其周围的环境温度会随过火时间的延长而逐渐升高。虽然因为缺氧不会产生明火，但是FRP筋中的黏结树脂和连续纤维本身均会受到高温的影响，致使纤维筋的强度随温度的升高而发生变化。目前有关高温后FRP筋力学性能的试验研究还不是很多，有关抗剪的就更少了。常温下FRP筋的抗拉强度和抗剪强度相差很大，高温下FRP筋的抗拉强度损失较大，抗剪强度也会随温度而变化，因此需要研究高温后FRP筋的抗剪性能。

4.3.1 试验概况

4.3.1.1 试验方案

试件直径为ϕ10mm、ϕ12mm的GP筋和ϕ10mm GMP筋，试验温度取为室温、100℃、150℃、200℃、250℃、300℃、350℃共计7个工况。为了研究升温和降温过程对GFRP筋材料的影响，在每个温度条件下分别有一组试件在高温后进行剪切试验，共计21组，每组3个试件，共63个试件。本试验主要研究温度、直径、基体树脂、烧失量等参数对GFRP筋剪切性能的影响，记录试验现象并分析剪切破坏机理。

4.3.1.2 试验方法

参考《纤维增强塑料冲压式剪切强度试验方法》(GB/T 1450—2005)、《销剪切试验方法》(GB/T 13683—1992)和相关文献，采用CMT系列计算机控制50kN电子万能试验机并配以压式剪切器(图4-33)进行剪切试验。具体试验方法如下。

图4-33　压式剪切器

① 试样外观检查、状态调节按GB 1446中第2、3章规定。

② 测量试样尺寸，测量精度精确到0.01mm。

③ 升温速率10℃/min，升至试验温度然后恒温30min。

④ 加载速度2mm/min，连续加载至试样发生剪切破坏。

⑤ 记录试样破坏后的最大荷载和破坏形式。

⑥ 有明显缺陷的试样应予以作废，每组有效试样至少3个，不足3个时，应重做试验。

⑦ 剪切强度计算公式为

$$\tau=\frac{P}{2A}=\frac{2P}{\pi D^2} \tag{4-13}$$

式中　τ——GFRP筋剪切强度，MPa；

P——GFRP筋破坏时最大荷载，N；

A——GFRP筋工作的横截面积，mm^2；

D——GFRP筋工作段实测直径，mm。

4.3.1.3 试件设计

本试验选用郑州大学纤维复合材料FRP筋试验室生产的GFRP筋。剪切试件在连续GFRP筋上截取，根据压式剪切器相关参数，截取试件长度$L=130$mm，高温炉如图4-34所示。

(a)

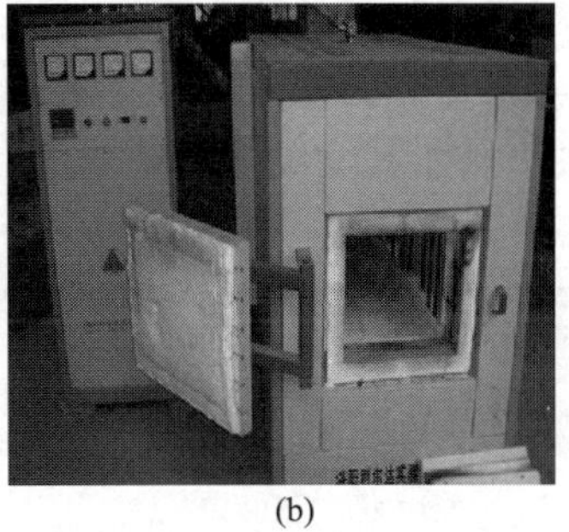

(b)

图 4-34　高温炉

4.3.2　试验现象

4.3.2.1　表观特征

由图 4-35 可知：GFRP 筋的自然颜色为白色，当 GFRP 筋受热后，100℃时试件表面的颜色几乎没有改变，仍然呈白色，纤维绳没有任何松动；在 150℃时，GFRP 筋表面微呈焦烟状，为很浅的黄色，纤维绳开始松动，并且端部断掉；在 200℃时，GFRP 筋表面焦烟状进一步加剧，为很浅的黄黑色，纤维绳完全脱离筋表面，纤维绳烧焦；GFRP 筋在 250℃时，GFRP 筋表面颜色进一步加深，已经接近于炭黑色；300℃、350℃两种温度时，GFRP 筋表面颜色均呈炭黑色，这种温度条件下 GFRP 筋高温试验段的表面颜色已没有明显的区别（图 4-36）。

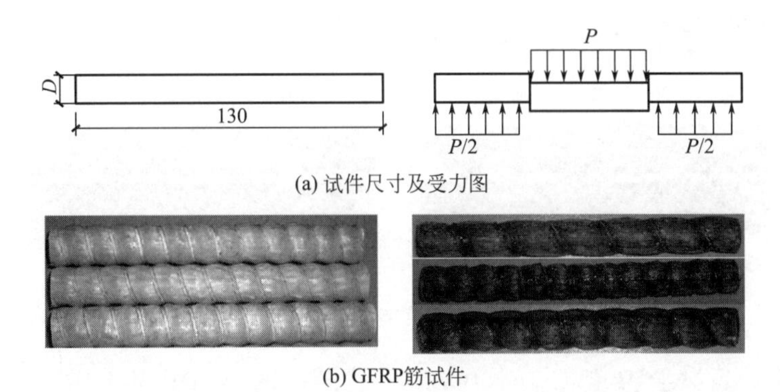

(a) 试件尺寸及受力图

(b) GFRP筋试件

图 4-35　剪切试件

试件表面颜色的变化是因为黏结胶体的炭化引起的。从表面颜色的变化可以看出试件随温度的变化过程：在温度低于 100℃时，黏结胶体没有炭化，所以 GFRP 筋材表面颜色并未发生改变；在 150℃时，黏结胶体开始发生炭化，并且随温度的升高炭化程度加剧，所以在 150～250℃时，随着温度的升高，试件表面的颜色逐渐加深；在 250℃时，试件中黏结胶体的炭化程度已经很高，所以高于 250℃的试件表面颜色均呈炭黑色。

如图 4-37 所示为加阻燃剂的玻璃纤维筋（GMP）在各温度下的情况，常温时颜色为黑色。250℃之前 GMP 筋发生的变化单从表面很难观察到，与常温下基本相同，但是温度增加至 250℃时能很明显地看到 GMP 筋表面的纤维暴露，这是由于黏结胶体发生炭化所致，这时 GMP 筋表面的纤维丝一根一根地暴露在外，GMP 筋由于黏结胶体的炭化不再是一个整体。300℃、350℃两个温度时随温度的升高炭化逐步加深，试件中黏结胶体的炭化程度已经很高，可以看出从 250℃开始 GMP 筋表面的颜色变得更黑。

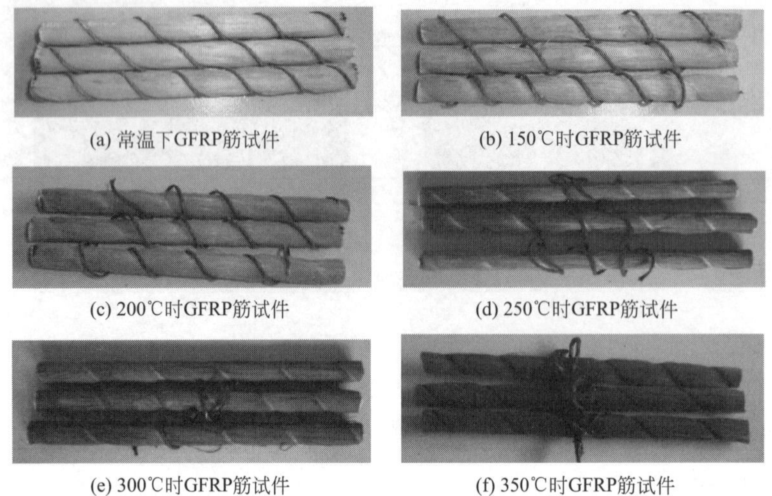

(a) 常温下GFRP筋试件　(b) 150℃时GFRP筋试件

(c) 200℃时GFRP筋试件　(d) 250℃时GFRP筋试件

(e) 300℃时GFRP筋试件　(f) 350℃时GFRP筋试件

图 4-36　GFRP 筋在各温度下的颜色变化

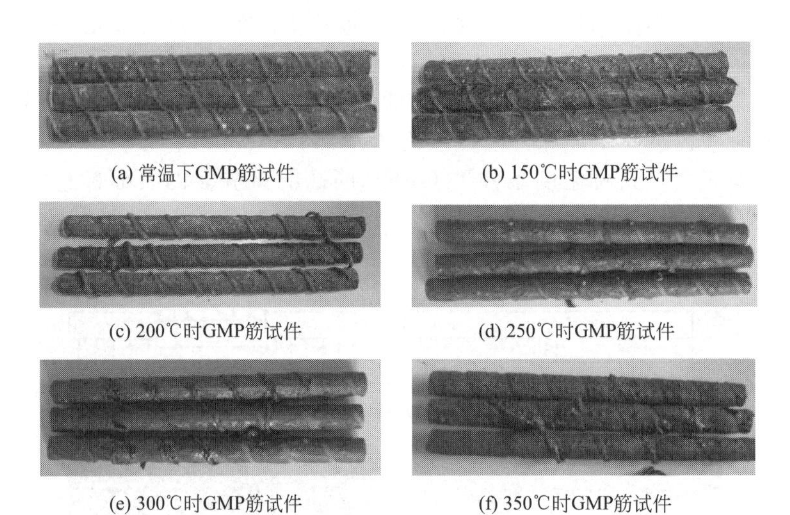

(a) 常温下GMP筋试件　(b) 150℃时GMP筋试件

(c) 200℃时GMP筋试件　(d) 250℃时GMP筋试件

(e) 300℃时GMP筋试件　(f) 350℃时GMP筋试件

图 4-37　GMP 筋在各温度下的颜色变化

试验中发现，当试验温度高于 250℃时，高温后的 GFRP 筋开始明显变软，说明从 250℃起，黏结胶体的热分解和炭化已经非常严重，对玻璃纤维丝的黏结作用已经基本丧失；在 300℃、350℃两种温度时，试件非常容易在高温试验段折断，说明从 250℃起，GMP 筋材中的玻璃纤维丝的强度也因为受热而变得不稳定。

4.3.2.2　破坏形态

试件的典型破坏形态如图 4-38 所示。从图 4-38 中可以看出：随所受热温度不同，试件的破坏形态有着很大的不同，并且有着明显的阶段性。

剪切试验加载过程中不断发出纤维断裂的“噼啪”声，随着荷载的增大，声音逐渐增大且愈加密集，当试件破坏时，伴随着很大的响声。GFRP 筋试件的破坏均为整体缓慢切断，断口较整齐，且都有不同程度的挤压变形，没有发生脆性的剪断（图 4-38），这说明 GFRP 筋中的树脂性能较好，纵向纤维对横向剪切具有一定的作用。

经受 100℃、150℃、200℃、250℃四个温度段并恒温 30min 冷却至室温后，试验现象和常温时基本相同；250℃后由于炭化比较严重，剪切试验加载过程中发出纤维断裂的“噼啪”声较前几组少了很多，随着荷载的增大，试件逐渐被压碎成为了一根根的玻璃纤维，直至被剪断。

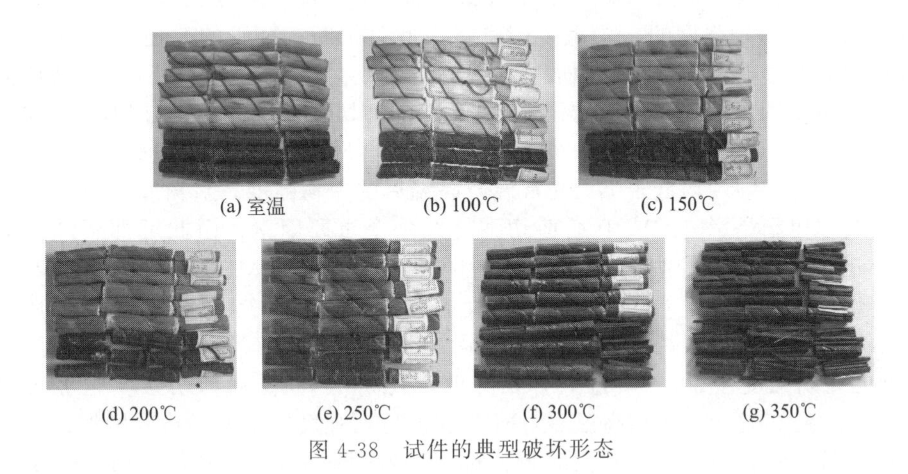

图 4-38　试件的典型破坏形态

4.3.3　影响因素分析

4.3.3.1　直径、温度对剪切强度的影响

GFRP 筋剪切试验的主要结果列于表 4-4 和图 4-39。图 4-39 表示不同直径和温度对 GFRP 筋剪切强度的影响。随着温度的升高，高温后 GFRP 筋的剪切强度开始时随温度的升高而呈线性增大，200℃高温后的剪切强度达最大值，ϕ10mm GP 筋材开始随温度的升高而呈线性增大，200℃高温后的剪切强度达到最大值，比常温时剪切强度增加 31.91%，ϕ12mm GFRP 筋在 200℃高温后剪切强度也达最大值，比常温时增加 24.76%；随后剪切强度有所波动，但总体还是呈增加的趋势，只是较之前增幅较小。250℃、300℃高温后的剪切强度比常温时略有增加，增幅在 10%以内；300℃后剪切强度开始剧减；ϕ10mm GP 筋 350℃时的剪切只有常温时的 60.76%，而 ϕ12mm GP 筋降幅更多，只有常温时的 56.55%。从图 4-39 可以看出，ϕ10mm GP 筋的曲线在 ϕ12mm GP 筋的下侧，说明直径小的剪切强度小于直径大的剪切强度，剪切强度随直径的增大而增大。

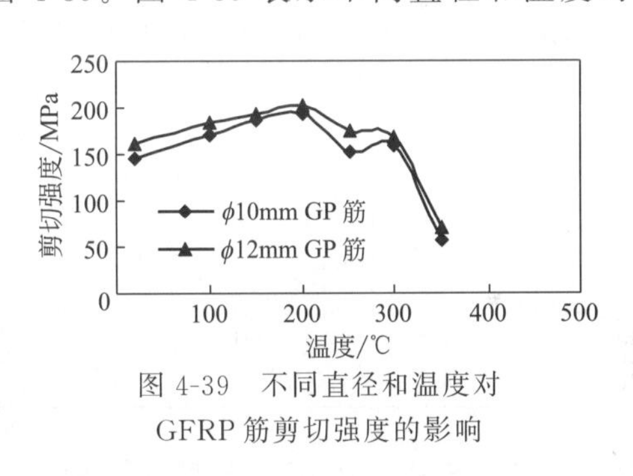

图 4-39　不同直径和温度对 GFRP 筋剪切强度的影响

表 4-4　不同直径、温度 GP 筋的剪切强度

温度/℃	ϕ10mm GP 筋			ϕ12mm GP 筋		
	剪切强度/MPa	增幅/%	降幅/%	剪切强度/MPa	增幅/%	降幅/%
20	146.55	0		161.89	0	
100	169.67	15.78		184.28	13.83	
150	186.61	27.33		193.63	19.61	
200	193.32	31.91		201.97	24.76	
250	151.27	3.20		175.49	8.40	
300	158.95	8.46		168.93	4.35	
350	57.51		60.76	70.37		56.55

4.3.3.2 基体树脂、温度对剪切强度的影响

前面的拉伸试验表明，对树脂的改性增加了基体的刚性，降低了基体的强度，而基体树脂是影响GFRP筋剪切强度的一个重要因素，由此可推断，树脂的改性对GFRP筋的剪切强度也有较明显的影响。这一推断由表4-5中的试验数据和不同基体GFRP筋剪切强度的对比（图4-39）也得到了验证，可以看出，GMP筋的剪切强度在110～145MPa之间变化，约是抗拉强度的30%；与GP筋相比，GMP筋（对树脂改性后的GFRP筋）在常温时的剪切强度和高温后的剪切强度均低于GP筋常温及高温后的剪切强度。对树脂的改性降低了基体的强度，而基体树脂是影响GFRP筋剪切强度的一个重要因素，由此可推断，树脂的改性对GFRP筋的剪切强度有较明显的影响，并且随温度的升高GMP筋和GP筋的剪切强度呈现相似的变化规律。常温时GP筋的剪切强度比GMP筋高29.01%，150℃后GP筋的剪切强度继续增加，到200℃高温后剪切强度达最大值193.32MPa，比常温时增加了31.91%，而GMP筋的剪切强度在200℃高温后开始降低，到300℃高温后剪切强度比常温时已经下降了16.37%；在250℃、300℃高温后GFRP筋的剪切强度比常温时略有增加；两种类型的筋在350℃高温后的剪切强度与常温时相比都已经剧烈地下降，GP筋的剪切强度比常温时的降低了60.76%，GMP筋的残余强度更低，比常温时的降低了66.66%。从曲线上看，GP筋的剪切强度比GMP筋的剪切强度随温度变化大，GMP筋的曲线较平缓，对温度的敏感性较GFRP筋小。从以上分析，可以大致确定，FRP筋的耐高温极限为300℃。

表4-5　不同基体、温度时GFRP筋的剪切强度

温度/℃	ϕ10mm GP筋			ϕ10mm GMP筋			降幅(GMP筋/GP筋)/%
	剪切强度/MPa	增幅/%	降幅/%	剪切强度/MPa	增幅/%	降幅/%	
20	146.55	0		104.04	0		29.01
100	169.67	15.78		107.23	3.07		36.80
150	186.61	27.33		122	17.26		34.62
200	193.32	31.91		102.78		1.21	46.83
250	151.27	3.20		96.54		7.21	36.18
300	158.95	8.46		89.68		13.80	43.58
350	57.51		60.76	40.68		66.66	29.26

4.3.3.3 烧失量对剪切强度的影响

从图4-40可以看出，烧失量为0时剪切强度随温度的升高有增加的趋势；随着烧失量从0增加到1g，剪切强度直线下降，说明黏结树脂的分解降低了GFRP筋的抗剪承载力；当烧失量超过1g时，剪切强度更是剧减，说明黏结胶体的热分解和炭化已经非常严重，对玻璃纤维丝的黏结作用已经基本丧失；烧失量超过1g后，试件非常容易在高温试验段被剪断，说明烧失量超过1g后，GFRP筋材中的玻璃纤维丝的强度也因为受热而变得不稳定，这时的GFRP筋不能再协同工作。

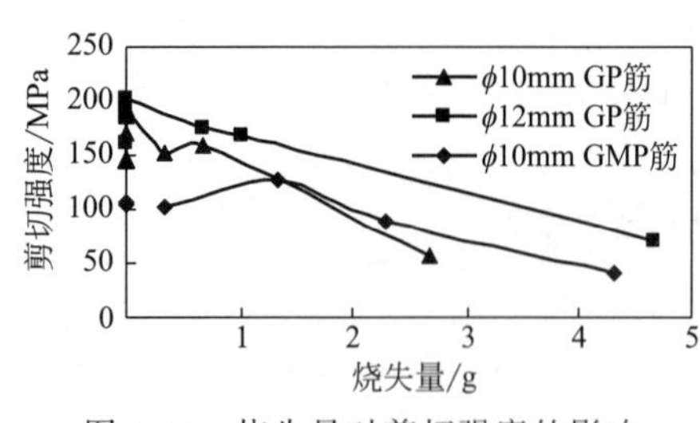

图4-40　烧失量对剪切强度的影响

第5章 GFRP筋的搭接性能

5.1 研究内容

纤维增强复合材料（FRP）筋具有轻质高强、耐腐蚀性能好等诸多优点，可作为钢筋的替代或补充材料用于增强混凝土结构。随着FRP筋在大跨结构中使用，相应FRP筋连接问题逐渐引起关注。与钢筋混凝土结构相似，FRP筋与混凝土的黏结性能是两者协同工作的基础。FRP筋一旦制作成型，就难以弯折，大长度筋材运输成为困难。而此时，FRP筋在结构中的连接就显得必不可少。目前，FRP筋连接主要有套管连接、膨胀连接、绑扎搭接和黏结绑扎搭接。类似于钢筋的绑扎搭接，由于搭接接头传力可靠且施工方便，所以这种连接方法在工程得以广泛应用。FRP筋搭接实质是筋材与混凝土的黏结锚固，由于搭接筋接触使每根筋都缺少混凝土握裹，两者间黏结削弱。因此，搭接筋搭接长度应大于单根筋黏结锚固长度以保证结构安全。不同于单根筋黏结，搭接筋接触缺少混凝土握裹，与混凝土黏结也会相对弱一些。为保证连接可靠，同时充分利用筋材强度，合适的搭接长度十分关键。

国外一般采用梁式黏结试验方法开展钢筋的搭接性能研究，在试验梁的纯弯段进行搭接，变化参数包括钢筋端部形状、配箍率、搭接百分率（25%、50%）、钢筋类别4个参数，通过观察荷载-挠度曲线和裂缝形态，研究了搭接钢筋对试验梁受力性能的影响。对于FRP筋，参照钢筋搭接性能的研究方法，改变搭接长度、筋直径和保护层厚度，进行了GFRP筋和CFRP筋搭接性能的试验研究。研究结果表明，搭接段能够很好地传递作用力，随着搭接段长度的增加，梁的裂缝区域和裂缝数量都会减少。随保护层厚度的增加，搭接段GFRP筋的黏结强度非线性增长，但保护层厚度增加到一定程度，搭接强度不再增长。进而分析了FRP筋对梁极限受弯承载力的影响，并对不同直径FRP筋的平均黏结强度和临界搭接长度进行了讨论。总之，FRP筋的黏结强度比钢筋的小很多，且筋材的弹性模量对黏结强度的影响很大。当搭接长度为1.6倍锚固长度时，梁能够达到极限受弯承载力。美国ACI 440.1R-06《纤维增强聚合物（FRP）筋增强混凝土结构设计建造指南》根据有限的试验数据和工程经验，兼顾FRP筋强度利用率并保留一定安全储备，建议搭接长度取为$1.3l_a$（l_a为FRP筋的基本锚固长度）。

国内对于FRP筋与和混凝土的黏结性能研究起步较晚，但已有不少学者致力于FRP筋与混凝土黏结性能的研究，进行了大量试验和理论分析研究，取得丰硕的成果。通过FRP筋和混凝土的梁式试验、对拉试验和标准立方体拉拔试验，探讨了GFRP筋直径、肋间距、表面形态、黏结长度等对黏结性能的影响，分析了两者的黏结机理和受力过程，提出了GFRP筋与混凝土之间的黏结强度和锚固长度的设计建议。我国《纤维增强复合材料建设工程应用技术规范》结合工程经验，并保留一定安全储备，建议在没有试验数据可供参考时，

GFRP 筋的搭接长度可取为 $40d$。

目前，GFRP 筋的搭接性能相关研究较少，为了推进 GFRP 筋材料及 GFRP 筋混凝土结构形式在我国的应用，有必要对 GFRP 筋的搭接性能进行深入研究，以保证 GFRP 筋混凝土结构的安全性和可靠性。本章研究的主要内容如下。

① 对 GFRP 筋纵向拉伸性能进行试验研究。确定其基本力学性能（包括抗拉强度、弹性模量和极限应变），为此类筋材研究提供材性依据。

② 对 GFRP 筋的搭接强度进行试验研究。试验参数包括 GFRP 筋搭接长度、混凝土保护层厚度、混凝土强度、配箍率、GFRP 筋直径，分析在上述参数下 GFRP 筋搭接强度的变化规律和机理。

③ 对试验得到的 GFRP 筋与混凝土黏结-滑移曲线进行研究。分析在 GFRP 筋搭接长度、混凝土保护层厚度、混凝土强度、配箍率、GFRP 筋直径 5 参数影响下黏结-滑移（搭接筋的两自由端相对滑移）曲线的变化，并分析其原因。

④ 通过在搭接段中点和四分点粘贴应变片，分析各级荷载下搭接段应变分布及变化情况，研究其搭接性能。

⑤ 基于试验结果，提出 GFRP 筋的搭接强度计算公式及 GFRP 筋在混凝土中的搭接长度计算公式，为确定受拉 GFRP 筋搭接长度合理取值提供试验和理论依据。

5.2 FRP 筋与混凝土的搭接性能试验概况

5.2.1 试验方法

与钢筋搭接一样，FRP 筋的绑扎搭接接头传力，其本质是 FRP 筋在混凝土中的锚固。FRP 筋的绑扎搭接接头是采用镀锌铁丝将两根筋并排搭接绑扎，而铁丝绑扎只是为了固定搭接筋，形成牢固的平面网架或空间骨架。两搭接筋之间应力的传递，实际是两根受力方向相反的搭接筋通过黏结将力传递给握裹层的混凝土。搭接 FRP 筋之间能够传力是由于 FRP 筋与混凝土之间的黏结锚固。但由于两根筋之间的混凝土受力复杂，握裹力受到削弱，因此搭接传力比锚固受力差，搭接长度应在锚固长度的基础上加以扩大。

筋的搭接传力是一种很复杂的相互作用，从黏结机理直接着手进行研究操作复杂，且很难达到较好的效果，国内外研究人员常采用试验方法对其进行研究。目前，所采用的试验方法主要有两种：一是考虑搭接最不利受力情况是在受弯构件的受拉区，截取该区域的搭接筋并理想化为搭接试件，以对拉试验研究其受力性能的搭接对拉试验，此种方法多见用于钢筋搭接性能研究；二是梁式试验，试验对象即为梁构件，模拟最不利情况进行三分点加载，在纯弯段拉区进行搭接，多用于观察研究搭接梁的受弯性能。在对 FRP 筋搭接性能研究中，现有的国外研究常用此种方法。

由于我国对 GFRP 筋的搭接性能研究较少，目前还没有系统的试验数据支持的统一标准。虽然搭接对拉试验很少考虑试件中混凝土应力分布的影响，但能反映筋材外形特征所固有的一些性质，又能排除其他因素对试验结果的干扰，其制作和操作过程简单，试验结果便于分析。针对本章主要研究的各类参数对搭接性能的影响，本试验采用搭接对拉试验方法来研究分析 GFRP 筋的搭接锚固性能。

参考已有的有关影响 FRP 筋与混凝土黏结性能因素研究，本章考虑 5 个较为主要的影响因素进行研究分析，分别是：GFRP 搭接长度 l_s、混凝土保护层厚度 c、混凝土抗拉强度 f_t、配箍率 ρ_{sv} 和 GFRP 筋直径 d。

5.2.2 试件设计与制作

5.2.2.1 试件尺寸设计

采用截面尺寸为150mm×150mm，长度分别为200mm、280mm、360mm、440mm的四种试件，按照试验设置搭接长度，试件两端用适宜长度的PVC管脱粘，搭接试件图如图5-1所示。

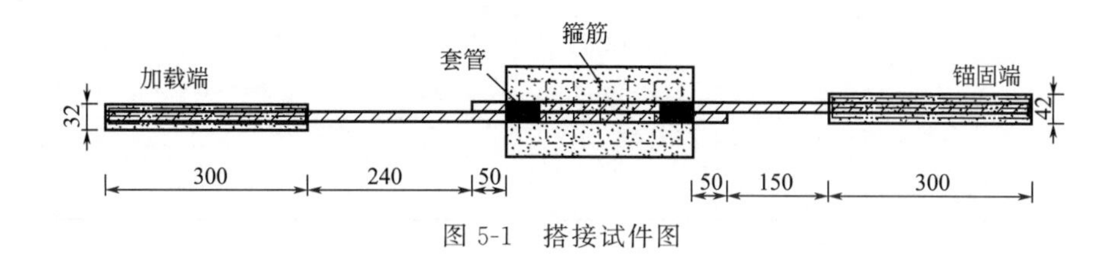

图5-1 搭接试件图

5.2.2.2 试件分组

本试验共43组，129个试件，包括84个不贴应变片的试件和45个在搭接段二、四分点贴有应变片的试件，具体变化参数如下，试件参数设置及分组见表5-1。

表5-1 试件参数设置及分组

直径/mm	混凝土强度	搭接长度/mm	箍筋间距/mm	保护层厚度/mm	试件数量/个	不贴片试件/个	贴片试件/个
12	C35	60	不配箍	60	3	3	0
		120	不配箍	30	3	3	0
				45	3	3	0
				60	3	3	0
			40	25	3	3	0
			60	25	3	3	0
			80	25	3	3	0
		180	不配箍	30	6	3	3
				45	6	3	3
				60	6	3	3
			40	25	6	3	3
			60	25	6	3	3
			80	25	6	3	3
		240	不配箍	60	6	3	3
		300	不配箍	60	6	3	3
		360	不配箍	60	6	3	3
12	C30	120	不配箍	60	3	3	0
		180	不配箍	60	6	3	3
	C40	120	不配箍	60	3	3	0
		180	不配箍	60	6	3	3

续表

直径/mm	混凝土强度	搭接长度/mm	箍筋间距/mm	保护层厚度/mm	试件数量/个	不贴片试件/个	贴片试件/个
10	C35	120	不配箍	60	3	3	0
			40	25	3	3	0
		180	不配箍	59	6	3	3
			40	25	6	3	3
16	C35	120	不配箍	59	3	3	0
			40	25	3	3	0
		180	不配箍	59	6	3	3
			40	25	6	3	3

5.2.2.3 试件制作

（1）模板制作　本试验采用木模板制作试件，按照试验方案中设计的试件尺寸制作一面不封口的木盒，如图 5-2 所示，在预埋 FRP 筋处用台钻开口，为了方便 FRP 筋插入，所用钻头直径比 FRP 筋直径大 2mm。

图 5-2　模板图

（2）GFRP 筋加载端及锚固端灌胶锚固　对应 GFRP 筋加载端及锚固端钢管尺寸详细见表 5-2，尺寸示意见表 5-3。

表 5-2　锚固钢管尺寸

加载端				锚固端			
GFRP 筋直径/mm	10	12	16	GFRP 筋直径/mm	10	12	16
钢管长度/mm	300	300	300	钢管长度/mm	300	300	300
钢管外径/mm	26	26	32	钢管外径/mm	42	42	42
钢管壁厚/mm	2.5	2.5	3.0	钢管壁厚/mm	3.5	3.5	3.5

表 5-3　锚固钢管尺寸示意

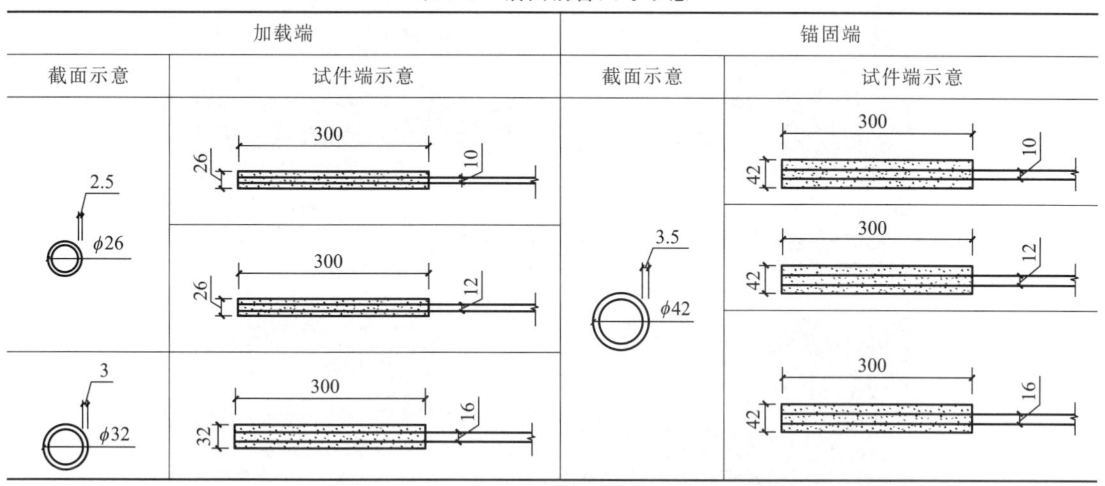

加载端及锚固端灌胶锚固操作步骤与材性试验中相同，只是单端钢管灌胶锚固，灌胶后的 FRP 筋试件如图 5-3 所示。

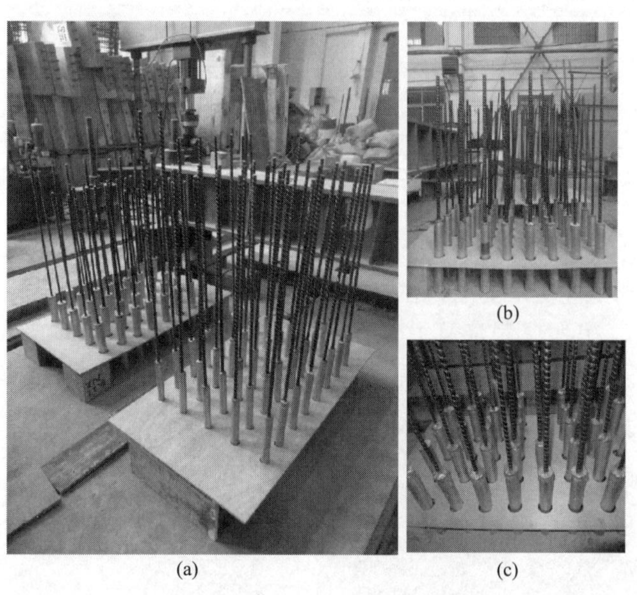

图 5-3　灌胶后的 FRP 筋试件

（3）GFRP 筋预埋　预埋 GFRP 筋之前，先用吹风机清理试模内侧灰尘，并涂刷隔离剂。将 GFRP 筋从两端插入预埋孔中，将事先截好的起脱粘作用的硬质光滑塑料套管套在 GFRP 筋上，塑料套管一端顶在加载端一侧的模板上，并用透明胶带粘牢，另一端填泡沫并用黑胶布和透明胶封堵，固定在塑料套管上。硬质 PVC 塑料套管不仅可以用于调节搭接长度，还可避免加载端因荷载较大造成混凝土局部挤压破坏。为了防止在浇筑混凝土的过程中 GFRP 筋滑动，在筋与试模外侧面交接处用厚黑色胶布缠绕几圈。定位后，用扎丝将两根筋绑扎固定。不同搭接长度、不同筋直径、不同保护层厚度、不同配箍率 GFRP 筋预埋如图 5-4 所示。

对于搭接段中点及 4 分点贴有应变片的试件，参考《混凝土结构试验方法标准》(GB/T 50152—2012)中的相关要求，并结合 GFRP 筋自身的特点粘贴应变片。

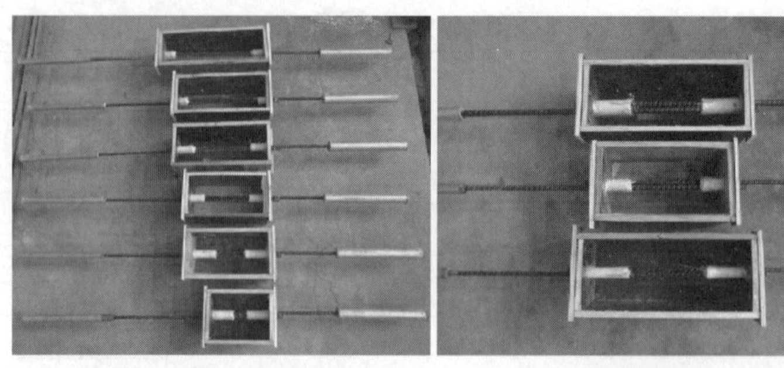

(a) 不同搭接长度GFRP筋预埋　　(b) 不同筋直径GFRP筋预埋

(c) 不同保护层厚度GFRP筋预埋　　(d) 不同配箍率GFRP筋预埋

图 5-4　变参数 GFRP 筋预埋

不同于钢筋应变片粘贴首先用砂纸将钢筋表面打磨平整，为避免打磨对 GFRP 筋截面的削弱，粘贴 GFRP 筋应变片时在测点找到相对平整的面，用无水乙醇擦拭干净。用 AB 胶粘贴时，应用 AB 胶找平，但要保证涂抹胶层不能过厚，用棉棒轻轻擀压，将多余的胶排出，轻微调整应变片位置，使应变片方向与筋轴线平行且平整、紧密地贴在设计的测点位置。为防止浇筑过程中应变片受潮，在其表面涂抹薄薄一层环氧树脂，待胶层硬化后，再做连线及绝缘处理，其中，控制应变片包裹疙瘩尽量短小，以免过多影响黏结，如图 5-5 所示。

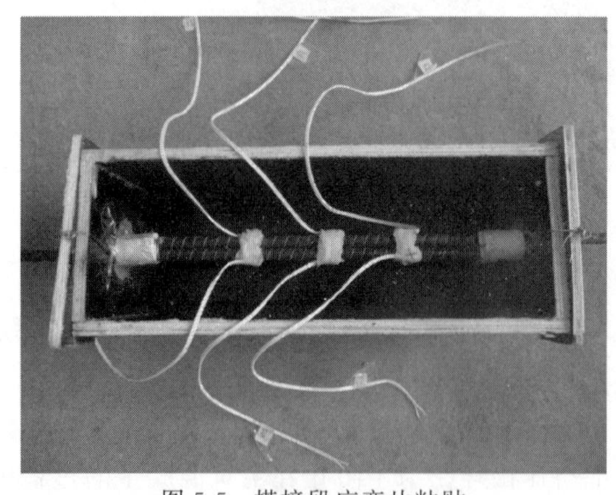

图 5-5　搭接段应变片粘贴

图 5-6　混凝土强制搅拌机

（4）试件浇筑　混凝土搅拌采用强制搅拌机，如图 5-6 所示。按照混凝土配合比，利用电子秤准确称量各材料用量。按照砂子-水泥-石子的投料顺序加料，搅拌均匀后，再加入所需用水量，然后继续搅拌至均匀。将混凝土拌和物分两层浇入试模，每层厚度大致相等。采用振动台将混凝土振捣密实，边振捣边用抹子将混凝土表面抹平。在浇筑试件的同时，每种配合比留两组 150mm×150mm×150mm 立方体试块，同条件养护，用于测定混凝土的抗压强度和劈裂抗拉强度。此外，根据试验要求，制作浇筑一定数量的 GFRP 筋应变补偿试块。

（5）试件拆模及养护　为保证试件的完整性，在浇筑试件 48h 后拆模。拆模后将试件放在试验室环境中进行自然养护 28d，同时浇筑的混凝土试块同条件养护。在试件表面覆盖塑料薄膜后，加盖专用养护毡，保温且防止水分过快散失。养护过程中，第一周每天洒水养护两次，之后每天洒水养护一次，养护制作流程如图 5-7 所示。进行试验前，将龄期已满的混凝土试块进行强度测试，结果见表 5-4。其中，采用式(5-1) 计算劈裂抗拉强度。

$$f_{ts}=\frac{2P}{\pi A}=0.637\frac{P}{A} \tag{5-1}$$

式中　f_{ts}——混凝土劈裂抗拉强度，MPa；

P——测试试块破坏荷载，kN；

A——试块劈裂面面积，mm^2。

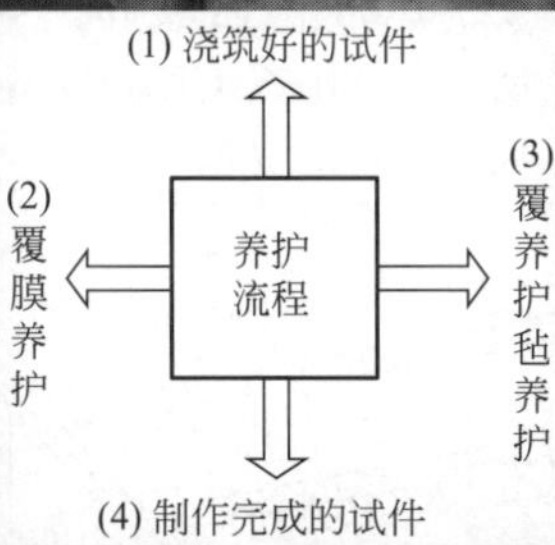

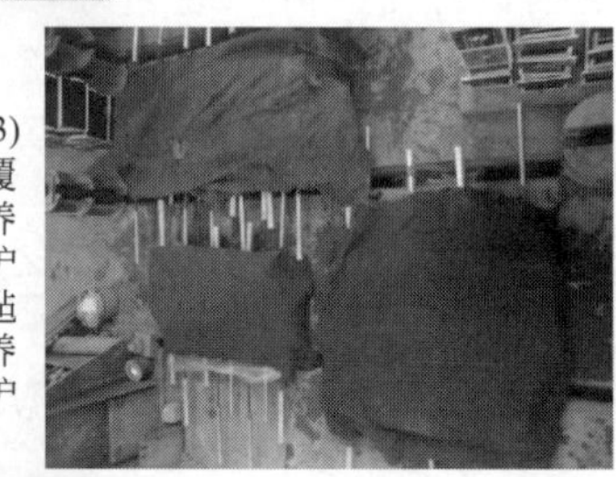

图 5-7　搭接试件养护流程

表 5-4　混凝土试块强度测试结果

混凝土强度	立方体抗压强度/MPa	劈裂抗拉强度/MPa
C30	35.78	1.27
C35	40.81	1.84
C40	49.23	2.01

5.2.3 加载装置及试验方法

（1）千斤顶 GFRP筋的搭接对拉所用加载设备为20t（图5-8）及50t（图5-9）的穿心式液压千斤顶，根据加载端钢管直径，选取与千斤顶配套的锚夹具，配合千斤顶施加拉力。

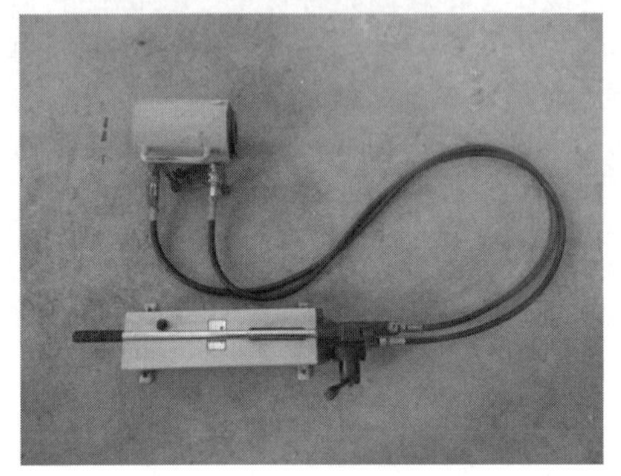

图5-8 20t穿心液压千斤顶

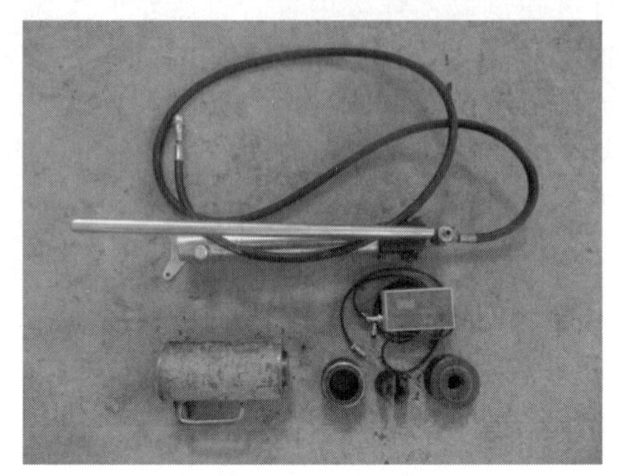

图5-9 50t穿心液压千斤顶

（2）反力架 本试验中特别制作反力架（图5-10）以施加对拉荷载。反力架包括4根长1.1m、材质为345、直径为36mm的全套丝螺杆以及配套的16个螺母，螺杆全套丝，以便于调节加载间距；1块大小400mm×400mm×40mm的Q235承压钢板，2块400mm×400mm×35mm的Q235钢板。按照图5-11中所示尺寸打孔，其中，2块400mm×400mm×35mm的钢板打孔后沿中缝切开，便于试件快速装卸。如图5-12所示为反力架加载示意。制作加工试验所需零部件如图5-13所示。80点CM-2B静态应变采集仪如图5-14所示。试验场景如图5-15所示。位移计布置如图5-16所示。

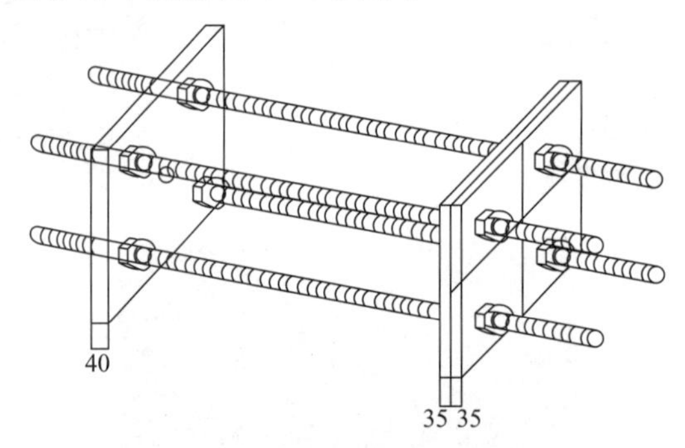

图5-10 反力架（单位：mm）

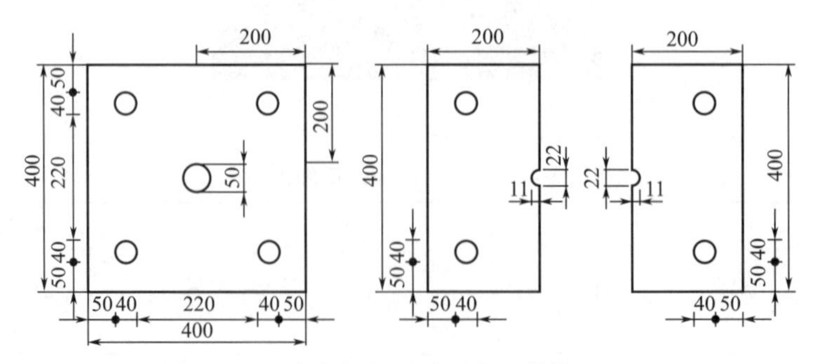

图5-11 反力架钢板尺寸示意（单位：mm）

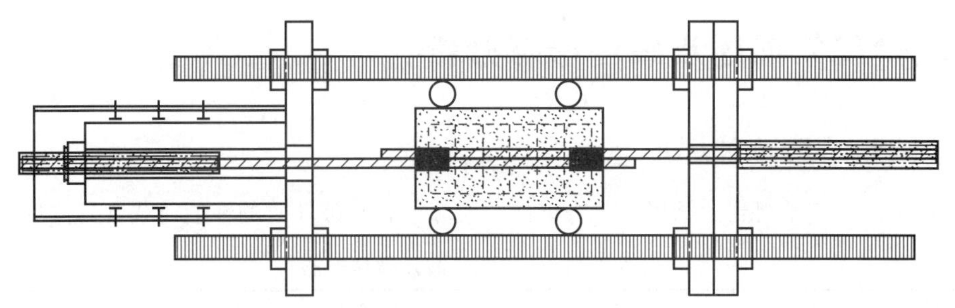

图 5-12　反力架加载示意

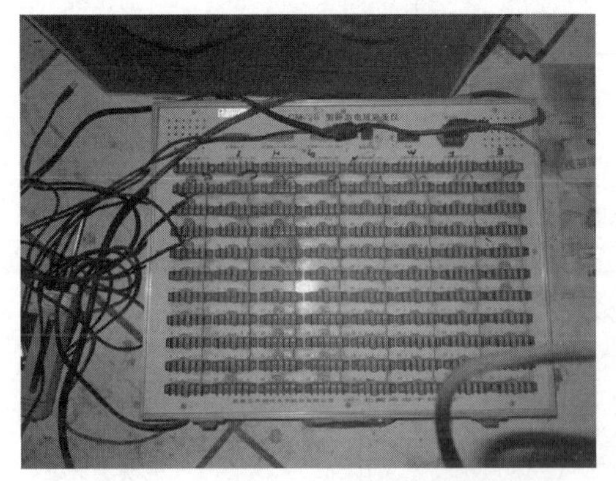

图 5-13　制作加工试验所需零部件

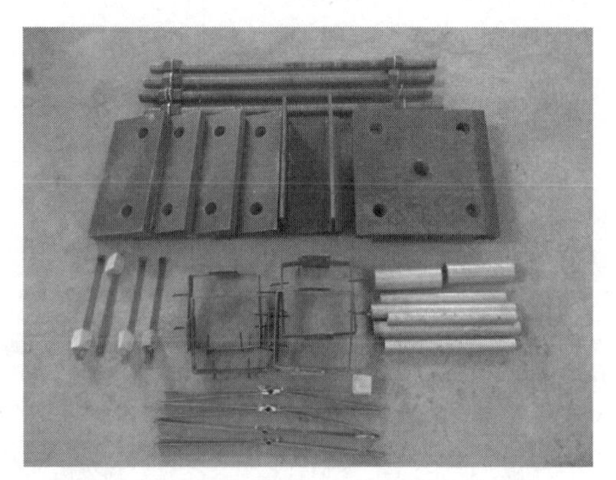

图 5-14　80 点 CM-2B 静态应变采集仪

图 5-15　试验场景

图 5-16　位移计布置

5.3 试验现象描述及破坏形态分析

5.3.1 试验结果及破坏形态

搭接对拉试验直接得到的结果主要有试件的破坏形态和破坏时的峰值荷载，具体见表 5-5。

表 5-5 试件峰值荷载及破坏形态

试件编号	峰值荷载/kN	破坏形态	试件编号	峰值荷载/kN	破坏形态
12-60-60-1	26.23	筋拔出	12-300-60-1	64.82	筋拉断
12-60-60-2	31.98	筋拔出	12-300-60-2	69.15	筋拉断
12-60-60-3	29.51	筋拔出	12-300-60-3	71.44	筋拉断
12-120-30-1	40.19	混凝土劈裂	12-360-60-1	74.65	筋拉断
12-120-30-2	32.32	混凝土劈裂	12-360-60-2	69.23	筋拉断
12-120-30-3	33.35	混凝土劈裂	12-360-60-3	67.98	筋拉断
12-120-45-1	39.83	混凝土劈裂	C30-12-120-60-1	43.64	混凝土劈裂
12-120-45-2	36.44	混凝土劈裂	C30-12-120-60-2	39.36	混凝土劈裂
12-120-45-3	44.33	混凝土劈裂	C30-12-120-60-3	49.00	筋拔出
12-120-60-1	59.07	混凝土劈裂	C40-12-120-60-1	56.33	筋拔出
12-120-60-2	50.02	筋拔出	C40-12-120-60-2	54.17	筋拔出
12-120-60-3	49.90	筋拔出	C40-12-120-60-3	54.44	筋拔出
12-120-25-40-1	54.14	筋拔出	C30-12-180-60-1	64.11	筋拉断
12-120-25-40-2	59.04	混凝土劈裂	C30-12-180-60-2	52.76	混凝土劈裂
12-120-25-40-3	61.51	筋拔出	C30-12-180-60-3	54.99	混凝土劈裂
12-120-25-60-1	56.01	混凝土劈裂	C40-12-180-60-1	67.19	筋拉断
12-120-25-60-2	53.02	筋拔出	C40-12-180-60-2	68.15	筋拉断
12-120-25-60-3	54.98	筋拔出	C40-12-180-60-3	71.25	混凝土劈裂
12-120-25-80-1	49.77	混凝土破裂	10-120-60-1	44.20	筋拉断
12-120-25-80-2	55.33	混凝土劈裂	10-120-60-2	42.23	筋拔出
12-120-25-80-3	51.61	筋拔出	10-120-60-3	47.34	筋拔出
12-180-30-1	41.67	混凝土劈裂	10-120-25-40-1	44.1	筋拔出
12-180-30-2	43.59	混凝土劈裂	10-120-25-40-2	46.77	筋拔出
12-180-30-3	47.25	混凝土劈裂	10-120-25-40-3	56.47	筋拉断
12-180-45-1	61.02	混凝土劈裂	10-180-60-1	41.33	筋拉断
12-180-45-2	55.93	混凝土劈裂	10-180-60-2	49.75	筋拉断
12-180-45-3	54.24	混凝土劈裂	10-180-60-3	48.90	筋拉断
12-180-60-1	57.37	混凝土劈裂	10-180-25-40-1	45.56	筋拉断
12-180-60-2	67.20	筋拉断	10-180-25-40-2	44.57	筋拉断
12-180-60-3	59.23	混凝土劈裂	10-180-25-40-3	51.66	筋拉断
12-180-25-40-1	59.98	混凝土劈裂	16-120-60-1	64.80	混凝土劈裂
12-180-25-40-2	62.13	筋拔出	16-120-60-2	61.20	混凝土劈裂
12-180-25-40-3	69.77	筋拉断	16-120-60-3	70.92	混凝土劈裂
12-180-25-60-1	56.37	筋拔出	16-120-25-40-1	71.53	混凝土劈裂
12-180-25-60-2	64.17	混凝土劈裂	16-120-25-40-2	73.46	筋拔出
12-180-25-60-3	66.30	筋拉断	16-120-25-40-3	65.13	混凝土劈裂
12-180-25-80-1	61.17	混凝土劈裂	16-180-60-1	80.80	混凝土劈裂
12-180-25-80-2	67.24	筋拉断	16-180-60-2	88.20	混凝土劈裂
12-180-25-80-3	60.54	混凝土劈裂	16-180-60-3	72.42	混凝土劈裂
12-240-60-1	63.11	筋拉断	16-180-25-40-1	77.61	混凝土劈裂
12-240-60-2	66.67	筋拉断	16-180-25-40-2	86.40	混凝土劈裂
12-240-60-3	72.13	筋拉断	16-180-25-40-3	89.36	混凝土劈裂

注：表中试件编号以横杠隔开，前后依次为 GFRP 筋直径、搭接长度、混凝土保护层厚度、箍筋间距及同组试件编号，没有标出混凝土强度的为 C35 等级混凝土，未标出箍筋间距的为无配箍试件。

5.3.2 试件的破坏形态分析

5.3.2.1 拔出破坏

试件发生拔出破坏一般有两种形式。一种是光面 GFRP 筋拔出或带肋 GFRP 筋肋被混凝土剪坏而拔出。光面 GFRP 筋与混凝土的黏结主要靠化学胶结力和摩擦力，而两者提供的黏结力都很小，所以此类 GFRP 筋与混凝土的黏结很差，所以较少应用于混凝土构件中。同时，由于国内目前 GFRP 筋生产工艺还不够完善，表面带肋 GFRP 筋工作性能不是很稳定，表面横肋易脱落或是抗剪较弱。另外一种是 GFRP 筋肋间混凝土被剪坏。试验中两种形式均有出现。

试验中发生拔出破坏的试件，加载初期，GFRP 筋承受拉力逐渐增大，外围玻璃纤维开始断裂并伴随“啪啪”声响，加载端在荷载较小时就开始滑移，随荷载继续增大，自由端发生滑移，滑移较慢且滑移量小。荷载逐渐增大接近极限荷载时，玻璃纤维出现的“噼里啪啦”断裂声变得密集且声响较加载初期大，加载端滑移明显增大，且两自由端的相对滑移值增大速率变快，伴随混凝土试件内发出“咯噔咯噔”的声响，GFRP 筋从试件中拔出，混凝土表面没有出现任何肉眼可见的裂缝，筋的肋凸起明显磨损，如图 5-17 所示。相应在 GFRP 筋肋前有挤压形成的楔状堆积，GFRP 筋与混凝土咬合齿也磨损严重，混凝土孔壁上有些许粉末状混凝土覆盖，GFRP 筋肋的轮廓因为纵向挤压擦痕的缘故已基本磨平，如图 5-18 所示。往往搭接长度大些的试件刚拔出时压力表显示读数并未立刻卸为 0，试件还能承受较小残余荷载，如图 5-19 所示为拔出试件破坏形态。

从表 5-5 可以看出，发生筋拔出破坏的主要有以下几种情况。对于筋直径 12mm 的试件，搭接长度 60mm 的 GFRP 筋全部发生拔出破坏；搭接长度 120mm、保护层厚度 60mm 的无配箍试件，箍筋间距大于 80mm 的配箍试件，以及混凝土强度大于 C40 的大部分发生筋拔出破坏。对于直径 10mm 的试件，搭接长度 120mm 的大多无配箍试件以及大部分配有箍筋试件为拔出破坏。而直径 16mm 的试件，个别搭接长度 120mm 的配箍试件大多发生拔出破坏。由此可以看出，GFRP 筋直径较小，搭接长度较短，混凝土强度较高，保护层达到一定厚度的试件大多发生拔出破坏。

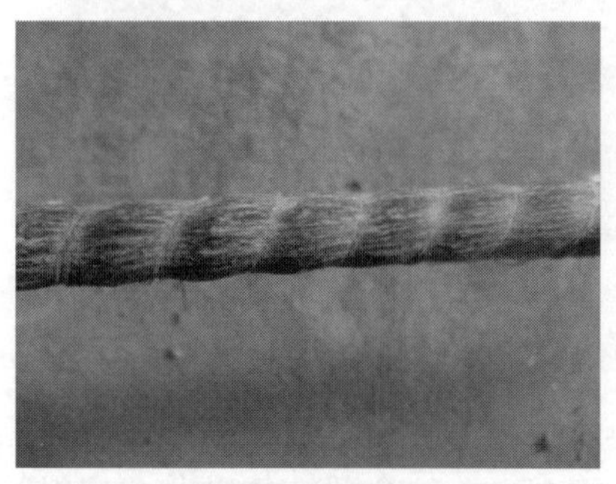

图 5-17 拔出破坏试件的 GFRP 筋

图 5-18 拔出破坏试件筋与混凝土接触面

图 5-19 拔出试件破坏形态

5.3.2.2 劈裂破坏

劈裂破坏是因为GFRP筋肋与混凝土形成机械咬合，拉拔力在混凝土中产生环向拉应力所致，是GFRP筋周围混凝土纵向劈裂使GFRP筋被拔出的破坏形式，故其实质是周围混凝土的劈拉破坏，而不是GFRP筋的搭接锚固破坏，其最大破坏荷载小于GFRP筋与混凝土黏结破坏极限荷载。

发生劈裂破坏的无配箍试件，在对拉力较小时，玻璃纤维开始断裂，间断发出“啪啪”声，加载筋首先开始滑移，而后不久，自由端也开始滑移，但滑移量都很小。随荷载逐渐增大，断裂声变得密集且声响增大，滑移量也不断增大。直到荷载接近峰值时，混凝土表面仍未见肉眼可看到的裂缝。达到极限荷载，裂缝突然贯穿混凝土表面，同时发出剧烈的劈裂声。FRP筋直径16mm的混凝土试件甚至崩裂为散开的三块或四块，压力表读数急卸至0，表现为明显的脆性破坏。发生劈裂破坏的配箍试件与无配箍试件有明显的不同之处，即在最后劈裂时，无配箍试件伴随一声“嘭”的巨响，裂缝贯通劈裂，裂缝宽度较大，如图5-20所示。配箍试件劈裂基本无声响，试件表面细小裂缝从出现到延伸贯通历经几级加荷，达到峰值荷载时，压力表显示读数迅速下降接近0力且无法再次加上，混凝土表面裂缝宽度较无配箍试件破坏时小很多，如图5-21所示，表现出一定延性性质。此外，无论配箍还是无配箍劈裂破坏试件，GFRP筋表面均有明显的磨损，筋与混凝土的咬合齿未完全被剪坏，孔壁GFRP筋肋轮廓形状还比较清晰，如图5-22所示，由此可说明破坏时GFRP筋并未沿纵向产生较大滑移。

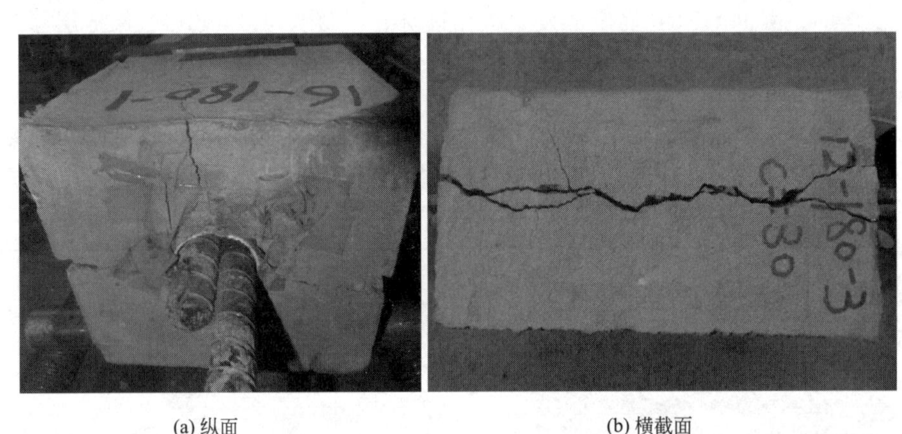

(a) 纵面　　(b) 横截面

图5-20　无配箍试件劈裂破坏形态

从表5-5可以看出，发生混凝土劈裂破坏的主要有以下几种情况。对于筋直径12mm的试件，搭接长度120mm、混凝土保护层厚度30mm和45mm的全部试件以及个别保护层厚度60mm的无配箍试件发生混凝土保护层劈裂破坏。此外，混凝土强度为C30，以及配箍试件中，箍筋间距大于60mm的大部分试件也发生劈裂破坏。搭接长度180mm的试件，其破坏形态大部分与搭接长度120mm的相一致，只是随搭接长度的增大，个别试件承载能力超过GFRP筋的极限抗拉强度时筋被拉断。对于直径10mm的试件，搭接长度120mm和180mm的均无劈裂破坏现象。对于直径16mm的试件，搭接长度120mm和180mm无配箍试件全部表现为剧烈劈裂破坏，而配有箍筋的试件大多也都发生劈裂破坏。这是因为黏结长度大、直径大的试件，相同黏结强度条件下承担的破坏荷载更大，GFRP筋对周围混凝土产生的环向拉应力也就更大，当环向拉应力大于混凝土的抗拉强度时，就会出现在混凝土薄弱部位劈裂破坏；保护层小的试件，混凝土对GFRP筋的握裹力较小，导致GFRP筋达到抗拉强度之前混凝土开裂破坏。由此可以看出，GFRP筋直径较大、保护层厚度较小或混凝土

图 5-21　配箍试件劈裂破坏形态

图 5-22　劈裂破坏试件筋与混凝土接触面

强度较低的试件大多发生劈裂破坏。

5.3.2.3　筋拉断破坏

搭接长度 180mm、发生筋拉断破坏的试件以及搭接长度 240mm 的试件，在荷载较小时加载筋及自由端均无滑移。当荷载加大到一定程度时，加载筋开始滑移，随后自由端也一并滑移，但滑移量很小且滑移增长很慢。而搭接长度为 300mm 和 360mm 的试件，自由端基本无滑移。当荷载增长至 GFRP 筋抗拉极限时，混凝土表面仍无裂缝出现。伸出试件表面的 GFRP 筋发出“吭吭”的响声，GFRP 筋外围纤维呈小束拉断拉毛并迅速扩展至全截面，断裂发生在筋较为薄弱截面，试件破坏图如图 5-23 所示。

(a) 拉毛

(b) 撕裂

图 5-23　筋拉断试件破坏形态

从表 5-5 可以看出，发生 GFRP 筋拉断破坏的主要有以下几种情况。对于直径 12mm 的试件，个别搭接长度 180mm、保护层厚度 60mm 的无配箍试件和配箍试件，以及搭接长度 240mm、300mm、360mm 的全部试件均为 GFRP 筋拉断破坏。对于直径 10mm 的试件，个别搭接长度 120mm 的配箍、无配箍试件及搭接长度 180mm 的所有配箍、无配箍试件破坏为 GFRP 筋拉断。而对于直径 16mm 的试件，无筋被拉断的现象。筋拉断破坏属于非黏结破坏，GFRP 筋与混凝土的黏结很好，两者间几乎没有发生相对滑移，试件破坏是由于外荷载产生的拉应力超过了 GFRP 筋的抗拉强度，GFRP 筋被拉断而破坏。由此可以看出，保护层达到一定厚度，直径较小、搭接长度较大的试件大多发生筋拉断破坏。

5.4 GFRP 筋搭接锚固性能分析

5.4.1 试验结果

5.4.1.1 黏结强度

GFRP 筋的搭接，其本质是两根搭接筋各自锚固在混凝土中，将力传递给混凝土，从而完成力的传递。所以，其黏结强度计算方法同单筋黏结锚固基本一致。根据我国《混凝土结构试验方法标准》(GB/T 50152—2012)，试件黏结强度按下式计算。

$$\tau_u = \frac{P_u}{\pi d l_s} \tag{5-2}$$

式中 τ_u——试件的黏结强度，MPa；

P_u——试件的峰值荷载，N；

d——试件相应的 FRP 筋直径，mm；

l_s——试件的搭接长度，mm。

黏结强度计算结果见表 5-6。

表 5-6 黏结强度计算结果

试件编号	峰值荷载/kN	峰值荷载平均值/kN	GFRP 筋直径/mm	搭接长度/mm	黏结强度平均值/MPa
12-60-60-1 12-60-60-2 12-60-60-3	26.23 31.98 29.51	29.24	12	60	12.93
12-120-30-1 12-120-30-2 12-120-30-3	40.19 32.32 33.35	35.29	12	120	7.80
12-120-45-1 12-120-45-2 12-120-45-3	39.83 36.44 44.33	40.20	12	120	8.89
12-120-60-1 12-120-60-2 12-120-60-3	59.07 50.02 49.90	53.00	12	120	11.72
12-120-25-40-1 12-120-25-40-2 12-120-25-40-3	54.14 59.04 61.51	58.23	12	120	12.88
12-120-25-60-1 12-120-25-60-2 12-120-25-60-3	56.01 53.02 54.98	54.67	12	120	12.09
12-120-25-80-1 12-120-25-80-2 12-120-25-80-3	49.77 55.33 51.61	52.24	12	120	11.55
12-180-30-1 12-180-30-2 12-180-30-3	41.67 43.59 47.25	44.17	12	180	6.51
12-180-45-1 12-180-45-2 12-180-45-3	61.02 55.93 54.24	57.06	12	180	8.41

续表

试件编号	峰值荷载/kN	峰值荷载平均值/kN	GFRP 筋直径/mm	搭接长度/mm	黏结强度平均值/MPa
12-180-60-1 12-180-60-2 12-180-60-3	57.37 67.20 59.23	61.26	12	180	9.03
12-180-25-40-1 12-180-25-40-2 12-180-25-40-3	59.98 62.13 69.77	63.96	12	180	9.43
12-180-25-60-1 12-180-25-60-2 12-180-25-60-3	64.17 56.37 66.30	62.28	12	180	9.18
12-180-25-80-1 12-180-25-80-2 12-180-25-80-3	61.17 67.24 60.54	62.98	12	180	9.29
12-240-60-1 12-240-60-2 12-240-60-3	63.11 66.67 72.13	67.30	12	240	7.44
12-300-60-1 12-300-60-2 12-300-60-3	64.82 69.15 71.44	68.47	12	300	6.06
12-360-60-1 12-360-60-2 12-360-60-3	74.65 69.23 67.98	70.62	12	360	5.21
C30-12-120-60-1 C30-12-120-60-2	43.64 39.36	44.00	12	120	9.73
C30-12-120-60-3	49.00	44.00	12	120	9.73
C40-12-120-60-1 C40-12-120-60-2 C40-12-120-60-3	56.33 54.17 54.44	54.98	12	120	12.16
C30-12-180-60-1 C30-12-180-60-2 C30-12-180-60-3	64.11 52.76 54.99	57.29	12	180	8.45
C40-12-180-60-1 C40-12-180-60-2 C40-12-180-60-3	67.19 68.15 71.25	68.86	12	180	10.15
10-120-60-1 10-120-60-2 10-120-60-3	44.20 42.23 47.34	44.59	10	120	11.84
10-120-25-40-1 10-120-25-40-2 10-120-25-40-3	44.1 46.77 56.47	49.12	10	120	13.04
10-180-60-1 10-180-60-2 10-180-60-3	41.33 49.75 48.90	46.66	10	180	8.26
10-180-25-40-1 10-180-25-40-2 10-180-25-40-3	45.56 44.57 51.66	47.26	10	180	8.36
16-120-60-1 16-120-60-2 16-120-60-3	64.80 61.20 70.92	65.64	16	120	10.89

续表

试件编号	峰值荷载/kN	峰值荷载平均值/kN	GFRP筋直径/mm	搭接长度/mm	黏结强度平均值/MPa
16-120-25-40-1	71.53	70.04	16	120	11.62
16-120-25-40-2	73.46				
16-120-25-40-3	65.13				
16-180-60-1	80.80	80.47	16	180	8.89
16-180-60-2	88.20				
16-180-60-3	72.42				
16-180-25-40-1	77.61	84.46	16	180	9.34
16-180-25-40-2	86.40				
16-180-25-40-3	89.36				

注：表中符号含义同表5-5。

5.4.1.2 黏结-滑移关系曲线

各级荷载对应的GFRP筋与混凝土的平均黏结应力计算公式如下。

$$\tau=\frac{P}{\pi d l_s} \tag{5-3}$$

式中 τ——每一级荷载对应的平均黏结应力，MPa；

P——试验过程中记录的试件的每一级荷载值，N；

d——试件相应的GFRP筋直径，mm；

l_s——试件的搭接长度，mm。

各级荷载对应的两搭接筋自由端相对滑移量 S_f 的确定：分别读取两搭接筋自由端各级荷载下相对于混凝土试件的滑移量，两者加和，即得到两搭接筋自由端的相对滑移。

两搭接筋自由端相对滑移量公式为

$$S_f=S_f^1+S_f^2 \tag{5-4}$$

式中 S_f——两搭接筋自由端相对滑移量，mm；

S_f^1——其中一根搭接筋自由端相对于混凝土的滑移量，mm；

S_f^2——另一根搭接筋自由端相对于混凝土的滑移量，mm。

各级荷载对应的加载端滑移量 S_l 的确定：读取加载端各级荷载下GFRP筋滑移量，减去试件一端PVC管脱粘长度与GFRP筋伸出混凝土表面到测量点距离之和 L 范围内GFRP筋的伸长量 ΔL，如图5-24所示。

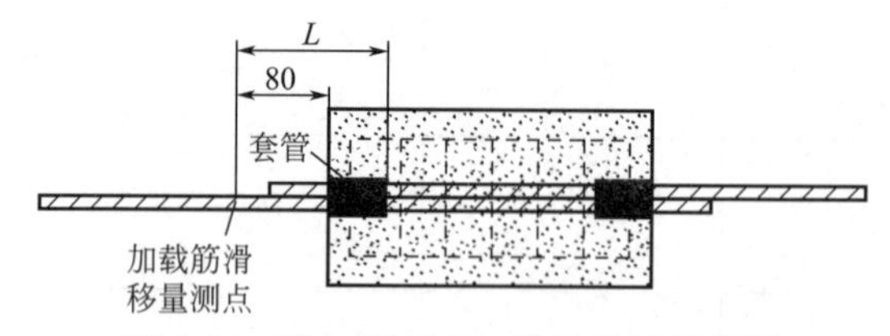

图5-24 需扣除GFRP筋伸长量的范围

加载端滑移量公式为

$$S_l=S_l^1-\Delta L=S_l^1-\frac{PL}{EA} \tag{5-5}$$

式中 S_l——加载端滑移量，mm；

S_l^1——测量点GFRP筋的滑移量，mm；

ΔL——试件一端 PVC 管脱粘部分与 GFRP 筋伸出混凝土表面到测量点距离之和 L 范围内 GFRP 筋的伸长量，mm；

P——每一级荷载值，N；

L——试件一端 PVC 管脱粘部分与 GFRP 筋伸出混凝土表面到测量点段距离之和，mm；

E——GFRP 筋的弹性模量，MPa；

A——GFRP 筋的横截面面积，mm^2。

根据各级荷载对应的平均黏结应力 τ、加载端滑移量 S_l、两自由端相对滑移量 S_f，可以得到每个试件的加载端黏结-滑移曲线和自由端黏结-滑移曲线。由于试件超过极限荷载后，数据变化剧烈且很不稳定，人工无法准确读取卸载过程中的荷载值及相应的滑移量，本次试验只得到黏结-滑移曲线的上升段。黏结-滑移曲线分析中，以两搭接筋自由端相对滑移为主，加载筋滑移仅做参考。

GFRP 搭接筋混凝土试件典型黏结-滑移曲线如图 5-25 和图 5-26 所示。

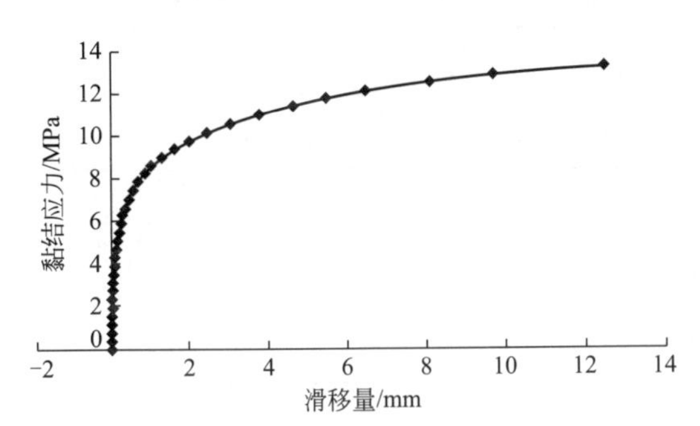

图 5-25　典型 GFRP 筋黏结-自由端相对滑移曲线

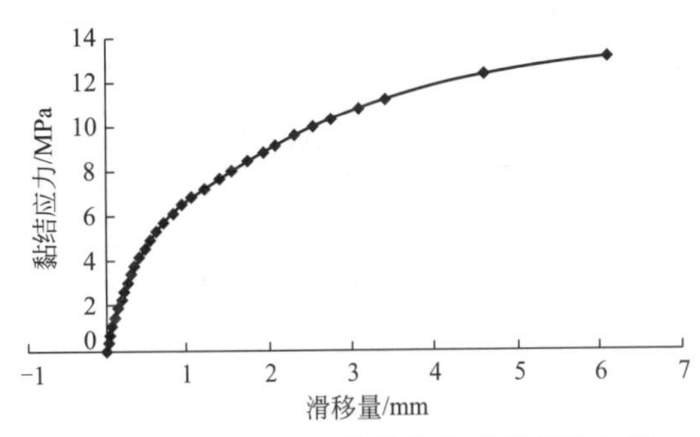

图 5-26　典型 GFRP 筋黏结-加载端滑移曲线

从图 5-25 和图 5-26 中可以看出，两搭接筋黏结-自由端相对滑移曲线和黏结-加载端滑移曲线有类似的变化趋势，随荷载增大，曲线由线性向非线性过渡。自由端在荷载较小时，无相对滑移，而加载筋产生滑移较早。荷载继续增加趋近极限荷载时，GFRP 筋与混凝土之间的滑移量继续增大且增速加快，黏结-滑移曲线出现明显转折且逐渐趋于平缓。

5.4.2　黏结强度影响因素分析

5.4.2.1　搭接长度

不同搭接长度试件的 GFRP 筋与混凝土间的黏结强度变化规律如表 5-7～表 5-13 及图 5-27～图 5-32 所示。从中可以看出，黏结强度随搭接长度的增加而降低。表 5-7、图 5-27 显示了直径 12mm，混凝土强度等级 C35，搭接长度 60mm($5d$)～360mm ($30d$)，以 60mm($5d$) 梯度变化的无配箍试件黏结强度。搭接长度为 60～180mm 时，黏结强度随搭接长度的增加而降低，降低趋势明显，变化幅度较大；而当搭接长度为 240～360mm 时，黏结强度随搭接长度的增加而降低的幅度有所减小。

与变形钢筋与混凝土的黏结类似，GFRP 筋与混凝土之间的黏结应力在整个搭接长度范围内分布不均匀，并且搭接长度越大，黏结应力的分布就越不均匀。当发生黏结破坏时，平均黏结应力与最大黏结应力值相差越远，从而造成 GFRP 筋与混凝土之间的平均黏结强度随搭接长度的增加而降低。

表 5-7 黏结强度随搭接长度的变化

搭接长度/mm	60	120	180	240	300	360
黏结强度/MPa	12.93	11.72	9.03	7.44	6.06	5.21
降低率/%	0	9.36	30.16	42.46	53.13	59.71

注：表中显示的是直径 12mm，混凝土强度 C35，不同搭接长度（横轴所示：60mm、120mm、180mm、240mm、300mm、360mm）试件的黏结强度。降低率=(搭接长度 60mm 试件的黏结强度－其他搭接长度试件的黏结强度)/搭接长度 60mm 试件的黏结强度×100%。

表 5-8 C30、C40 试件黏结强度随搭接长度的变化

C30			C40		
搭接长度/mm	120	180	搭接长度/mm	120	180
黏结强度/MPa	9.73	8.45	黏结强度/MPa	12.16	10.15
降低率/%	0	13.16	降低率/%	0	16.53

注：表中显示的是直径 12mm，混凝土强度 C30、C40，不同搭接长度（120mm、180mm）无配箍试件的黏结强度。降低率=(搭接长度 120mm 试件的黏结强度－搭接长度 180mm 试件的黏结强度)/搭接长度 120mm 试件的黏结强度×100%。

表 5-9 保护层厚度（c）30mm、40mm 试件黏结强度随搭接长度的变化

c=30mm			c=45mm		
搭接长度/mm	120	180	搭接长度/mm	120	180
黏结强度/MPa	7.80	6.51	黏结强度/MPa	8.89	8.41
降低率/%	0	16.54	降低率/%	0	5.40

注：表中显示的是直径 12mm，混凝土强度 C35，混凝土保护层厚度 30mm、45mm，不同搭接长度（120mm、180mm）无配箍试件的黏结强度。降低率计算方法同表 5-7。

表 5-10 箍筋间距（s）40mm、60mm、80mm 试件黏结强度随搭接长度的变化

s=40mm c=25mm	搭接长度/mm	120	180
	黏结强度/MPa	12.88	9.43
	降低率/%	0	24.92
s=60mm c=25mm	搭接长度/mm	120	180
	黏结强度/MPa	12.31	9.18
	降低率/%	0	25.44
s=80mm c=25mm	搭接长度/mm	120	180
	黏结强度/MPa	11.77	9.29
	降低率/%	0	21.07

注：表中显示的是直径 12mm，混凝土强度 C35，箍筋间距 40mm、60mm、80mm，保护层厚度 25mm，不同搭接长度（120mm、180mm）配箍试件的黏结强度。降低率计算方法同表 5-7。

表 5-11 直径（d）10mm 无配箍及配箍试件黏结强度随搭接长度的变化

d=10mm			d=10mm,s=40mm,c=25mm		
搭接长度/mm	120	180	搭接长度/mm	120	180
黏结强度/MPa	11.84	8.26	黏结强度/MPa	13.04	8.36
降低率/%	0	30.24	降低率/%	0	35.89

注：表中显示的是直径 10mm，混凝土强度 C35，无配箍以及箍筋间距 40mm，保护层厚度 25mm，不同搭接长度（120mm、180mm）试件的黏结强度。降低率计算方法同表 5-7。

表 5-12　直径 16mm 无配箍及配箍试件黏结强度随搭接长度的变化

d=16mm			d=16mm,s=40mm,c=25mm		
搭接长度/mm	120	180	搭接长度/mm	120	180
黏结强度/MPa	10.89	8.89	黏结强度/MPa	11.62	9.34
降低率/%	0	18.37	降低率/%	0	19.62

注：表中显示的是直径 16mm，混凝土强度 C35，无配箍以及箍筋间距 40mm，保护层厚度 25mm，不同搭接长度（120mm、180mm）试件的黏结强度。降低率计算方法同表 5-7。

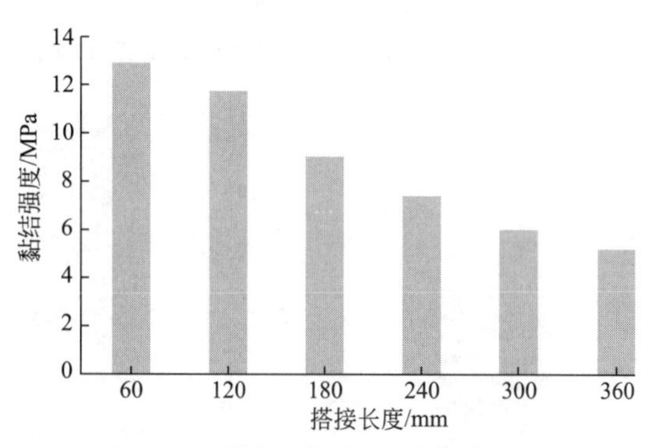

图 5-27　黏结强度随搭接长度的变化

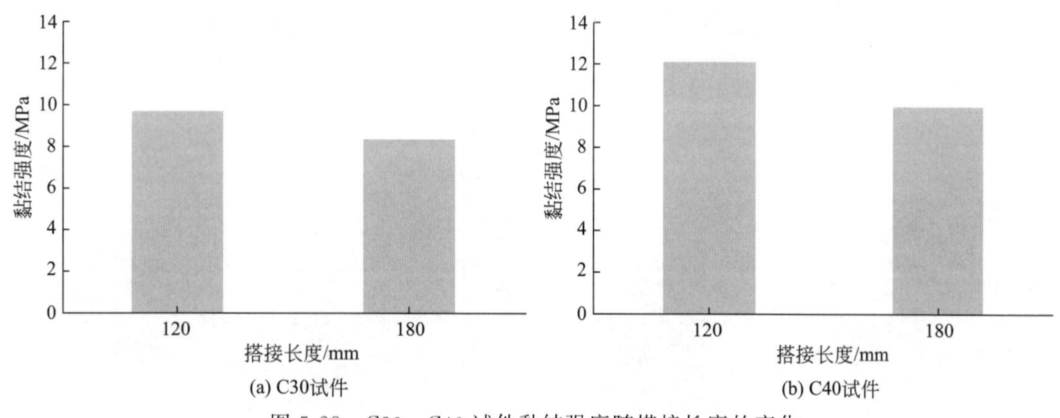

图 5-28　C30、C40 试件黏结强度随搭接长度的变化

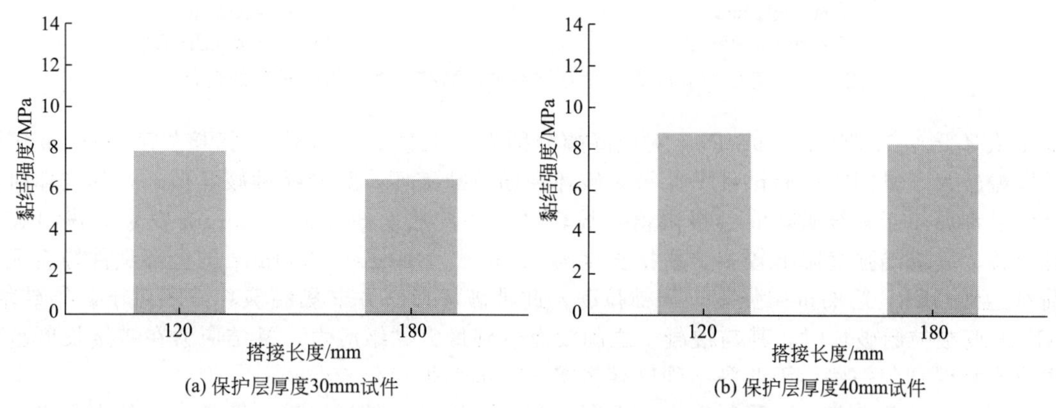

图 5-29　保护层厚度 30mm、40mm 试件黏结强度随搭接长度的变化

对于搭接长度较小，为 60mm、120mm 以及部分 180mm 发生黏结破坏的试件，黏结强

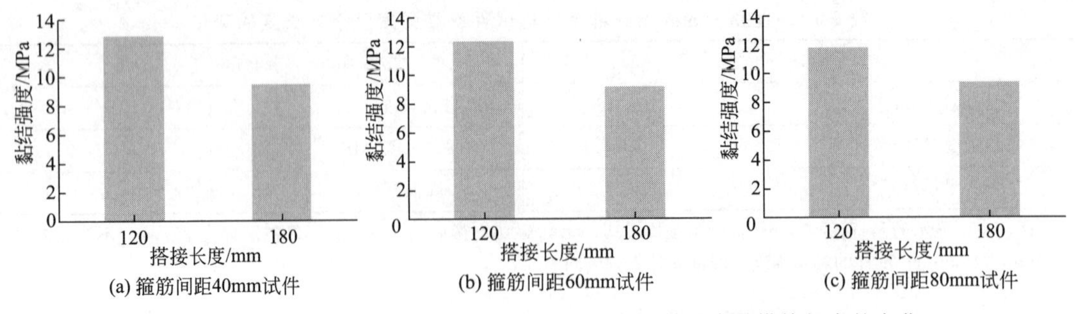

(a) 箍筋间距40mm试件　(b) 箍筋间距60mm试件　(c) 箍筋间距80mm试件

图 5-30　箍筋间距 40mm、60mm、80mm 试件黏结强度随搭接长度的变化

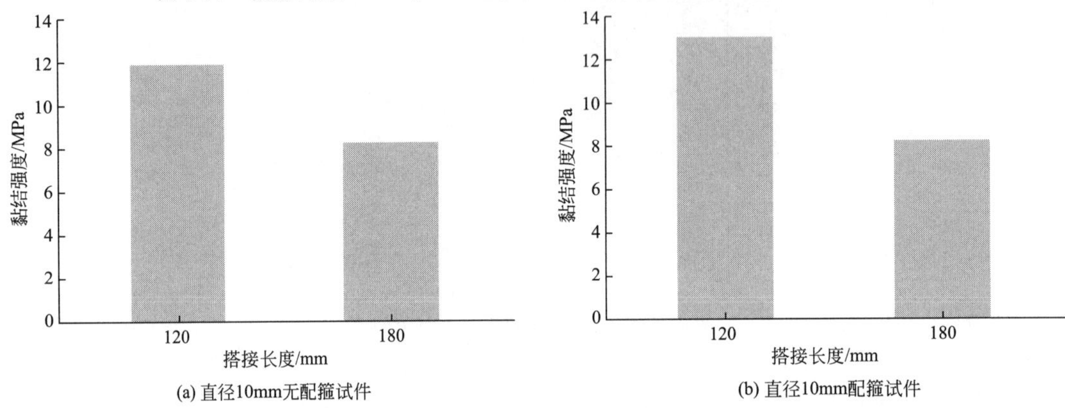

(a) 直径10mm无配箍试件　(b) 直径10mm配箍试件

图 5-31　直径 10mm 无配箍及配箍试件黏结强度随搭接长度的变化

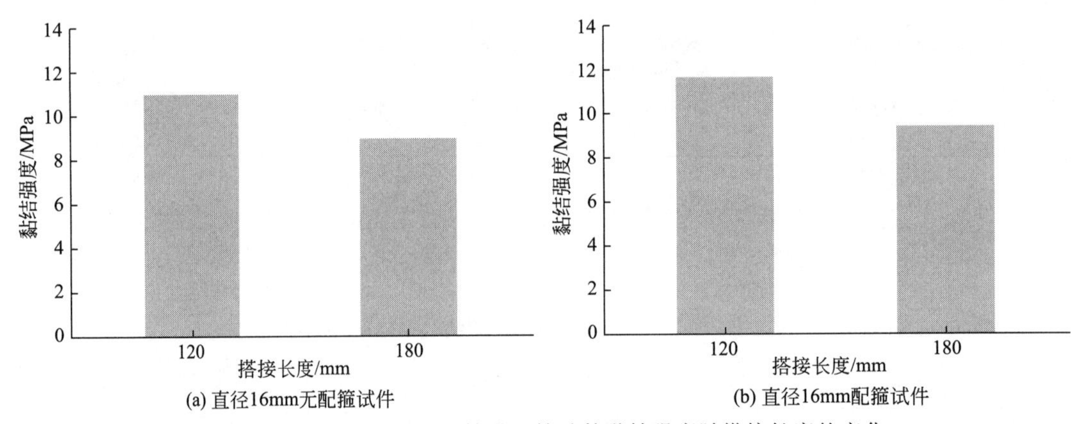

(a) 直径16mm无配箍试件　(b) 直径16mm配箍试件

图 5-32　直径 16mm 无配箍及配箍试件黏结强度随搭接长度的变化

度依次降低 1.21MPa、3.9MPa，对应降幅分别为 9.36%、30.16%。搭接长度 180mm 试件的降幅较大，是因为试验试件发生劈裂破坏和筋拉断破坏，无论哪种破坏形式，其破坏时黏结强度都要小于黏结破坏时的极限值，故较之于搭接长度 60mm、120mm 发生筋拔出破坏的试件，其黏结强度降低较多。搭接长度为 240mm、300mm、360mm 的全部试件均表现为荷载达到 GFRP 筋的抗拉强度，筋被拉断，此种破坏形态并非黏结破坏。相对于黏结破坏，GFRP 筋被拉断破坏时，其与混凝土之间没有达到最大黏结应力，黏结应力在搭接长度范围内分布相对均匀一些，因此黏结强度随搭接长度的增加变化较小。

此外，从其余各表中可以看出，混凝土强度、试件保护层厚度、配箍率、筋直径等各参数变化时，破坏形态等不同致使降低率变化幅度在 5.40%～35.89%之间，但黏结强度随搭接长度增大而变小的规律不变。

5.4.2.2 混凝土保护层厚度

不同混凝土保护层厚度试件 GFRP 筋与混凝土间的黏结强度变化的规律如表 5-13 及图 5-33 所示。从中可以看出，黏结强度随着混凝土保护层厚度的增大而提高。搭接长度为 120mm 时，混凝土保护层厚度从 30mm 变化到 60mm，黏结强度依次增加了 1.09MPa、3.92MPa，增长率分别为 13.97%、50.26%，尤其是保护层厚度从 45mm 增至 60mm，破坏形态从劈裂破坏变化为筋拔出破坏，黏结强度增加显著。搭接长度为 180mm 时，混凝土保护层厚度从 30mm 变化到 60mm，黏结强度依次增加了 1.9MPa、2.52MPa，增长率分别为 29.19%、38.71%。混凝土保护层厚度从 30mm 变化至 45mm 时，黏结强度显著增大，由 45mm 增至 60mm 时，增加较小。分析其原因，从混凝土保护层厚度 45mm 的全部试件劈裂破坏到 60mm 的部分试件劈裂破坏、部分试件筋拉断破坏，发生的都是非黏结破坏，黏结强度均未达到黏结破坏的极限值。

混凝土保护层增大，加强了 GFRP 筋外围混凝土的抗劈裂能力，保护层达到一定厚度时，试件的破坏形态随之变化，非黏结破坏转变为黏结破坏，从而显著提高了试件的黏结强度。

表 5-13 搭接长度 120mm、180mm 试件黏结强度随保护层厚度的变化

l_s=120mm	混凝土保护层厚度/mm	30	45	60
	黏结强度/MPa	7.80	8.89	11.72
	增长率/%	0	13.97	50.26
l_s=180mm	混凝土保护层厚度/mm	30	45	60
	黏结强度/MPa	6.51	8.41	9.03
	增长率/%	0	29.19	38.71

注：表中显示的是直径 12mm，混凝土强度 C35，搭接长度分别为 120mm、180mm，不同保护层厚度试件的黏结强度。增长率=(保护层厚度 45mm 或 60mm 试件的黏结强度－保护层厚度 30mm 试件的黏结强度)/保护层厚度 30mm 试件的黏结强度×100%。

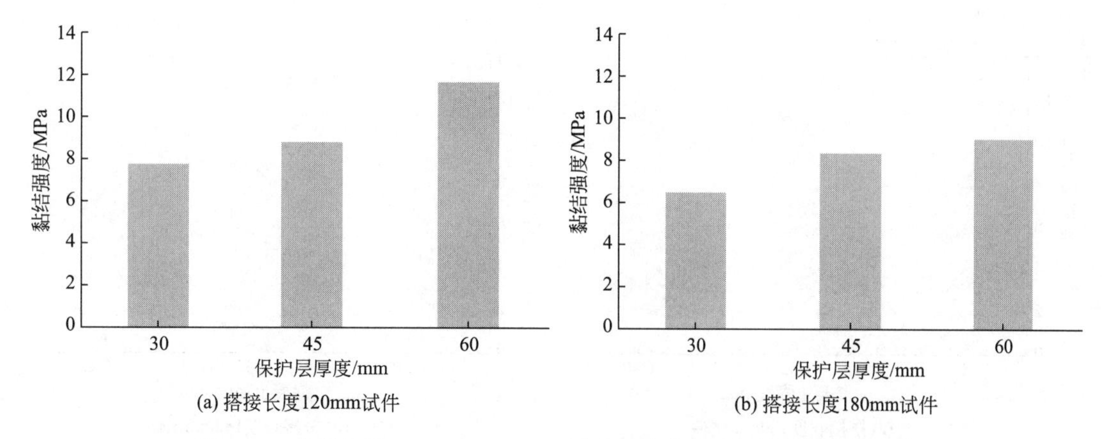

图 5-33 搭接长度 120mm、180mm 试件黏结强度随保护层厚度的变化

5.4.2.3 混凝土强度

不同混凝土强度的试件 GFRP 筋与混凝土间的黏结强度变化规律如表 5-14 及图 5-34 所示。从中可以看出，黏结强度随着混凝土强度的提高而提高。

对于搭接长度为 120mm 的试件，混凝土强度从 C30 变化至 C35，黏结强度增加 1.99MPa，增长率为 20.45%，增长显著；强度从 C35 变化至 C40 时，黏结强度增加 2.43MPa，增长率为

24.97%，增长较少。混凝土强度C30的试件，全部表现为混凝土劈裂破坏，而混凝土强度C35、C40的试件，大部分为筋拔出破坏，故混凝土强度从C30变化至C35时黏结强度增长显著，而C35变化到C40时增长较少。

对于搭接长度为180mm的试件，混凝土强度从C30变化至C35时，黏结强度提高了0.58MPa，增长率为6.86%，增长较小；而混凝土强度从C35变化至C40时，黏结强度提高了1.7MPa，增长率为20.12%，增长显著。观察试件破坏形态，随搭接长度由120～180mm变化，试件极限破坏荷载增大，混凝土承受的环向拉力增大，同C30的混凝土一样，即便是C35的混凝土试件也大多发生劈裂破坏。当混凝土强度增至C40时，混凝土抗劈拉强度继续增长，此时试件大多发生筋被拉断的破坏，而GFRP筋能承受的极限拉力较于劈裂破坏荷载大，故较之于C30、C35混凝土试件，C40的黏结强度有显著提高。

黏结强度随混凝土强度增长而增长的原因如下。

① 当试件发生拔出破坏时，GFRP筋的黏结强度主要取决于两者之间的机械咬合力。混凝土强度较低时，GFRP筋肋间的混凝土易被压碎；而混凝土强度较高时，GFRP筋肋剪切强度低于混凝土的抗压强度，GFRP筋肋被剪坏。

② 试件发生劈裂破坏时，随着混凝土强度的增大，混凝土的抗劈拉强度提高，对应试件破坏荷载增大，黏结强度提高。

表5-14 搭接长度120mm、180mm试件黏结强度随混凝土强度的变化

l_s=120mm	混凝土强度	C30	C35	C40
	黏结强度/MPa	9.73	11.72	12.16
	增长率/%	0	20.45	24.97
l_s=180mm	混凝土强度	C30	C35	C40
	黏结强度/MPa	8.45	9.03	10.15
	增长率/%	0	6.86	20.12

注：表中显示的是直径12mm，搭接长度分别为120mm、180mm，不同混凝土强度无配箍试件的黏结强度。增长率=(混凝土强度C35、C40试件的黏结强度－混凝土强度C30试件的黏结强度)/混凝土强度C30试件的黏结强度×100%。

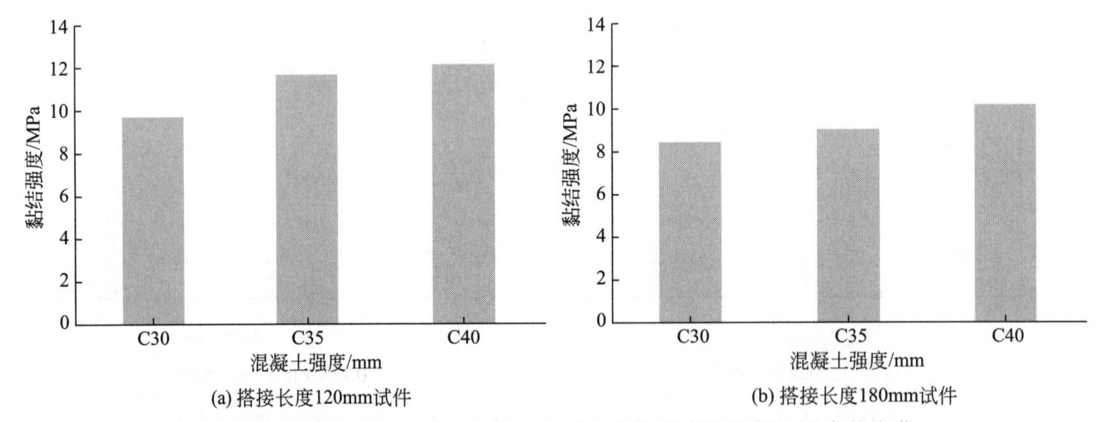

图5-34 搭接长度120mm、180mm试件黏结强度随混凝土强度的变化

5.4.2.4 配箍率

不同配箍率试件GFRP筋与混凝土间的黏结强度变化规律如表5-15～表5-17及图5-35～图5-37所示。从中可以看出，黏结强度随着配箍率的增大而提高。

对于GFRP筋直径12mm、搭接长度120mm的试件，当箍筋间距80mm时，黏结强度较无配箍试件降低了0.17MPa；箍筋间距为60mm、40mm时，黏结强度依次增加了0.37MPa、

1.16MPa，增长率分别为3.16%、9.9%。当箍筋间距为80mm时，搭接段只横跨了两根箍筋，对提高外围混凝土抗劈裂能力基本无作用；随箍筋间距减小，配箍率增大，搭接段横跨箍筋数增多，箍筋和架立筋形成骨架对核心混凝土起到围箍作用，箍筋承担了部分劈拉力，使得试件的抗劈拉能力增强。

表5-15　搭接长度120mm、180mm试件黏结强度随配箍率的变化

l_s=120mm	配箍率/%	0	1.41	1.88	2.83
	箍筋间距/mm	无	80	60	40
	黏结强度/MPa	11.72	11.55	12.09	12.88
	增长率/%	0	−1.45	3.16	9.90
l_s=180mm	配箍率/%	0	1.41	1.88	2.83
	箍筋间距/mm	无	80	60	40
	黏结强度/MPa	9.03	9.29	9.18	9.43
	增长率/%	0	2.88	1.66	4.43

注：表中显示的是直径12mm，混凝土强度C35，搭接长度分别为120mm、180mm，不同配箍率试件黏结强度。增长率=(配箍试件的黏结强度−无配箍试件的黏结强度)/无配箍试件的黏结强度×100%。

表5-16　直径10mm、搭接长度120mm和180mm试件黏结强度随配箍率的变化

l_s=120mm	配箍率/%	0	2.83
	箍筋间距/mm	无	40
	黏结强度/MPa	11.84	13.04
	增长率/%	0	10.14
l_s=180mm	配箍率/%	0	2.83
	箍筋间距/mm	无	40
	黏结强度/MPa	8.26	8.36
	增长率/%	0	1.21

注：表中显示的是直径10mm，混凝土强度C35，搭接长度分别为120mm、180mm，不同配箍率试件黏结强度。增长率计算方法同表5-15。

表5-17　直径16mm、搭接长度120mm和180mm试件黏结强度随配箍率的变化

l_s=120mm	配箍率/%	0	2.83
	箍筋间距/mm	无	40
	黏结强度/MPa	10.89	11.62
	增长率/%	0	6.70
l_s=180mm	配箍率/%	0	2.83
	箍筋间距/mm	无	40
	黏结强度/MPa	8.89	9.34
	增长率/%	0	5.06

注：表中显示的是直径16mm，混凝土强度C35，搭接长度分别为120mm、180mm，不同配箍率试件黏结强度。增长率计算方法同表5-15。

搭接长度180mm的试件，箍筋间距为80mm、60mm、40mm时，比较于相同搭接长度的无配箍试件，搭接强度依次增加了0.26MPa、0.15MPa、0.4MPa，增长率分别为2.88%、1.66%、4.43%。箍筋间距80mm时，搭接段横跨箍筋数较搭接长度120mm的多些，表现出来对提高试件抗劈裂能力有一定作用。搭接长度180mm试件，不少为GFRP筋拉断破坏，增大配箍率和提高混凝土抗劈拉能力对其并没有影响，对于发生劈裂破坏的情况，配置箍筋可以避免劈裂破坏，其黏结强度会有所提高。所以整体看来，对搭接长度180mm的试件配以箍筋所起到的作用不及搭接长度120mm的作用效果明显，相同配箍率，前者黏结强度增长率仅为4.43%，后者为9.9%。

此外，直径10mm、16mm的配箍试件较无配箍试件黏结强度也均有不同程度的提高。

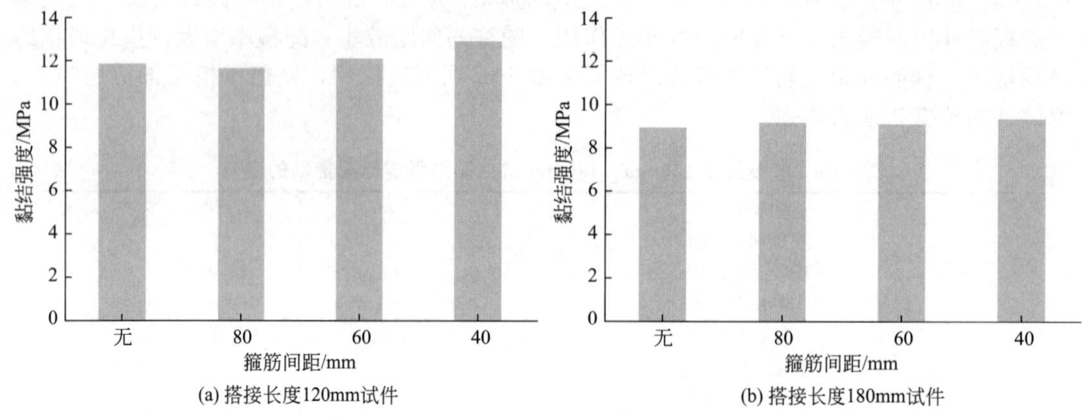

图 5-35　搭接长度 120mm、180mm 试件黏结强度随配箍率的变化

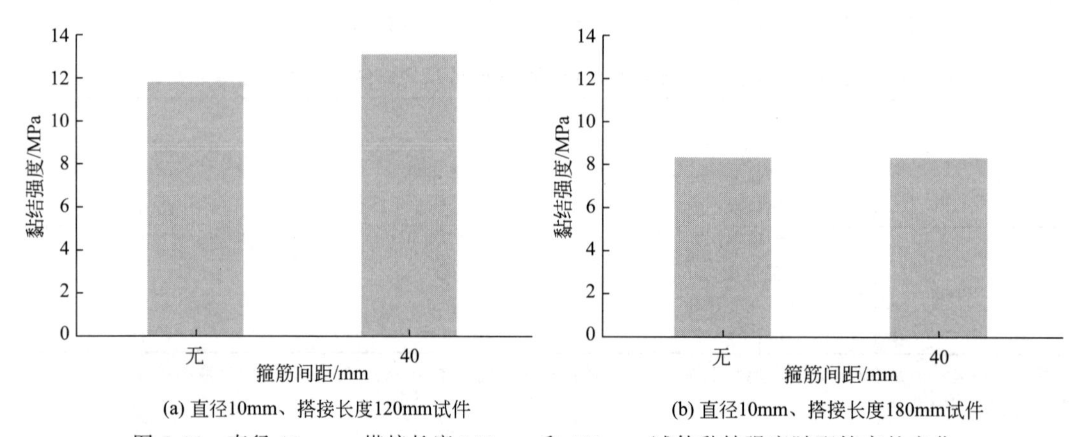

图 5-36　直径 10mm、搭接长度 120mm 和 180mm 试件黏结强度随配箍率的变化

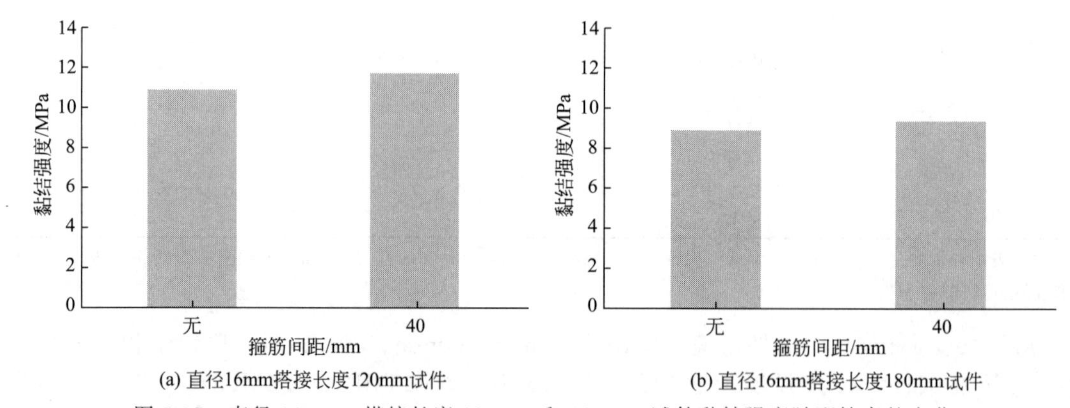

图 5-37　直径 16mm、搭接长度 120mm 和 180mm 试件黏结强度随配箍率的变化

其中，直径 10mm、搭接长度 180mm 的试件表现为黏结强度与是否配置箍筋无关，主要是因为搭接长度 180mm 的试件全部发生筋拉断破坏，为非黏结破坏。

虽然配箍率对黏结强度影响不大，但配箍试件试验结果离散性小，且破坏表现出一定延性。搭接长度不很大时，配箍率的增大，改善了试件受力不均匀性，限制裂缝开展，加强了 GFRP 筋外围混凝土的抗劈裂能力。

5.4.2.5 GFRP筋直径

不同筋直径试件GFRP筋与混凝土间的黏结强度变化规律如表5-18、表5-19及图5-38、图5-39所示。从中可以看出，黏结强度随GFRP筋直径的增加而降低。

表5-18 搭接长度120mm、180mm无配箍试件黏结强度随GFRP筋直径的变化

l_s=120mm	GFRP筋直径/mm	10	12	16
	黏结强度/MPa	11.84	11.72	10.89
	降低率/%	0	1.01	8.02
l_s=180mm	GFRP筋直径/mm	10	12	16
	黏结强度/MPa	8.26	9.03	8.89
	降低率/%	0	−9.32	7.63

注：表中显示的是混凝土强度C35，搭接长度分别为120mm、180mm，不同筋直径无配箍试件的黏结强度。降低率=（GFRP筋直径10mm试件的黏结强度－其他直径试件的黏结强度）/GFRP筋直径10mm试件的黏结强度×100%。

表5-19 搭接长度120mm、180mm配箍试件黏结强度随GFRP筋直径的变化

l_s=120mm	GFRP筋直径/mm	10	12	16
s=40mm	黏结强度/MPa	13.04	12.88	11.62
c=25mm	降低率/%	0	1.23	10.89
l_s=180mm	GFRP筋直径/mm	10	12	16
s=40mm	黏结强度/MPa	8.36	9.43	9.34
c=25mm	降低率/%	0	−12.80	−11.72

注：表中显示的是混凝土强度C35，搭接长度分别为120mm、180mm，箍筋间距40mm，保护层厚度25mm，不同筋直径配箍试件的黏结强度。降低率计算方法同表5-7。

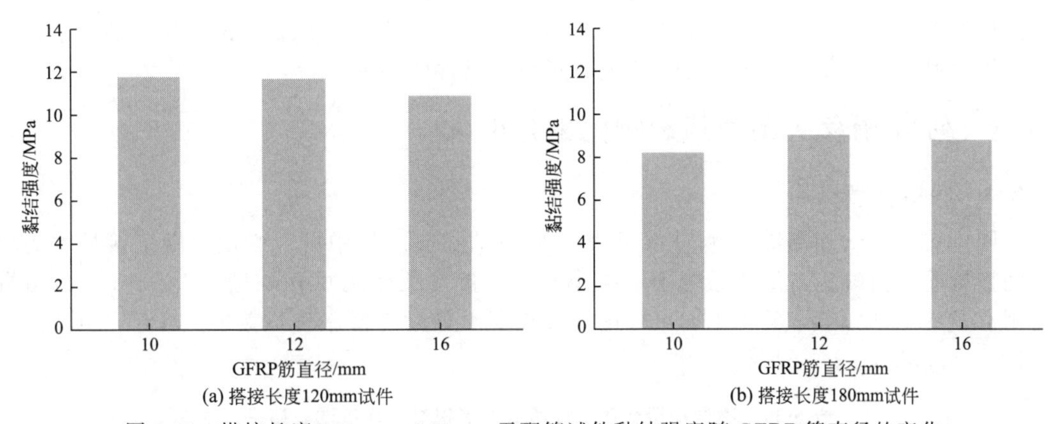

图5-38 搭接长度120mm、180mm无配箍试件黏结强度随GFRP筋直径的变化

搭接长度120mm的无配箍试件，从直径10mm、12mm到16mm，黏结强度依次减少0.12MPa、0.95MPa，降低率分别为1.01%、8.02%。分析其原因如下。

① GFRP筋表面的变形大于其横截面中心的变形，这会导致GFRP筋横截面的正应力分布不均匀，即剪切滞后现象。直径越大，横截面面积越大，筋截面正应力分布越不均匀，剪切滞后现象就越明显，GFRP筋与混凝土的黏结强度也就会越低。

② GFRP筋直径越大，包裹在筋表面的混凝土泌水越严重，筋表面产生的空隙越大，FRP筋与混凝土之间的接触面积减小，造成GFRP筋与混凝土之间的黏结强度降低。

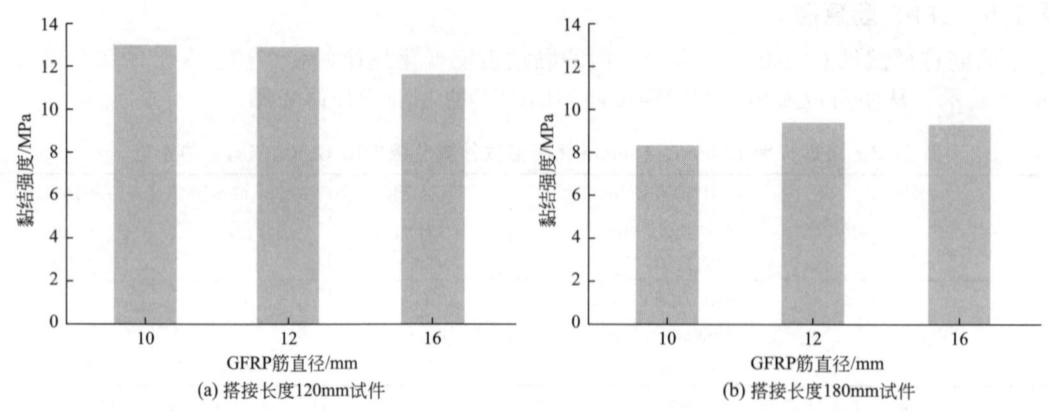

图 5-39　搭接长度 120mm、180mm 配箍试件黏结强度随 GFRP 筋直径的变化

③ 当搭接长度一定时，黏结面积与 FRP 筋周长成正比，极限拉力与筋截面积成正比，GFRP 筋周长与截面积比值反映了相对黏结面积。GFRP 直径越大，相对黏结面积越小，黏结强度越小。

搭接长度 180mm、直径 12mm 的无配箍试件以及搭接长度 180mm 配箍试件出现了与上述规律相反的情况。分析其原因，直径 10mm、搭接长度 180mm 的配箍及无配箍试件破坏形态均为 GFRP 筋拉断，为非黏结破坏，且破坏时黏结强度小于黏结破坏时的极限黏结强度；而直径 12mm、搭接长度 180mm 的无配箍、配箍试件同样出现了混凝土劈裂和 GFRP 筋拉断的非黏结破坏形态，使得黏结强度并未充分发挥。

综上，参数变化、破坏形态等不同致使降低率变化幅度不同，无论搭接长度有何不同、有无配箍，当发生黏结破坏时，黏结强度随直径增大而减小。

从以上 5 个因素对黏结强度的影响分析可得，搭接长度是对其影响最为显著的因素，其次是保护层厚度、混凝土强度、GFRP 筋直径以及试件配箍率。

5.4.3　黏结-滑移关系曲线影响因素分析

5.4.3.1　搭接长度

不同搭接长度试件黏结-滑移曲线见表 5-20 及图 5-40。从中可以看出，随搭接长度的增大，两搭接筋自由端相对滑移最大值呈减小趋势。搭接长度从 60mm 增至 360mm，自由端相对滑移从 12.31mm 降至 0.43mm，各搭接长度滑移量降低率依次为 62.71%、71.08%、87.41%、89.85%、96.51%。

表 5-20　不同搭接长度试件两自由端相对滑移量试验结果

搭接长度/mm	60	120	180	240	300	360
自由端相对滑移量最大值/mm	12.31	4.59	3.56	1.55	1.25	0.43
降低率/%	0	62.71	71.08	87.41	89.85	96.51

注：表中显示的是直径 12mm，保护层厚度 60mm，混凝土强度 C35，变化搭接长度的无配箍试件滑移量信息。降低率=(搭接长度 60mm 试件自由端相对滑移量最大值－其他搭接长度试件自由端相对滑移量最大值)/搭接长度 60mm 试件自由端相对滑移量最大值×100%

搭接长度从 60mm 增至 120mm 时，自由端相对滑移量变化剧烈，减量最大。从破坏形态分析其原因，搭接长度 60mm 时，试件全部为 GFRP 筋拔出破坏，自由端的黏结-滑移曲线有化学胶结力还没丧失时的无滑移段、摩擦力和机械咬合力提供黏结的线性段、较小力增量便有较大滑移的非线性段，曲线基本水平的缓慢拔出段，黏结-滑移曲线形状完整，滑移充分。拔出段GFRP筋表面磨损严重，有粉末状混凝土带出。

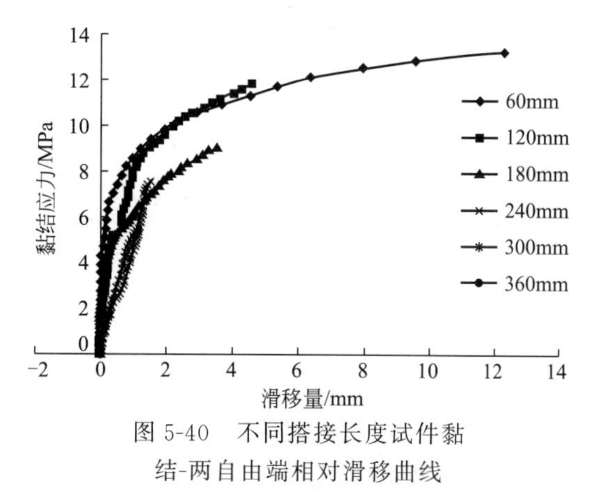

图5-40　不同搭接长度试件黏结-两自由端相对滑移曲线

搭接长度增至120mm时，由于破坏荷载增大，外围混凝土受到的环向劈拉力随之增大，部分试件表现为外围混凝土劈裂破坏，而此时劈裂荷载还未达到GFRP筋拔出的峰值荷载，试件突然崩裂，压力表读数瞬时卸至0。此时，黏结强度未达到拔出破坏时的极限强度试件就劈裂破坏，自由端黏结滑移曲线大多仅有线性段或不完整的非线性段。

当搭接长度达到240mm或是更大时，试件全部为筋拉断破坏。此种情况下，滑移量很小。整个搭接段化学胶结力破坏开始缓慢滑移，同样是未达到拔出破坏时的极限黏结强度GFRP筋即被拉断。GFRP筋的极限抗拉强度虽有些许离散，但大致都在60～70kN之间变化，随着搭接长度的增大，对应极限黏结强度的均值随之减小。表现为相同的外力，搭接长度大的试件单位长度GFRP筋与混凝土间摩擦、机械咬合力越小，两者的相对滑移量就越小。根据单根筋黏结的拉拔试验，从加载端到自由端整根筋化学胶结力破坏后，自由端才开始缓慢滑移，所以，搭接长度越大，初始滑移对应的荷载越大；而两根搭接黏结的对拉试验，加载端滑移不久，自由端便开始滑移，即便是发生筋拉断破坏的试件自由端也有一定滑移。参考文献中的分析，搭接筋与混凝土化学胶结力破坏是从两端向中部发展，故在荷载较小时，自由端就有一定滑移量，初始滑移对应的荷载大小与搭接长度无相关。

综上，试验数据分析表明，发生混凝土劈裂、GFRP筋拉断的试件破坏时对应的滑移值较筋拔出破坏试件滑移值小，且随搭接长度增大，滑移值减小，其与试件破坏形态密切相关，而初始滑移对应的荷载与搭接长度无明显相关。

5.4.3.2　混凝土保护层厚度

不同混凝土保护层厚度试件黏结-滑移曲线见表5-21、表5-22及图5-41、图5-42。从中可以看出，随混凝土保护层厚度的增大，两搭接筋自由端相对滑移最大值呈现增大趋势。观察不同保护层厚度试件黏结-自由端相对滑移曲线，荷载未达到保护层厚度30mm试件的破坏荷载前，曲线形状走势大致相同，即相同黏结应力对应的滑移值相近，只是保护层厚度大的曲线向前延伸的长一些。直径12mm、搭接长度120mm的试件，保护层厚度从30mm增至45mm、60mm时，两自由端的相对滑移量增量为2.17mm、2.87mm，增长率分别为126.16%、166.86%；搭接长度180mm的试件，相应滑移量由1.56mm、3.26mm变化到3.56mm，对应增长率为108.97%、128.21%，滑移量急剧增长。随混凝土保护层厚度的增大，外围混凝土抗劈裂能力增强，极限荷载增幅很大，滑移充分。

表5-21　搭接长度120mm、不同保护层厚度试件两自由端相对滑移量试验结果

保护层厚度/mm	30	45	60
自由端相对滑移量最大值/mm	1.72	3.89	4.59
增长率/%	0	126.16	166.86

注：表中显示的是直径12mm，搭接长度120mm，混凝土强度C35，变化保护层厚度试件的滑移量信息。增长率=(保护层厚度45mm或60mm试件自由端相对滑移量最大值－保护层厚度30mm试件自由端相对滑移量最大值)/保护层厚度30mm试件自由端相对滑移量最大值×100%。

表 5-22　搭接长度 180mm、不同保护层厚度试件两自由端相对滑移量试验结果

保护层厚度/mm	30	45	60
自由端相对滑移量最大值/mm	1.56	3.26	3.56
增长率/%	0	108.97	128.21

注：表中显示的是直径 12mm，搭接长度 180mm，混凝土强度 C35，变化保护层厚度试件的滑移量信息。增长率计算方法同表 5-15。

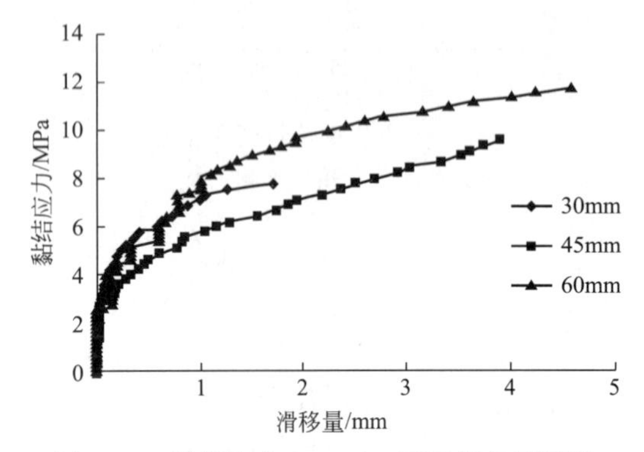

图 5-41　搭接长度 120mm、不同保护层厚度试件黏结-两自由端相对滑移曲线

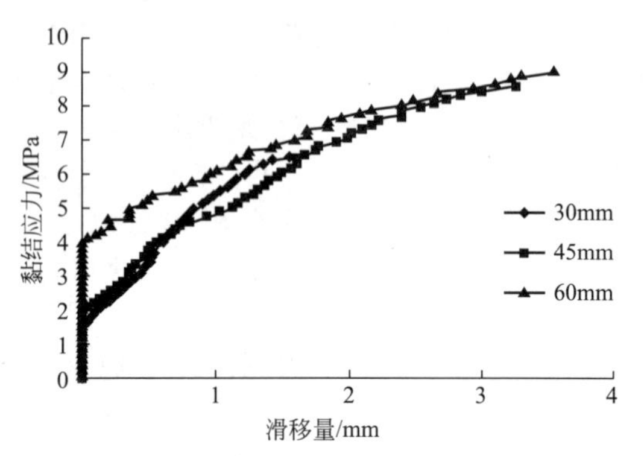

图 5-42　搭接长度 180mm、不同保护层厚度试件黏结-两自由端相对滑移曲线

5.4.3.3　混凝土强度

不同混凝土强度试件的黏结-滑移曲线见表 5-23、表 5-24 及图 5-43、图 5-44。从中可以看出，混凝土强度增大，试件两自由端相对滑移最大值随之增大。直径 12mm、搭接长度 120mm 试件，混凝土强度从 C30 变化到 C35、C40 时，相应两自由端滑移值依次增加 1.18mm、2.03mm，从增长率可以看出增幅不断增大。搭接长度 180mm 的试件，部分试件筋拉断破坏，此时混凝土强度就不再是影响黏结滑移的主要因素，GFRP 筋的抗拉强度占居主导，C40 强度试件滑移试验值略小于 C35 的对应值。混凝土强度增大，试件抗劈裂能力增大，承载力提高，发生劈裂破坏的试件减少，拔出破坏试件增多，由于搭接长度 180mm 的部分试件筋拉断破坏，混凝土强度对搭接长度 120mm 的试件影响较搭接长度 180mm 的显著。

表 5-23　搭接长度 120mm、不同混凝土强度试件两自由端相对滑移量试验结果

混凝土强度	C30	C35	C40
自由端相对滑移量最大值/mm	2.78	4.59	6.62
增长率/%	0	65.11	138.13

注：表中显示的是直径 12mm，搭接长度 120mm，变化混凝土强度试件的滑移量信息。增长率=(混凝土强度 C35 或 C40 的试件自由端相对滑移量最大值－混凝土强度 C30 的试件自由端相对滑移量最大值)/保护层厚度 15mm 试件自由端相对滑移量最大值×100%。

表 5-24　搭接长度 180mm、不同混凝土强度试件两自由端相对滑移量试验结果

混凝土强度	C30	C35	C40
自由端相对滑移量最大值/mm	2.02	3.56	3.32
增长率/%	0	76.24	64.36

注：表中显示的是直径 12mm，搭接长度 180mm，变化混凝土强度试件滑移量信息。增长率计算方法同表 5-15。

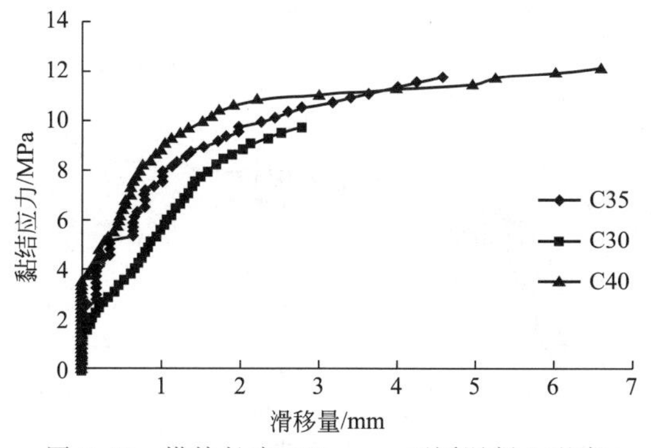

图 5-43　搭接长度 120mm、不同混凝土强度试件黏结-两自由端相对滑移曲线

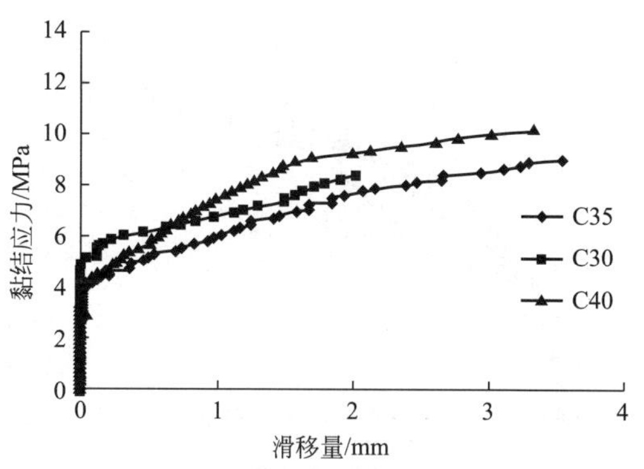

图 5-44　搭接长度 180mm、不同混凝土强度试件黏结-两自由端相对滑移曲线

从黏结-滑移曲线中可以看出，曲线走势相差不大，初始滑移对应的荷载与混凝土强度关系不明显。在初加外力时，黏结力由 GFRP 筋与混凝土间的化学胶结力提供，化学胶结力很小，一旦破坏，两端便开始产生微滑移，初始滑移对应的荷载与混凝土强度的关系其本质为化学胶结力与混凝土强度的关系。此后，靠 GFRP 筋肋与混凝土齿摩擦及机械咬合提供黏结，拉拔力加大，筋肋挤压肋前混凝土，初始滑移对应的荷载以及环向劈拉力随荷载增加而增长，此时混凝土强度越高，黏结-滑移曲线越陡，单位荷载产生的滑移量越小。从图中观察可得，在初始滑移段，曲线斜率稍有差异，混凝土强度越大，曲线斜率越大，但此段较短，一旦劈裂形成内裂缝，滑移量便迅速增加，曲线趋向平缓。

5.4.3.4　配箍率

不同配箍率试件黏结-滑移曲线见表 5-25、表 5-26 及图 5-45、图 5-46。从中可以看出，随箍筋间距减小，配箍率增大，两自由端相对滑移最大值呈现增大趋势。直径 12mm、搭接长度 120mm、箍筋间距 80mm 试件，搭接段箍筋数量少，基本起不到对混凝土抗劈裂能力的增强作用，一定程度上也有削弱截面的可能，故间距 80mm 试件滑移量稍小于无配箍试件。箍筋间距 60mm、40mm 的试件，自由端相对滑移量较无配箍试件分别增加 0.62mm、1.87mm，增长率为 13.51%、40.74%。搭接长度 180mm 的试件，箍筋间距 80mm 的，搭接段箍筋数目增多，抗劈裂能力略有提高。随配箍率的增大，试块核心骨架形成，混凝土的抗劈裂能力增强，减缓了混凝土发生劈裂破坏的速度，试件抗劈裂能力得到提高，滑移就越充分。表现在曲线上，配箍率越大，曲线平缓延伸段越长。

表 5-25　搭接长度 120mm、不同配箍率试件两自由端相对滑移量试验结果

箍筋间距/mm	无	80	60	40
自由端相对滑移量最大值/mm	4.59	3.38	5.21	6.46
增长率/%	0	−26.36	13.51	40.74

注：表中显示的是直径 12mm，搭接长度 120mm，变化箍筋间距试件的滑移量信息。增长率=(试件自由端相对滑移量最大值−无配箍的试件自由端相对滑移量最大值)/无配箍的试件自由端相对滑移量最大值×100%。

表 5-26　搭接长度 180mm、不同配箍率试件两自由端相对滑移量试验结果

箍筋间距/mm	无	80	60	40
自由端相对滑移量最大值/mm	3.56	4.22	4.24	6.31
增长率/%	0	18.54	19.10	77.25

注：表中显示的是直径 12mm，搭接长度 180mm，变化箍筋间距试件滑移量信息。增长率计算方法同表 5-21。

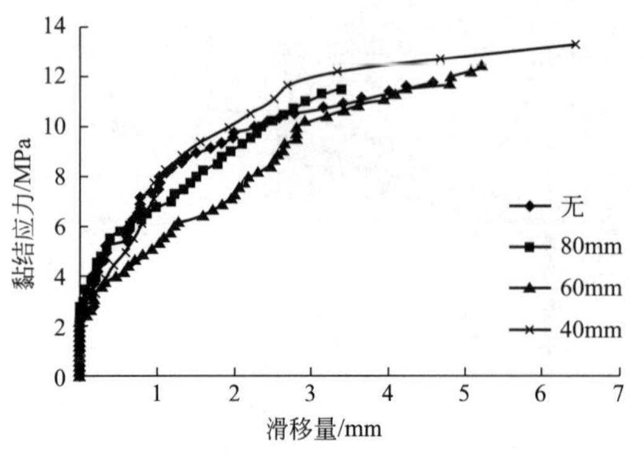

图 5-45 搭接长度 120mm、不同配箍率试件黏结-两自由端相对滑移曲线

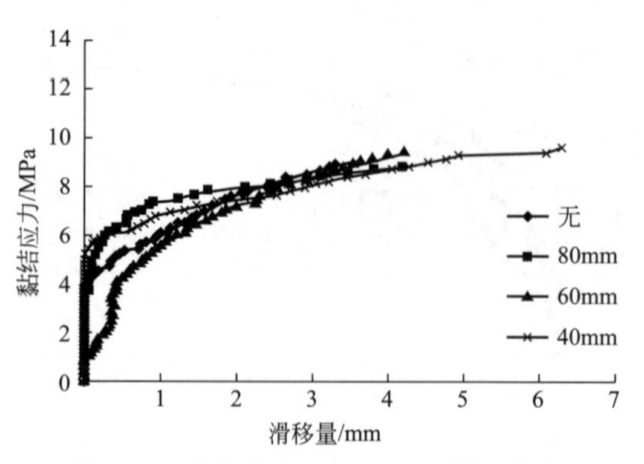

图 5-46 搭接长度 180mm、不同配箍率试件黏结-两自由端相对滑移曲线

5.4.3.5 GFRP 筋直径

不同 GFRP 筋直径试件的黏结-滑移曲线见表 5-27～表 5-30 及图 5-47～图 5-50。可见，无论有无配箍试件，随直径增大，两自由端相对滑移量最大值均有不同程度增大。分析其原因，GFRP 筋直径越大，包裹在筋表面的混凝土泌水就越严重，筋与混凝土接触面积折减，黏结力有所削弱，滑移量大。此外，GFRP 筋制作工艺不够完善，表面积越大，瑕疵出现概率越大，筋肋抗剪强度有所削弱，发生滑移时，筋肋易被剪坏，机械咬合失效，滑移也会加大。再者，观察曲线，直径大的试件初始滑移对应的荷载较小，此现象同样可由上述原因解释。

表 5-27 搭接长度 120mm、不同 GFRP 筋直径无配箍试件两自由端相对滑移量试验结果

GFRP 筋直径/mm	10	12	16
自由端相对滑移量最大值/mm	2.51	4.59	4.98
增长率/%	0	82.87	98.41

注：表中显示的是搭接长度 120mm，混凝土强度 C35，变化 GFRP 筋直径无配箍试件的滑移量信息。增长率=(试件自由端相对滑移量最大值－直径 10mm 试件自由端相对滑移量最大值)/直径 10mm 试件自由端相对滑移量最大值×100%。

表 5-28 搭接长度 180mm、不同 GFRP 筋直径无配箍试件两自由端相对滑移量试验结果

GFRP 筋直径/mm	10	12	16
自由端相对滑移量最大值/mm	1.61	3.56	5.20
增长率/%	0	121.12	222.98

注：表中显示的是搭接长度 180mm，混凝土强度 C35，变化 GFRP 筋直径无配箍试件滑移量信息。增长率计算方法同表 5-27。

表 5-29 搭接长度 120mm、不同 GFRP 筋直径配箍试件两自由端相对滑移量试验结果

GFRP 筋直径/mm	10	12	16
自由端相对滑移量最大值/mm	2.72	6.46	6.84
增长率/%	0	137.5	151.47

注：表中显示的是搭接长度 120mm，混凝土强度 C35，变化 GFRP 筋直径配箍试件的滑移量信息。增长率计算方法同表 5-27。

表 5-30　搭接长度 180mm、不同 GFRP 筋直径配箍试件两自由端相对滑移量试验结果

GFRP 筋直径/mm	10	12	16
自由端相对滑移量最大值/mm	0.92	6.31	9.36
增长率/%	0	585.87	917.39

注：表中显示的是搭接长度 180mm，混凝土强度 C35，变化 GFRP 筋直径配箍试件滑移量信息。增长率计算方法同表 5-27。

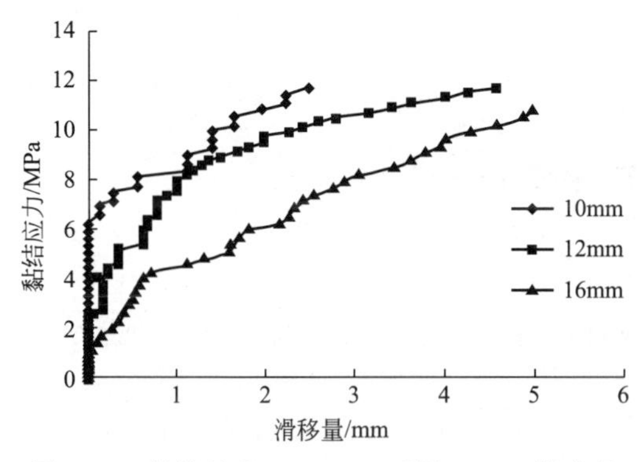

图 5-47　搭接长度 120mm、不同 GFRP 筋直径无配箍试件黏结-两自由端相对滑移曲线

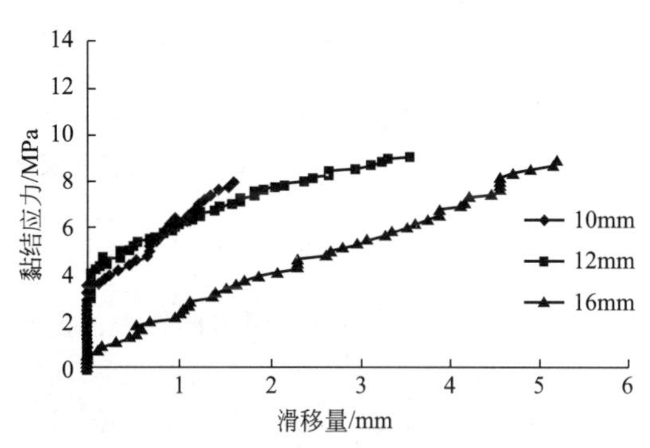

图 5-48　搭接长度 180mm、不同 GFRP 筋直径无配箍试件黏结-两自由端相对滑移曲线

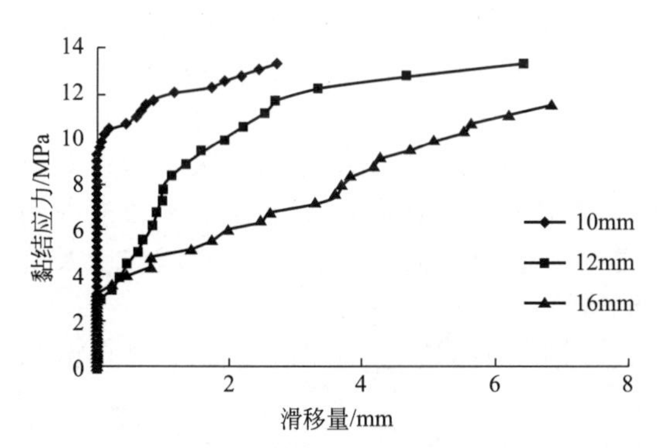

图 5-49　搭接长度 120mm、不同 GFRP 筋直径配箍试件黏结-两自由端相对滑移曲线

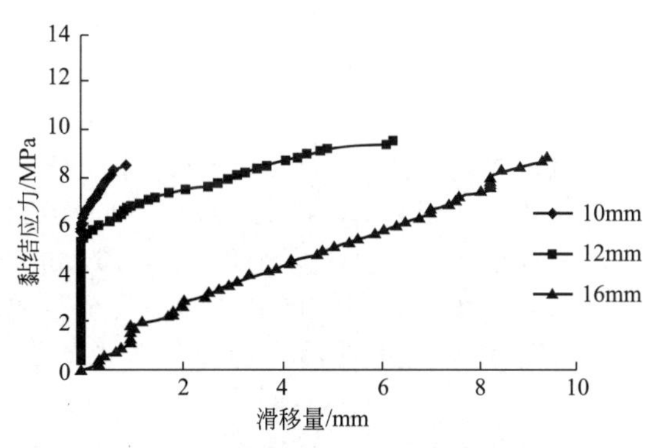

图 5-50　搭接长度 180mm、不同 GFRP 筋直径配箍试件黏结-两自由端相对滑移曲线

5.4.4　搭接段应变分布曲线分析

为了分析 GFRP 筋与混凝土沿搭接段黏结应力分布情况，本次试验在部分试件的 GFRP 筋搭接段四分点及二分点处粘贴 2mm×3mm 小尺寸应变片，观察分析各级荷载下 GFRP 筋搭接段内的应变变化，以得到黏结应力大致分布，应变片布置如图 5-51 所示。

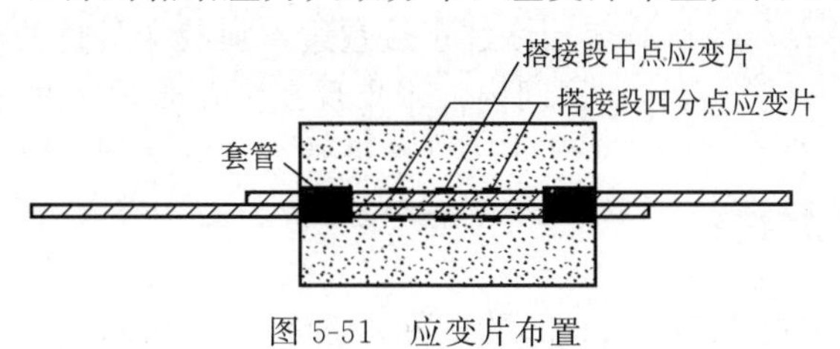

图 5-51　应变片布置

由于搭接长度本身不长，过多布置测点，难以避免表面应变片粘贴段或多或少影响筋与混凝土间的黏结，故仅在搭接长度大于180mm的试件上取中点和四分点布置。同样因为测点较少，难以精确跟踪筋表面各点应变分布，只能大概看出峰值位置及走向。

对试件施加小偏心对拉力，搭接段GFRP筋与混凝土表面即产生抵抗拔出的黏结力。限制GFRP筋自由拉伸的同时，在界面产生黏结应力τ，将部分黏结应力传递给混凝土，也完成了两搭接筋力的传递，如图5-52所示。黏结应力大小取决于GFRP筋表面应变差。根据单根筋黏结锚固试验结果及相关分析可知，在近加载端的地方，应变差值最大，黏结应力最大。随着距加载端距离的增大，GFRP筋表面相近截面应变差减小，在近自由端某处，应变差值为零，相对变形消失，黏结应力为零。

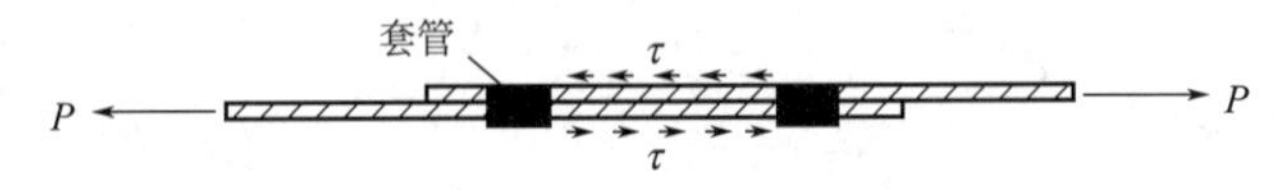

图5-52　GFRP筋表面黏结应力

从图中不同搭接长度GFRP筋表面应变分布可以看出，搭接段筋与混凝土的黏结应力分布是不均匀的。

对于直径12mm、搭接长度180mm试件，图5-53显示出了距加载筋45～180mm处两搭接筋表面应变分布变化。

图5-53(a)中，加载初期，荷载小于25kN时，从自由端到加载端延伸，应变增幅逐渐增大，黏结应力也呈现增大趋势；从30～45kN，距自由端45～90mm段应变连线斜率逐渐变小，而距自由端90～135mm段斜率持续增长；45～60kN，距自由端45～90mm段应变连线斜率为负，且斜率绝对值持续增大，峰值应变以及峰值黏结应力落在此段内。

图5-53(b)中，当荷载小于25kN时，从自由端到加载端，斜率逐渐增大，峰值黏结应力落在距加载端0～45mm段内；同样随荷载继续增大，距加载筋45～90mm段连线斜率逐渐减小变为负值，即距加载端45mm处应变逐渐增加而后反向减小，峰值应变及峰值黏结应力从加载端向自由端移动落至距加载端90～135mm段内。

从图5-53中可看出，随着荷载的不断增大，峰值黏结应力逐渐由加载端向自由端移动。

对于直径12mm、搭接长度240mm试件，有着类似的变化趋势，如图5-54所示。

图5-54(a)中，荷载小于60kN时，从自由端到加载端三段连线斜率递增，峰值黏结应力应在距加载端0～60mm区间内，荷载达到70kN、80kN时，距加载端60mm处应变增幅减小而后反向，峰值黏结应力右移。

图5-54(b)亦如此，荷载达到60kN，距加载端距离60mm位置处应变开始减小，峰值应变、峰值黏结应力右移落至距加载端60～80mm区段内。

对于直径12mm、搭接长度300mm的试件，如图5-55所示。

图5-55(a)中，从开始加载至67kN试件破坏，随着距自由端距离的减小，连线斜率递增，黏结应力也迅速增大，峰值应变始终位于最左边离加载端最近的应变量测点位置，表明峰值黏结应力在距加载端0～75mm区间内，未出现在测点布置区间。

图5-55(b)中，荷载达到40kN以前，自自由端往左，黏结应力递增；45kN以后，距加载端75mm处应变增幅趋小，150mm处搭接段中点位置应变突增，峰值点出现在距加载端75～225mm区间。

对于直径12mm、搭接长度360mm的试件，如图5-56所示。

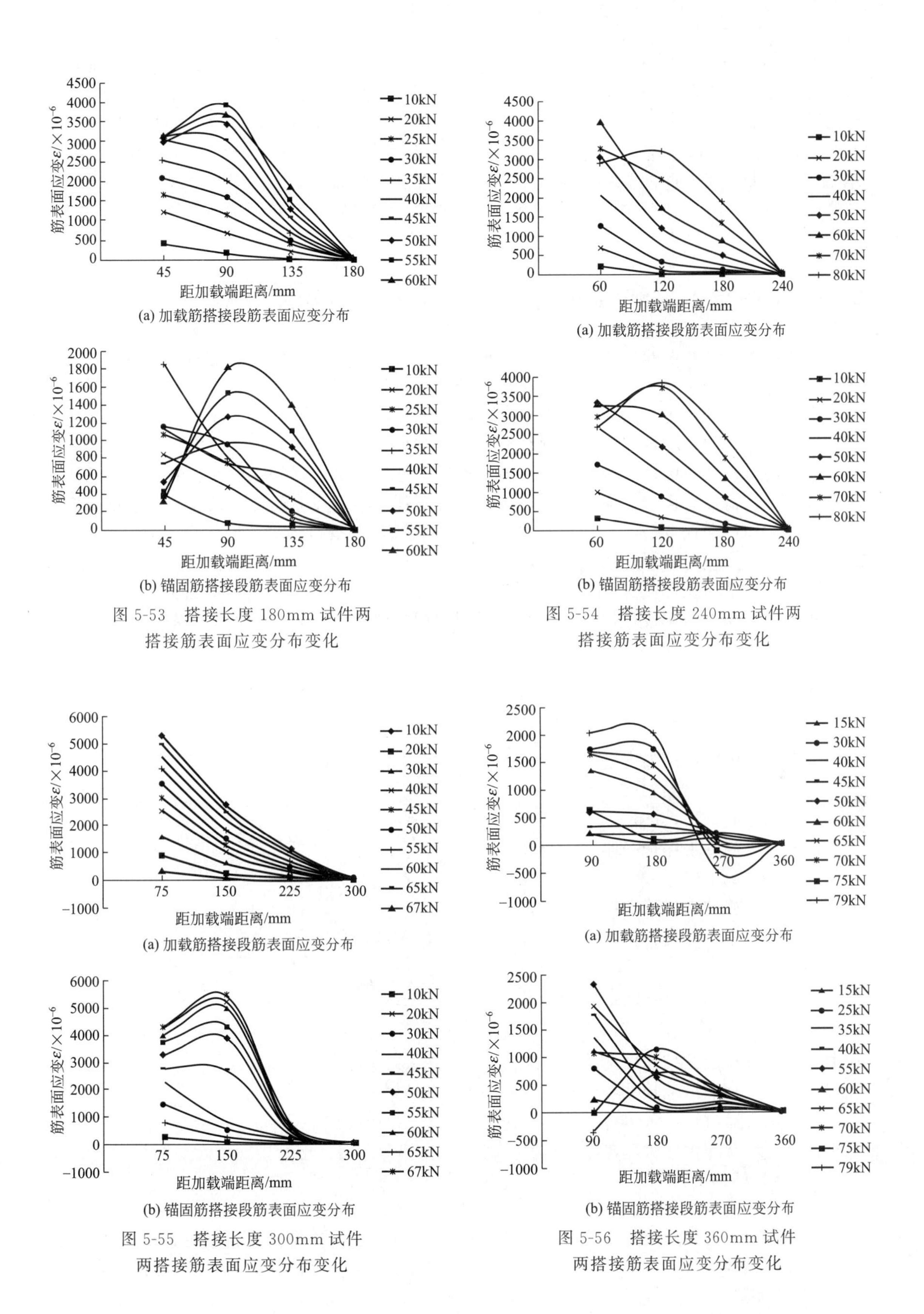

(a) 加载筋搭接段筋表面应变分布

(b) 锚固筋搭接段筋表面应变分布

图 5-53 搭接长度 180mm 试件两搭接筋表面应变分布变化

(a) 加载筋搭接段筋表面应变分布

(b) 锚固筋搭接段筋表面应变分布

图 5-54 搭接长度 240mm 试件两搭接筋表面应变分布变化

(a) 加载筋搭接段筋表面应变分布

(b) 锚固筋搭接段筋表面应变分布

图 5-55 搭接长度 300mm 试件两搭接筋表面应变分布变化

(a) 加载筋搭接段筋表面应变分布

(b) 锚固筋搭接段筋表面应变分布

图 5-56 搭接长度 360mm 试件两搭接筋表面应变分布变化

图 5-56(a) 中，随荷载增大，距加载端 90mm 处应变持续增加，偶尔停滞，在加载初期此处应变为最大值；180mm 处搭接段中点应变开始增量较小，而后增速加快，赶超距加载端 90mm 位置处的应变，在荷载加至 75kN 时出现峰值。此外，当荷载超过 65kN 时，自由端附近 GFRP 筋表面应变为负值，可能是因为荷载过大，在截面产生相对滑移后，部分 GFRP 筋肋被削弱，近自由端区域界面上，部分混凝土对筋肋局部挤压造成的。

图 5-56(b) 中，距加载端 90mm 处应变在荷载达到 55kN 后开始减小，峰值应变逐渐在距加载端 180mm 附近显现，同以上情况一样，峰值黏结应力由加载端向自由端移动。

5.5 （搭接）黏结强度的确定和搭接锚固长度计算

GFRP 筋与混凝土的黏结性能是这两种材料协同工作的基础。而搭接黏结较单根筋黏结更弱些，为保证结构安全可靠，在前文定性分析（搭接）黏结强度、黏结滑移曲线、黏结应力沿搭接段分布基础上，为了使 GFRP 筋混凝土结构应用更科学规范，需量化分析 GFRP 筋搭接与混凝土的黏结性能。故推导计算出搭接强度，给出搭接长度合理取值十分必要。

GFRP 筋的（搭接）黏结强度目前国内外还未见文献论述，GFRP 单筋的黏结理论丰富却未统一，且对设有横向约束配有箍筋试件的黏结锚固强度没有研究，故参考钢筋的单筋黏结锚固强度和搭接强度公式，推导 GFRP 筋的搭接强度和搭接锚固长度计算公式。

5.5.1 （搭接）黏结强度的确定

我国《混凝土结构设计规范》中黏结锚固专题组建议的月牙纹外形热轧钢筋的平均极限黏结强度的计算公式如下。

$$\bar{\tau}_u=\left(0.82+\frac{0.9}{\frac{l_a}{d}}\right)\left(1.6+0.7\frac{c}{d}+20\rho_{sv}\right)f_t \tag{5-6}$$

式中 $\bar{\tau}_u$——极限黏结强度平均值，MPa；
l_a——单筋锚固长度，mm；
d——筋直径，mm；
c——混凝土保护层厚度，mm；
ρ_{sv}——配箍率；
f_t——混凝土劈拉强度，MPa；

中国建筑科学研究院结构所徐有邻等人推导的钢筋搭接强度计算公式如下。

$$\bar{\tau}_u=\left(0.7+2.5\frac{1}{\frac{l_s}{d}}\right)\left(0.5+0.6\frac{c}{d}+55\rho_{sv}\right)f_t \tag{5-7}$$

式中 $\bar{\tau}_u$——极限黏结强度平均值，MPa；
l_s——钢筋搭接长度，mm；
d——筋直径，mm；
c——混凝土保护层厚度，mm；
ρ_{sv}——配箍率；
f_t——混凝土劈拉强度，MPa，按照公式 $f_t=0.26f_{cu}^{2/3}$ 计算。

从以上两式可以看出，无论是单根钢筋的黏结锚固强度还是搭接钢筋的黏结锚固强度，其形式统一且均与 4 变量有着直接的关系，分别是相对搭接长度 l_s/d、相对保护层厚度 c/d、配箍率 ρ_{sv} 以及混凝土抗拉强度 f_t。

故可假设 GFRP 筋搭接锚固强度计算公式为

$$\overline{\tau_u}=\left(\alpha+\beta\frac{\frac{1}{l_s}}{d}\right)\left(\gamma+\lambda\frac{c}{d}+\eta\rho_{sv}\right)f_t \tag{5-8}$$

其中，相对搭接长度 l_s/d、相对保护层厚度 c/d 计算结果见表 5-31；箍筋间距 40mm、60mm、80mm 试件配箍率分别为 2.83%、1.88%、1.41%；C30、C35、C40 混凝土抗拉强度分别为 1.27MPa、1.84MPa、2.01MPa。

运用不依赖使用 NIST 提供的初始值，仅依靠自身的全局搜索能力，从任意随机值出发，即可求得最优解的 1stOpt 的全局优化算法进行非线性拟合。定义参数、变量、回归模型公式，代入 28 组试验数据进行推演，最终得到 5 参数 α、β、γ、λ、η 的值分别为 0.7326、5.9524、2.5568、0.3482、56.4048。

将参数数值代入式(5-8)，得到（搭接）黏结强度计算公式为

$$\overline{\tau_u}=\left(0.7326+5.9524\frac{\frac{1}{l_s}}{d}\right)\left(2.5568+0.3482\frac{c}{d}+56.4048\rho_{sv}\right)f_t \tag{5-9}$$

将按照式(5-9) 计算得到的搭接筋（搭接）黏结强度值与试验值比对，详情见表 5-31。从计算值与试验值比值数可以看出，两者吻合较好。可见，本文所建立的（搭接）黏结强度计算公式可以作为实际工程设计的参考。

表 5-31　搭接筋（搭接）黏结强度值与试验值对比

试件编号	荷载 F_u /kN	相对保护层厚度 c/d	相对搭接长度 l_s/d	（搭接）黏结强度/MPa		试验值/计算值
				试验值	计算值	
12-60	29.24	5	5	12.93	15.21	0.85
12-120-30	35.29	2.5	10	7.80	8.37	0.93
12-120-45	40.20	3.75	10	8.89	9.40	0.94
12-120-60	53.00	5	10	11.72	10.50	1.11
12-120-25-40	58.23	2.08	10	12.88	11.91	1.08
12-120-25-60	55.67	2.08	10	12.31	10.62	1.16
12-120-25-80	53.24	2.08	10	11.77	9.97	1.18
12-180-30	44.17	2.5	15	6.51	7.12	0.91
12-180-45	57.06	3.75	15	8.41	8.03	1.05
12-180-60	61.26	5	15	9.03	8.93	1.01
12-180-25-40	63.96	2.08	15	9.43	10.13	0.93
12-180-25-60	62.28	2.08	15	9.18	9.03	1.02
12-180-25-80	62.98	2.08	15	9.29	8.48	1.09
12-240-60	67.30	5	20	7.44	8.14	0.91
12-300-60	68.47	5	25	6.06	7.67	0.79
12-360-60	70.62	5	30	5.21	5.36	0.97
C30-12-120	44.00	5	10	9.73	7.25	1.33
C40-12-120	54.98	5	10	12.16	11.47	1.06
C30-12-180	57.29	5	15	8.45	8.17	1.03
C40-12-180	68.86	5	15	10.15	9.76	1.04
10-120-60	44.59	6	12	11.84	10.51	1.12
10-120-25-40	49.12	2.5	12	13.04	11.35	1.15
10-180-60	46.66	6	18	8.26	9.08	0.91
10-180-25-40	47.26	2.5	18	8.36	9.82	0.85
16-120-60	65.64	3.75	7.5	10.89	10.85	1.00
16-120-25-40	70.04	1.56	7.5	11.62	13.18	0.88
16-180-60	80.47	3.75	11.25	8.89	8.96	0.99
16-180-25-40	84.46	1.56	11.25	9.34	10.89	0.86

注：表中试件编号同表 5-1。

5.5.2 搭接锚固长度计算

根据搭接筋受力平衡方程

$$f_u A_s = \tau_u \pi d l_s \tag{5-10}$$

可得到搭接强度计算公式。

$$\tau_u = \frac{f_u A_s}{\pi d l_s} = \frac{f_u d}{4 l_s} \tag{5-11}$$

将式(5-9) 代入式(5-11) 中，得到 GFRP 筋临界搭接长度计算公式。

$$l_s = \left[\frac{f_u}{\left(7.4924 + 1.0204\frac{c}{d} + 165.2886\rho_{sv}\right) f_t} - 8.125 \right] d \tag{5-12}$$

公式(5-12) 运用于工程中时，较为烦琐复杂，需进行化简。

① 考虑 GFRP 筋纵向拉伸强度具有一定离散性，根据材性试验数据，预留安全储备，按 GFRP 筋的极限抗拉强度除以 0.9 处理。

② 根据一般的构造要求和工程习惯做法，偏安全取 $c/d=1$，箍筋直径 $d_{sv}/d=0.25$，箍筋间距 $s_{sv}/d=15$。将其代入式(5-12) 中可得

$$l_s = \left(0.12\frac{f_u}{f_t} - 8.125\right) d \tag{5-13}$$

③ 观察本文中试件破坏形态，$l_s \geqslant 20d$ 时，试件均发生筋拉断破坏。说明在本试验的特定条件下，搭接长度取为 $20d$ 时，黏结长度已足够。

综上，GFRP 筋搭接长度 l_s 可由式(5-13) 确定。

$$l_s = \max\{20d, (0.12 f_u / f_t - 8.125) d\} \tag{5-14}$$

式中 l_s——GFRP 筋的搭接长度，mm；

f_u——GFRP 筋的极限抗拉强度，MPa；

f_t——混凝土劈裂抗拉强度，MPa；

d——GFRP 筋直径，mm。

将本文试验得到的 GFRP 筋与混凝土的黏结强度值 τ_u 代入 $l_s = \frac{f_u A_s}{\pi d \tau_u} = \frac{f_u d}{4\tau_u}$，计算得到 GFRP 筋搭接锚固长度试验值，结果见表 5-32。从中可以看出，式(5-14) 计算出的搭接锚固长度值是偏安全的。

表 5-32　搭接锚固长度对比

试件编号	筋直径 d/mm	GFRP 筋抗拉强度 f_u/MPa	(搭接)黏结强度 $\overline{\tau_u}$/MPa		搭接长度 l_s /mm	
			试验值	计算值	试验值	计算值
12-60-60	12	642.42	12.93	15.21	235.16	405.26
12-120-30	12	642.42	7.8	8.37	319.66	405.26
12-120-45	12	642.42	8.89	9.43	272.65	405.26
12-120-60	12	642.42	11.72	10.50	235.16	405.26
12-120-25-40	12	642.42	12.88	11.91	195.64	405.26
12-120-25-60	12	642.42	12.31	10.62	231.82	405.26
12-120-25-80	12	642.42	11.77	9.97	253.24	405.26
12-180-30	12	642.42	6.51	7.12	319.66	405.26
12-180-45	12	642.42	8.41	8.03	272.65	405.26
12-180-60	12	642.42	9.03	8.93	235.16	405.26

续表

试件编号	筋直径 d/mm	GFRP 筋抗拉强度 f_u/MPa	(搭接)黏结强度 $\overline{\tau_u}$/MPa		搭接长度 l_s /mm	
			试验值	计算值	试验值	计算值
12-180-25-40	12	642.42	9.43	10.13	195.64	405.26
12-180-25-60	12	642.42	9.18	9.03	231.82	405.26
12-180-25-80	12	642.42	9.29	8.48	253.24	405.26
12-240-60	12	642.42	7.44	8.14	235.16	405.26
12-300-60	12	642.42	6.06	7.67	235.16	405.26
12-360-60	12	642.42	5.21	7.36	235.16	405.26
C30-12-120	12	642.42	9.73	7.25	384.47	630.91
C40-12-120	12	642.42	12.16	11.47	207.03	362.74
C30-12-180	12	642.42	8.45	6.17	384.47	630.91
C40-12-180	12	642.42	10.15	9.76	207.03	362.74
10-120-60	10	597.88	11.84	10.51	157.41	308.67
10-120-25-40	10	597.88	13.04	11.35	139.48	308.67
10-180-60	10	597.88	8.26	9.08	157.41	308.67
10-180-25-40	10	597.88	8.36	9.82	139.48	308.67
16-120-60	16	546.38	10.89	10.85	289.75	440.14
16-120-25-40	16	546.38	11.62	13.18	215.24	440.14
16-180-60	16	546.38	8.89	8.96	289.75	440.14
16-180-25-40	16	546.38	9.34	10.89	215.24	440.14

注：表中符号含义同表 5-31。

第6章 GFRP筋混凝土矩形截面梁的正截面承载力

6.1 试验概况

6.1.1 试件设计

共制作了两批矩形截面试验梁。第一批试件的混凝土强度等级为C30，试件宽度均为150mm，高度分别为300mm、250mm、200mm、150mm，跨高比为6.0，各试件的梁长分别为1500mm、1200mm、900mm、750mm。受拉区的主筋分别为钢筋（编号gj）和GFRP筋（编号GFRP）。为了分析主筋类型、配筋方式和配筋率等对GFRP筋混凝土梁破坏形态和承载力的影响，第一批试件采用在受拉区分单排筋和两排筋布置，见表6-1。受压区架立筋均为2ϕ6钢筋，箍筋为ϕ6钢筋。

表6-1 第一批试件参数表

试件编号	截面高度 h/mm	有效高度 h_0/mm	受拉主筋布置形式	配筋率/%	箍筋间距/mm	剪跨比
3ϕ10. gj. 30	300	270	单排	0.55	150	1.00
3ϕ10. GFRP. 30b	300	270	单排	0.55	无	0.67
3ϕ10. GFRP. 30e	300	270	单排	0.55	80	
3ϕ12. gj. 30	300	269	单排	0.84	无	
5ϕ10. gj. 30	300	256	两排	1.02	无	
3ϕ10. GFRP. 30a	300	270	单排	0.55	无	1.33
3ϕ10. GFRP. 30c	300	270	单排	0.55	无	1.00
3ϕ10. GFRP. 30d	300	270	单排	0.55	150	
3ϕ10. GFRP. 30g	300	270	单排	0.55	无	
3ϕ12. GFRP. 30a	300	269	单排	0.84	150	
3ϕ12. GFRP. 30b	300	269	单排	0.84	80	
5ϕ10. GFRP. 30a	300	256	两排	1.02	150	0.67

续表

试件编号	截面高度 h/mm	有效高度 h_0/mm	受拉主筋布置形式	配筋率 /%	箍筋间距 /mm	剪跨比
5ϕ10. GFRP. 30b	300	256	两排	1.02	150	1.00
5ϕ10. GFRP. 30c	300	256	两排	1.02	80	
5ϕ12. GFRP. 30	300	254	两排	1.02	80	
3ϕ10. GFRP. 25	250	220	单排	0.67	150	
5ϕ10. GFRP. 25		206	两排	1.20		
3ϕ10. GFRP. 20	200	170	单排	0.87		
5ϕ10. GFRP. 20		156	两排	1.58		
3ϕ10. GFRP. 15	150	120	单排	1.23		
5ϕ10. GFRP. 15		106	两排	2.46		

注：试件编号规则为，前面的数字表示配筋情况，如3ϕ10表示受拉纵筋根数及直径；gj表示钢筋混凝土梁；GFRP表示GFRP筋混凝土梁；接着后面的数字表示混凝土设计强度等级；在后面的字母表示箍筋或剪跨比的区别。

第二批试件混凝土强度等级为C30，试件宽度为200mm，高度为300mm；跨高比为3，试件长度为1200mm；受拉区主筋分别为钢筋（编号GJ）和GFRP筋（编号XWJ）；为分析GFRP筋混凝土梁适筋率，试件采用多种筋材直径且单层配筋；试件受拉区主筋分别为钢筋和GFRP筋时，其相应构造筋同为钢筋和GFRP筋；钢筋构件箍筋和架立筋直径分别为ϕ8及ϕ12。纤维筋构件箍筋和架立筋均为ϕ12，试验样本见表6-2。试验梁加载示意图如图6-1所示。

表6-2　第二次试验参数表

试件编号	长度 l /mm	截面高度 h/mm	有效高度 h_0/mm	受拉筋布置形式	箍筋间距 /mm	配筋率 /%	剪跨比
xf. 2ϕ18. g. 1200	1200	300	266	单排	100	0.92	1.0
xf. 2ϕ18. w. 1200	1200	300	266	单排	无	0.92	
xf. 3ϕ16. g. 1200	1200	300	268	单排	90	0.83	
xf. 3ϕ16. w. 1200	1200	300	268	单排	无	0.83	
xf. 4ϕ12. g. 1200	1200	300	269	单排	100	0.81	
xf. 4ϕ12. w. 1200	1200	300	269	单排	无	0.81	
gf. 2ϕ18. w. 1200	1200	300	266	单排	无	0.92	
gf. 3ϕ16. w. 1200	1200	300	268	单排	无	0.92	
gf. 4ϕ12. w. 1200	1200	300	269	单排	无	0.81	
xf. 1ϕ12+2ϕ16. g. 1200	1200	300	268	单排	95	0.76	
gf. 2ϕ18. g. 1200	1200	300	266	单排	100	0.96	
gf. 2ϕ12+1ϕ16. g. 1200	1200	300	269	单排	170	0.72	

注：试件编号规则为，如xf. 2ϕ18. g. 1200，xf表示GFRP筋混凝土梁；gf表示钢筋混凝土梁；2ϕ18表示受拉纵筋根数及直径；g表示有箍筋；w表示无箍筋；1200表示梁长（mm）。

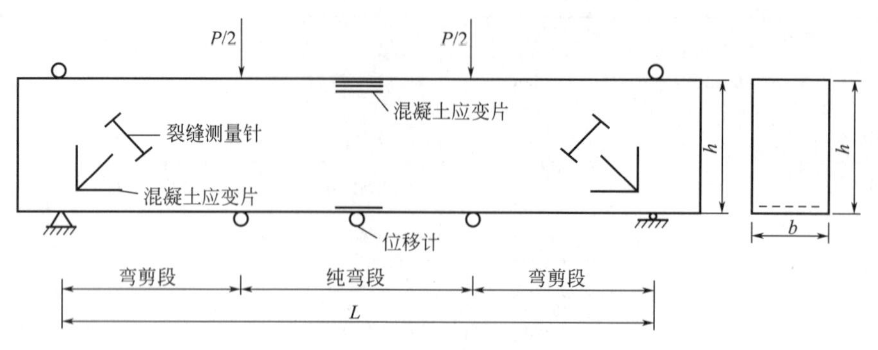

图 6-1 试验梁加载示意图

6.1.2 试验设备和量测内容

荷载设备为5000kN压力试验机，试验装置如图 6-2 所示。测点布置和量测内容如图 6-3～图 6-7 所示，主要量测内容如下。

① 纯弯段混凝土的拉、压应变和主筋应变，弯剪段的斜截面应变，通过贴在上面的电阻应变片完成。

② 在梁两端支座处、两加载点下、跨中处设置 5 个位移计，测试各点的挠度值。

③ 观察裂缝发生和发展情况，测量每级荷载下的裂缝宽度，描绘已有裂缝开展情况，寻找新开展的裂缝。

④ 构件的极限荷载。

图 6-2 试验装置

图 6-3 裂缝及跨中挠度测点布置

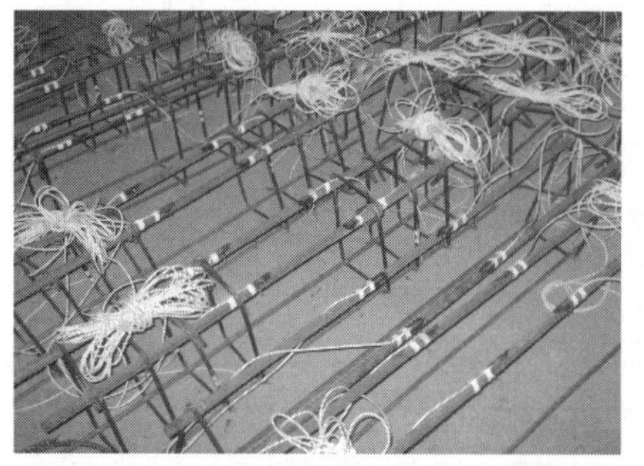

图 6-4 主筋和箍筋应变测点布置

图 6-5 混凝土应变测点布置

图 6-6　斜裂缝位移计布置

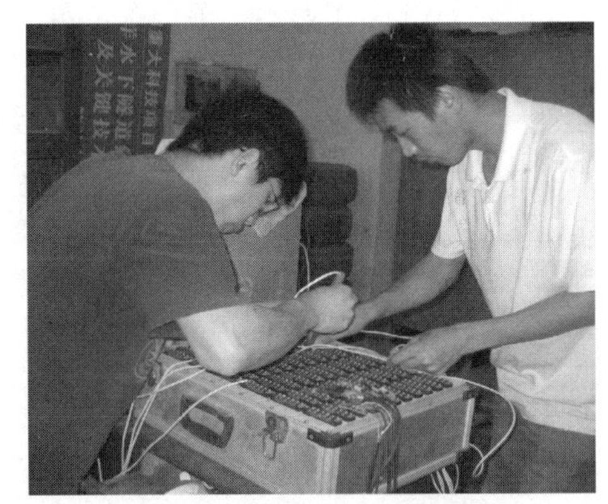

图 6-7　数据自动接收仪

6.2　试验结果

6.2.1　试件破坏形态

根据不同的配筋率和不同的混凝土抗压强度，在不同的荷载水平下，第一条裂缝总是出现在跨中附近的垂直裂缝，这是由弯矩引起的与拉应力方向垂直的正裂缝，即弯曲裂缝。随着荷载的增加，在纯弯段出现更多的弯曲裂缝，同时弯剪段出现越来越宽的斜裂缝，如图 6-8 所示。根据试验梁实际的破坏状况，可分为受拉 GFRP 筋断裂破坏和受压区混凝土边缘压碎破坏。

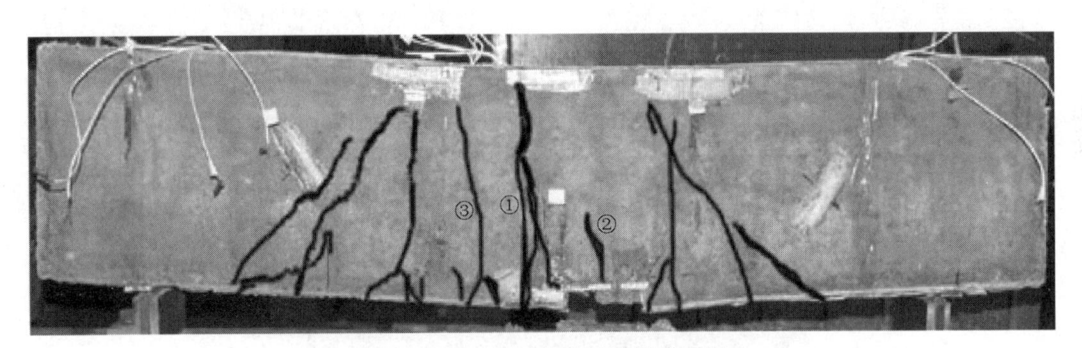

图 6-8　第一批试件主要裂缝发展图

第一批试验中梁高 300mm 和 250mm、主筋为 $\phi10$ 的纤维筋混凝土试件无论是单排（3 根）或是双排（5 根）布置钢筋，其破坏形态均为纤维筋拉断，且双排布置纤维筋其承载力的提高比例小于配筋率提高的比例，表明受拉纤维筋双排布置的效果不比单排布置好，如图 6-9 所示。分析其原因仍然是 $\phi10$ 纤维筋的弹性模量与 C30 混凝土的弹性模量相当，在外侧纤维筋达到极限承载力被拉断后，内排纤维筋也即达到试件的极限承载力。

主筋为 $\phi12$ 的纤维筋混凝土试件在试验的梁高（200～300mm）范围内，无论是单排（3 根）或是双排（5 根）布置钢筋，均为混凝土先压坏，如图 6-10 所示。主要是配筋率影响破坏形态。

第二批试验中 GFRP 梁配筋率采用美国 ACI 规范平衡配筋率的 1.4 倍左右，钢筋梁配筋与相应的 GFRP 筋梁相同，进行对比试验。从试验情况可知，裂缝发展情况与第一批梁情况相同，如图 6-11 所示。第一条裂缝为跨中垂直裂缝，随着荷载增加，纯弯段出现更多微小垂直裂缝，而在加载点下方垂直裂缝发展尤为迅速，梁破坏时其几乎贯穿梁高；由于剪力增加，剪弯段出现斜裂缝，并由梁底支座处朝加载点处发展。因配筋率较平衡配筋率高，试件最终为纯弯段混凝土压碎和斜裂缝扩展而破坏，如图 6-12 和图 6-13 所示。

图 6-9　第一批试验纤维筋首先破坏情况

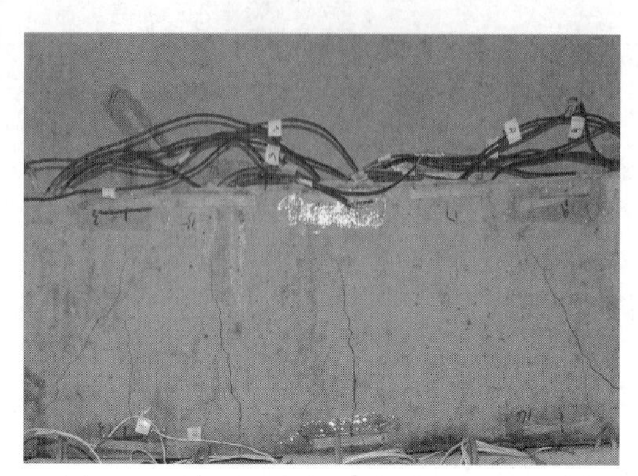

图 6-10　第一批试验混凝土压坏破坏情况

图 6-11　第二批试件主要裂缝发展图

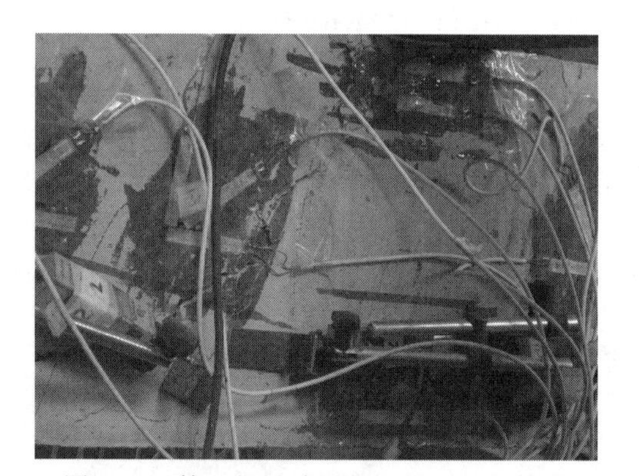

图 6-12　第二批试验混凝土压坏破坏情况

图 6-13　第二批试验受压区混凝土压碎剥落

6.2.2　承载力分析

（1）试件承载力试验结果　各试件的试验结果按破坏形态示于表 6-3 和表 6-4。

表 6-3　第一批试件试验结果汇总表

试件类型	截面高度 h/mm	有效高度 h_0/mm	受拉区主筋布置形式	配筋率/%	混凝土立方体强度 f_{cu}/MPa	开裂弯矩 M_i/kN·m	极限弯矩 M_u/kN·m	破坏形式
3φ10. gj(Ⅱ). 30	300	270	单排	0.55	32.5	9.5	30.8	钢筋屈服
3φ12. gj(Ⅱ). 30		269		0.84	32.5	11.0	36.4	
5φ10. gj(Ⅱ). 30		256	两排	1.02	36.0	12.1	48.6	
3φ10. GFRP. 30a		270	单排	0.55	30.4	8.5	30.8	GFRP筋拉断
3φ10. GFRP. 30b		270		0.55	35.7	9.9	28.3	
3φ10. GFRP. 30c		270		0.55	33.1	9.0	29.6	
3φ10. GFRP. 30d		270		0.55	35.2	9.4	29.6	
3φ10. GFRP. 30e		270		0.55	30.2	7.9	28.9	
3φ10. GFRP. 30f		270		0.55	32.7	8.9	30.5	
3φ10. GFRP. 30g		270		0.55	33.6	9.0	29.2	
5φ10. GFRP. 30a		256	两排	1.02	31.8	11.1	30.9	
5φ10. GFRP. 30b		256		1.02	30.9	7.9	30.6	
5φ10. GFRP. 30c		256		1.02	31.2	8.0	36.1	
5φ10. GFRP. 30d		256		1.02	32.9	8.2	32.5	
5φ10. GFRP. 30e		256		1.02	33.2	8.3	36.7	
3φ10. GFRP. 25	250	220	单排	0.67	30.8	7.0	26.5	
5φ10. GFRP. 25		206	两排	1.20	38.6	6.9	23.2	
3φ12. GFRP. 30a	300	269	单排	0.84	35.2	9.3	40.9	混凝土压坏
3φ12. GFRP. 30b		269		0.84	32.2	8.8	41.9	
3φ12. GFRP. 30c		269		0.84	33.5	10.6	42.0	
5φ12. GFRP. 30		254	两排	1.02	33.2	8.5	43.2	
3φ10. GFRP. 20	200	170	单排	0.87	31.4	5.8	17.7	
5φ10. GFRP. 20		156	两排	1.58	35.7	6.4	16.6	
3φ10. GFRP. 15	150	120	单排	1.23	28.2	3.9	7.0	
5φ10. GFRP. 15		106	两排	2.46	30.9	6.1	10.1	

表 6-4　第二批试件试验结果汇总表

试件类型	截面高度/mm	有效高度 h_0/mm	受拉区主筋布置形式	混凝土立方体强度 f_{cu}/MPa	配筋率/%	开裂弯矩/kN·m	极限弯矩/kN·m
xf. 2φ18. g. 1200	300	266	单排	32.5	0.92	12.01	48.05
xf. 2φ18. w. 1200	300	266	单排	32.5	0.92	12.65	53.7
xf. 3φ16. g. 1200	300	268	单排	29.15	0.83	13.43	59.4
xf. 3φ16. w. 1200	300	268	单排	36.8	0.83	13.15	66.06
xf. 4φ12. g. 1200	300	269	单排	29.15	0.81	16.01	52.44
xf. 4φ12. w. 1200	300	269	单排	29.15	0.81	16.46	66.7

续表

试件类型	截面高度/mm	有效高度 h_0/mm	受拉区主筋布置形式	混凝土立方体强度 f_{cu}/MPa	配筋率/%	开裂弯矩/kN·m	极限弯矩/kN·m
gf. 2ϕ18. w. 1200	300	266	单排	32.5	0.92	18.08	62
gf. 3ϕ16. w. 1200	300	268	单排	36.8	0.83	26.8	70
gf. 4ϕ12. w. 1200	300	269	单排	29.15	0.81	23.76	63.29
xf. 1ϕ12+2ϕ16. g. 1200	300	268	单排	29.15	0.76	10.85	50.12
gf. 2ϕ18. g. 1200	300	266	单排	32.5	0.96	19.11	70
gf. 2ϕ12+1ϕ16. g. 1200	300	269	单排	29.15	0.72	13.95	63.55

（2）试件的承载力分析　两批试件初裂荷载、极限荷载分别列于表6-5和表6-6。从中可知，试件承载力和破坏形态，是由主筋布置形式、配筋率、箍筋间距、剪跨比等多种因素共同决定。

表6-5　第一批试验样本承载力分析

试件编号	主筋布置形式	是否掺钢纤维	配筋率/%	箍筋间距/mm	剪跨比	初裂荷载/kN·m		极限荷载/kN·m		破坏形态
						荷载值	系数①	荷载值	系数①	
3ϕ10. gj(Ⅱ). 30	单排	否	0.58	150	1	9.5	—	30.8	—	钢筋屈服
3ϕ10. GFRP. 30a	单排	否	0.58	150	1.33	8.5	—	30.8	—	纤维筋拉断
3ϕ10. GFRP. 30b	单排	否	0.58	150	0.67	9.9	—	28.3	—	纤维筋拉断
3ϕ10. GFRP. 30c	单排	否	0.58	无	1	9	—	29.6	—	纤维筋拉断
3ϕ10. GFRP. 30d	单排	否	0.58	150	1	9.4	0.99	29.6	0.96	纤维筋拉断
3ϕ10. GFRP. 30e	单排	否	0.58	80	1	7.9	—	28.9	—	纤维筋拉断
3ϕ10. GFRP. 30f	单排	有	0.58	150	1	8.9	—	30.5	—	纤维筋拉断
3ϕ10. GFRP. 30g	单排	有	0.58	无	1	9	—	29.2	—	纤维筋拉断
5ϕ10. gj(Ⅱ). 30	两排	否	1.02	150	1	12.1	—	48.6	—	钢筋屈服
5ϕ10. GFRP. 30a	两排	否	1.02	150	0.67	11.1	—	30.9	—	纤维筋拉断
5ϕ10. GFRP. 30b	两排	否	1.02	150	1	7.9	0.65	30.6	0.63	纤维筋拉断
5ϕ10. GFRP. 30c	两排	否	1.02	80	1	8	—	36.1	—	纤维筋拉断
3ϕ10. GFRP. 25	单排	否	0.67	150	1	7	—	26.5	—	混凝土压坏
3ϕ10. GFRP. 20	单排	否	0.87	150	1	5.8	—	17.7	—	混凝土压坏
3ϕ10. GFRP. 15②	单排	否	1.23	150	1	3.9	—	7	—	混凝土压坏
5ϕ10. GFRP. 15③	单排	否	2.46	150	1	6.1	—	10.1	—	混凝土压坏

①纤维筋梁与同类钢筋梁比较所得系数。

②受拉区与受压区对称单排配筋。

③受拉区与受压区对称双排对称配筋。

表6-6　第二批试验样本承载力分析

试件编号	主筋布置形式	配筋率/%	箍筋间距/mm	剪跨比	开裂荷载/kN·m		极限荷载/kN·m		破坏形态
					荷载值	系数①	荷载值	系数①	
xf. 2ϕ18. g. 1200	单排	0.92	100	1	12.01	0.63	48.05	0.69	混凝土压坏

续表

试件编号	主筋布置形式	配筋率/%	箍筋间距/mm	剪跨比	开裂荷载/kN·m		极限荷载/kN·m		破坏形态
					荷载值	系数①	荷载值	系数①	
gf. 2ϕ18. g. 1200	单排	0.92	100	1	19.11	—	70	—	混凝土压坏
xf. 2ϕ18. w. 1200	单排	0.92	无	1	12.65	0.70	53.7	0.87	混凝土压坏
gf. 2ϕ18. w. 1200	单排	0.92	无	1	18.08	—	62	—	混凝土压坏
xf. 3ϕ16. w. 1200	单排	0.83	无	1	13.15	0.53	66.06	0.92	混凝土压坏
gf. 3ϕ16. w. 1200	单排	0.83	无	1	26.8	—	70	—	混凝土压坏
xf. 4ϕ12. w. 1200	单排	0.81	无	1	16.46	0.61	66.7	1.02	混凝土压坏
gf. 4ϕ12. w. 1200	单排	0.81	无	1	23.76	—	63.29	—	混凝土压坏
xf. 1ϕ12+2ϕ14. g. 1200	单排	0.76	95	1	10.85	0.78	50.12	0.79	混凝土压坏
gf. 2ϕ12+1ϕ14. g. 1200	单排	0.72	170	1	13.95	—	63.55	—	混凝土压坏
xf. 3ϕ16. g. 1200	单排	0.83	90	1	13.43	—	59.4	—	混凝土压坏
xf. 4ϕ12. g. 1200	单排	0.81	100	1	16.01	—	52.44	—	混凝土压坏

①纤维筋梁与同类钢筋梁比较所得系数。

第一批试件，主筋3ϕ10配筋率$\rho=0.58<1.4\rho_{fb}$，试件破坏形态均为纤维筋拉断，而混凝土未达到抗压强度。此时改变剪跨比，对初裂、极限荷载影响不大；剪跨比λ从0.67变为1，初裂荷载减小6.0%，极限荷载增加8.8%；同类纤维筋及钢筋梁，初裂荷载和极限荷载系数均接近1，可见两类梁承载力接近；主筋为5ϕ10的两排GFRP梁，初裂荷载和极限荷载分别是同类钢筋梁承载力的65%及63%，可见两排布置GFRP筋并不能像钢筋梁那样，使受力筋材得到充分的发挥；主要因为GFRP筋没有延性，当第一排GFRP筋断裂后，丧失承载力，由于"惯性"使得第二层GFRP筋内力骤然增加，达到抗拉强度而随之断裂。但两排布置的钢筋梁，在承载过程中能较为及时地将"内力"进行转移，使得两层钢筋均能有效地"分担"外载，从而具有较高的承载力。

第二批试件，配筋率较高，样本破坏形态均为混凝土压碎破坏。根据图6-14和表6-6可知，无箍筋GFRP筋梁与同类钢筋梁的承载力初裂荷载系数均小于承载力极限系数。可见，GFRP筋梁的初裂承载力小于同类钢筋梁的初裂承载力，约为其60%。但极限承载力系数却接近于1，因为第二批试验均为混凝土压碎破坏，而受拉区筋材未断裂，所以同类GFRP筋梁和钢筋梁承载力非常接近。

综合分析两次试验结果（3ϕ10g为第一批试验样本），发现有箍筋GFRP筋梁与同类钢

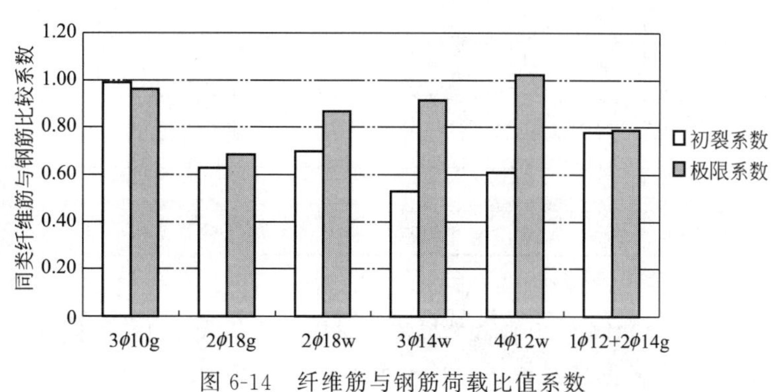

图6-14 纤维筋与钢筋荷载比值系数

3ϕ10g中g表示有箍筋；2ϕ10w中w表示无箍筋

筋梁的承载力初裂系数和承载力极限系数相等。

6.2.3 跨中挠度

第一批试验梁的跨中挠度如图 6-15 所示，在弯曲裂缝出现以前，所有梁的测点挠度都随荷载线性增加；在裂缝出现后，弯曲刚度有了明显的变化，测点挠度迅速增加。对于梁高都是 300mm 的梁还具有如下特征。

① 在相同的荷载、梁高、配筋率和混凝土强度的条件下，GFRP 筋混凝土梁的挠度要大于钢筋混凝土梁的挠度，说明钢筋混凝土梁的刚度明显大于 GFRP 筋混凝土梁的刚度；钢筋在屈服后具有明显的塑性变形，而 GFRP 筋为脆性材料，当 GFRP 筋断裂，整个梁就破坏，GFRP 筋混凝土梁不具有钢筋混凝土梁所具有的塑性变形能力。

② 在相同配筋率情况下，对于 GFRP 筋，随着配筋率的增加，在梁开裂以前对梁的刚度增加不明显，但开裂后的梁的挠度明显减小；受拉区双排布置的 GFRP 筋相对于同直径只有一排布置的 GFRP 筋的梁其刚度增加不明显。因此 GFRP 筋不能像钢筋一样在受拉区可以直接布置，其受力机理需要进一步的研究。

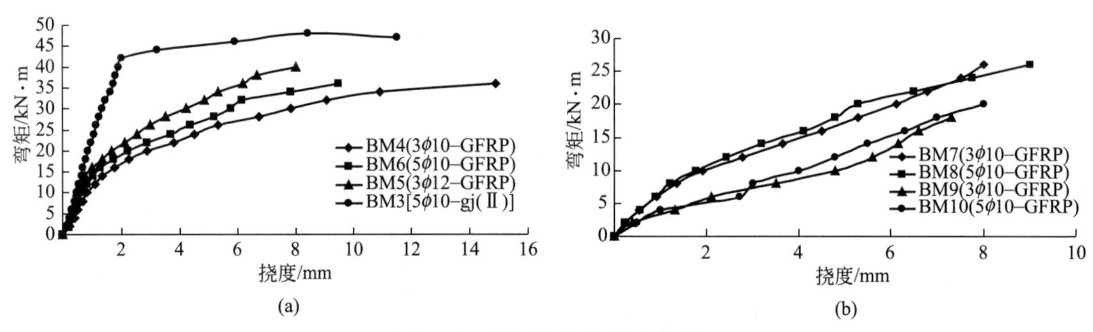

图 6-15 梁的荷载和挠度曲线

表 6-7 第二次试验样本挠度分析

试件编号	配筋率/%	箍筋间距/mm	剪跨比	开裂挠度/mm		破坏时挠度/mm		破坏形态
				挠度值	系数①	挠度值	系数①	
xf. 2ϕ18. g. 1200	0.92	100	1	0.89	1.33	3.92	1.07	混凝土压坏
gf. 2ϕ18. g. 1200	0.92	100	1	0.66	—	3.66	—	混凝土压坏
xf. 2ϕ18. w. 1200	0.92	无	1	0.92	1.06	6.64	1.52	混凝土压坏
gf. 2ϕ18. w. 1200	0.92	无	1	0.86	—	6.37	—	混凝土压坏
xf. 3ϕ16. w. 1200	0.83	无	1	1.17	1.65	7.95	2.39	混凝土压坏
gf. 3ϕ16. w. 1200	0.83	无	1	0.71	—	3.32	—	混凝土压坏
xf. 4ϕ12. w. 1200	0.81	无	1	1.58	1.24	6.4	1.41	混凝土压坏
gf. 4ϕ12. w. 1200	0.81	无	1	1.26	—	6.53	—	混凝土压坏
xf. 1ϕ12+2ϕ14. g. 1200	0.76	95	1	1.06	1.13	7.42	1.33	混凝土压坏
gf. 2ϕ12+1ϕ14. g. 1200	0.72	170	1	0.93	—	5.56	—	混凝土压坏

①纤维筋梁与同类钢筋梁比较所得系数。

从表 6-7 和图 6-16 得知同类纤维筋梁与钢筋梁挠度比均大于 1，即同配筋率纤维筋梁挠度大于钢筋梁挠度。GFRP 筋弹性模量远低于钢筋弹性模量，试件从开始加载到最终破坏的“时间历程”大于试件到初裂缝的“时间历程”，有更多的“时间”让 GFRP 筋产生较大拉伸的变形，同时本次试验所测的破坏挠度为试件刚达到破坏时的挠度，钢筋梁试件并未充分发挥塑性铰的能力，因而破坏挠度系数均大于初裂挠度系数。

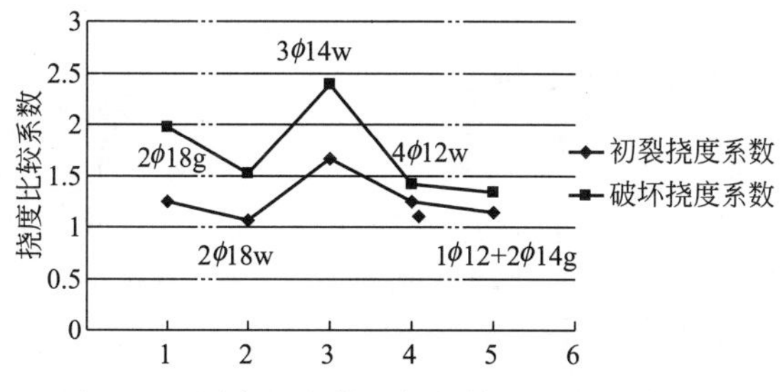

图 6-16 同类纤维筋梁与钢筋梁挠度比值系数

1～6 表示试件编号

第二批试验得出 GFRP 筋与钢筋混凝土梁荷载-挠度曲线，如图 6-17 和图 6-18 两图所示，从图中可知，因为钢筋弹性模量远大于 GFRP 筋弹性模量，钢筋抗拉强度与 GFRP 筋抗拉强度相当，所以在相同配筋率、几何尺寸、混凝土强度条件下，钢筋混凝土梁挠度最大值比 GFRP 筋混凝土梁挠度最大值小，且在同一荷载水平下，钢筋梁挠度也均比 GFRP 筋梁挠度小。由于试验样本均为超筋梁，最终破坏形式均为混凝土压坏，因此可知，同配筋率钢筋梁与 GFRP 筋梁破坏承载力较为接近。

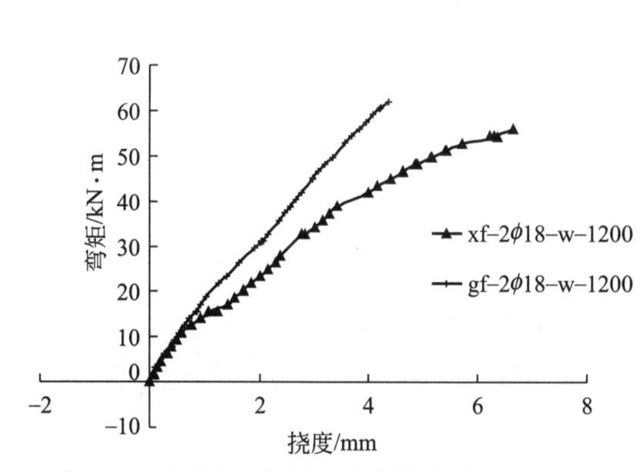

图 6-17 相同配筋率梁的荷载-挠度曲线（一）

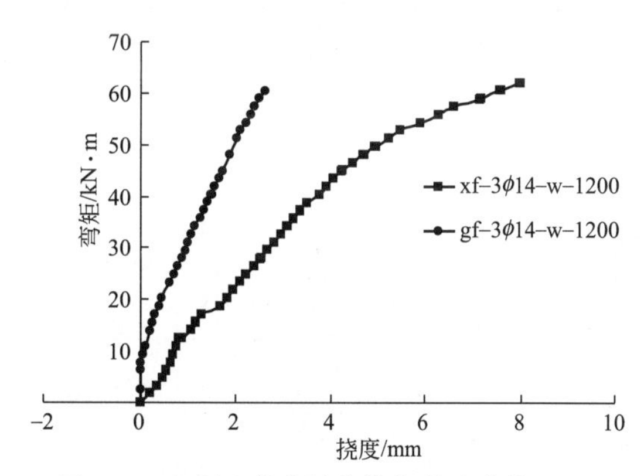

图 6-18 相同配筋率梁的荷载-挠度曲线（二）

从纤维筋荷载-挠度曲线（图 6-19 和图 6-20）可以看出，无论试件是否配置箍筋，当主筋配筋率大于平衡配筋率且相差不大（0.08～0.28）时，试件荷载-挠度曲线相差不大。

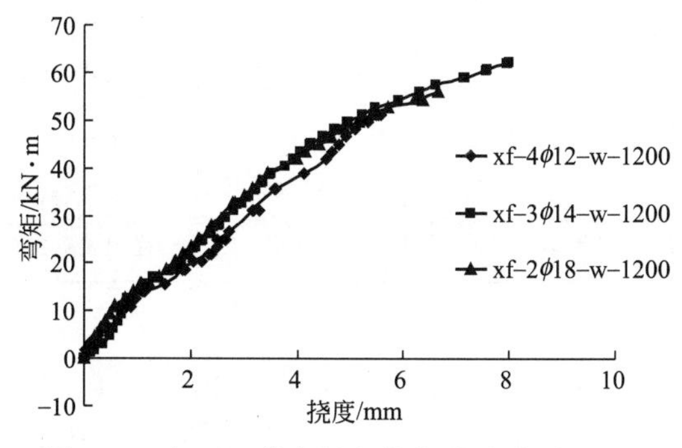

图 6-19 相近配筋率梁的荷载-挠度曲线（一）

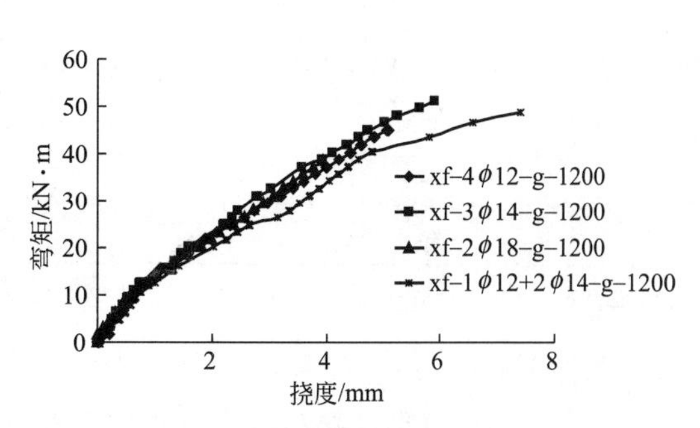

图 6-20 相近配筋率梁的荷载-挠度曲线（二）

6.3 正截面受弯承载力的影响因素

6.3.1 主筋类型对承载力的影响

如表 6-8 所示，第一批试验在相同配筋率和混凝土强度条件下，无论是钢筋还是纤维筋混凝土构件，初裂强度大致相同，表明在初裂前可以近似看作弹性体。主筋为 3ϕ10 的试件极限承载力比相同配筋率的钢筋混凝土试件降低 4%；主筋为 3ϕ12 的试件极限承载力比相同配筋率的钢筋混凝土试件提高 20%。

表 6-8 不同主筋类型承载力对照表（含第二次试验结果）

主筋类型	配筋率/%	剪跨比	箍筋间距/mm	是否含钢纤维	开裂弯矩/kN·m	极限承载力/kN·m	对比结果
钢筋 3ϕ10	0.55	1.0	150.0	无	9.52	30.75	1.00
GFRP 筋 3ϕ10	0.55	1.0	150.0	无	9.40	29.61	开裂:0.99 极限:0.96
钢筋 3ϕ12	0.80	1.0	150.0	无	11.00	36.38	1.00
GFRP 筋 3ϕ12	0.80	1.0	150.0	无	11.30	40.90	开裂:1.03 极限:1.19
gf. 2ϕ18. g. 1200	0.92	1.0	100.0	无	19.11	70	1.00
xf. 2ϕ18. g. 1200	0.92	1.0	100.0	无	12.01	52.7	开裂:0.63 极限:0.75
gf. 2ϕ12+1ϕ16. g. 1200	0.72	1.0	170	无	13.95	63.55	1.00
xf. 1ϕ12+2ϕ16. g. 1200	0.76	1.0	95	无	10.85	50.12	开裂:0.77 极限:0.78
gf. 3ϕ16. w. 1200	0.83	1.0	无	无	26.8	70	1.00
xf. 3ϕ16. w. 1200	0.83	1.0	无	无	13.15	66.06	开裂:0.53 极限:0.91
gf. 2ϕ18. w. 1200	0.92	1.0	无	无	18.08	62	1.00
xf. 2ϕ18. w. 1200	0.92	1.0	无	无	12.65	53.7	开裂:0.69 极限:0.87
gf. 4ϕ12. w. 1200	0.81	1.0	无	无	23.76	63.29	1.00
xf. 4ϕ12. w. 1200	0.81	1.0	无	无	16.46	66.7	开裂:0.61 极限:1.02

注：表中试件的剪跨比均为 1.0，均没有掺入钢纤维。

同样从表 6-8 中可看出，第二批试验样本 GFRP 筋梁配筋率为 1.4 倍平衡配筋率（$1.4\rho_{bf}$），试件最终破坏均为混凝土压碎破坏。由试验结果也可看出，所有试件的初裂和极限承载力均与梁的配筋率有关，而且随着配筋率的增大而增大。主筋为 3ϕ14（$\rho=0.83\%$）

的试件极限承载力比主筋为 1ϕ12＋2ϕ14（ρ＝0.76％）的试件极限承载力提高 18％。在均为超筋且主筋配筋率相差不大的情况下，从图 6-21 可知，GFRP 试件的初裂承载力还和主筋与混凝土的黏结面积有关，黏结面积越大，开裂荷载越大。主筋为 4ϕ12（ρ＝0.81％）的试件初裂承载力比主筋为 3ϕ14（ρ＝0.83％）的试件提高 10％，而对于钢筋试件则没有这种规律。可见，GFRP 筋梁的初裂承载力与黏结面积具有一定相关性。另外，由图 6-22 得知，黏结面积对 GFRP 筋和钢筋试件的极限承载力影响较小。

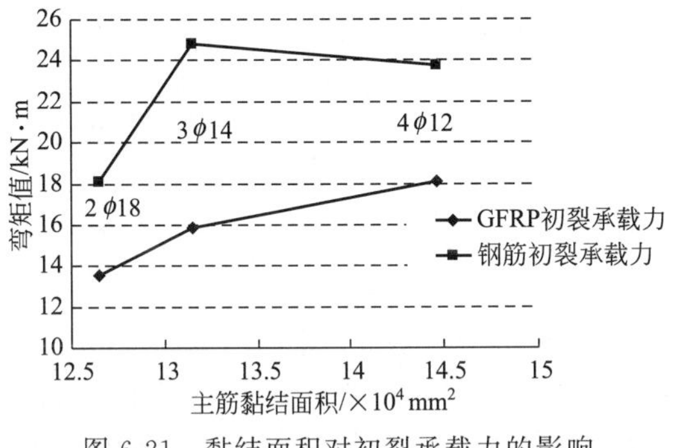

图 6-21　黏结面积对初裂承载力的影响

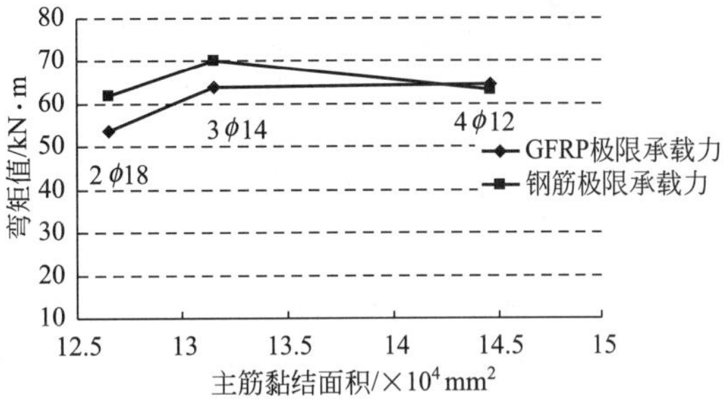

图 6-22　黏结面积对极限承载力的影响

（1）开裂承载力的分析　第一批试验对于相同配筋率的钢筋和 GFRP 筋混凝土梁，在截面尺寸、混凝土强度、试验条件等相同的条件下，其初裂承载力如图 6-23 所示。试验表明，钢筋和 GFRP 筋混凝土的初裂承载力相差不大，但随着配筋率的增加，钢筋混凝土的初裂承载力提高幅度相对较大，而 GFRP 筋混凝土的初裂承载力提高相对较小。在开裂前，不管是钢筋还是 GFRP 筋混凝土都可近似看作是弹性体，只是把主筋面积换算成混凝土面积，即等效截面换算，由于钢筋的弹性模量远大于混凝土的弹性模量，而且 GFRP 筋的弹性模量与混凝土的弹性模量相差不大，因此，钢筋混凝土梁的初裂承载力随配筋率的增大而明显提高，而 GFRP 筋混凝土梁的初裂承载力随配筋率的增大而提高幅度较小。

从表 6-8 和图 6-24 中的第二批试验结果可得出，在相同配筋率条件下，GFRP 筋试件与钢筋试件的初裂荷载比值为 0.53～0.69，与第一批试验有较大不同（第一批试验结果为 1 左右）。分析原因，第一批试件的配筋率较低，未达到平衡配筋率，开裂荷载由混凝土抗拉强度起主要作用。第二批试验配筋率较高，开裂荷载及裂缝宽度由受拉主筋和混凝土的弹性模量共同控制。

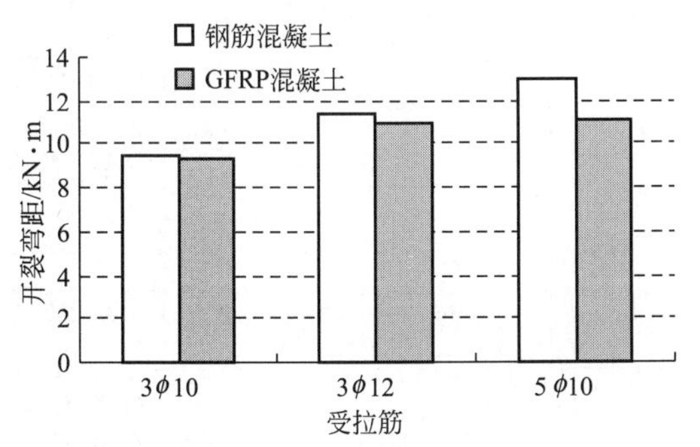

图 6-23　相同配筋钢筋和 GFRP 筋梁混凝土梁开裂弯矩

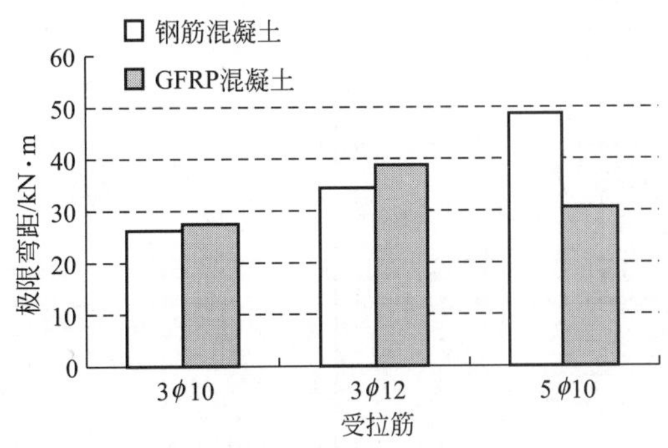

图 6-24　相同配筋钢筋和 GFRP 筋混凝土梁极限弯矩

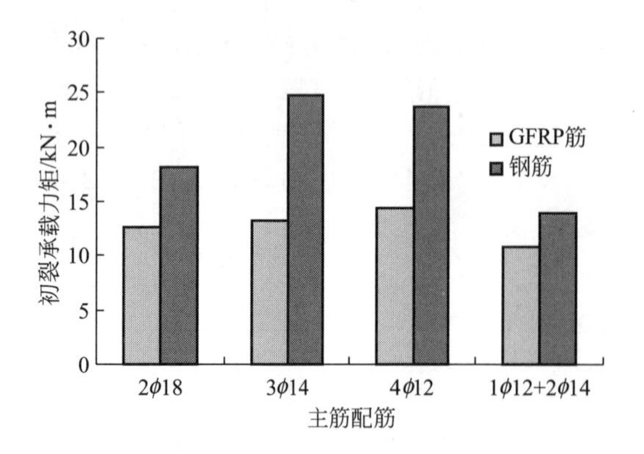

图 6-25　主筋类型对开裂承载力的影响

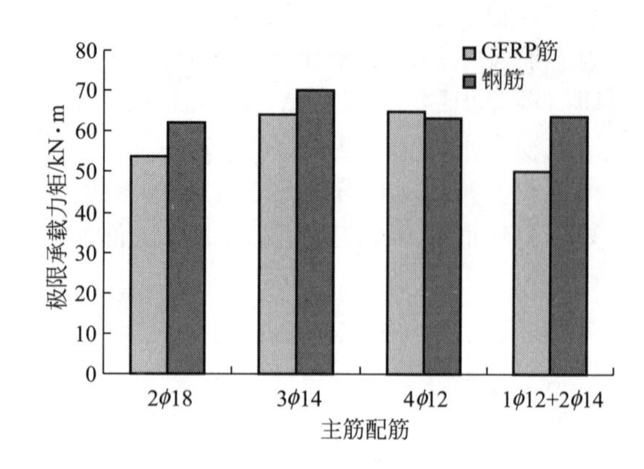

图 6-26　主筋类型对极限承载力的影响

（2）极限承载力的分析　对于第一批试件，在截面尺寸、配筋率、混凝土强度、试验条件等相同的条件下，其极限承载力矩如图 6-25 所示。试验表明，单排布置的 GFRP 筋混凝土梁的正截面承载力要大于钢筋混凝土梁，这与 GFRP 筋的极限抗拉强度远大于钢筋的抗拉强度有关。但是同样是双排布置的主筋，钢筋混凝土梁的承载力反而比 GFRP 筋的承载力高，这与主筋的布置形式和试件的破坏形态有关。

对于第二批试件，在截面尺寸、配筋率、混凝土强度、试验条件等相同的条件下，其极限承载力矩如图 6-26 所示。GFRP 筋试件与钢筋试件的极限荷载比值为 0.75～1.02，可见，两者承载力基本接近，主要是因为配筋率较高，试件破坏时由受压区混凝土抗压强度控制试件的极限承载力，筋材未达到极限强度，因此，对试件的极限承载力的影响不显著。

6.3.2　配筋率对承载力的影响

对于第一批试件，在单排布置 GFRP 筋的情况下，由于不同配筋率的试件，随着配筋率的增大，极限承载力也随着提高，见表 6-9。极限承载力的增加比例大体与配筋率增加的比例相当，但初裂承载力增加的比例小于配筋率增加的比例。

表 6-9　第一批试件配筋率对承载力的影响

主筋类型	配筋率/%	剪跨比	箍筋间距/mm	是否含钢纤维	初裂弯矩/kN·m	极限承载力/kN·m	与基数的对比结果
GFRP 筋 3ϕ10	0.55	1.0	构造	否	9.40	29.61	1.00(基数)
GFRP 筋 3ϕ12	0.80	1.0	构造	否	11.30	40.90	开裂:1.20 极限:1.38
GFRP 筋 3ϕ10	0.55	1.0	构造	是	8.95	30.52	1.00(基数)
GFRP 筋 3ϕ12	0.80	1.0	构造	是	10.63	41.97	开裂:1.19 极限:1.38

注：表中的试件的剪跨比均为 1.0。

表 6-10 第二批试件配筋率对承载力的影响

试件编号	主筋类型	配筋率/%	剪跨比	箍筋间距/mm	是否含钢纤维	初裂弯矩/kN·m	极限弯矩/kN·m	与基数的对比结果
xf. 1ϕ12+2ϕ14. g. 1200	GFRP 筋 1ϕ12+2ϕ14	0.76	1	95	否	10.85	50.12	1.00(基数)
xf. 3ϕ16. g. 1200	GFRP 筋 3ϕ14	0.83	1	90	否	13.43	59.4	开裂:1.23 极限:1.19
xf. 4ϕ12. w. 1200	GFRP 筋 4ϕ12	0.81	1	无	否	16.46	66.7	1.00(基数)
Xf. 2ϕ18. w. 1200	GFRP 筋 2ϕ18	0.92	1	无	否	12.65	53.7	开裂:0.88 极限:0.83

对于第二批试件，是按照美国 ACI 规范规定的平衡配筋率的 1.4 倍进行配筋设计的。根据规范可知，对于 C30 混凝土，受拉区主筋直径为 25mm$>\phi\geqslant$16mm，$1.4\rho_{fb}=0.96$；$\phi\leqslant$16mm，$1.4\rho_{fb}=0.77$。从表 6-10 中可以看出，纤维筋 1ϕ12+2ϕ14、纤维筋 3ϕ14 配筋率均大于 $1.4\rho_{fb}$，试件承载力因配筋率的增加略有增大。当 GFRP 筋为 4ϕ12（$\rho=0.81>1.4\rho_{fb}$）、纤维筋为 2ϕ18（$\rho=0.92<1.4\rho_{fb}$），虽然配筋率增加，但承载力却减小。由此进一步验证了 GFRP 筋混凝土梁的平衡配筋率并不能仅仅由某一个具体的常数值限定，而是随着受拉区主筋直径的不同而改变。也证实了平衡配筋率和受拉主筋与混凝土的黏结面积具有一定的相关性。

6.3.3 GFRP 筋布置形式对承载力的影响

双排 GFRP 筋的布置净距与同直径钢筋的净距相同，对于相同的混凝土截面，单排和双排 GFRP 筋混凝土梁的极限承载力比较如图 6-27 及图 6-28 所示。试验表明，尽管双排布置的配筋率要大，但是它们的极限承载力相差不大。底部 GFRP 筋的黏结力由于端部筋效应而削弱，因此两排 GFRP 筋的净距须比钢筋的大才能发挥其共同受力的作用；同时由于 GFRP 筋具有脆性破坏特征，在距离中性轴不同的位置处不可能同时达到屈服。

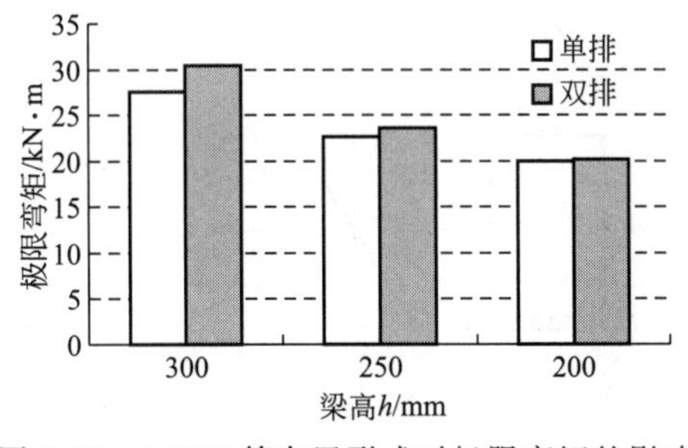

图 6-27 GFRP 筋布置形式对极限弯矩的影响

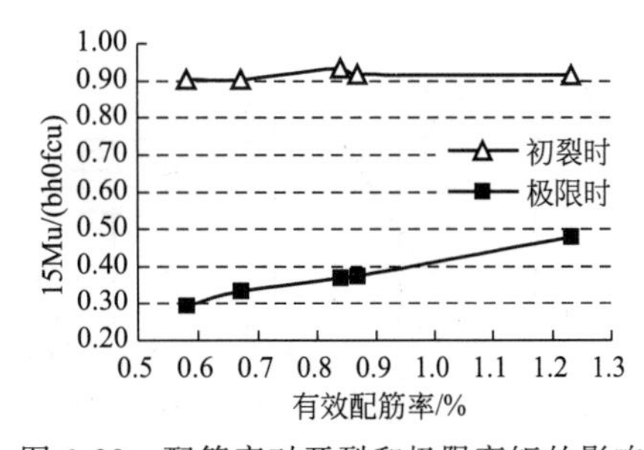

图 6-28 配筋率对开裂和极限弯矩的影响

6.3.4 受压区 GFRP 筋对承载力的影响

通过 6ϕ10 的单排对称配筋与 10ϕ10 的双排对称配筋混凝土梁承载力的比较（表 6-10）可以看出，受压区 GFRP 筋的影响可以忽略不计，这是因为 GFRP 筋的抗压强度远远低于其抗拉强度，而且有很大的离散性。

6.4 正截面受弯承载力的计算方法

6.4.1 计算假定

确定 GFRP 筋混凝土梁正截面受弯承载力的计算模式可以借鉴现行混凝土结构设计规范的计算模式，按可靠度理论进行计算，但是要特殊考虑 GFRP 筋的特点。

为此，根据试验数据，按各试件不同的破坏形态确定截面应变分布，利用混凝土结构承载力计算公式，考虑 GFRP 筋的线弹性应力-应变关系和较低弹性模量的特点，修正式中的相关系数，建立 GFRP 筋混凝土梁正截面受弯承载力的计算公式。

基本假定如下：

① 平截面假定；

② 混凝土最大压应变为 0.0033；

③ 不考虑混凝土的抗拉强度；

④ 从开始受力直到破坏，GFRP 筋的受拉应力-应变关系呈线弹性性质；

⑤ 混凝土和 GFRP 筋存在良好的黏结性能。

6.4.2 不同破坏模式截面应变分布

根据试验梁的破坏形态，可分为受压区边缘混凝土压碎（简称受压破坏）、GFRP 筋拉断（简称受拉破坏）以及受压区边缘混凝土压碎的同时 GFRP 筋拉断（简称平衡破坏）。破坏时的应力和应变分布如图 6-29～图 6-31 所示。

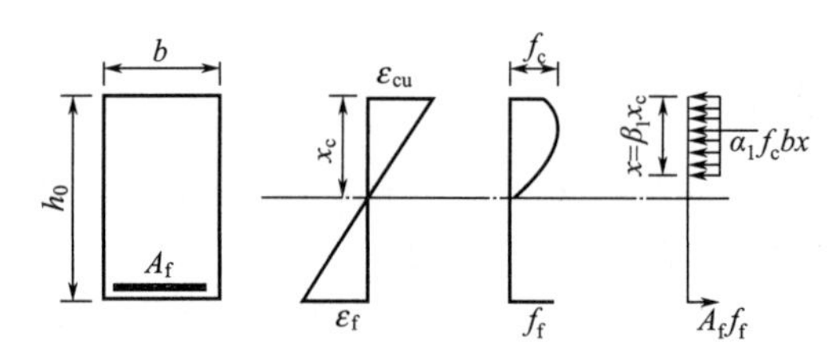

图 6-29 受压破坏时的应力-应变图

无论受拉破坏还是受压破坏，均是脆性破坏，相对来讲，GFRP 筋变形增大所引起的混凝土受压破坏，与适筋混凝土梁的破坏基本类似，具有一定的预兆性。另外，对裂缝宽度和挠度的控制也要求在受拉区多配 GFRP 筋，因此，应该把 GFRP 筋混凝土梁设计为超筋梁（相对适筋配筋率而言）。

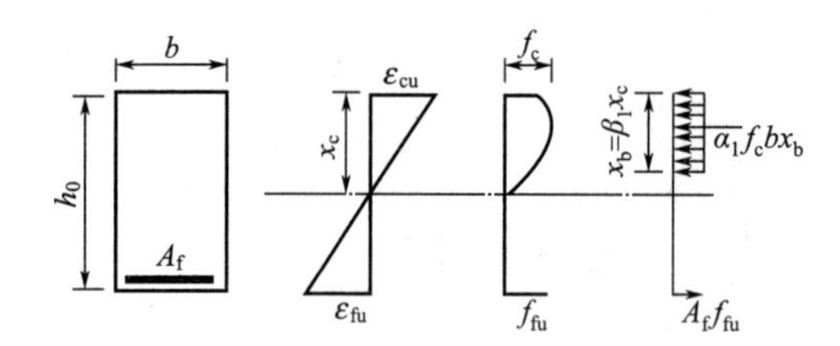

图 6-30 平衡破坏时的应力-应变图

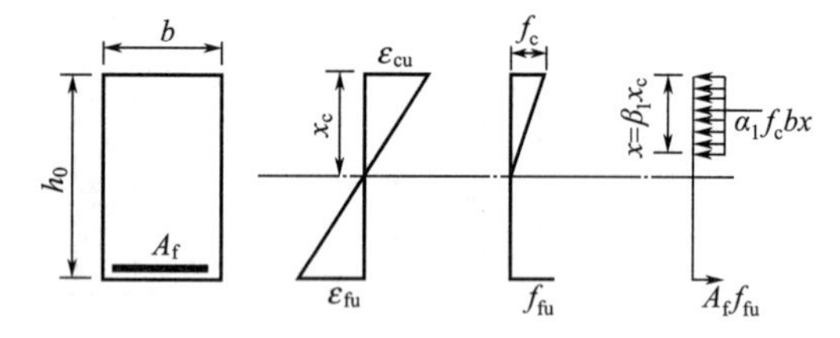

图 6-31 受拉破坏时的应力-应变图

6.4.3 正截面承载力计算理论

（1）截面应变状态符合平截面假定 我国混凝土结构设计规范中规定，从钢筋混凝土梁受力直至破坏，正截面的平均应变基本符合平截面假定。在第二批试验中，根据量测数据，也对 GFRP 筋混凝土平截面假定进行了验证。从图 6-32 和图 6-33 可以看出，GFRP 筋混凝土梁截面的平截面关系符合较好，且配筋率相同时，GFRP 筋混凝土梁和轴的位置与钢筋混凝土梁相比更靠近梁顶部，这与 GFRP 筋弹性模量较低有关。

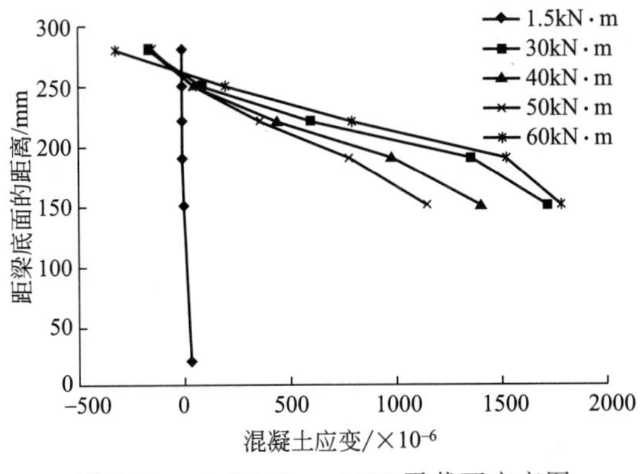

图 6-32　xf. 3ϕ16. w. 1200 平截面应变图

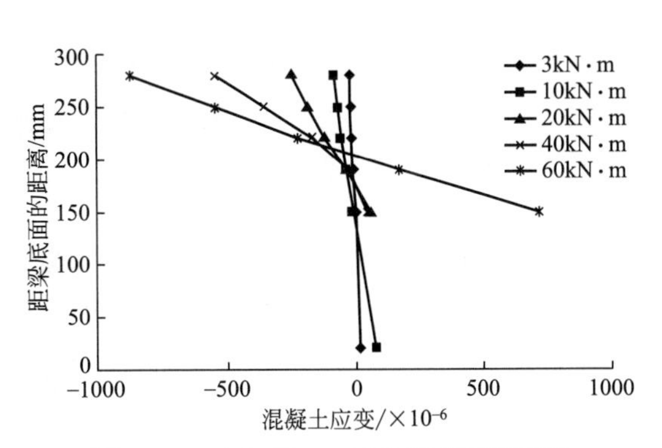

图 6-33　gf. 2ϕ18. w. 1200 平截面应变图

(2) 受压区应力图形简化　为了简化计算，借鉴现行混凝土结构设计规范，把 GFRP 筋混凝土梁的受压区的应力图形简化成等效的矩形应力图形，如图 6-34 所示。

两个图形的等效条件是：

① 混凝土压应力的合力 C 大小相等；

② 两图形中受压区合力 C 的作用点不变。

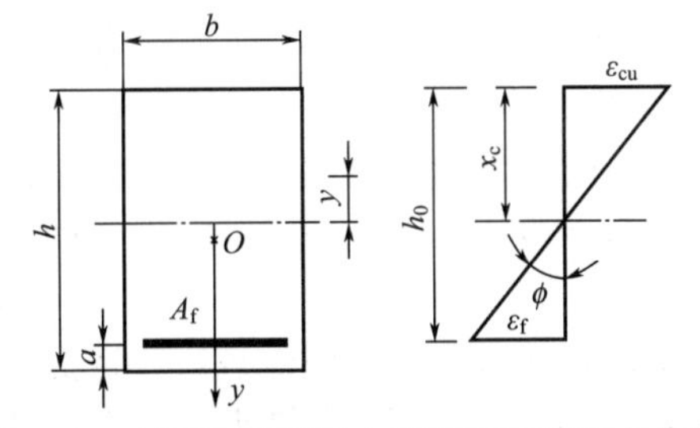

图 6-34　GFRP 筋混凝土截面应变和应力分布

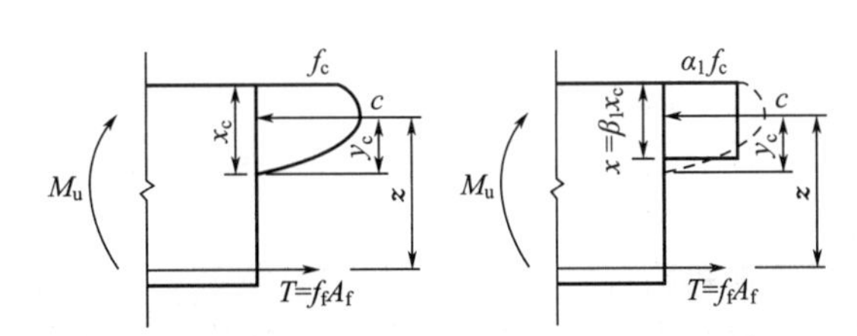

图 6-35　等效矩形应力图

GFRP 筋混凝土梁达到极限状态时，截面受压区混凝土压应力的分布为曲线形，按基本公式计算时需用积分法求受压区混凝土的合力 C 及其作用位置。

受压区混凝土的总压力 C，即为压应力图形的面积为

$$C=\int_0^{x_c}\sigma_c yb\,\mathrm{d}y=\int_0^{x_c}\sigma_c\frac{\varepsilon_{cu}y}{x_c}b\,\mathrm{d}y \tag{6-1}$$

合力作用点到梁顶的距离为

$$\frac{\displaystyle\int_0^{x_c}\sigma_c\frac{\varepsilon_{cu}y}{x_c}b(x_c-y)\mathrm{d}y}{C} \tag{6-2}$$

当两个图形的面积相等且形心重合时，则压力合力值和作用位置相同，两者完全等效。设等效压应力图的受压区高度为 $\beta_1 x_c$、压应力为 $\alpha_1 f_c$（图 6-35）。

根据等效条件可得出以下结论。

① 矩形中心至顶面距离为 $\beta_1 x_c/2$，与式(6-2) 相等，得：

$$\beta_1=\frac{2\displaystyle\int_0^{x_c}\sigma_c\frac{\varepsilon_{cu}y}{x_c}b(x_c-y)\mathrm{d}y}{Cx_c} \tag{6-3}$$

② 面积相等。

$$C=\beta_1 x_c b\alpha_1 f_c$$

得出
$$\alpha_1=\frac{C}{\beta_1 x_c b f_c} \tag{6-4}$$

式中　α_1，β_1——等效应力图形换算特征参数。

(3) 混凝土单轴受压应力-应变曲线方程　根据我国混凝土结构设计规范，混凝土单轴受压的应力-应变曲线方程如下。

当 $x\leqslant 1$ 时

$$y=a_a x+(3-2a_a)x^2+(a_a-2)x^3 \tag{6-5}$$

当 $x>1$ 时

$$y=\frac{x}{a_d(x-1)^2+x} \tag{6-6}$$

$$x=\frac{\varepsilon}{\varepsilon_c} \tag{6-7}$$

$$y=\frac{\sigma}{f_c^*} \tag{6-8}$$

式中　α_a，α_d——单轴受压应力-应变曲线上升段、下降段的参数值，按混凝土结构设计规范（GB 50010.200）表 C.2.1 中采用；

f_c^*——混凝土的单轴抗压强度；

ε_c——与 f_c^* 相应的混凝土峰值压应变，按混凝结构设计规范的规定采用。

(4) 确定受压区图形参数　根据 GFRP 筋试验梁纯弯段所测的混凝土应变值，结合混凝土单轴受压应力-应变曲线方程，求出相应的混凝土应力值，得出截面混凝土压应力分布，对受压区混凝土压应力图形进行二次曲线拟合，如图 6-36 所示，并积分求出合力 C 的大小及其位置，见表 6-11。

根据我国现行混凝土结构设计规范，在采用数值模拟软件对受压区图形进行二次曲线拟合时，混凝土单轴应力-应变关系可按混凝土结构设计规范中的相关规定进行计算，其中 $\varepsilon_c=1470\times10^{-6}\varepsilon$，$\alpha_a=2.15$，$\alpha_d=0.74$；$\varepsilon_c$ 为混凝土峰值压应变；α_a、α_d 为混凝土单轴受压应力-应变曲线（图 6-37）上升段、下降段参数值。

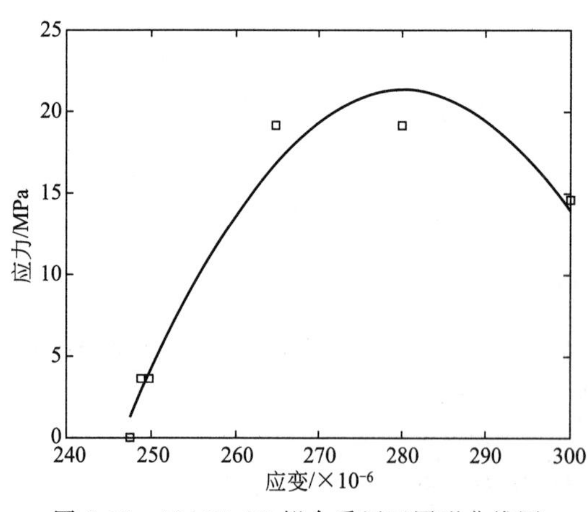

图 6-36　MATLAB 拟合受压区图形曲线图

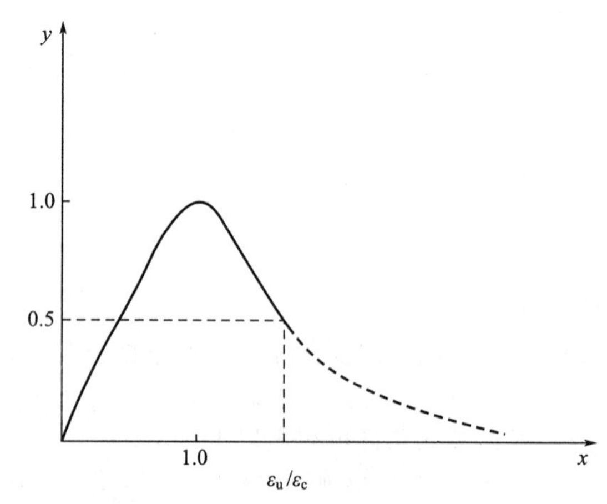

图 6-37　单轴受压的应力-应变曲线

① 拟合结果　可求出 GFRP 筋混凝土梁 α_1、β_1 的均值：$\alpha_1=0.9191$，$\beta_1=0.8526$。而

我国混凝土结构设计规范中：$\alpha_1=0.969$，$\beta_1=0.824$，可见 GFRP 筋混凝土梁与其略有不同。

表 6-11　受压区图形参数 α_1、β_1 计算表

项　目	受压区图形参数		
测点位置距梁底的距离/mm	x_c/mm	β_1	α_1
xf. 4ϕ12. w. 1200(1)	55.7	0.7946	0.9602
xf. 4ϕ12. w. 1200(2)	75.7	0.81	0.956
xf. 4ϕ12. w. 1200(3)	50.77	0.8022	0.9867
xf. 3ϕ16. w. 1200(2)	51.5	0.8764	0.8999
xf. 3ϕ16. g. 1200(3)	52.4	0.8688	0.9451
xf. 2ϕ18. w. 1200(1)	66.09	0.9511	0.7997
xf. 2ϕ18. w. 1200(2)	77.5	0.80996	0.95416
xf. 2ϕ18. g. 1200(2)	59.3	0.8528	0.9801
xf. 4ϕ18. g120. 1200(1)	67.76	0.9337	0.8399
xf. 4ϕ18. g150. 1200(1)	116.6	0.8698	0.9137

注："xf. 4ϕ18. g120. 1200（1）"中的数字"（1）"表示试件序号。

② 确定 α_1 和 β_1　根据上述分析结果，为便于计算，取等效矩形压应力图形参数 $\alpha_1=0.9191$、$\beta_1=0.8526$，将该数值应用于图 6-35 中进行 GFRP 筋混凝土梁的正截面承载力计算，并与试验值进行比较，结果见表 6-12。

表 6-12　GFRP 筋混凝土梁正截面承载力计算值和试验值对比

梁				混凝土			受弯承载力	
梁参数	样本号	x_c值/mm	M 试验值/kN·m	σ_{max}/MPa	f_c/MPa	E_c/GPa	$M_{u计}$/kN·m	$M_{u试}/M_{u计}$
xf. 4ϕ12. w. 1200	1	40	43.4	27.1	30.622	33.5	48.56	0.89
	2	60	72.9	30.6			70.38	1.04
	3	45	55.9	27.0			56.16	1.03
xf. 4ϕ12. g. 1200	1	50	48.2	12.5	19.49	30	37.98	1.27
	2	65	45.1	9.2			48.10	0.94
	3	70	52.8	19.5			51.35	1.03
xf. 3ϕ16. w. 1200	1	55	66.7	30.6	30.622	33.5	65.08	1.02
	2	50	62.1	40.2			59.67	1.04
	3	50	62.1	26.4			59.67	1.04
xf. 3ϕ16. g. 1200	1	70	59.0	11.0	19.49	30	51.35	1.15
	2	75	60.5	5.8			56.53	1.11
	3	60	62.1	19.5			46.79	1.39
xf. 2ϕ18. w. 1200	1	70	56.4	20.1	20.1	30	52.95	1.03
	2	55	46.6	20.1			42.71	1.09
	3	65	55.9	2.0			49.61	1.13

续表

梁				混凝土			受弯承载力	
梁参数	样本号	x_c值/mm	M试验值/kN·m	σ_{max}/MPa	f_c/MPa	E_c/GPa	$M_{u计}$/kN·m	$M_{u试}$/$M_{u计}$
xf. 2ϕ18. g. 1200	1	60	38.5	6.0	20.1	30	46.20	0.83
	2	60	59.1	20.1			46.20	1.28
xf. 1ϕ12+2ϕ16. g. 1200	1	60	48.1	3.7	19.49	30	46.79	1.07
	2	50	60.5	19.5			37.98	1.59
	3	70	48.8	9.9			51.35	0.95
xf. 4ϕ18. g120. 1200	1	80	61.7	22.0	22	31	65.06	0.95
xf. 4ϕ18. g150. 1200	1	50	70.2	22.0	22	31	42.87	1.64
	2	75	62.6	22.0			61.55	1.02

通过表6-12可得出，正截面受弯承载力的试验值与计算值之比的平均值为1.100，标准差为0.014，可见所拟合出的等效矩形压应力图形参数α_1、β_1的值能较为准确地描述受压区混凝土实际应力状态，可用于正截面受弯承载力的计算。

6.4.4 平衡配筋率

根据各试验梁的破坏模式，考虑到与现行混凝土结构设计规范的衔接，GFRP筋矩形截面混凝土梁的破坏模式由配筋率ρ_f和平衡配筋率ρ_{fb}的比较来确定，当$\rho_f>\rho_{fb}$时，构件的破坏一般是从混凝土的压碎开始的，即超筋破坏；当$\rho_{f_{min}}\leqslant\rho_f<\rho_{fb}$时，结构的破坏是从GFRP筋的断裂开始的，表现为脆性破坏。

配筋率为

$$\rho_f=\frac{A_f}{bh_0} \tag{6-9}$$

平衡配筋率为

$$\rho_{fb}=\alpha_1\beta_1\frac{f_c}{f_{fu}}\times\frac{\varepsilon_{cu}}{\varepsilon_{cu}+\varepsilon_{fu}} \tag{6-10}$$

按上述公式计算的试验梁平衡配筋率见表6-13和表6-14。

由于GFRP筋缺乏延性，保守的强度折减系数可以使构件有较高的强度储备。根据美国ACI 318附录B的建议，以混凝土压碎为破坏控制因素的钢筋混凝土构件其强度折减系数为0.7，此准则将用在FRP筋加强混凝土构件的设计中。FRP筋混凝土构件中FRP筋的破坏比混凝土的破坏表现的塑性更小，故可参考钢筋混凝土构件强度折减系数，在混凝土破坏控制中推荐采用0.5作为强度折减系数。

表6-13 第一批GFRP筋混凝土的平衡配筋率

直径 d/mm	有效直径 d_b/mm	系数 α_1	系数 β_1	混凝土抗压强度设计值 f_c	GFRP筋抗拉强度设计值 f_{fu}	混凝土的极限应变 ε_{cu}/%	拉应变设计值 ε_{fu}/%	平衡配筋率 ρ_{fb}/%
10	9.7	0.85	0.80	16.3	343.5	0.33	1.31	0.57
12	11.7	0.85	0.80	16.3	348.1	0.33	1.42	0.53
18	17.6	0.85	0.80	16.3	322.4	0.33	0.77	0.90
22	21.5	0.85	0.80	16.3	355.2	0.33	0.79	0.80
25	26.5	0.85	0.80	16.3	406.3	0.33	0.63	0.83

表 6-14　第二批 GFRP 筋混凝土的平衡配筋率

直径 d/mm	有效直径 d_b/mm	系数 α_1	系数 β_1	混凝土抗压强度设计值 f_c	GFRP 筋抗拉强度设计值 f_{fu}	混凝土的极限应变 ε_{cu}/%	拉应变设计值 ε_{fu}/%	平衡配筋率 ρ_{fb}/%
12	11.7	0.9191	0.8526	16.3	348.1	0.33	1.42	0.6
14	13.6	0.9191	0.8526	16.3	229.6	0.33	1.62	0.82
18	17.6	0.9191	0.8526	16.3	297.1	0.33	1.06	0.89

讨论结果如下。

（1）与美国规范 ACI 440.1R.03 的比较　若 GFRP 筋的材料性能服从线弹性特征，则弹性模量 $E=f_u/\varepsilon$，此时式(6-10）与美国规范 ACI 440.1R.03 中规定的计算公式［式(6-11)］仅相差 α_1 的区别。

$$\rho_{fb}=0.85\beta_1\frac{f_c}{f_{fu}}\times\frac{E_f\varepsilon_{cu}}{E_f\varepsilon_{cu}+f_{fu}} \tag{6-11}$$

式中　β_1——混凝土强度折减系数（$f_c\leqslant4000$psi（1psi＝6894.75Pa）时取 0.85；$f_c>4000$psi 时，此系数每 1000psi 折减 0.05，但最小取值 0.65；当 FRP 配筋率低于平衡配筋率即 $\rho_f<\rho_{fb}$，破坏模式为 FRP 筋拉断；当 $\rho_f>\rho_{fb}$时，破坏模式为混凝土压碎。

（2）最小配筋率　由于混凝土和 GFRP 筋力学指标的离散性，虽然按照理论分析，能够确定混凝土压碎破坏模型，但实际的构件并不一定与此破坏模型一致。例如，当混凝土的实际强度大于设计强度值，或 GFRP 筋的材料性能离散性较大时，若配筋率小于平衡配筋率，则构件的破坏模式可能是 FRP 的拉断。基于此，取 $1.4\rho_{fb}$为平衡配筋率，作为混凝土受压破坏模式的截面控制条件；$\rho_f<\rho_{fb}$定义为 FRP 筋受拉破坏模式的截面控制条件，当 $\rho_{fb}<\rho_f<1.4\rho_{fb}$时，可能混凝土受压破坏，也可能筋材受拉破坏。如果将构件设计为混凝土受压破坏，则最小配筋率取为 $1.4\rho_{fb}$。

（3）平衡配筋率的影响因素　由式(6-10）可见，GFRP 筋的力学指标如抗拉强度和弹性模量对平衡配筋率有较大影响。平衡配筋率随着 GFRP 筋抗拉强度的增大而降低，当抗拉强度降低 46%时，平衡配筋率增加 129%；当抗拉强度降低 8%时，平衡配筋率增加 22%。平衡配筋率随着 GFRP 筋弹性模量的增加而增加。若 GFRP 筋弹性模量由 38GPa 增加到 41.5GPa 时，弹性模量增加 9%，平衡配筋率增加 6%。因此，规定 GFRP 筋材料性能指标是十分重要的。

6.4.5　界限相对受压区高度 ξ_b

根据混凝土结构设计规范，考虑 GFRP 筋的线性应力-应变关系特性，可得 GFRP 筋混凝土梁中当 GFRP 筋拉断与受压区混凝土破坏同时发生时的相对界限受压区高度 ξ_b 计算公式。

$$\xi_b=\frac{\beta_1}{1+\frac{0.002}{\varepsilon_{cu}}+\frac{f_{fy}}{E_f\varepsilon_{cu}}} \tag{6-12}$$

式中　ξ_b——相对界限受压区高度，$\xi_b=x_b/h_0$；

x_b——界限受压区高度；

h_0——截面有效高度，纵向受拉钢筋合力点至截面受压边缘的距离；

f_{fy}——GFRP 筋抗拉强度设计值；

E_f——纤维筋弹性模量；

ε_{cu}——非均匀受压时的混凝土极限压应变，取0.0033；

β_1——系数，由前面试验求得，取0.85。

为验证式(6-12)的适用性，对试验梁的受压区高度和配筋率进行计算，受压区高度与配筋率的关系见表6-15。

表6-15　受压区高度与配筋率的关系

试件编号	试件序号	x_c值/mm	h_0/mm	ξ	ξ_b	ρ/%	ρ_{fb}/%	ξ/ξ_b	ρ/ρ_{fb}
xf. 4ϕ12. w. 1200	1	55	269	0.20	0.19	0.80	0.6	1.10	1.33
	2	60	269	0.22	0.19	0.80		1.20	
	3	45	269	0.17	0.19	0.80		0.90	
xf. 4ϕ12. g. 1200	1	50	269	0.19	0.19	0.80	0.6	1.00	1.33
	2	65	269	0.24	0.19	0.80		1.30	
	3	70	269	0.26	0.19	0.80		1.40	
xf. 3ϕ16. w. 1200	1	55	268	0.21	0.20	0.83	0.82	1.02	1.04
	2	50	268	0.19	0.20	0.83		0.92	
	3	50	268	0.19	0.20	0.83		0.92	
xf. 3ϕ16. g. 1200	1	70	268	0.26	0.20	0.83	0.82	1.29	1.04
	2	75	268	0.28	0.20	0.83		1.39	
	3	60	268	0.22	0.20	0.83		1.11	
xf. 2ϕ18. w. 1200	1	70	266	0.26	0.21	0.91	0.89	1.26	1.02
	2	55	266	0.21	0.21	0.91		0.99	
	3	65	266	0.24	0.21	0.91		1.17	
xf. 2ϕ18. g. 1200	1	60	266	0.23	0.21	0.91	0.89	1.08	1.02
	2	60	266	0.23	0.21	0.91		1.08	
xf. 1ϕ12+2ϕ16. g. 1200	1	60	268	0.22	0.20	0.74	0.6	1.11	1.23
	2	55	268	0.21	0.20	0.74		1.02	
	3	70	268	0.26	0.20	0.74		1.29	
xf. 4ϕ18. g120. 1200	1	80	266	0.30	0.21	0.91	0.89	1.44	1.02
	1	65	266	0.24	0.21	0.91		1.17	
xf. 4ϕ18. g150. 1200	2	75	266	0.28	0.21	0.91		1.35	

根据式(6-12)计算得到的GFRP筋混凝土梁的界限相对受压区高度$\xi_b=0.19\sim0.21$，而发生受压破坏的试验梁的相对受压区高度$\xi=0.17\sim0.30$，试验值普遍大于界限受压区高度，而且试验值与计算值比值$\xi/\xi_b=0.9\sim1.44$。考虑到实际配筋率与平衡配筋率的比值$\rho/\rho_{fb}=1.0\sim1.3$，由此来判断试验梁的破坏形态和实际试验结果比较吻合。

第7章 GFRP筋混凝土梁斜截面承载力

大量的混凝土结构腐蚀的现象表明，结构的腐蚀最容易发生在角部，为了能够提高其耐久性，可以采用FRP箍筋代替钢筋，这样FRP箍筋可以把纵筋包围在角的四周，增加了混凝土保护层厚度，进而也可以提升结构的耐久性。但是FRP筋材料不同于普通钢筋，具有明显的脆性，其应力-应变为线弹性关系，没有普通钢筋那样的屈服平台，且弹性模量低，构件的破坏带有一定的脆性，用这种材料直接作为组合构件或结构的配筋，其极限状态、设计方法和可靠度问题以及设计指标都需重新考虑，针对其力学性能应采用合理的理论。从这个出发点，本章进行了FRP纵筋混凝土梁和FRP箍筋混凝土梁的受剪性能试验研究。

7.1 研究内容

在对已有的混凝土结构的调查和检测中，发现混凝土结构的耐久性失效多首先表现在截面角区，即混凝土的因锈胀首先发生在截面的角区，这说明了钢筋混凝土结构的截面角区抗耐久性能力相对较弱，暴露了传统钢筋混凝土截面耐久性较差的问题。出现这种现象，主要原因是梁角区的混凝土容易得到侵蚀过程中所需要的氧气和水分，且构件的角区在风压、拉应力和双向碳化的作用下，腐蚀速率较快，失去对钢筋的保护，这样角区的钢筋，特别是箍筋容易被锈蚀，纵筋的保护层受到削弱，纵筋也容易发生锈蚀。如果用FRP箍筋代替普通的箍筋，问题就可以大大的改善。FRP箍筋耐锈蚀，当混凝土碳化后，可以作为纵筋的保护层，防止纵筋锈蚀，提高了结构的耐久性。FRP筋的黏结性能好，与钢筋和混凝土的热胀系数相差不大，在施工过程中不需要特殊的保护，且在结构设计中，为了保证梁的延性，对梁的抗震设计要求是“强剪弱弯”，即保证梁的弯曲破坏先于剪切破坏发生。虽然FRP箍筋是脆性材料，但在结构设计中可由“强剪弱弯”原则来避免材料的这种缺陷，因此GFRP箍筋和纵向钢筋相结合，形成混合配筋混凝土，既能发挥GFRP筋耐腐蚀的优点，又能发挥普通钢筋延性好的优点。

受弯构件的斜截面受剪承载力计算是混凝土结构基本理论中的经典问题之一，混凝土构件的剪切破坏呈现明显的脆性破坏特征，破坏突然，事先没有预兆，并且剪切破坏难以准确计算。剪力在大多数情况下是与弯矩、轴向力甚至扭矩共同作用的，其受力传力机理复杂，影响因素众多，同时由于混凝土材料在复合应力作用下本构关系的复杂性，迄今为止，国内外还未形成一个公认合理的计算模式和统一的计算公式，而关于FRP箍筋混凝土梁受剪承载力影响因素和计算方法研究较少，尤其是配箍率和剪跨比对FRP筋混凝土梁抗剪承载力的影响，国内尚未进行研究。

由于现有关于FRP筋混凝土梁的研究大多是将FRP筋作为纵筋，关于FRP箍筋混凝土梁的研究相对较少，故本章首先进行 FRP 箍筋混凝土梁的试验研究，再进行理论分析，提出 FRP 箍筋混凝土梁受剪承载力的计算方法。主要研究内容如下：以 6 根集中荷载作用下 GFRP 箍筋矩形截面混凝土简支梁的试验为基础，研究 GFRP 筋混凝土梁的受剪性能及其主要的影响因素，对不同剪跨比和配箍率的混凝土梁的破坏形态、开裂荷载极限承载力和裂缝的宽度进行试验研究，并对试验结果进行分析，提出 GFRP 箍筋混凝土梁的受剪承载力的计算方法和半理论半经验计算公式。

7.2 GFRP 箍筋钢筋混凝土梁斜截面受剪试验研究

7.2.1 试验目的

通过 6 根集中荷载作用下 GFRP 箍筋混凝土矩形截面简支梁的试验研究，分析 GFRP 箍筋混凝土梁在集中荷载作用下的变形性能、斜裂缝的发展情况、箍筋的应变变化特点及破坏形态，研究 GFRP 箍筋混凝土梁斜截面受力特点。重点研究剪跨比和配箍率对试验梁的变形性能、破坏形态和斜裂缝开展特点的影响。通过对试验数据的分析，采用钢筋混凝土梁斜截面承载力设计中的桁架模型，对梁受剪承载力公式进行修正，提出与规范相衔接的 FRP 筋混凝土梁的受剪承载力公式。

7.2.2 试验方案

（1）原材料

① GFRP 筋　具有螺旋凹痕，通过拉挤缠绕成形，直径为 6mm。

② 水泥　C30 混凝土使用天瑞牌 PO. 42.5 普通硅酸盐水泥，各项指标均满足《通用硅酸盐水泥》（GB 175—2007）的规定。

③ 粗集料　试验所用粗集料是粒径为 5～20mm 的级配碎石。集料级配良好，含泥量小于 1%。满足《建筑用碎石》的要求。

④ 细集料　采用中砂，细度模数为 2.8～3.0，含泥量小于 1%。

⑤ 拌和水　拌和水采用自来水，并满足国家混凝土拌和用水标准（JGJ 63—2006）的规定要求。

（2）试件设计　试验采用的 GFRP 箍筋如图 7-1 所示，作为箍筋使用的 GFRP 筋的直径为 6mm，作为纵筋使用的钢筋是 HRB400，直径为 20mm，混凝土采用 C30 混凝土。构件设计参数见表 7-1，所用箍筋的尺寸和实物照片如图 7-1 和图 7-2 所示。

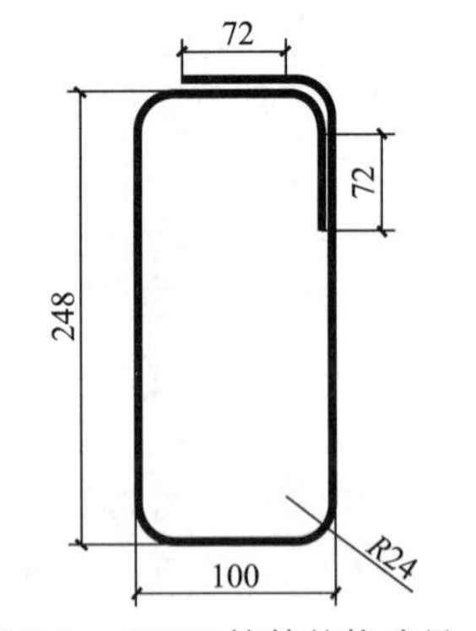

图 7-1　GFRP 箍筋的构造尺寸

图 7-2　GFRP 箍筋照片

表 7-1　构件设计参数

构件编号	b/mm	h/mm	l/mm	λ	纵筋	ρ_1/%	箍筋	ρ_{sv}/%
SB-1	150	300	3000	1	6Φ20	2.79	ϕ6@150	0.25
SB-2	150	300	3000	2	6Φ20	2.79	ϕ6@150	0.25
SB-3	150	300	3000	3	6Φ20	2.79	ϕ6@150	0.25
SB-4	150	300	3000	4	6Φ20	2.79	ϕ6@150	0.25
SB-5	150	300	3000	2	6Φ20	2.79	ϕ6@100	0.38
SB-6	150	300	3000	2	6Φ20	2.79	ϕ6@200	0.19

为了在试验过程中能够保证梁发生斜截面剪切破坏，准确测出梁的受剪承载力，根据所用材料的强度，设计梁的尺寸和配筋，如图 7-3 所示。

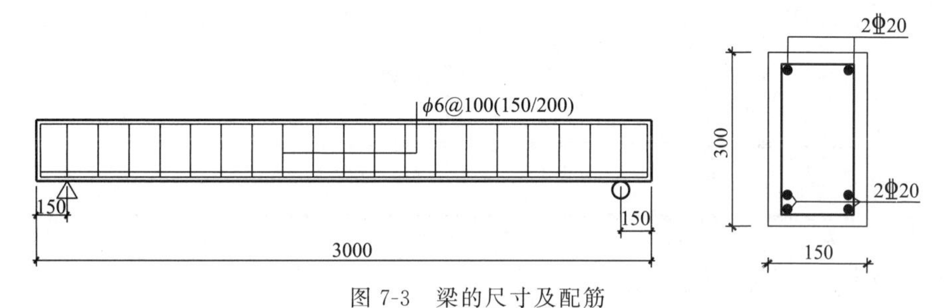

图 7-3　梁的尺寸及配筋

7.2.3　试件测点布置

试件测点布置如图 7-4～图 7-17 所示。

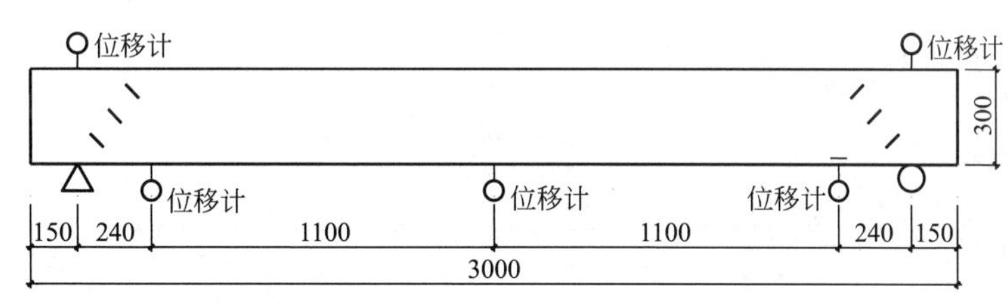

图 7-4　梁 SB-1 挠度和混凝土应变片测点

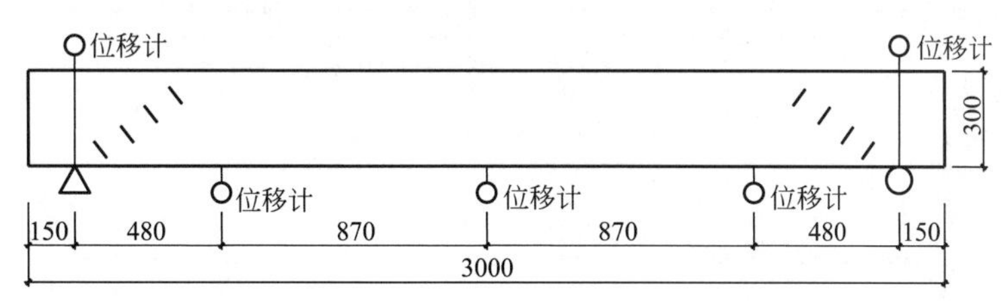

图 7-5　梁 SB-2，5，6 挠度和混凝土应变片测点

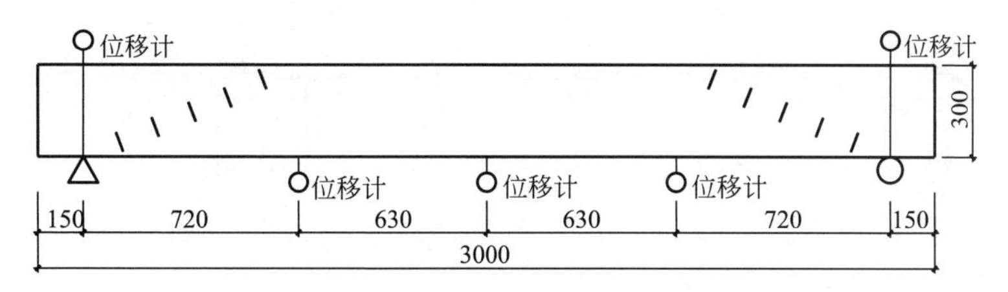

图 7-6　梁 SB-3 挠度和混凝土应变片测点

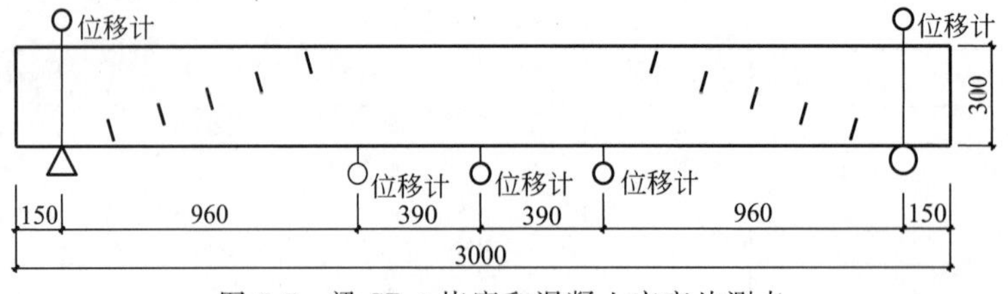

图 7-7　梁 SB-4 挠度和混凝土应变片测点

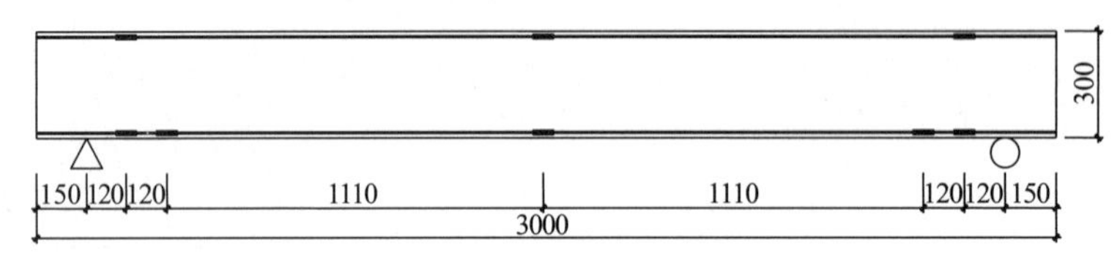

图 7-8　梁 SB-1 纵筋应变片测点

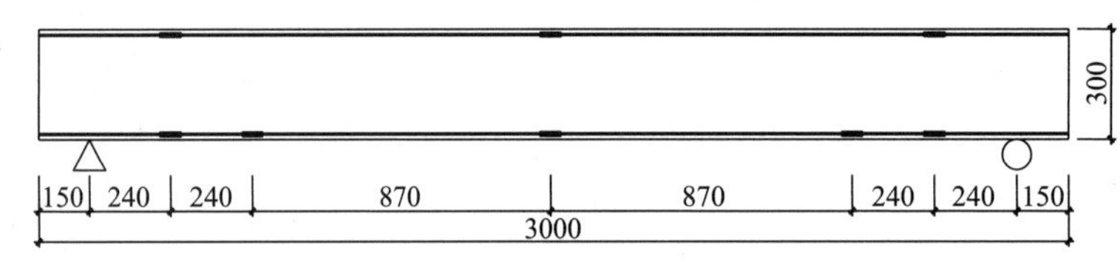

图 7-9　梁 SB-2,5,6 纵筋应变片测点

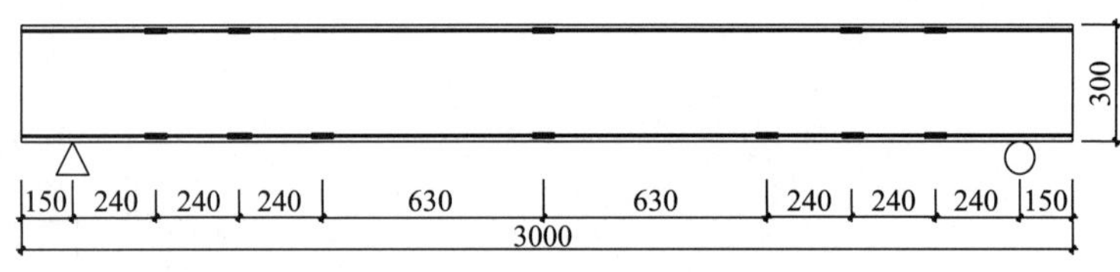

图 7-10　梁 SB-3 纵筋应变片测点

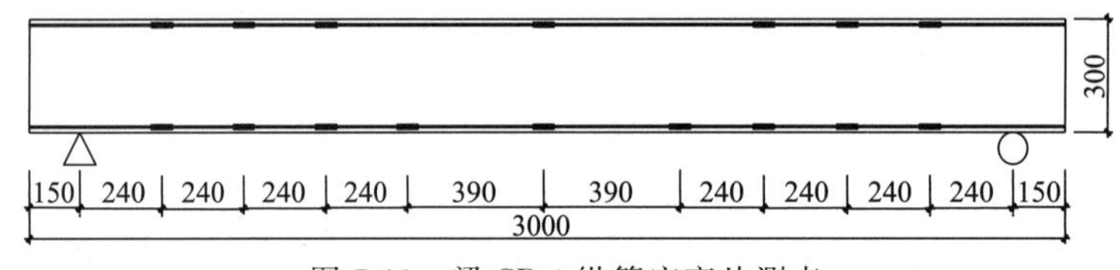

图 7-11　梁 SB-4 纵筋应变片测点

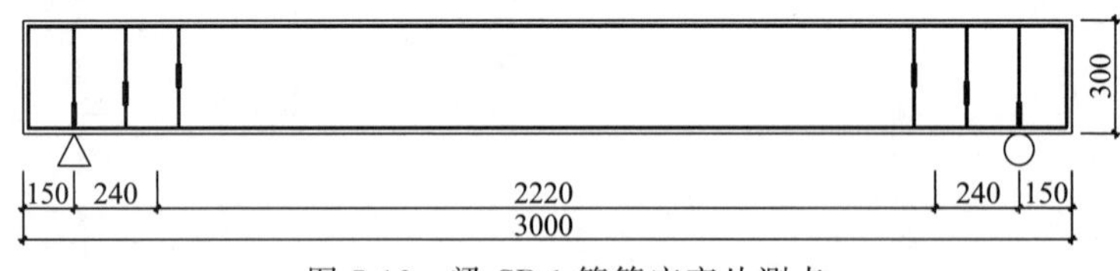

图 7-12　梁 SB-1 箍筋应变片测点

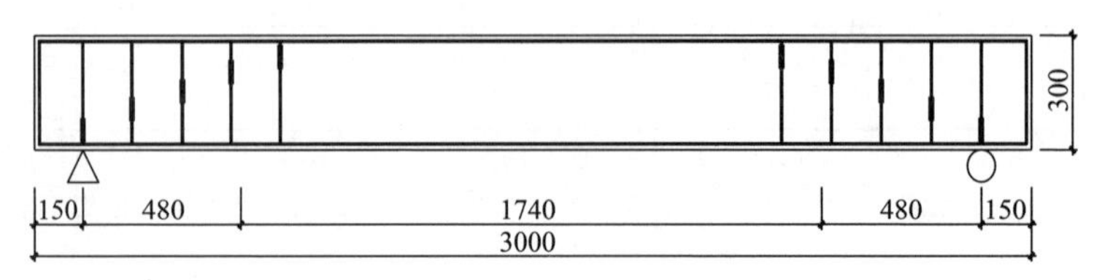

图 7-13　梁 SB-2 箍筋应变片测点

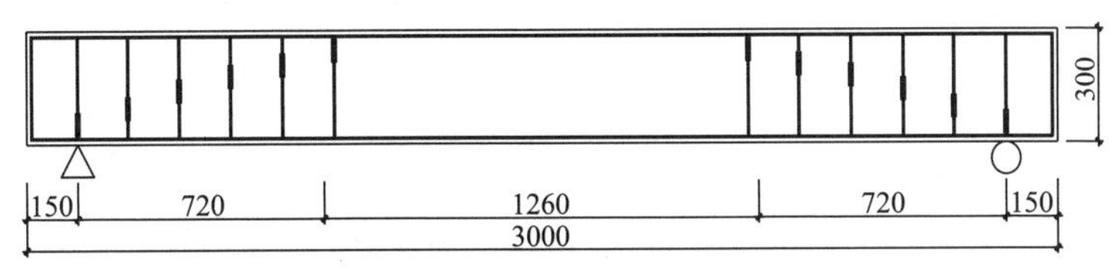

图 7-14　混凝土梁 SB-3 箍筋应变片测点

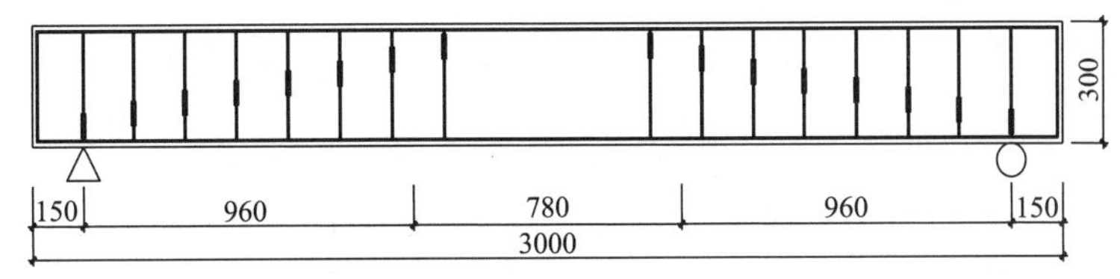

图 7-15　梁 SB-4 箍筋应变片测点

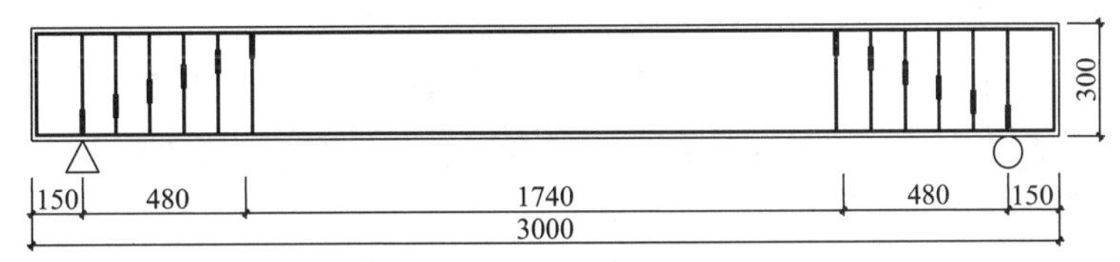

图 7-16　梁 SB-5 箍筋应变片测点

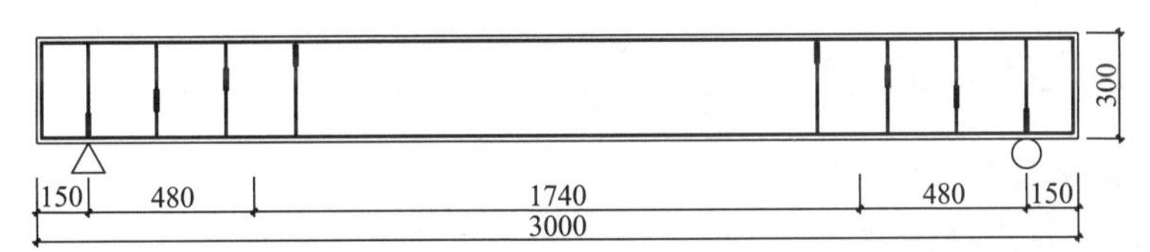

图 7-17　梁 SB-6 箍筋应变片测点

7.2.4　试验装置及设备

本试验是在郑州大学土木工程学院结构大厅进行的，试验梁简支在钢筋混凝土墩上，为了防止支座处的混凝土发生局压破坏，在支座与试验梁接触处加垫钢板保证接触面受力均匀。采用液压千斤顶进行加载，通过简支在试验梁上的分配梁对其进行两点对称加载，分配梁与试验梁的简支处也垫钢板，以防局部压坏。为准确测量荷载的变化，在千斤顶下安放压力传感器，试验加载装置示意如图 7-18 所示，试验现场照片图如图 7-19 所示。

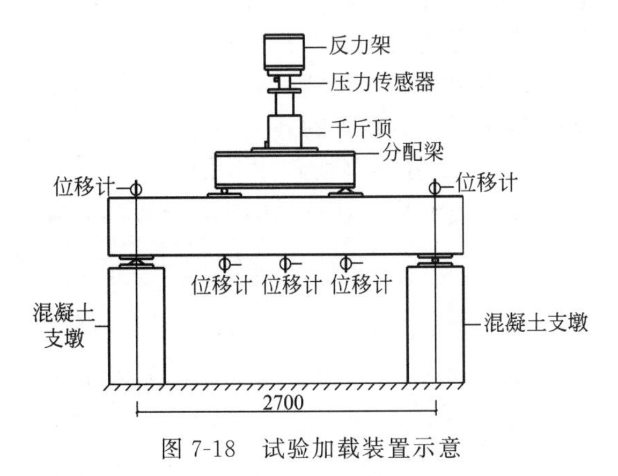

图 7-18　试验加载装置示意

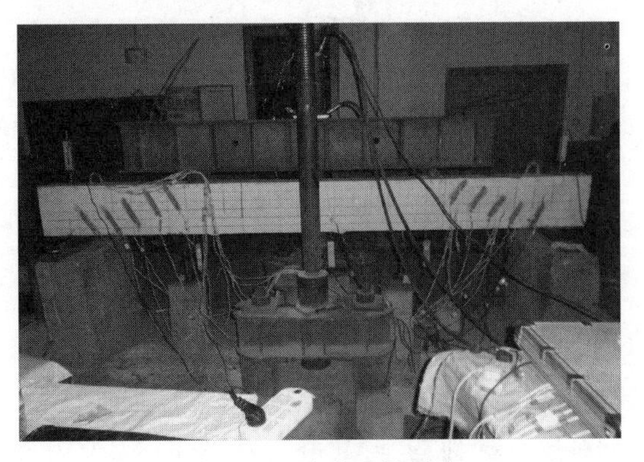

图 7-19　试验现场照片

7.2.5 试验加载及量测

7.2.5.1 试验加载制度

本试验严格遵守《混凝土结构试验方法标准》(GB 50152—1992)。

(1) 预加载　每次试验前，均对试验梁进行预加载，预加载值不超过结构构件开裂试验荷载计算值的70%，使试验构件与分配梁充分接触，无不稳的现象，检查位移计电阻应变仪的各点读数是否正常，若不正常，找出原因修改，直到各读数满足要求。

(2) 分级加载　根据计算的开裂荷载和短期使用荷载大小确定荷载的等级，在试验中，混凝土梁开裂前，每级的荷载为10kN，约为使用荷载的8%，每级荷载持荷10min，以便试验梁充分受力，当荷载加载至计算开裂荷载值附近时应缓慢加载，每级荷载为5kN，级距加密，以便准确得到开裂荷载值。通过试验观察，当在剪跨段出现第一条斜裂缝时，记录下此时的荷载值，为开裂荷载。观察到初始裂缝出现后，每级荷载恢复为10kN，每一级荷载要持荷10～20min，使裂缝充分发展。在加载过程中，由于裂缝的发展，混凝土的刚度变小，荷载会有一定程度的降低，要及时补载。当斜裂缝发展到0.02mm时，记录下此时的荷载为正常使用时的荷载值，当裂缝发展到1.5mm时，此时的荷载值为试验梁的极限荷载值。

7.2.5.2 试验数据量测

(1) 箍筋和钢筋的应变　为了能够直接准确地测得所需要的试验数据，针对混凝土裂缝出现具有随机性的特点，本试验主要采取了以下措施：在混凝土浇筑前，在斜裂缝最可能出现的位置处粘贴GFRP箍筋应变片，即沿着支座处与加载点的连线与箍筋的交点处。然后用环氧树脂包裹，起到防水和保护应变片的作用。同样，在纵筋处上下相对应的位置，每隔一个剪跨(240mm)粘贴钢筋应变片，为了试验数据的校核，采用对称贴片，每级荷载的持荷结束后记录应变片的读数。纵筋和箍筋应变片现场照片如图7-20所示。

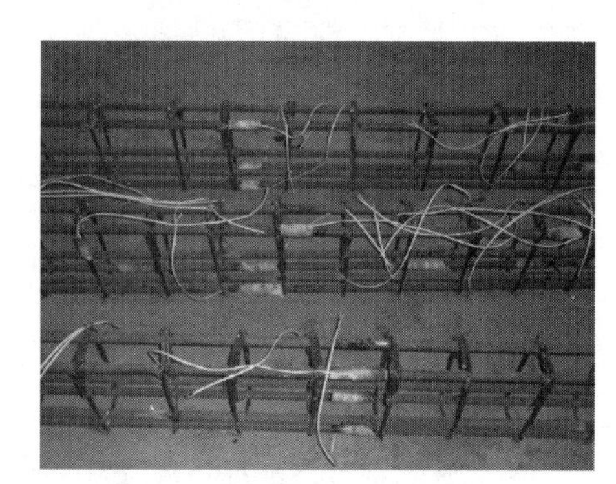

图7-20　纵筋和箍筋应变片现场照片

(2) 斜裂缝　采用电子裂缝观察仪进斜裂缝的观察，准确记录每级荷载作用下斜裂缝出现的位置和大小。为了能够准确、清晰地描述梁上裂缝的位置，试验前应在混凝土梁的两侧均匀且适中地涂刷一层白浆，等浆体干燥后绘制50mm×100mm的方格网。

每级荷载下的裂缝观察按以下方法进行：①加载结束，混凝土梁处于持荷状态，用放大镜观察裂缝的出现及发展情况，通过电子裂缝观察仪读出裂缝的宽度值；②对新出现的裂缝进行编号，在裂缝旁按裂缝的发展趋势勾勒出其形状并标出裂缝出现的荷载值，用电子裂缝观察仪读出裂缝的大小；③对已经出现的裂缝，记下其在每级荷载下的最大裂缝值。

(3) 变形观察　在梁的跨中和加载点下面放置位移计，分别测梁跨中和加载点处的挠度，在支座处放置两个位移计，以便测量加载过程中支座的位移，计算梁的整体挠度时，需要减去支座处的沉降量。

7.2.6 GFRP筋材性试验

按照《玻璃纤维增强塑料拉伸性能试验方法》的具体规定，对用来做箍筋的GFRP材料进行材性拉伸试验，构件的数量为七个，取其五个有效数据。试验材料的长度为1100mm，直筋的两端用300mm的套管进行加固，以防端部局部压坏。由万能试验机上测出 GFRP 筋的应力-应变曲线，如图 7-21 所示，其拉伸试验数据见表 7-2。

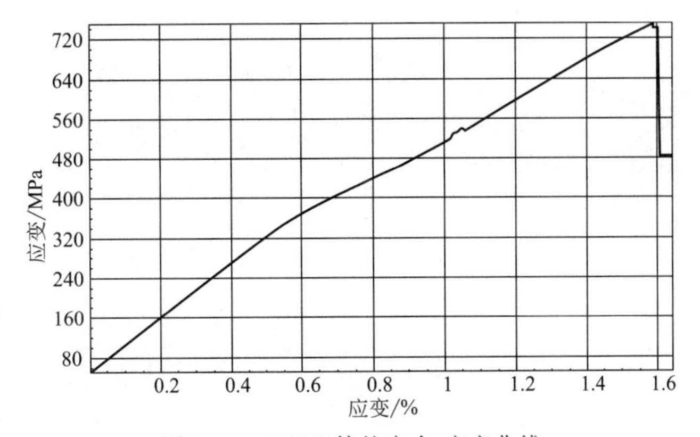

图 7-21 GFRP 筋的应力-应变曲线

表 7-2 GFRP 筋试验数据

试验编号	最大拉力/kN	极限强度/MPa	弹性模量/GPa
1	21.1	749.0	57.2
2	19.9	702.1	56.2
3	19.1	676.9	58.1
4	21.9	774.5	52.5
5	19.2	679.0	54.1
平均值	20.2	716.3	55.6

由 GFRP 筋的应力-应变的关系图得，GFRP 的应力-应变为直线，没有屈服阶段，GFRP 的极限抗拉强度明显高于普通钢筋的强度，其弹性模量比普通钢筋的要低。

7.2.7 试验现象

7.2.7.1 梁 SB-1

梁中纯弯段出现第一条裂缝的荷载是 35kN，裂缝的大小为 0.02mm。荷载为 175kN 时，在剪跨段梁腹的中间位置出现了第一条腹剪斜裂缝，裂缝的大小为 0.07mm，此时纯弯段内的最大受弯裂缝为 0.06mm，距梁底的距离为 135mm。加载至 290kN 时，裂缝向加载点和支座处延伸，向下至支座处，向上至距梁底 235mm 处，这条裂缝贯穿了混凝土应变片，形成一条贯通的主斜裂缝，此时，梁中的受弯裂缝的发展和大小都基本稳定，最大受弯裂缝为 0.1mm，距梁底的距离为 190mm。荷载加载至 400kN 时，此时主斜裂缝已完全发展，只是裂缝跨度增加到 0.24mm。当荷载至 500kN 时，出现新的、短小的腹剪斜裂缝，但主裂缝的大小发展较慢。加载至 550kN 时，出现许多新的、小的腹剪斜裂缝，并且能够听到 FRP 筋纤维丝被拉断的声音，此时剪跨段的混凝土被许多短小的腹剪裂缝隔断。加载至 632kN 时，剪跨段内的 GFRP 箍筋被拉断，混凝土破坏，构件破坏，为斜压破坏。梁 SB-1 的裂缝分布和破坏形态如图 7-22 及图 7-23 所示。

7.2.7.2 梁 SB-2

在荷载为 20kN 时出现第一条受弯裂缝，大小为 0.02mm。荷载至 30kN 时在距支座 350mm 处出现垂直裂缝，大小为 0.02mm。荷载为 70kN 时，此裂缝向上发展至距梁底为 75mm 处，梁的纯弯区段陆续出现了 14 条垂直裂缝，裂缝在梁底最宽处为 0.07mm，大部分位于距梁底 100～150mm 之间。荷载至 85kN 时，在梁的剪跨段的中部出现一条较长的斜

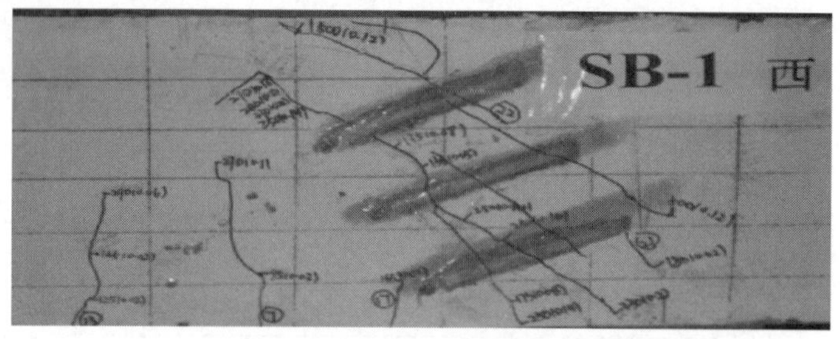

图 7-22　梁 SB-1 的裂缝分布

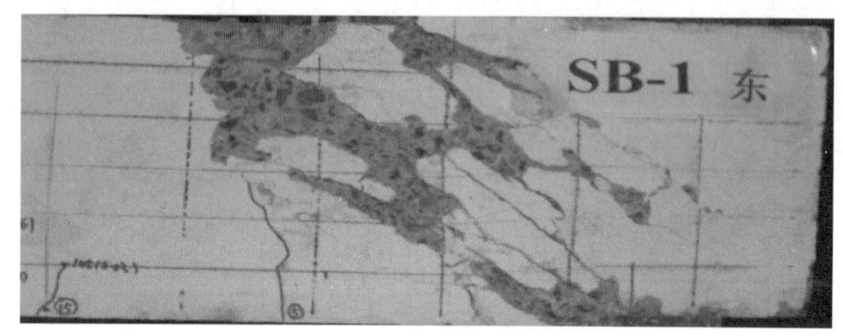

图 7-23　梁 SB-1 的破坏形态

裂缝，裂缝大小为 0.04mm，梁的支座处有一条小的斜裂缝，剪跨段内的第一条垂直裂缝基本没什么变化。荷载至 95kN 时，在加载点的下面，出现一条较长的垂直裂缝，一出现就发展到距梁底 200mm 处，裂缝的大小为 0.02mm，跨中的垂直裂缝基本没什么发展。荷载至 105kN 时，跨中的斜裂缝向上发展至加载点的下面，向下发展至梁底，变为垂直裂缝，支座处的斜裂缝向着加载点的方向发展。荷载至 145kN 时，发展到加载点的下面，裂缝的大小为 0.16mm。荷载至 255kN 时，裂缝向下开始分叉，分叉的裂缝向着支座处延伸，裂缝的大小为 0.5mm。荷载至 320kN 时，梁沿着其中一条主裂缝的方向破坏，梁底部的混凝土脱落，梁的跨中纯弯段的裂缝都发展稳定，位于距梁底 150mm 处，最大的裂缝宽度为 0.12mm，为剪压破坏。梁 SB-2 的裂缝分布和破坏形态如图 7-24 及图 7-25 所示。

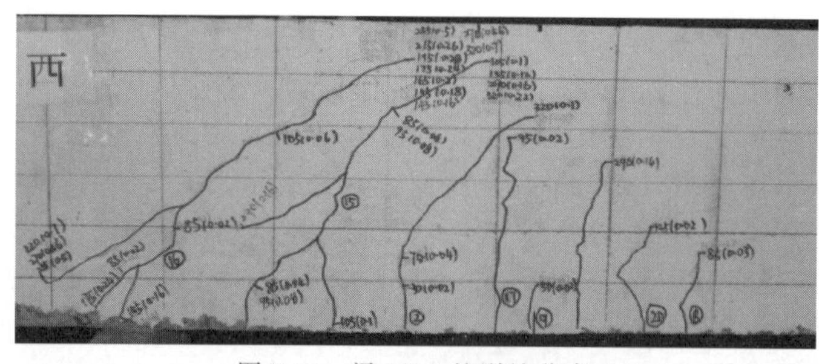

图 7-24　梁 SB-2 的裂缝分布

图 7-25　梁 SB-2 的破坏形态

7.2.7.3 梁 SB-3

梁跨中出现第一条受弯裂缝时荷载为 25kN，裂缝的大小为 0.02mm。荷载至 25kN 时，在加载点的正下面出现一条垂直裂缝，裂缝大小为 0.02mm，裂缝的长度为距梁底 120mm；此时梁的纯弯段出现了 8 条垂直裂缝，裂缝的最大长度为距梁底 150mm，最大裂缝宽度为 0.04mm。荷载至 50kN 时，距支座 460mm 处出现一条垂直斜裂缝，裂缝大小为 0.02mm，裂缝长度为距梁底 130mm。荷载为 60kN 时，加载点下面的垂直裂缝向加载点偏斜，发展为弯剪斜裂缝，裂缝的大小为 0.02mm，距梁底为 135mm。荷载为 90kN 时，加载点下面的斜裂缝继续向上延伸，裂缝的宽度为 0.08mm，距梁底的距离为 170mm；此时梁的纯弯段的垂直裂缝都已发展基本稳定，最大裂缝宽度为 0.08mm，裂缝的长度为距梁底 150～200mm。荷载至 105kN 时，在梁的剪跨段出现了一条较长的斜裂缝，自梁的支座处延伸到梁的顶部，裂缝的大小为 0.34mm。荷载至 160kN，剪跨段距支座 460mm 处的裂缝向支座的方向弯曲达到加载点的下面，发展为了弯剪斜裂缝，裂缝的大小为 1.2mm；此时支座处的贯通斜裂缝的大小也为 1.2mm。荷载至 180kN 时，弯剪斜裂缝的大小发展为 1.65mm，构件已经被剪坏。最后梁沿着主斜裂缝的方向破坏，呈现为明显的斜拉破坏的特征。梁 SB-3 的裂缝分布和破坏形态如图 7-26 及图 7-27 所示。

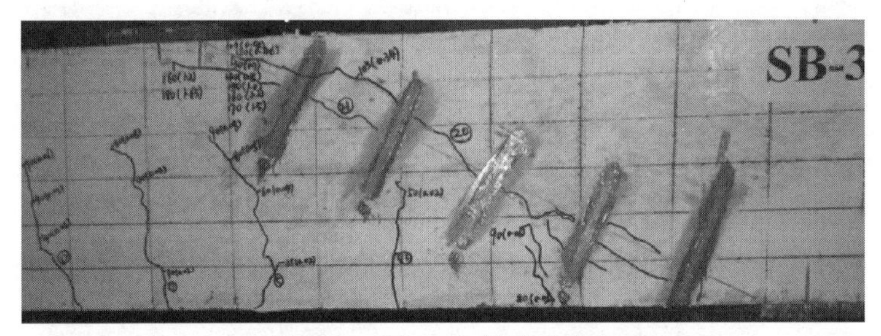

图 7-26　梁 SB-3 的裂缝分布

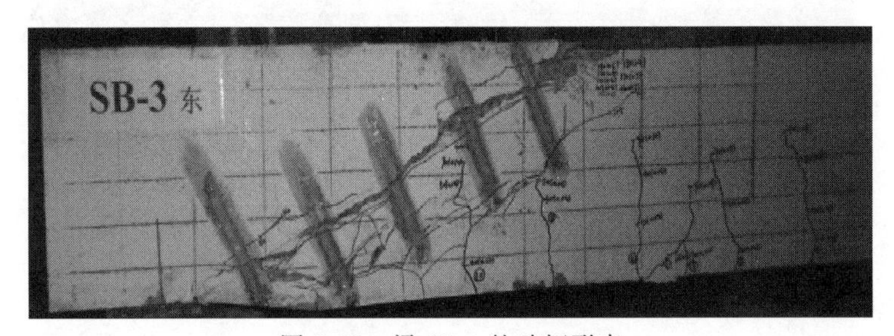

图 7-27　梁 SB-3 的破坏形态

7.2.7.4 梁 SB-4

梁跨中出现第一条纯弯裂缝时，荷载为 15kN，裂缝大小为 0.02mm。荷载至 35kN 时，剪跨段出现两条裂缝：在距梁支座 900mm 处出现垂直裂缝，大小为 0.02mm，裂缝距梁底 100mm；在距支座 650mm 处出现受弯裂缝，裂缝的大小为 0.02mm。荷载至 45kN 时，在距支座 755mm 处，出现了剪跨段内的第三条受弯裂缝，裂缝的大小为 0.02mm，前两条裂缝都有所发展。荷载至 65kN 时，在近支座处出现了剪跨段内的第四条垂直裂缝，裂缝大小为 0.02mm。荷载至 75kN 时，梁的纯弯段的裂缝都有较大的发展，共有 11 条受弯裂缝，裂缝发展高度较长，绝大部分位移距梁底 150～200mm，最大裂缝宽度为 0.06mm；剪跨段的三条裂缝都有所发展。荷载至 95kN 时，在距支座

545mm处出现了剪跨段内的第五条裂缝，裂缝大小为0.04mm，此时剪跨段内的第一条垂直裂缝向加载点处斜向发展，延伸到距梁底220mm，裂缝的大小为0.1mm，已发展完全；剪跨段内的其他三条垂直裂缝都开始斜向发展，由受弯裂缝变为弯剪斜裂缝。荷载至105kN时，第二条弯剪斜裂缝与第四条弯剪斜裂缝汇合为一条大的主裂缝，裂缝大小为0.1mm；第四条弯剪裂缝向上延伸到梁的顶部，向下向支座处延伸，裂缝大小为0.25mm；梁的纯弯段的垂直裂缝都已发展齐全，裂缝的长度没有变化，最大裂缝宽度为0.08mm。荷载至130kN时，主裂缝向上延伸到加载点的下部，形成了一条贯通的主拉斜裂缝，裂缝的大小为0.4mm，此时梁中裂缝的形状都已发展完全。荷载至210kN时，主拉斜裂缝大小为1.5mm，梁已经受剪破坏，最后混凝土梁受沿主受拉斜裂缝被剪坏，加载点处的混凝土被压碎，梁底部的剪跨段的混凝土脱落，呈现为明显的斜拉破坏的特征。梁SB-4的裂缝分布和破坏形态如图7-28及图7-29所示。

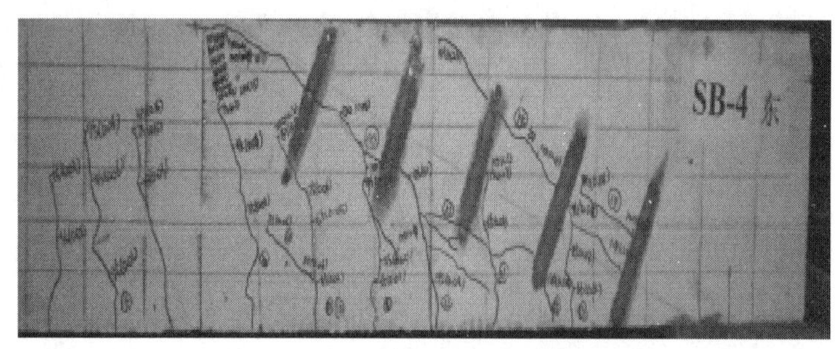

图7-28　梁SB-4的裂缝分布

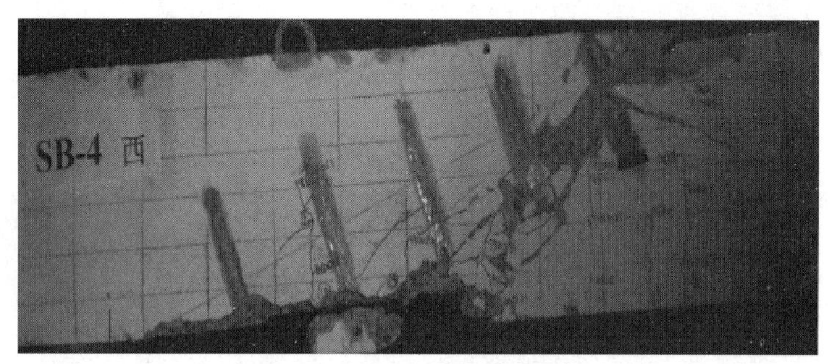

图7-29　梁SB-4的破坏形态

7.2.7.5　梁SB-5

当荷载加载到20kN时，梁中出现第一条受弯裂缝，裂缝的大小为0.02mm。荷载至40kN时，在梁的加载点下面出现垂直裂缝，裂缝在梁底处为0.04mm，梁中的纯弯区出现六条垂直裂缝，裂缝大小为0.02mm，最大裂缝长度为距梁底150mm。荷载至110kN时，梁的剪跨段中部出现较长的剪弯斜裂缝，裂缝大小为0.08mm；梁的纯弯段增加了九条垂直裂缝，其中裂缝的最大宽度为0.04mm，最大裂缝跨度为150mm。荷载至135kN时，这条垂直斜裂缝的宽度为0.2mm。荷载至290kN时，此弯剪斜裂缝向上弯曲延伸到加载点的下面，向下延伸到支座处，已成为主斜裂缝，最宽处裂缝为0.8mm；加载点下面的垂直裂缝轻微偏弯的向加载点延伸，距梁的距离为230mm，裂缝在梁底最宽为0.3mm；梁的纯弯段的垂直裂缝都已出齐，在梁底最大宽度为0.1m，距梁底的最大距离为190mm。荷载至340kN时，主斜裂缝的宽度为1.5mm，以达到破坏的特征。最后荷载至375kN时，主斜裂缝明显变大，梁底的混凝土脱落，梁已被剪坏，呈现为剪压破坏的特征。梁SB-5的裂缝分布和破坏形态如图 7-30 及图 7-31 所示。

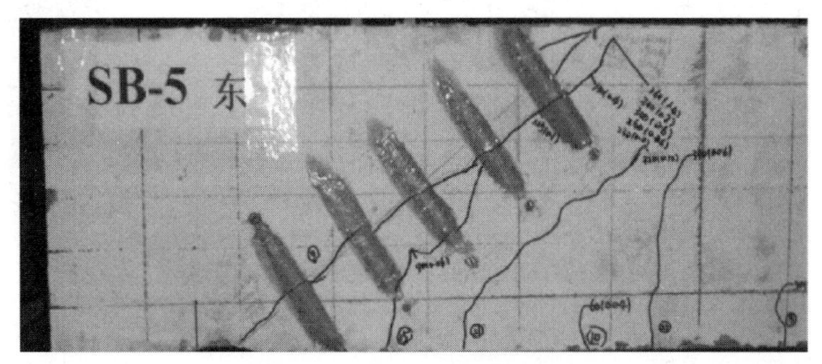

图 7-30　梁 SB-5 的裂缝分布

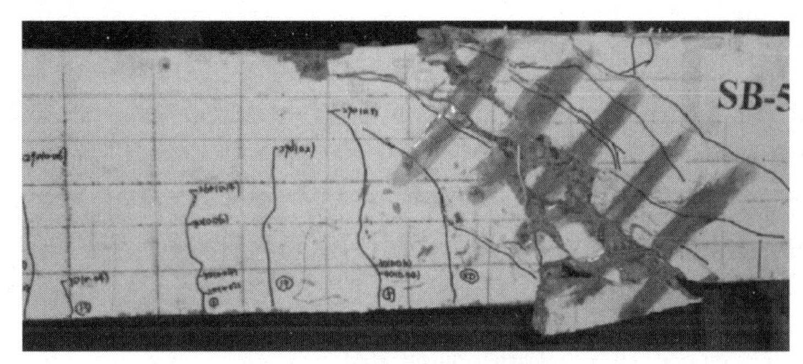

图 7-31　梁 SB-5 的破坏形态

7.2.7.6　梁 SB-6

当荷载加载到 27kN 时，梁中出现第一条裂缝，裂缝大小为 0.02mm。荷载至 70kN 时，加载点的下面出现垂直裂缝，梁两端剪跨段出现弯剪斜裂缝，最大宽度处的斜裂缝为 0.08mm；垂直裂缝的数量增多，裂缝最大宽度处为 0.08mm，最大延伸到 100mm。加载至 120kN 时，弯剪斜裂缝有较大的发展，向着加载点的方向延伸，最大裂缝长度为 175mm，裂缝的大小基本没变。荷载至 155kN 时，垂直裂缝发展基本稳定，垂直裂缝在梁底最大宽度为 0.12mm，最大延伸长度为 200mm；梁端的斜裂缝继续发展，向着加载点的方向延伸，最大斜裂缝宽度为 0.14mm。荷载至 210kN 时斜裂缝向支座处延伸，斜裂缝贯通形成主斜裂缝，大小为 1.8mm。荷载至 240kN 时，剪跨段内出现几条次斜裂缝，最大处裂缝为 1.0mm，斜裂缝将混凝土分割成几块，最后梁破坏，在加载点和支座处形成明显的破坏面，呈现为剪压破坏的特征。梁 SB-6 的裂缝分布和破坏形态如图 7-32 及图 7-33 所示。

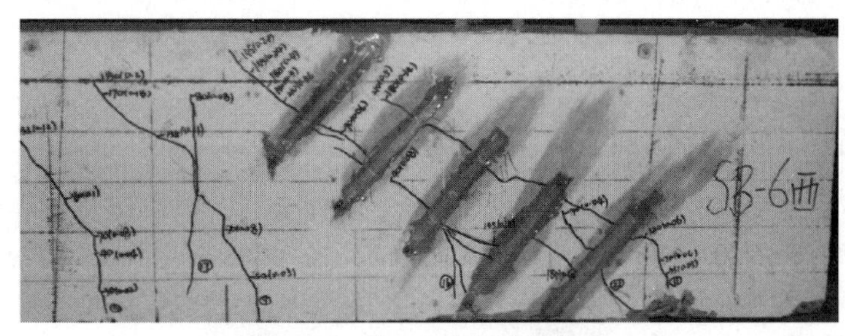

图 7-32　梁 SB-6 的裂缝分布

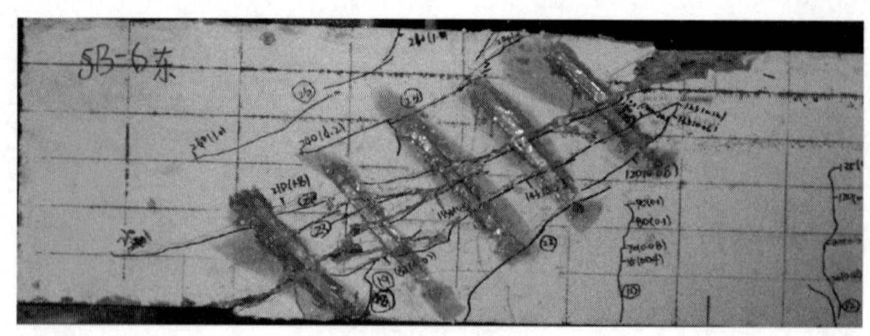

图 7-33　梁 SB-6 的破坏形态

7.3　试验结果分析

7.3.1　GFRP 箍筋混凝土梁的变形性能

试验中对所有的混凝土梁进行了变形能力的观察，逐级记录各级荷载下梁的跨中位移值和加载点的位移值，为了消除支座沉降对试验结果的影响，在支座处放两个位移计作为参照。

由图 7-34 和图 7-35 可得，梁在加载初期，挠度与荷载呈线性关系，混凝土没有开裂，梁的整体刚度大，直线的斜率较大；直线在梁的开裂荷载处出现折点，但折点后仍为直线，斜率变小。由图 7-34 可得，在配箍率相同的条件下，随着剪跨比的增大，试验梁将产生更快的增长，这是因为较大剪跨比的梁的裂缝较长且较多，梁的刚度削减快。图 7-35 给出了试验梁的跨中挠度随配箍率的变化规律，曲线的斜率随着配箍率的增加没有明显变化，这是因为高的配箍率对梁的截面刚度基本没什么影响，高的配箍率对梁的极限变形有一定的提高。这是约束混凝土提高了梁的承载力和延性。本试验构件的箍筋采用 FRP 筋，而纵筋为普通钢筋，对混凝土的截面刚度没有影响。因此，此类配筋的构件能够满足《混凝土结构设计规范》（GB 50010—2010）对混凝土梁在正常使用状态下挠度的要求。

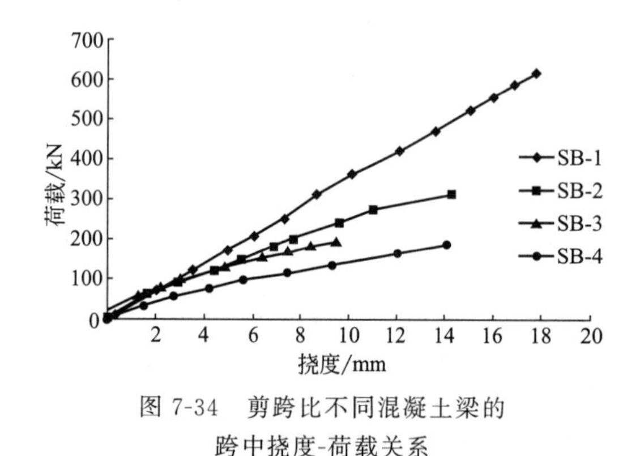

图 7-34　剪跨比不同混凝土梁的跨中挠度-荷载关系

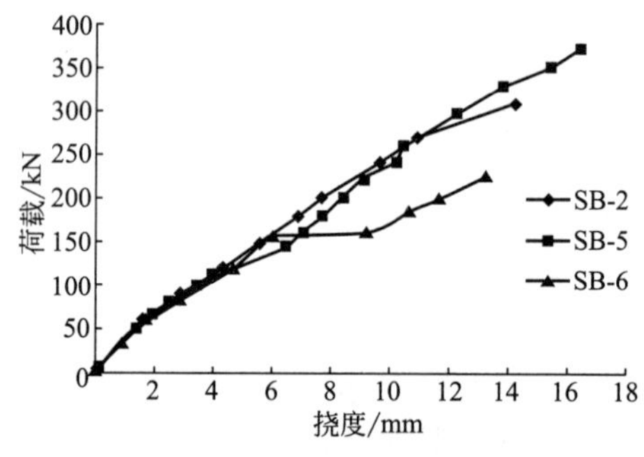

图 7-35　配箍率不同混凝土梁的跨中挠度-荷载关系

7.3.2　纵筋应力的变化规律

由图 7-36～图 7-43 可知，纵筋的应力-荷载呈线性关系，当荷载达到一定的数量时，直线出现了折点，但转折后仍是直线关系。不同剪跨比的梁的折点不同，随着剪跨比的增大，直线斜率呈减小的趋势，这是因为剪跨比不同，梁跨中的纯弯部分的弯矩不同，剪跨比越大，跨中的弯矩越大，由材料力学的知识可知纵筋的应变就大。配箍率对梁纵筋的应力基本没什么影响，这些与普通钢筋混凝土中纵筋的受力特征基本一致。

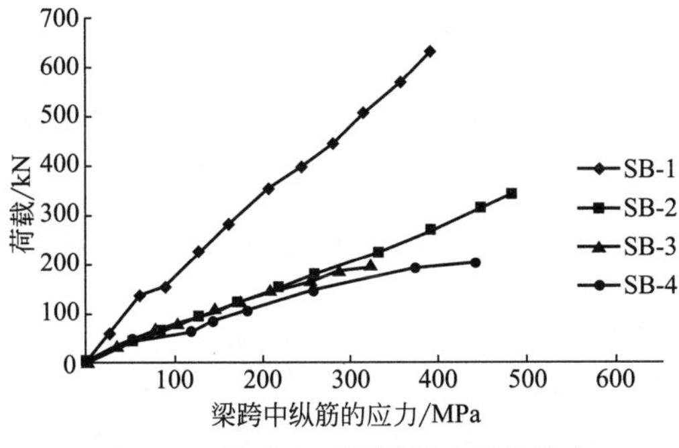

图 7-36 剪跨比不同混凝土梁的跨中纵筋应力-荷载关系

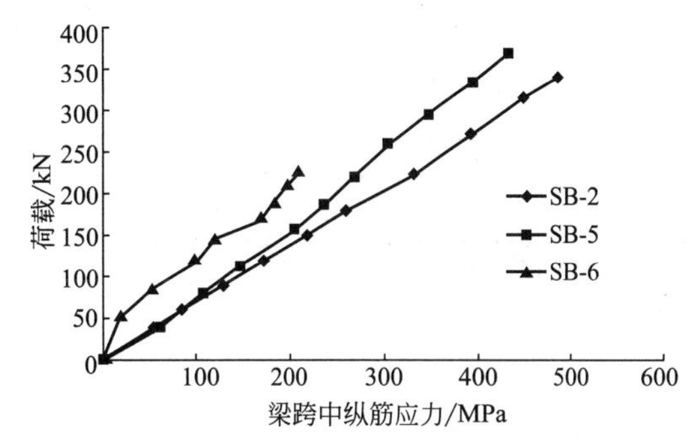

图 7-37 配箍率不同混凝土梁的跨中纵筋应力-荷载关系

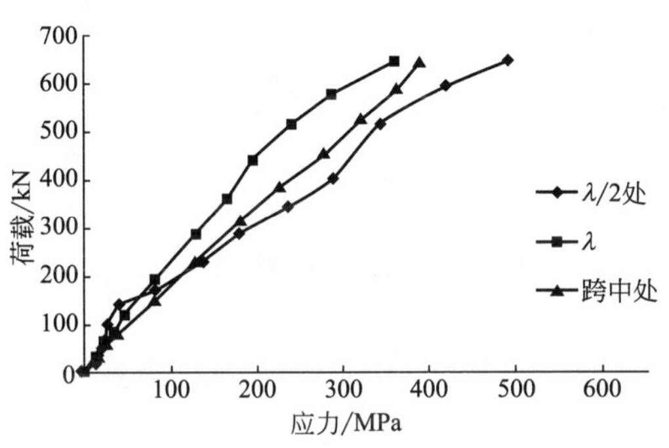

图 7-38 梁 SB-1 纵筋应力-荷载关系

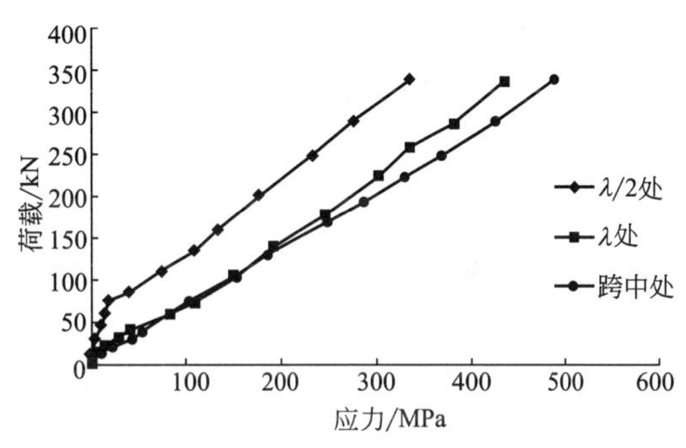

图 7-39 梁 SB-2 纵筋应力-荷载关系

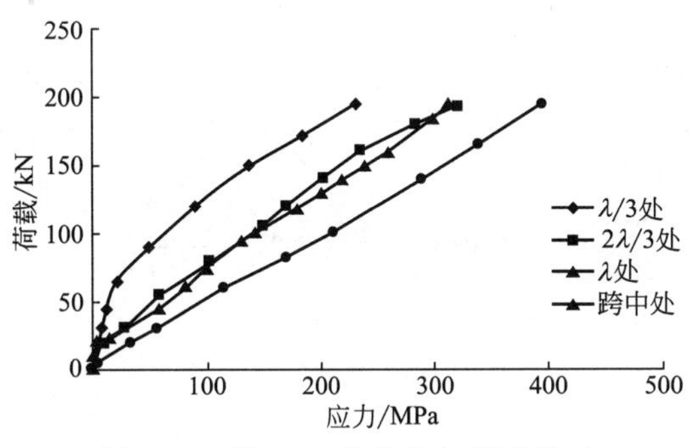

图 7-40 梁 SB-3 纵筋应力-荷载关系

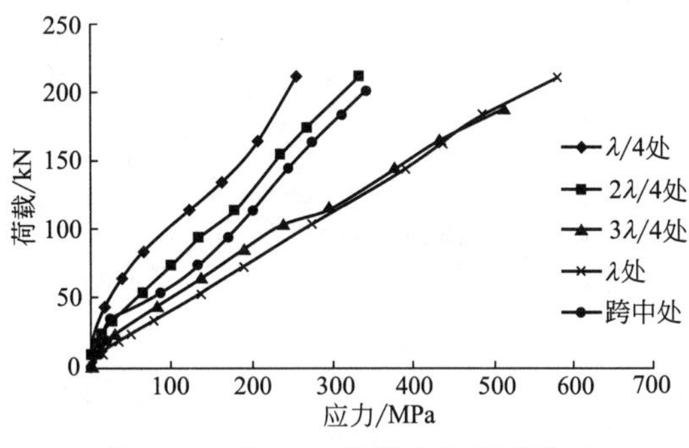

图 7-41 梁 SB-4 纵筋应力-荷载关系

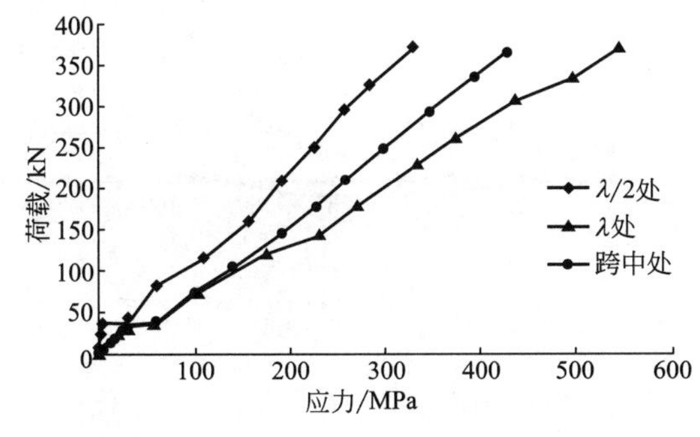

图 7-42 梁 SB-5 纵筋应力-荷载关系

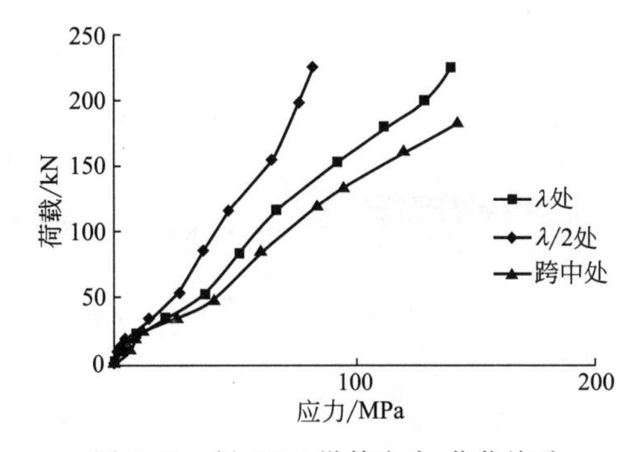

图 7-43 梁 SB-6 纵筋应力-荷载关系

折点后面的直线斜率要小于折点前的直线斜率，这说明折点前混凝土与钢筋共同受力，应力增长比较缓慢，折点处混凝土开裂，此后由钢筋单独承受由弯矩产生的拉应力，纵筋的应变增长得比较快。对于同一根梁不同的测点处，剪跨段中间处出现折点时对应的荷载要大于加载点处折点对应的荷载。

7.3.3 箍筋的应变变化规律

由各级荷载下梁剪跨段内各箍筋的应变大小进行分析，得到试验梁加载过程中箍筋的应变变化规律。图 7-44～图 7-49 给出了试验梁不同测点箍筋应力的变化特点，根据斜裂缝出现的特点，大概地从支座处到加载点的 45°斜线上箍筋应变的编号为 1～6（3、5），各箍筋应变片的位置如图 7-12～图 7-17 所示。

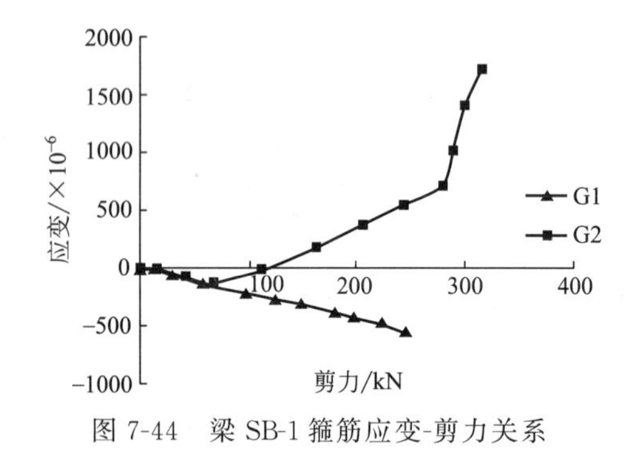

图 7-44　梁 SB-1 箍筋应变-剪力关系

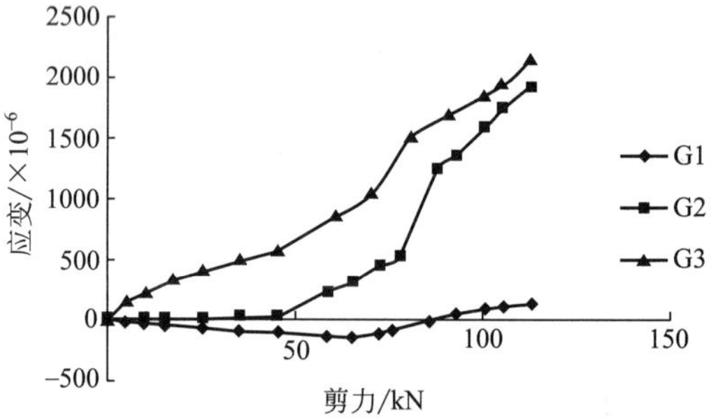

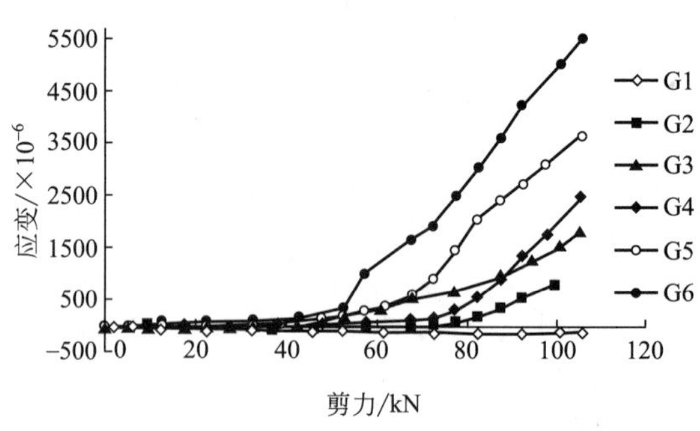

图 7-45　梁 SB-2 箍筋应变-剪力关系

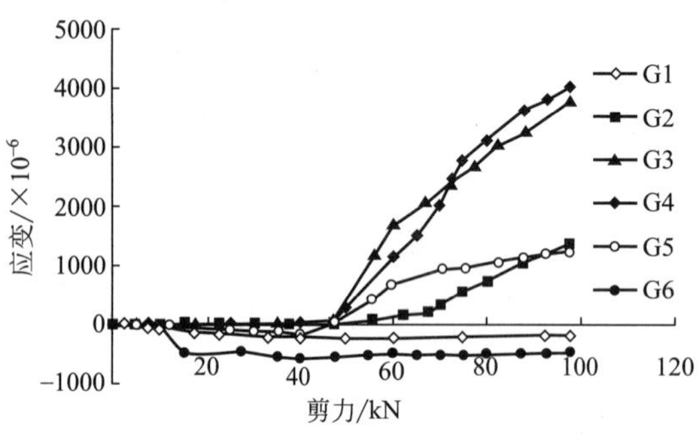

图 7-46　梁 SB-3 箍筋应变-剪力关系

图 7-47　梁 SB-4 箍筋应变-剪力关系

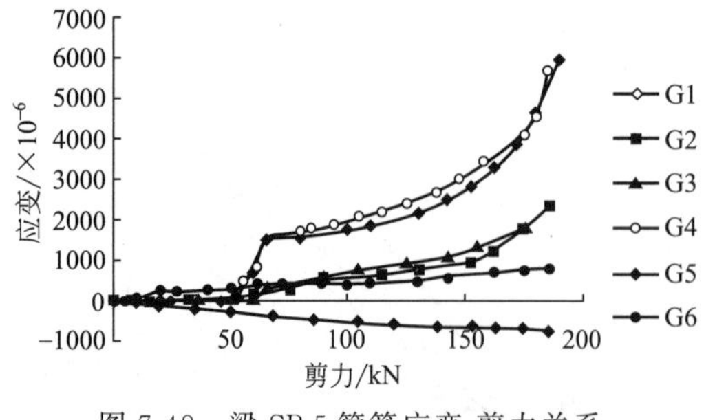

图 7-48　梁 SB-5 箍筋应变-剪力关系

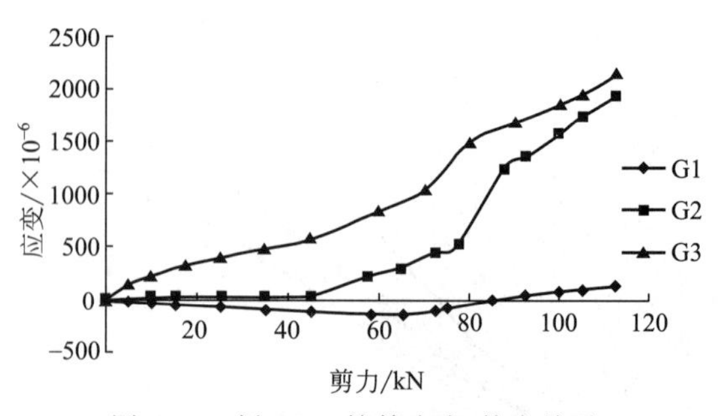

图 7-49　梁 SB-6 箍筋应变-剪力关系

由箍筋的试验数据的分析可得，支座处的箍筋由于受到支座集中力的影响，在加载过程中出现负值，并且随着荷载的增加呈增大的趋势，由图中支座附近的箍筋的曲线斜率可知，剪跨比小的梁，箍筋应力在混凝土开裂前的受压应力随荷载增加而增大得较快。小剪跨比的试验梁出现较大的负压应力的原因是箍筋距支座和加载点的距离都相对近一点儿，小剪跨比的试验梁呈斜压破坏，在剪跨段内的箍筋处于受压状态。此后，随着荷载的增加，斜裂缝的出现，箍筋的压应力变为拉应力。但拉应力随着荷载的增加而增加的速度比较缓慢，小于其他箍筋拉应力增加的速度。

在加荷初期，混凝土斜裂缝出现以前，箍筋的应变变化基本一致，随着荷载的增加呈线性增长，应力的增长速率较慢。这是因为斜裂缝出现前，箍筋和混凝土共同承担剪力且较大部分的剪力由混凝土承担；斜裂缝出现后，混凝土退出工作，梁中出现了内力重分布。斜裂缝穿过箍筋，原先混凝土承担的剪力转移到箍筋上，箍筋承担了大部分的剪力，因此在箍筋的应力曲线上出现突变，出现了一个较大的增长。斜裂缝出现后，一段较长加载阶段内，箍筋的受力进入一个稳定的阶段，箍筋的应力与荷载成线性增长，进入稳定阶段后的箍筋应力增长的速度要大于斜裂缝出现前箍筋应力增长的速度。但对于不同的梁或不同的箍筋的位置，其应力增长速度也不完全一样。相对来说，剪跨比较大，配箍率较低，箍筋位置接近剪跨区中部的情况下，箍筋应力增长得较快。

由试验现象中观察到箍筋的破坏形态发现，箍筋的破坏不是在与斜裂缝相交处发生断裂的，而是在箍筋的底部角处发生断裂的，这是因为对于 FRP 箍筋，在转角处 FRP 筋的强度有一定程度的削弱。

7.3.4 混凝土梁斜裂缝的发展规律

在本试验中，试验梁 SB-1 由于剪跨比较小，剪跨段的混凝土一直处于受压状态，混凝土发生了斜压剪切破坏，斜裂缝多而细小，没有达到明显的破坏标志前剪跨区混凝土突然压碎破坏，而其他试验梁的斜裂缝均达到破坏的标志，即斜裂缝的宽度达到 1.5mm。若试验梁为剪切破坏，当加载到极限荷载 P_u的 10%左右时，先在跨中出现受弯裂缝。当荷载加载到 25%P_u～30%P_u时，以不同的方式出现斜裂缝，初始斜裂缝的大小为 0.02mm，在初始斜裂缝出现后，斜裂缝随着荷载的增加，长度和宽度出现缓慢的有规律的增加。当加载到 50%P_u时，斜裂缝的跨度达到 0.2mm，即混凝土构件正常使用所要求的裂缝宽度，随着荷载增加，裂缝的宽度和长度不断变大，然后出现连接支座和加载点的贯通主斜裂缝，最后主斜裂缝发展为临界裂缝而破坏。但对一些特殊的试验梁，由于初始受弯裂缝向加载点倾斜发展为弯剪斜裂缝时，裂缝的倾角较大，裂缝的发展速度较慢。当荷载加载到 60%P_u时会在梁的剪跨区的中部出现斜裂缝，此裂缝一出现，宽度就要比初始斜裂缝的宽度大一些，出现时跨度可达 0.05～1.0mm。随着荷载的增加，裂缝的宽度和长度均增加，向加载点和支座处延伸，形成了较长的剪压区，剪跨区的斜裂缝数量增多，斜裂缝式两侧的混凝土间的集料咬合力较小。当荷载加载到极限承载力 P_u时，斜裂缝进入剪压区，剪压区的混凝土在剪压符合应力下被剪坏，导致整个梁丧失承载力而破坏。

混凝土强度具有一定的离散性，在加载过程中剪跨段内梁两侧斜裂缝发展的规律大致相同，但斜裂缝的大小并不完全相同，因此，结合本文的试验数据，取相同加载荷载下的最大斜裂缝进行分析。

由图 7-50 和图 7-51 可得，在相同的荷载作用下，配箍率相同的梁的最大斜裂缝宽度随着剪跨比的增大而明显变大。主要原因是剪跨比的变化影响了试验梁的破坏形态。试验梁 SB-1 的破坏形态为斜压破坏，其最大斜裂缝随着荷载的增加而线性增加，但其增长的速率要低于剪压破坏的试验梁 SB-2，更低于斜拉破坏的试验梁 SB-3 和 SB-4。因为斜压破坏表现为混凝土的压坏，斜裂缝的增加一直比较稳定，剪压破坏的试验梁 SB-2 斜裂缝出现后相当长的一段范围内最大斜裂缝随着荷载的增加呈线性增加，当试验梁临界破坏时，最大的斜裂缝有个显著的突增。而对于斜拉破坏的试验梁 SB-3 和 SB-4，斜裂缝一出现就随着荷载的增加显著变宽。

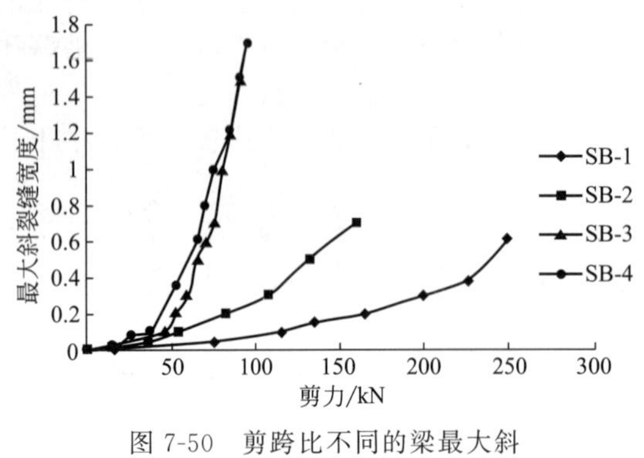

图 7-50 剪跨比不同的梁最大斜裂缝-剪力的关系

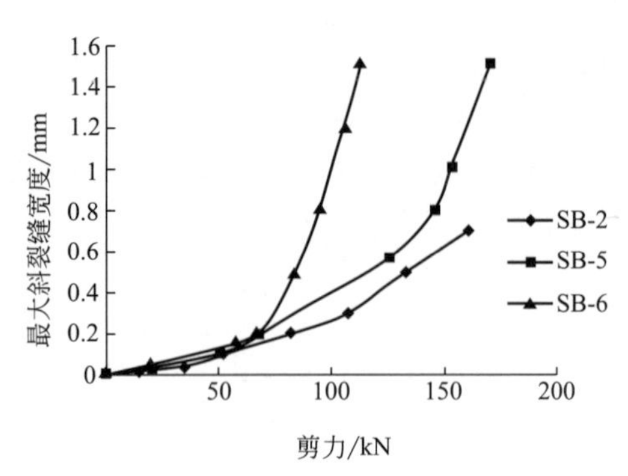

图 7-51 配箍率不同混凝土梁最大斜裂缝-剪力的关系

剪跨比相同的试验梁最大斜裂缝宽度在相同荷载作用下，随着配箍率的增加呈减小的趋势，高的配箍率对延迟斜裂缝的出现没有重大影响，但斜裂缝出现后，高的配箍率的在相同荷载下，箍筋的应力较小，并且高的配箍率对混凝土有很好的约束，能增大其变形，这样可以抑制斜裂缝的增加。

7.3.5 梁破坏特征和受剪承载力

6 根混凝土梁的实测极限受剪承载力及破坏形态见表 7-3。

表 7-3 6 根混凝土梁的实测极限受剪承载力及破坏形态

混凝土梁	λ	ρ/%	P_u/kN	破坏形态
SB-1	1	0.25	317.0	斜压破坏
SB-2	2	0.25	157.0	剪压破坏
SB-3	3	0.25	102.5	斜拉破坏
SB-4	4	0.25	97.5	斜拉破坏
SB-5	2	0.38	185.0	剪压破坏
SB-6	2	0.19	102.5	剪压破坏

注：ρ 为箍筋的配箍率，$\rho=A_{sv}/(bs)$，b 为梁横截面宽度，s 为箍筋间距。

试验设计是以考虑剪跨比和配箍率为主要变量，在试验时可以观察到这两种变量对试验梁破坏形态有明显的影响，因此剪跨比和配箍率是影响梁抗剪破坏特征的重要因素（图 7-52 和图 7-53）。本试验中梁的破坏形态也分为斜压破坏、剪压破坏和斜拉破坏三种。

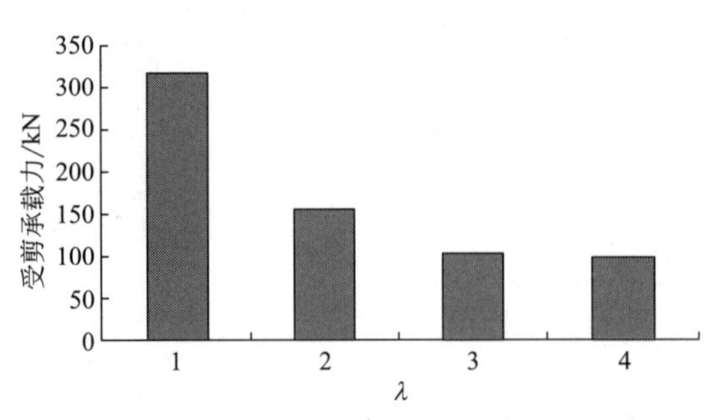

图 7-52 梁的受剪承载力与剪跨比的关系

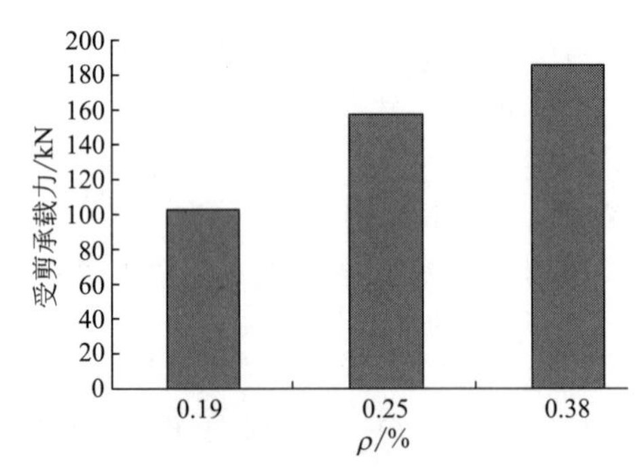

图 7-53 梁的受剪承载力与配箍率的关系

（1）斜压破坏 本试验中混凝土梁 SB-1（$\lambda=1$，$\rho=0.25\%$）发生了斜压破坏，集中荷载离支座较近，剪跨间的主压应力较大。在试验的过程中梁腹部出现若干条的斜裂缝，并且大致相平行，裂缝的方向与支座和加载点的连线基本一致，随着荷载的增加向支座和加载点延伸，梁腹的混凝土被这些小的斜裂缝分割，同时表面有混凝土脱落，表现出一定的斜压破坏特征，加载点处的混凝土具有明显的压碎现象，见图 7-33。梁的破坏时，剪跨段内的混凝土被许多大致平行的斜裂缝分割而破坏，并有明显的临界斜裂缝。随着荷载的增加，能听到梁里面纤维断裂的声音，最后由于剪跨段的箍筋断裂，然后混凝土被压碎而破坏。此类梁的抗剪承载力取决于混凝土的抗压强度。

（2）剪压破坏　本试验中混凝土梁 SB-2（$\lambda=2$，$\rho=0.25\%$）、SB-5（$\lambda=2$，$\rho=0.38\%$）和 SB-6（$\lambda=2$，$\rho=0.19\%$）都发生的剪压破坏。在剪跨段由梁的底部的受弯裂缝发展而成的斜裂缝，随着荷载的增加逐渐向剪跨区延伸，最后发展成一条连接支座和加载点的主斜裂缝。主斜裂缝形成以后，由于箍筋的作用，限制了裂缝的迅速发展，箍筋承担了相当大的剪力，混凝土梁可以继续承载。临界斜裂缝将混凝土梁分为两部分，裂缝两侧的混凝土发生明显的错动。

由于混凝土是脆性材料，混凝土的斜裂缝一旦形成就发展得很快。但是当发展到加载点的下面时，由于受到集中力的影响难以再向上继续发展，这样在加载点的下面就形成一个具有一定高度的剪压区。剪压区的混凝土处于复合应力状态，一个是剪应力，一个是加载点处集中荷载造成的局部竖向压应力，另一个是由于弯矩的作用为了维持正截面的平衡产生的水平压应力。由材料力学的知识可知，双向受压的混凝土单元较单向受压的混凝土单元有较高的受剪承载力，这样可以提高混凝土梁的受剪承载力。文献研究表明，这种双向受压可引起承载力提高10%左右。梁的受剪承载力取决于混凝土的抗拉强度和剪压区混凝土的复合受力状态。

（3）斜拉破坏　本试验中混凝土梁 SB-3（$\lambda=3$，$\rho=0.25\%$）和 SB-4（$\lambda=4$，$\rho=0.25\%$）在加载的过程中剪跨段出现受弯裂缝。随着荷载的增加，受弯裂缝向加载点倾斜，发展为弯剪斜裂缝，其中的一条弯剪斜裂缝迅速发展成为临界斜裂缝，在加载处混凝土无压碎的现象，在梁的底部的混凝土顺筋脱落。

混凝土梁 SB-3 和 SB-4 具有较大的剪跨比，在相同的荷载作用，具有较大的弯矩，进而混凝土受到了较大的正应力。由于正应力与剪应力的比值（σ/τ）较大，当混凝土的主拉应力产生的拉应变超过混凝土的极限拉应变时，即将出现裂缝，并迅速向受压边延伸，由于此时加载点的压应力较小，不能形成有效的约束，因此，斜裂缝迅速地延伸到梁顶。最后箍筋断裂，剪跨段的混凝土被斜向拉坏。此类破坏形态的承载力也取决于混凝土的抗拉强度。

配箍率与剪跨比对受剪承载力和破坏形态的影响主要表现下面几个方面。随着剪跨比的增大，梁的承载力显著降低。这是因为随着剪跨比的增大，由于梁的破坏机理不同，剪跨比小时（$\lambda<1$），在剪跨段，主压应力起控制作用，这时梁的破坏是斜压破坏，梁的受剪承载力取决于混凝土的抗压强度；剪跨比适中时（$1<\lambda<3$），当斜裂缝出现后，在梁中有明显的拱作用，梁是剪压破坏，此时梁的受剪破坏承载力处于剪压区混凝土在复合应力下的受力状态；剪跨比较大时（$\lambda>3$），在梁中主压应力起控制作用，梁的破坏是斜拉破坏，此类破坏的梁的受剪承载力取决于混凝土的抗拉强度。高的配箍率能够有效约束混凝土的变形，使剪压区的混凝土处于三向受压的状态，提高了混凝土的抗压强度，使梁呈现出明显剪切破坏的特征，这时梁的受剪承载力就较高。

7.4 FRP 箍筋钢筋混凝土梁受剪承载力的计算

7.4.1 FRP 箍筋混凝土梁的抗剪机理

普通钢筋混凝土梁的抗剪承载力的贡献由以下几个部分组成：①剪压区未开裂的混凝土

的贡献，这部分在梁的抗剪贡献中占的比例最大；②纵向受拉钢筋的销栓作用；③集料之间的咬合作用力；④未完全开裂的混凝土的拉应力；⑤剪压区的混凝土和纵向受拉钢筋组成的拱作用；⑥箍筋的作用。同样，在FRP箍筋混凝土梁的抗剪承载力中也包含这几种力，只是可能每部分力所占的比重有所变化。现在各国计算公式中关于箍筋对抗剪承载力的贡献有明确的计算公式，而前五项的对抗剪承载力的贡献由于各国所采用的计算模型不同，得到的表达式各不相同，在计算公式中把它们归结为混凝土项的贡献。

7.4.2 各国规范中梁受剪承载力计算公式的比较

（1）我国混凝土规范受剪承载力设计公式　《混凝土结构设计规范》（GB 50010—2010）规定：对集中荷载作用下简支梁的受剪承载力的计算公式为

$$V \leqslant \frac{1.75}{\lambda+1} f_t b h_0 + f_{yv} \frac{A_{sv}}{s} h_0 \tag{7-1}$$

式中　λ——计算截面的剪跨比，可取 $\lambda = a/h_0$，当 $\lambda < 1.5$ 时，取 $\lambda = 1.5$；当 $\lambda > 3$ 时，取 $\lambda = 3$。

（2）美国规范（ACI 318—08）　美国规范受剪承载力设计公式为

$$V_{cs} = \phi V_n \tag{7-2}$$

$$V_c = 0.166\lambda \sqrt{f'_c} b_w d \tag{7-3}$$

$$V_s = \frac{A_v f_y d}{s} \tag{7-4}$$

式中　ϕ——受剪承载力折减系数，取为0.75；

V_c——腹筋构件承载力；

f'_c——圆柱体抗压强度；

b_w——腹板宽度或圆形截面直径；

d——界面的有效高度；

A_v——同一横截面处箍筋截面面积；

s——沿构件长度方向的箍筋间距；

f_y——钢筋的屈服强度。

公式上限为

$$V_c \leqslant 0.291\phi \sqrt{f'_c} b_w d \tag{7-5}$$

$$V_s \leqslant 0.665 \sqrt{f'_c} b_w d \tag{7-6}$$

公式下限为

$$A_v = 0.062 \sqrt{f'_c} \frac{b_w s}{f_y} \tag{7-7}$$

（3）欧洲规范（EN 1992-1-1）　有腹筋构件受剪承载力为（取两者较小值）

$$V_{Rd,max} = \alpha_{cw} \nu_1 f_{cd} b_w z \frac{\cot\theta + \cot\alpha}{1 + \cot\theta^2} \tag{7-8}$$

$$V_{Rd,s} = \frac{A_{sw} f_{ywd} z}{s} (\cot\theta + \cot\alpha) \sin\alpha \tag{7-9}$$

式中　A_{sw}——箍筋的截面面；

b_w——拉杆和压杆的最小宽度；

z——对于高度不变的构件为所考虑单元最大弯矩的内力臂，近似取0.9d；

ν_1——$\nu_1 = 0.6\left(1 - \frac{f_{ck}}{250}\right)$；

$\cot\theta$——建议 $1\leqslant\cot\theta\leqslant2.5$。

公式上限为

$$\rho_{sw,max}=\frac{A_{sw}}{b_s s}=\frac{1}{2}\times\frac{\alpha_{cw}\nu_1 f_{cd}}{\sin\alpha f_{ywd}} \tag{7-10}$$

公式下限为

$$\rho_{sw,min}=\frac{A_{sw}}{b_s s}=\frac{0.08\sqrt{f_{ck}}}{f_{yk}} \tag{7-11}$$

(4) 澳大利亚规范 (AS 3600—2001)　澳大利亚规范受剪承载力设计公式按下式进行计算。

$$V=\phi V_u=\phi(V_{uc}+V_{us}) \tag{7-12}$$

$$V_{uc}=\beta_1\beta_2\beta_3 b_v d_0\left(\frac{A_{st}f'_c}{b_v d_0}\right)^{\frac{1}{3}} \tag{7-13}$$

$$V_{us}=\frac{A_{sv}f_{sy,f}d_0}{s}(\sin\alpha_v\cot\theta_v+\cos\alpha_v) \tag{7-14}$$

式中　ϕ——强度因子，对于剪切取 0.7；

β_1——$\beta_1=1.1\times\left(1.6-\frac{d_0}{1000}\right)\geqslant1.1$；

β_2——$\beta_2=2$；

β_3——$\beta_3=1$ 或 $\beta_3=2\frac{d_0}{\alpha_v}\leqslant2$；

A_v——纵筋面积；

α_v——箍筋与纵筋之间的角度；

θ_v——混凝土压杆与水平方向之间的角度，通常取 45°。

公式上限为

$$V_{u,max}\leqslant0.2f'_c b_v d_0 \tag{7-15}$$

公式下限为

$$A_{sv,min}=0.35\frac{b_v s}{f_{sy,f}} \tag{7-16}$$

(5) 英国规范 (BS 8110—97)　在遵守欧洲规范同时，英国根据自己国家的实际情况，使用以下受剪承载力设计公式。

$$V_{cs}=V_c+V_s \tag{7-17}$$

$$V_c=\left[0.79\frac{\left(\frac{100A_s}{b_v d}\right)^{\frac{1}{3}}\left(\frac{400}{d}\right)^{\frac{1}{4}}}{R_m}\right]\left(\frac{f_{cu}}{25}\right)^{\frac{1}{3}}b_v d \tag{7-18}$$

$$V_s=\frac{(0.95f_{yv})A_{sv}d}{s} \tag{7-19}$$

式中　f_{yv}——钢筋的标准强度；

f_{cu}——混凝土立方体抗压强度；

R_m——材料分项系数，取 1.25；

$\frac{100A_s}{b_v d}$——纵筋率，且取值≥1；

$\frac{400}{d}$——截面高度修正系数，且取值≥1。

公式上限：$V=\min\{0.8f_{cu}^{1/2}$ 和 5MPa$\}$。

公式下限：$0.5V_c \leqslant V \leqslant V_c+0.4$ 时，梁配最少箍筋。

$$A_{sv} \geqslant \frac{0.4b_v S_{v0}}{0.95f_{yv}} \tag{7-20}$$

公式中的取值水平：若取 $f_t=0.23f_{cu}^{0.23}$，$0.8 \leqslant \rho \leqslant 3$，则有

$$V_c=(0.492:0.535)f_t bh_0 \tag{7-21}$$

（6）德国混凝土结构设计规范（D1045-1） 有腹筋钢筋混凝土梁的计算是建立在变角度桁架模型的基础上的公式，由混凝土项与钢筋项组成。

混凝土项为

$$V_{Rd,c}=[0.1\eta_1\beta_{ct}f_{ck}^{\frac{1}{3}}(1-1.2\frac{\sigma_{cd}}{f_{cd}})]b_w z \tag{7-22}$$

钢筋项为

$$V_{Rd,sy}=\frac{A_{sw}}{S_w}f_{yd}z\cot\theta \tag{7-23}$$

式中 f_{yd}——钢筋的屈服强度设计值，等于 $0.8f_{yk}$；

A_{sw}——同截面箍筋面积；

f_{ck}——混凝土圆柱体抗压强度标准值；

b_w——横截面受拉面积区最小宽度；

z——桁架模型计算高度，等于 $0.9d$；d 为梁截面有效高度；

S_w——箍筋间距。

（7）加拿大混凝土结构设计规范（CSA A23.3-04）

$$V_r=V_s+V_c+V_p \tag{7-24}$$

$$V_c=\phi_c\lambda\beta\sqrt{f_c'}b_w d_v \tag{7-25}$$

$$V_s=\frac{\phi_s A_v f_y d_v\cot\theta}{s} \tag{7-26}$$

公式使用范围如下。

钢筋最大抗剪力为

$$V_{r,max}=0.25\phi_c f_c' b_w d_v+V_p \tag{7-27}$$

最小配箍率为

$$A_{v,min}=0.06\sqrt{f_c'}\frac{b_w}{f_y} \tag{7-28}$$

式中 f_c'——圆柱体抗压强度；

λ——轻质混凝土修正系数；

b_w——构件截面宽度；

d_v——构件有效截面高度；

ϕ_c——混凝土抗力因子取 0.65；

ϕ_s——钢筋抗力因子取 0.85；

A_v——箍筋面积；

f_y——受剪钢筋屈服强度；

θ——斜向受压混凝土与纵轴的倾角，$\theta=29+7000\varepsilon_x$。

7.4.3 各国规范所考虑的因素比较

由以上的公式比较可得，尽管各国规范采用的受剪承载力的计算模型不同，但受剪承载

力的表达式基本类似，都是混凝土承担的剪力和箍筋承担的剪力之和的形式。混凝土项计算时包括混凝土的强度等级和构件的界面尺寸；箍筋项的计算包括箍筋的强度和箍筋的配箍特征值。表 7-4 给出了各国规范抗剪承载力计算时所考虑的因素的对比。

表 7-4　各国规范抗剪承载力计算时所考虑的因素的对比

规范名称	混凝土强度	剪跨比	纵筋率	尺寸效应
中国规范(GB 50010—2010)	f_t	集中荷载时考虑		
美国规范（ACI 318—08）	$(f'_c)^{\frac{1}{2}}$	√		
欧洲规范（EN 1992-1-1）	f_t		√	√
德国规范（D 1045-1）	f'_c			
英国规范（BS 8110—97）	$\left(\frac{f_{cu}}{25}\right)^{\frac{1}{3}}$		√	√
澳大利亚规范（AS 3600—2001）	$(f'_c)^{\frac{1}{3}}$	√	√	
加拿大规范（CSA A23. 3-04）	$(f'_c)^{\frac{1}{2}}$	√		√

注：“√”表示考虑了该项因素。

7. 4. 4　FRP 箍筋钢筋混凝土梁受剪承载力计算公式

有腹筋钢筋混凝土梁的受剪机理比较复杂，各国进行了大量的试验，提出多种不同的计算模型，并依据各自的模型提出了计算公式。我国规范将有腹筋钢筋混凝土构件的受剪承载力分为混凝土承担的部分和箍筋承担的部分，其中混凝土承担的部分与无腹筋梁混凝土的计算公式相同，而钢筋承担的部分则根据桁架模型确定，通过对试验数据的回归分析确定受剪承载力计算公式中的系数，属于半理论半经验公式。有腹筋梁斜截面的计算简图如图 7-54 所示。

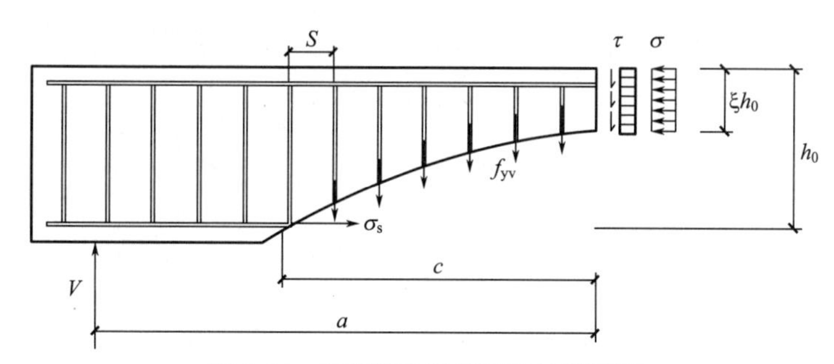

图 7-54　有腹筋梁斜截面的计算简图

我国规范中规定，在计算混凝土梁斜截面的承载力时，采用桁架模型进行推导时假定与斜裂缝相交的箍筋全部屈服，但由试验现象可知，与斜裂缝相交的箍筋并不是全部屈服的。因此，结合本试验的数据，对我国混凝土规范中关于梁斜截面的计算公式中的箍筋项进行修正，在箍筋项增加折减系数 β，作为本章 GFRP 箍筋混凝土梁受剪承载力的计算公式。

$$V_u=\frac{1.75}{\lambda+1}f_t bh_0+\beta f_{fd}\frac{h_0}{s}A_{sv} \tag{7-29}$$

式中　f_{fd}——FRP 筋的极限抗拉强度。

当 $\lambda<1.5$ 时，取 $\lambda=1.5$；当 $\lambda>3$ 时，取 $\lambda=3$。

由于我国混凝土梁受剪承载力公式的得出，是采用大量试验数据的下包线，采用这个公式计算混凝土项的承载力时过于保守。这里根据文献给出的无腹筋梁斜截面受剪承载力的回归公式 $V_c=\frac{0.34+3\rho}{\lambda+3.4}f_c bh_0$，结合本试验的数据得出 β 的均值为 0.72，因此，在 GFRP 箍筋梁抗剪承载力计算时，建议取值为 0.72。

因此，GFRP 箍筋混凝土梁的受剪承载力计算公式为

$$V_u=\frac{1.75}{\lambda+1}f_t bh_0+0.72f_{fd}\frac{h_0}{s}A_{sv} \tag{7-30}$$

表 7-5　本公式计算值与试验值比较

梁号	计算值(V_{cal})	试验值(V_t)	比值(V_{cal}/V_t)
SB-1	132.0	317.0	2.40
SB-2	117.8	157.0	1.30
SB-3	100.0	102.5	1.03
SB-4	100.0	97.5	0.98
SB-5	141.1	185.0	1.31
SB-6	98.6	102.5	1.04

由表 7-5 可以看出，有本公式所得的计算承载力与试验承载力较吻合，全部构件比值的平均值为 1.21，且计算值小于试验值，由此公式得到的数据具有一定的安全储备，因此本公式可以作为集中荷载作用下 FRP 筋混凝土梁受剪承载力的计算公式。

第 8 章 GFRP筋混凝土圆形截面梁的承载力

8.1 研究内容

本章在初步确定 GFRP 筋混凝土矩形截面梁设计参数和设计方法的基础上，对 GFRP 筋混凝土圆形截面梁进行试验研究，在相同的试验条件下，对比钢筋和 GFRP 筋混凝土圆形截面梁，分析其正截面承载力、斜截面承载力、变形和破坏过程，探讨相关设计参数和设计方法。此外，通过对试验数据的分析，参照现行钢筋混凝土圆形截面梁承载力的计算方法，提出 GFRP 筋混凝土圆形截面梁的承载力计算公式。主要研究内容如下。

① 进行钢筋混凝土圆形截面梁和 GFRP 筋混凝土圆形截面梁的正截面受弯试验，分析其承载力、变形和破坏情况。

② 进行 GFRP 筋混凝土圆形截面梁的承载力影响因素分析，提出 GFRP 筋混凝土圆形截面梁的正截面承载力和斜截面承载力的计算方法。

8.2 试验概况

8.2.1 试件尺寸与配筋

（1）圆形梁正截面受弯性能试件　圆形截面直径为 300mm，构件长度为 2000mm。主筋配筋形式为 10ϕ10、8ϕ12 两种类型，沿圆周均匀布置，钢筋箍筋采用直径为 6mm 的光圆钢筋，GFRP 筋箍筋采用直径为 10mm 的螺旋箍筋，保护层厚度为 21mm。

（2）圆形梁斜截面受剪性能试件　截面直径为 300mm，长度为 1200mm。主筋配筋形式 12ϕ12、14ϕ12、16ϕ12 三种类型，沿圆周均匀布置，钢筋箍筋采用直径为 8mm 的光圆钢筋，GFRP 筋箍筋采用直径为 12mm 的螺旋箍筋，保护层为 25mm。所有试件的混凝土等级为 C30，浇筑形式为沿圆形模板立式浇筑，在自然条件下养护 28d。试件制作过程如图 8-1 和图 8-2 所示，主要设计参数见表 8-1 和表 8-2。

表 8-1　受弯试件主要参数表

试件组号	主筋类型	主筋面积	主筋配筋率/%	箍筋类型	箍筋间距/mm
D1	钢筋	10ϕ10	1.04	钢筋	130
D2	GFRP 筋	10ϕ10	1.04	钢筋	130

续表

试件组号	主筋类型	主筋面积	主筋配筋率/%	箍筋类型	箍筋间距/mm
D3	GFRP 筋	8ϕ12	1.22	GFRP 筋	45
D4	GFRP 筋	8ϕ12	1.22	GFRP 筋	95

表 8-2 受剪试件主要参数表

试件	主筋	主筋	主筋/%	箍筋	试件/mm	箍筋间距/mm
D5	钢筋	12ϕ12	1.92	钢筋	1200	60
D6	GFRP 筋	12ϕ12	1.92	GFRP 筋	1200	60
D7	钢筋	16ϕ12	2.56	钢筋	1200	45
D8	GFRP 筋	16ϕ12	2.56	GFRP 筋	1200	50
D9	钢筋	14ϕ12	2.24	钢筋	1200	50
D10	GFRP 筋	14ϕ12	2.24	GFRP 筋	1200	55
D11	钢筋	14ϕ12	2.24	无	1200	无
D12	GFRP 筋	14ϕ12	2.24	无	1200	无
D13	钢筋	14ϕ12	2.24	无	900	无
D14	GFRP 筋	14ϕ12	2.24	无	900	无
D15	钢筋	14ϕ12	2.24	无	750	无
D16	GFRP 筋	14ϕ12	2.24	无	750	无

图 8-1 GFRP 筋骨架

图 8-2 GFRP 筋试件

8.2.2 加载方式

试验在 5000kN 压力机上进行，通过 2 个压力传感器读取荷载的变化。试验过程中随时用读数显微镜观察出现的裂缝。应力的量测采用电阻式应变计，跨中挠度和裂缝的发展用电阻式位移计量测，两者的数据通过静态电阻应变仪传输到计算机。全部试验数据可实现自动采集。试验过程中，以 0.3～0.5MPa/s 的加载速率进行加载。当压力机加载到接近初步计算的理论开裂荷载值时降低加载速率，仔细观看裂缝的发展情况并记录实际开裂荷载值。之后加载速率可恢复到正常均速，直到接近极限设计荷载附近时，又降低加载速率，观察试验梁的破坏状况。

8.2.3 破坏形态

（1）受弯试件破坏形态　如图 8-3(a)～(d) 所示为各试件的裂缝形态。在加载过程中，跨中纯弯段偏右集中荷载下圆形梁的底部首先出现裂缝。随着荷载的增加，在圆形梁纯弯段的底部逐渐出现 6～8 条裂缝，各条裂缝都是竖直向上发展的，没有发现斜裂缝。从裂缝的分布和破坏形态上来看，试件 D1 的裂缝较其他 3 个试件稍密，裂缝发展高度较低，且最大裂缝宽度较小，试件 D4 的裂缝宽度最宽。在试件 D1 破坏之前，试件的塑性变形急速发展，裂缝迅速扩展并向受压区延伸，受压区高度减小，受压区混凝土的应力不断增大。当荷载再稍增加至极限弯矩时，裂缝进一步极速开展，受压区混凝土边缘纤维应变达到混凝土的极限应变而发生破坏。试件 D2～D4 的破坏形态基本相同，但都与 D1 梁的破坏形态有所不同。GFRP 筋混凝土梁一旦开裂，其裂缝宽度就较大，同时裂缝延伸到较高位置，其原因是由于 GFRP 弹性模量相对较小、配筋率较低所致。同时，位于纯弯段的裂缝尽管初期开裂后发展

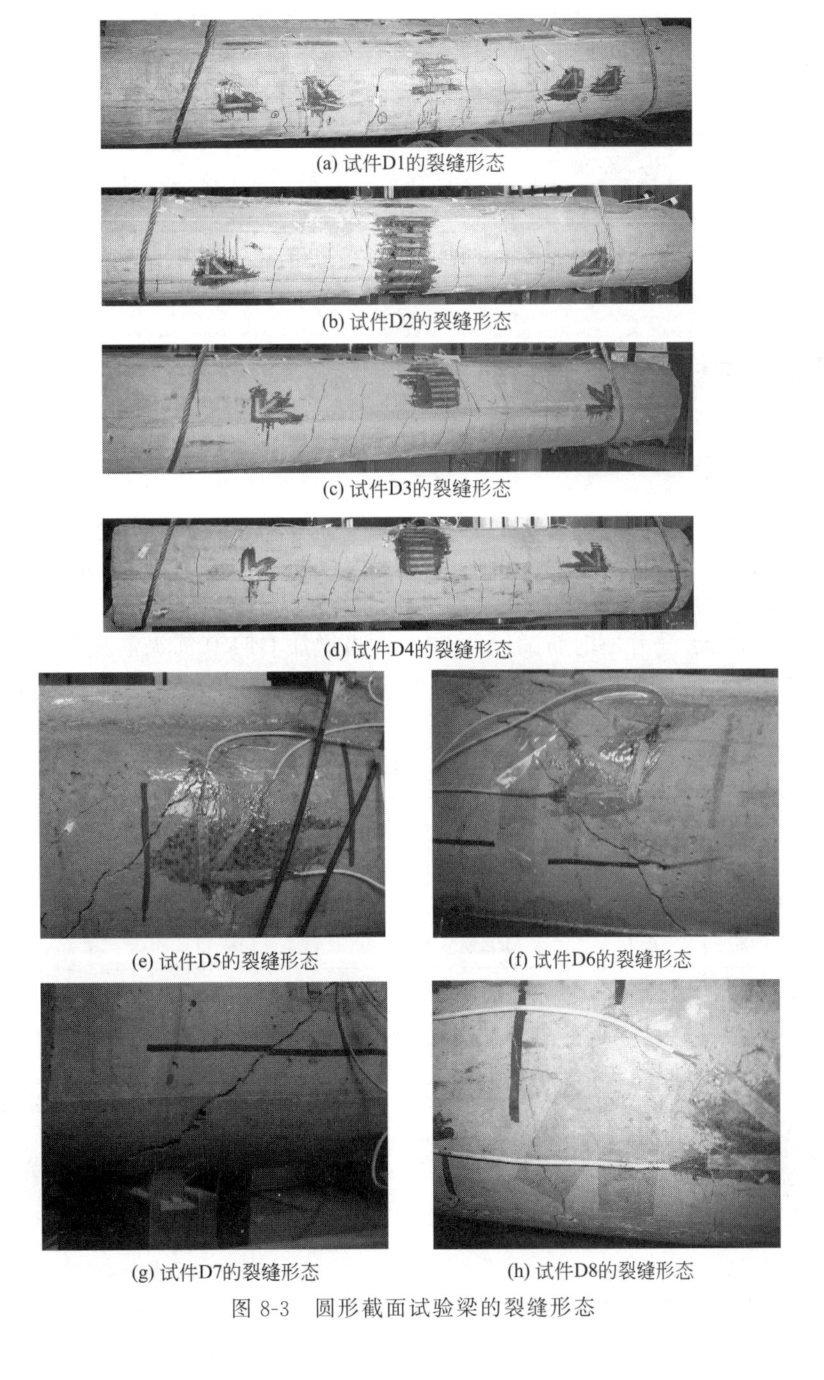

(a) 试件D1的裂缝形态

(b) 试件D2的裂缝形态

(c) 试件D3的裂缝形态

(d) 试件D4的裂缝形态

(e) 试件D5的裂缝形态

(f) 试件D6的裂缝形态

(g) 试件D7的裂缝形态

(h) 试件D8的裂缝形态

图 8-3　圆形截面试验梁的裂缝形态

很高，但随后向受压区发展的速度减缓。GFRP筋混凝土梁开裂以后直至破坏的过程中，随着荷载的逐级增加，中和轴高度不断上升，挠度持续发展。GFRP筋混凝土梁的受弯破坏为GFRP筋的拉断破坏，破坏时较为突然，GFRP筋混凝土梁的裂缝宽度明显比钢筋混凝土梁的裂缝要宽。

(2) 受剪试件破坏形态　如图8-3(e)～(h)所示为各组试件的裂缝形态。第二批试件的剪跨比明显比第一批试件的剪跨比小，其破坏形式表现为沿着斜裂缝的脆性剪切破坏。GFRP箍筋混凝土梁的抗剪性能与钢箍筋混凝土梁的抗剪性能类似。在加载过程中，跨中附近首先出现竖向裂缝，随着荷载的增加，在圆形梁的底部出现4～5条裂缝。剪跨段也出现斜向发展的裂缝，斜裂缝的发展方向是从支座位置成45°斜向上发展（D8除外），斜裂缝到梁中部后发展很慢，经历一个较长的加载过程后才继续向上发展。在斜裂缝截面上，拉力全部由与斜裂缝相交的钢筋承担，与斜裂缝相交的箍筋应力突增，应变增大，使裂缝扩展，导致斜裂缝末端的剪压区面积减小，剪压区的复合压应力增大，这时剪压区处于复杂应力状态。当接近极限荷载时，斜裂缝迅速发展直到贯通，随后试件破坏。试件破坏均为斜裂缝引起的脆性剪切破坏，具有较大的突然性。对于D8试件，由于其纵筋和箍筋都采用GFRP筋，且纵筋配筋率达到了2.56%，箍筋间距为50mm，因此，其裂缝形态与传统的钢筋混凝土梁有较大不同，其剪跨段斜裂缝与水平方向的倾斜角达到了60°。

8.3 圆形梁的正截面受弯性能

8.3.1 试验结果

受弯试件的试验结果如表8-3、图8-4和图8-5所示，可以发现，试件D1的开裂荷载最大，试件D3比试件D4的开裂荷载大。说明钢筋混凝土圆形截面梁比GFRP筋圆形截面梁的抗裂性好；随着螺旋箍筋间距的增加，试件的开裂荷载有所降低。当配筋面积相同时，GFRP筋试件的极限承载力是钢筋试件的78%，当增加GFRP筋纵筋配置数量和箍筋数量时，极限承载力有所增加。相同配筋面积的GFRP筋试件，减小箍筋间距时可提高极限承载力。

表8-3　受弯试件主要试验结果

试件编号	主筋类型	主筋面积/mm²	箍筋类型	箍筋间距/mm	开裂荷载/kN	极限荷载/kN	相对极限承载力
D1	钢筋	10ϕ10	钢筋	130	51.86	261.28	1.0
D2	GFRP筋	10ϕ10	钢筋	130	43.87	203.47	0.78
D3	GFRP筋	8ϕ12	GFRP筋	45	46.33	240.08	0.92
D4	GFRP筋	8ϕ12	GFRP筋	95	38.80	222.23	0.85

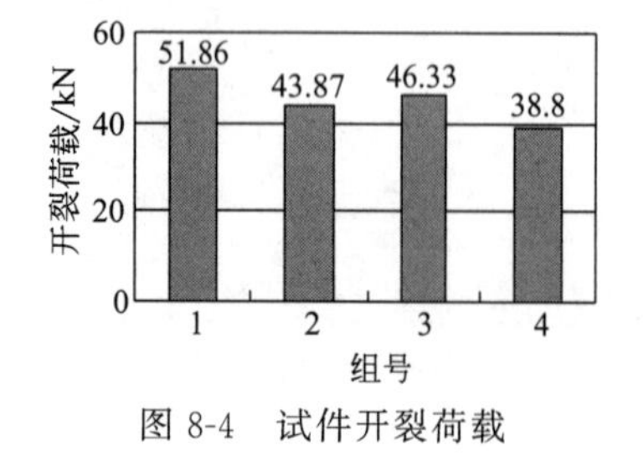

图8-4　试件开裂荷载

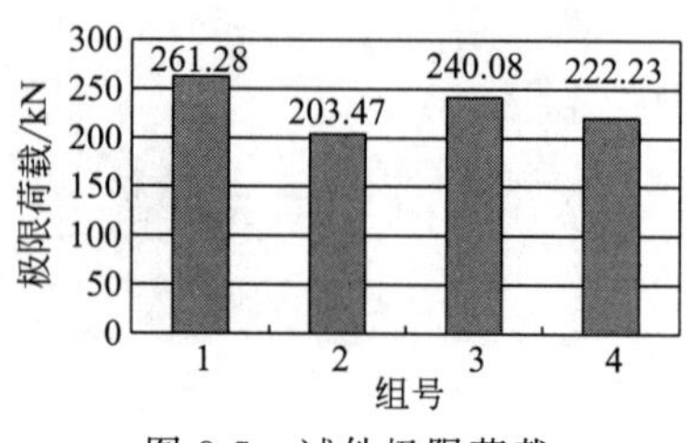

图8-5　试件极限荷载

8.3.2 承载力计算公式

（1）基本假定

① 截面应变保持平面。

② 不考虑混凝土的抗拉强度。

③ 混凝土受压应力-应变曲线参照《混凝土结构设计规范》。混凝土极限压应变 $\varepsilon_{cu}=0.0033$，受压区混凝土的应力图形采用等效矩形应力图形，等效混凝土抗压强度设计值为 $\alpha_1 f_c$，等效受压区高度 x 与实际受压区高度 x_a 的比值为 0.8。

④ GFRP 筋应力取等于 GFRP 筋应变与弹性模量的乘积，但其绝对值不大于相应的强度设计值。

（2）基本公式　参照混凝土结构设计规范中的相关规定，GFRP 筋混凝土圆形截面梁的正截面受弯承载力计算公式如下。

$$
\begin{aligned}
&\alpha\alpha_1 f_c A\left(1-\frac{\sin 2\pi\alpha}{2\pi\alpha}\right)+(\alpha-\alpha_t) f_{fu} A_f=0 \\
&M=\frac{2}{3}\alpha_1 f_c A r\frac{\sin^3\pi\alpha}{\pi}+f_{fu} A_f r_s\frac{\sin\pi\alpha+\sin\pi\alpha_t}{\pi}
\end{aligned}
\tag{8-1}
$$

式中　A——圆形截面面积；

A_f——全部纵向钢筋的截面面积；

r——圆形截面的半径；

r_s——纵向钢筋重心所在圆周的半径；

α——对于受压区混凝土截面面积的圆心角（rad）与 2π 的比值；

α_t——纵向受拉 GFRP 筋与全部纵向 GFRP 筋截面面积的比值，$\alpha_t=1.25-2\alpha$，当 $\alpha>0.625$ 时，取 $\alpha_t=0$。

式（8-1）中有 3 个未知数，即 A_f、α 和 α_t，要求解这 3 个未知数是比较麻烦的。本文采用了一些文献中建议的简化公式，同时对试验模型的受压区高度进行了一定的统计，将得到的 α 与简化公式计算进行了比较。

（3）公式的适用条件　试验过程中表现出圆形 GFRP 筋混凝土梁在弯曲破坏时，由于玻璃 GFRP 筋材没有屈服破坏阶段，位于距离中和轴不同位置的 GFRP 筋不可能同时达到极限强度，特别是部分筋材配置于中和轴附近，也即最外侧 GFRP 筋脆断时，其内的 GFRP 筋没有充分发挥其抗拉强度，即试件已经破坏。

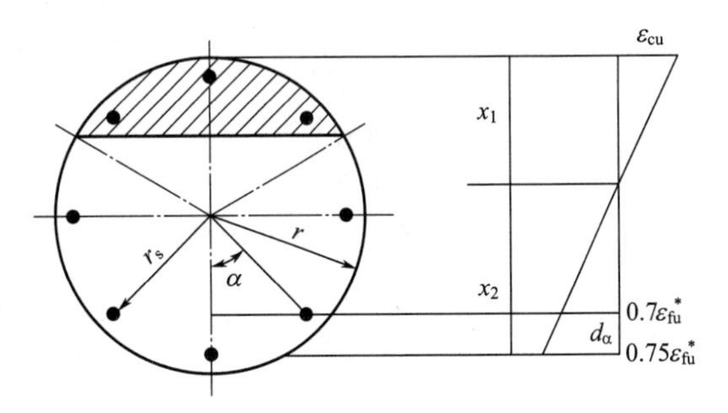

图 8-6　确定 GFRP 筋数量的应变状态

考虑受拉区 GFRP 筋应变达到 $0.75\varepsilon_{fu}^*$ 时，其上排 GFRP 筋应变刚好达到 $0.7\varepsilon_{fu}^*$，其中 ε_{fu}^* 为 GFRP 筋的极限应变值，即保证有 3 根 GFRP 筋可几乎同时达到设计极限应变值。从而确定以上公式适用于截面内纵向 GFRP 筋的最小数量值。确定 GFRP 筋数量的应变状态如图 8-6 所示。

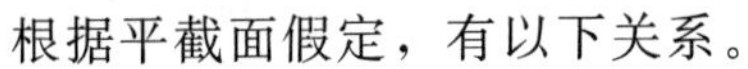
根据平截面假定，有以下关系。

$$
\frac{x_1}{x_2}=\frac{\varepsilon_{cu}}{0.75\varepsilon_{fu}^*}
$$

又因为 $x_1+x_2=r+r_s$，则可得 $x_2=\dfrac{r+r_s}{1+\dfrac{\varepsilon_{cu}}{0.75\varepsilon_{fu}^*}}$

则
$$d_\alpha=r-r_s\cos\alpha=(1-\frac{0.7\varepsilon_{fu}^*}{0.75\varepsilon_{fu}^*})x_2$$

所以
$$\alpha=\arccos\left(\frac{r+r_s}{r-r_s}\times\frac{0.067}{1+\dfrac{\varepsilon_{cu}}{0.75\varepsilon_{fu}^*}}\times\frac{180}{\pi}\right) \tag{8-2}$$

参照基本假设和《盾构可切削混凝土结构规程》，取

$$\varepsilon_{fu}^*=0.02, \varepsilon_{cu}=0.0033$$

① 考虑 $r=0.9r_s$，下侧受拉 GFRP 筋应变取 $0.75\varepsilon_{fu}^*$ 时，则 $\alpha=59.8°$。

② 考虑 $r=0.9r_s$，下侧受拉 GFRP 筋应变取 $0.73\varepsilon_{fu}^*$ 时，则 $\alpha=59.4°$

③ 考虑 $r=0.88r_s$，下侧受拉 GFRP 筋应变取 $0.75\varepsilon_{fu}^*$ 时，则 $\alpha=49.3°$

考虑③的情况，从而可以确定以上公式适用于截面内纵向 GFRP 筋最小数量值为 8 根。

上述分析表明，受拉区最外侧 GFRP 筋应变对 GFRP 筋最小根数的影响不大，假定合理。

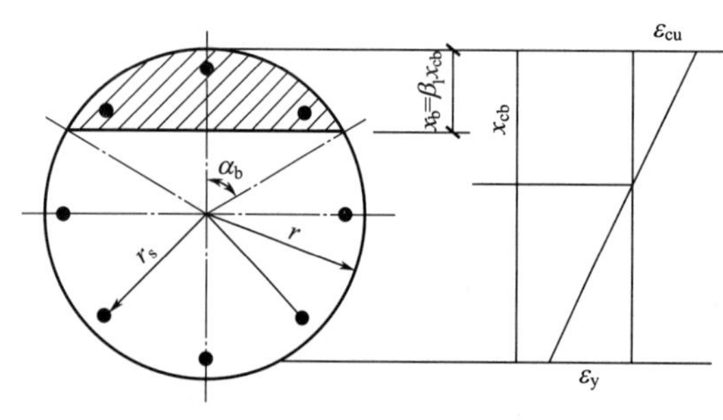

图 8-7　界限破坏时的应变状态

(4) 适筋截面的界限条件（界限受压圆心角的确定）　界限破坏时的应变状态如图 8-7所示，混凝土的极限应变为 ε_{cu}，混凝土的界限受压区高度为 x_b。则混凝土的实际界限受压区高度为 $x_{cb}=x_b/\beta_1$，GFRP 筋的极限应变为 $\varepsilon_y=f_y/E_s$，界限受压圆心角为 α_b。

为使底端受拉 GFRP 筋达到极限应变，根据平截面假定，有以下几何关系。

$$\frac{r+r_s}{\varepsilon_{cu}+\varepsilon_y}=\frac{x_{cb}}{\varepsilon_{cu}} \text{或} \frac{x_{cb}}{r+r_s}=\frac{\varepsilon_{cu}}{\varepsilon_{cu}+\varepsilon_y} \tag{8-3}$$

式中　x_{cb}——界限破坏时的实际受压区盖度；

ε_{cu}——混凝土受压区边缘纤维的极限压应变；

ε_y——受拉 GFRP 筋的极限应变，即 $\varepsilon_y=f_y/E_s$；

f_y——GFRP 筋的抗拉强度设计值；

r——圆形截面的半径；

r_s——纵向钢筋重心所在圆周的半径。

令 $\varepsilon_{ba}=\dfrac{x_{cb}}{r+r_s}$，将式(8-3) 代入，可得

$$\varepsilon_{ba}=\frac{1}{1+\dfrac{f_y}{\varepsilon_{cu}E_s}}$$

将式(8-3) 改写为

$$x_{cb}=\frac{r+r_s}{1+\dfrac{f_y}{\varepsilon_{cu}E_s}}$$

当截面应力分布简化为等效矩形应力图形时，界限破坏受压区高度 x_b 为 $x_b=\beta_1 x_{cb}$。

根据几何关系有 $x_b=r-r\cos\alpha_b$，则可以得到

$$\alpha_b=\arccos\left(r-\beta_1\frac{r+r_s}{1+\frac{f_y}{\varepsilon_{cu}E_s}}\right) \tag{8-4}$$

则 α_b 可以定义为界限受压圆心角。由此可知，当混凝土受压区高度对应的圆心角 α 大于界限受压圆心角 α_b 时，能保证受压侧混凝土先达到极限压应变，而不是受拉 GFRP 筋的拉断破坏。

式(8-4) 也可做如下推导。

令 $r_s=\beta_r r$，将式(8-3) 改写为

$$x_{cb}=\frac{r+r_s}{1+\frac{\varepsilon_{fu}}{\varepsilon_{cu}}}=r\frac{1+\beta_r}{1+\frac{\varepsilon_{fu}}{\varepsilon_{cu}}} \tag{8-5}$$

当简化为等效矩形应力图形时，界限破坏受压区高度 $x_b=\beta_1 x_{cb}$。

据几何关系有 $x_b=r-r\cos\alpha_b$。令两式相等，并经数学代换得

$$\alpha_b=\arccos\left(1-\beta_1\frac{1+\beta_r}{1+\frac{\varepsilon_{fu}}{\varepsilon_{cu}}}\right) \tag{8-6}$$

对于式(8-1) 中的第一项，当 α 为 α_b 且已知时，可得适筋配筋率。

$$\rho=\frac{A_f}{A}=\frac{\alpha\alpha_1 f_c\left(1-\frac{\sin2\pi\alpha}{2\pi\alpha}\right)}{(\alpha_t-\alpha)f_{fu}} \tag{8-7}$$

(5) 正截面承载力对比分析　根据前述计算公式计算各 GFRP 筋混凝土圆形截面梁的正截面受弯承载力，极限承载力的计算值和试验值的对比见表 8-4，可见计算结果和试验结果比较吻合。

表 8-4　受弯试件承载力

试件编号	主筋类型	主筋面积/mm²	箍筋类型	箍筋间距/mm	极限承载力/kN·m	计算承载力/kN·m	试验极限荷载/计算荷载
D2	GFRP 筋	10ϕ10	钢筋	130	39.0	37.79	1.03
D3	GFRP 筋	8ϕ12	GFRP 筋	45	45.4	41.12	1.10
D4	GFRP 筋	8ϕ12	GFRP 筋	95	42.1	41.12	1.02

8.4　斜截面受剪性能

8.4.1　试验结果

受剪试件的主要试验结果见表 8-5、图 8-8 和图 8-9。对于受剪试件，各试件在出现正截面裂缝后，开始出现斜裂缝。斜裂缝经历了开始发展较快、中间发展缓慢以及最后发展迅速三个阶段。对于研究的三种纵筋配筋率的试件，当纵筋截面积相同时，所有钢筋试件的开裂荷载都高于 GFRP 筋试件，说明纵筋的弹性模量对开裂荷载影响较大。另外，相同配筋面积时，GFRP 筋试件的极限承载力也相对较低，增大纵筋面积和减小箍筋间距都能提高构件的受剪承载力，但总体比较，GFRP 筋混凝土圆形截面构件和钢筋混凝土圆形截面构件的极限承载力相差不大。

表 8-5　受剪试件的主要试验结果

试件编号	主筋类型	主筋面积/mm^2	箍筋类型	箍筋间距/mm	开裂荷载/kN	极限荷载/kN	相对极限承载力
D5	钢筋	12ϕ12	钢筋	60	108.06	462.9	1.0
D6	钢筋	16ϕ12	钢筋	45	94.11	650.43	1.4
D7	GFRP 筋	12ϕ12	GFRP 筋	60	90.00	417.00	0.90
D8	GFRP 筋	16ϕ12	GFRP 筋	50	70.48	558.76	1.21
D9	钢筋	14ϕ12	钢筋	50	100.45	525.46	1.14
D10	GFRP 筋	14ϕ12	GFRP 筋	55	93.54	504.05	1.09

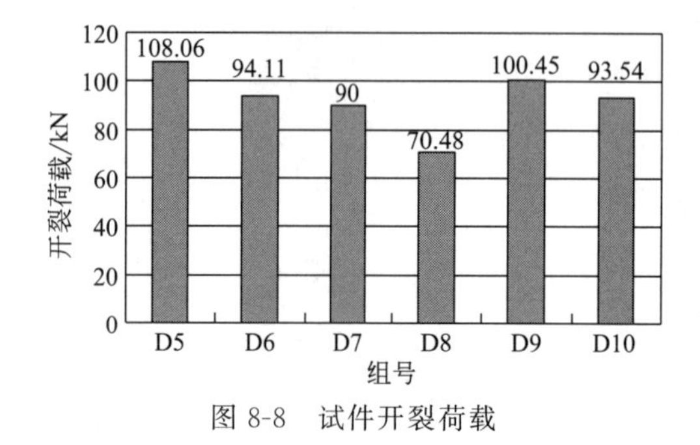

图 8-8　试件开裂荷载

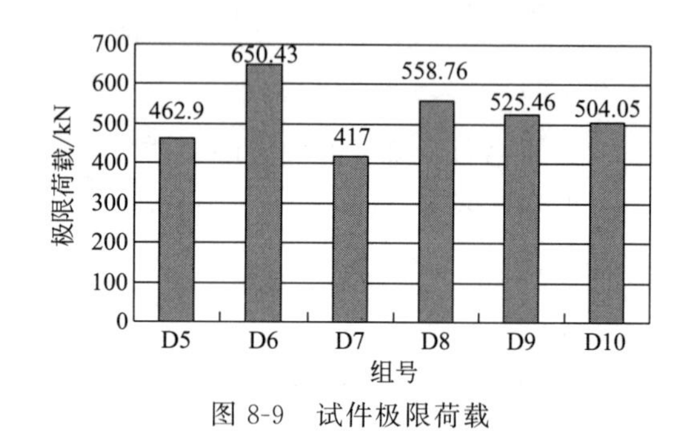

图 8-9　试件极限荷载

8.4.2　斜截面承载力分析

另外，本章还完成了 6 个无箍筋的钢筋混凝土圆形截面梁和 GFRP 筋混凝土圆形截面梁的受剪试验，见表 8-6。可以看出，在其他情况相同的条件下，GFRP 筋圆形混凝土梁与钢筋混凝土圆形截面梁的受剪承载力相差不大，两者比值在大约为 0.9。说明剪跨比减小时，GFRP 筋混凝土圆梁的抗剪承载力相对钢筋圆梁有所提高，剪跨比越小，越接近钢筋的抗剪承载力。

表 8-6　受剪试件（无箍筋）极限承载力分析表

试件编号	主筋类型	试件长度/mm	剪跨比	极限承载力/kN	GFRP 筋和钢筋混凝土构件极限承载之比
D11	钢筋(14ϕ12)	1200	1.0	235.28	1.0
D12	GFRP 筋(14ϕ12)	1200	1.0	210.275	0.894
D13	钢筋(14ϕ12)	900	0.83	215.18	1.0
D14	GFRP 筋(14ϕ12)	900	0.83	205.04	0.953
D15	钢筋(14ϕ12)	750	0.67	210.01	1.0
D16	GFRP 筋(14ϕ12)	750	0.67	190.195	0.905

综合以上研究和试验结果，表明 GFRP 筋混凝土圆梁截面梁的受剪承载力略小于钢筋混凝土圆形截面梁。同时，对界面的应力分析可知，截面开裂前剪应力分布在截面中部最大，开裂后截面中部混凝土所贡献的集料咬合力较大。和矩形截面相比，圆形截面的腹部面积较大，相对等效矩形截面也较大，对抗剪作用有利。圆形截面构件中配置的环形箍筋比矩形截面箍筋的抗剪作用大，从而也能间接提高截面抗剪能力。

总之，圆形截面的极限承载力可以按矩形截面受剪承载力的计算方法进行，斜截面受剪承载力计算结果和试验结果的对比见表 8-7，可见，斜截面受剪承载力的计算值接近并略小于试验值，计算结果偏于安全。

表 8-7 斜截面受剪承载力计算结果和试验结果的对比

试件编号	主筋类型	主筋面积/mm^2	箍筋类型	箍筋间距/mm	极限承载力/kN·m	计算承载力/kN·m	试验极限荷载/计算荷载
D5	钢筋	12ϕ12	钢筋	60	69.44	51.83	1.339
D7	GFRP 筋	12ϕ12	GFRP 筋	60	62.55	58.48	1.107
D6	钢筋	16ϕ12	钢筋	45	97.56	63.83	1.528
D8	GFRP 筋	16ϕ12	GFRP 筋	50	83.814	70.02	1.196
D9	钢筋	14ϕ12	钢筋	50	78.82	57.84	1.363
D10	GFRP 筋	14ϕ12	GFRP 筋	55	75.61	63.26	1.195

第 9 章 GFRP筋混凝土梁抗弯设计方法

结构的极限状态分为两类，即承载能力极限状态和正常使用极限状态。结构设计时，既要进行承载能力极限状态计算，使结构的作用效应不高于结构的承载能力，以保证结构的安全性；又要进行结构的正常使用极限状态验算，计算结构在正常使用状态下的变形和裂缝宽度，以保证结构的正常使用功能。

9.1 基于承载能力极限状态的 GFRP 筋混凝土梁抗弯设计方法

9.1.1 设计参数

（1）抗拉强度和弹性模量　抗拉强度设计值和极限拉应变设计值按下式计算。

抗拉强度设计值 f_{fu}

$$f_{fu}=C_E f_{fu}^{*} \tag{9-1}$$

抗拉强度标准值 f_{fu}^{*}

$$f_{fu}^{*}=f_u-3f_{\sigma} \tag{9-2}$$

极限拉应变设计值 ε_{fu}

$$\varepsilon_{fu}=C_E\varepsilon_{fu}^{*} \tag{9-3}$$

极限拉应变标准值 ε_{fu}^{*}

$$\varepsilon_{fu}^{*}=\varepsilon_u-3\varepsilon_{\sigma} \tag{9-4}$$

式中　C_E——工作条件系数，参照欧洲及美国经验和构件的工作环境，取为 0.7；

f_u,ε_u——拉伸试样的极限抗拉强度、极限拉应变的平均值；

f_{σ},ε_{σ}——拉伸试样的极限抗拉强度、极限拉应变的标准差。

通过对 GFRP 筋试样拉伸试验结果的统计分析，得到抗拉强度标准值不小于 99.87%保证率的 f_{fu}^{*} 应不小于 500MPa，相应的强度设计值为 350MPa；弹性模量 E_f 应不小于 34GPa。

（2）锚固长度　由于 GFRP 筋抗拉强度的离散性较大，需要大样本测试结果去确定其锚固长度，在实际应用中，应采用较大的安全系数来保证 GFRP 筋与混凝土的黏结可靠性。建议锚固长度可按同直径钢筋的锚固长度 1.25 倍取值。

9.1.2 GFRP 筋矩形梁承载力和配筋设计方法

GFRP 筋混凝土梁的受弯破坏模式有两种，即受压破坏（混凝土压碎）和受拉破坏（GFRP 筋拉断）。由于 GFRP 筋拉断破坏时比较突然，导致 GFRP 筋增强混凝土梁的破坏有具很大的脆性，因此设计时一般将 GFRP 筋混凝土梁设计为受压破坏。

（1）基本假定

① 截面应变保持平面。

② 不应计入混凝土的抗拉强度。

③ 混凝土受压的应力-应变的关系曲线应按线性国家标准《混凝土结构设计规范》（GB 50010）的有关规定执行。

④ 受拉 FRP 筋的应力应取等于 FRP 筋应变与其弹性模量的乘积，但其绝对值不应大于其抗拉强度设计值。

⑤ 不应计入受压区 FRP 筋的影响。

（2）纵筋配筋率

纵筋配筋率

$$\rho_f=\frac{A_f}{bh_0} \tag{9-5}$$

平衡配筋率

$$\rho_{fb}=\alpha_1\beta_1\frac{f_c}{f_{fu}}\times\frac{\varepsilon_{cu}}{\varepsilon_{cu}+\varepsilon_{fu}} \tag{9-6}$$

（3）已知配筋，求承载力设计值　第 6 章通过对受压区和受拉区混凝土应力-应变关系曲线的简化，建立了 GFRP 筋混凝土梁承载力的计算模式，提出了 GFRP 筋混凝土梁承载力简化计算公式及相关系数。已知 GFRP 筋增强混凝土梁的截面尺寸 b 和 h、配筋面积 A_f、混凝土及增强筋材的材料强度设计值 f_{fu}以后，可以通过下述方法对 GFRP 筋混凝土梁的受弯承载力进行计算。

设计的破坏模式是混凝土的受压破坏，即认为结构的破坏是从混凝土的压碎开始的，将混凝土内部的应力分布近似看成是矩形应力图形，根据力的平衡原理和变形协调条件可知以下结论。

首先根据式(9-7) 计算纤维筋实际应力。

$$f_f=\sqrt{\frac{(E_f\varepsilon_{cu})^2}{4}+\frac{\alpha_1\beta_1 f_c}{\rho_f}E_f\varepsilon_{cu}}-0.5E_f\varepsilon_{cu}\leqslant f_{fu} \tag{9-7}$$

然后计算等效受压区高度。

$$x=\frac{A_f f_f}{\alpha_1 f_c' b} \tag{9-8}$$

则可得梁的受弯承载力。

$$M_u=A_f f_f\left(h_0-\frac{x}{2}\right) \tag{9-9}$$

（4）已知弯矩求配筋　若已知荷载效应的设计值 M_n，并且已知 GFRP 筋混凝土梁的截面尺寸 b、h 时，求配筋 A_f。此时可以采用下述方法。

配筋设计可以采用迭代法进行计算，首先取 $f_f=f_{fu}$，可先假设 $x=x_0$，则

$$A_f\geqslant\frac{M_n}{f_f\left(h_0-\frac{x}{2}\right)} \tag{9-10}$$

然后可以由式(9-7) 计算 f_f，进而可以通过式(9-8) 计算截面受压区高度 x_1。若 $x_1\neq x_0$，则令 $x=x_1$，重新计算 A_f 和 f_f，进而可以通过式(9-8) 计算截面受压区高度 x_2。若 $x_1\neq x_2$，则继续迭代，直至前后两次计算的受压区高度值近似相等为止，则该次迭代所计算得到的 A_f 即为所求。

（5）最小配筋率　最小配筋率定义为

$$\rho_{f\min}=\frac{5.4\sqrt{f_c}}{f_{fu}} \tag{9-11}$$

当 $\rho_{f_{\min}}\leqslant\rho_f<\rho_{fb}$ 时，发生 GFRP 筋断裂引起的适筋破坏；当 $\rho_{fb}\leqslant\rho_f<1.4\rho_{fb}$ 时，可能发生混凝土受压破坏，也可能发生 GFRP 筋断裂破坏。当 $\rho_f>1.4\rho_{fb}$ 时，发生混凝土受压破坏。考虑到混凝土和 GFRP 筋材料性能的离散性，如果要保证发生混凝土受压破坏，可取 GFRP 筋混凝土梁的最小配筋率为 $1.4\rho_{fb}$。

9.2 基于正常使用极限状态的 GFRP 筋混凝土梁抗弯设计方法

结构的正常使用极限状态对应于结构构件达到正常使用或耐久性能的某项规定的限值，例如 GFRP 筋混凝土梁的跨中挠度和裂缝宽度等达到某一规定的限值时，即认为其达到结构正常使用的极限状态。

9.2.1 GFRP 筋混凝土梁的挠度计算

9.2.1.1 计算理论

根据结构力学对受弯构件的挠度计算，GFRP 筋混凝土梁的挠度（f）计算公式如下。

$$f=S\frac{Ml^2}{B_s} \tag{9-12}$$

式中　f——跨中最大挠度；

M——跨中最大弯矩；

l——计算跨度；

S——与荷载形式、支撑条件有关的系数；

B_s——截面抗弯刚度，$B_s=E_cI_e$。

I_e——梁截面有效惯性矩；

E_c——混凝土弹性模量。

对于 I_e 的计算：当 $\frac{M_{cr}}{M}\geqslant1$ 时，$I_e=I_g$；当 $\frac{M_{cr}}{M}\leqslant1$ 时，I_e 按以下方法计算。

美国规范 ACI 400 建议的 FRP 筋混凝土简支梁的有效惯性矩计算公式如下。

$$I_e=\left(\frac{M_{cr}}{M}\right)^3\beta I_g+\left[1-\left(\frac{M_{cr}}{M}\right)^3\right]I_{cr} \tag{9-13}$$

和其他种类的 FRP 筋相比，考虑到 GFRP 筋的抗拉强度和弹性模量较低，可在式(9-13)基础上加惯性矩修正系数 μ，得出 GFRP 筋混凝土梁的截面惯性矩计算公式如下。

$$I_e=\left(\frac{M_{cr}}{M}\right)^3\beta_b I_g\mu+\left[1-\left(\frac{M_{cr}}{M}\right)^3\right]I_{cr}\mu \tag{9-14}$$

其中，$M_{cr}=\frac{f_{cr}I_{cr}}{y_b}$，为开裂弯矩；$\beta_b=\alpha_b\left(\frac{E_f}{E_s}+1\right)$；$\alpha_b=0.504$；$I_g=\frac{bh^3}{12}$；$I_{cr}=\frac{bh^3}{12}k^3+n_fA_fh^2(1-k)^2$；$k=\sqrt{2\rho_fn_f+(\rho_fn_f)^2}-\rho_fn_f$；$n_f=\frac{E_f}{E_c}$；$f_{cr}=0.6\sqrt{f_c'}$；$\mu$ 为修正系数，由试验结果统计得出；对于 GFRP 筋混凝土矩形截面梁，取 $\mu=0.52$，对于 GFRP 筋混凝土圆形截面梁，取 $\mu=0.54$。

式中　E_f——GFRP 筋的弹性模量；

E_s——钢筋的弹性模量；
I_{cr}——开裂截面换算惯性矩；
b——混凝土梁截面宽度；
h——混凝土梁截面的有效高度；
A_f——梁截面面积；
ρ_f——梁截面配筋率；
f'_c——混凝土立方抗压强度；
y_b——梁截面中和轴到 GFRP 筋的距离。

9.2.1.2 试验结果与理论计算的对比

用上述计算公式得到的挠度计算值与试验值比较，见表 9-1。通过对不同荷载情况下跨中挠度的试验值和理论计算值的对比，可以看出计算值与试验值基本吻合。

表 9-1 跨中挠度试验值与计算值对比

试件序号	$50\%M_u$			$75\%M_u$		
	试验值 $f_{cr,e}$	计算值 $f_{cr,c}$	$f_{cr,e}/f_{cr,c}$	试验值 $f_{cr,e}$	计算值 $f_{cr,c}$	$f_{cr,e}/f_{cr,c}$
1	1.81	1.97	0.91	2.88	2.89	0.99
2	3.27	3.92	0.83	4.95	5.50	0.90
3	4.08	4.87	0.84	5.99	7.29	0.82
4	3.10	3.30	0.93	4.48	4.49	0.99
5	3.12	4.04	0.77	4.19	5.83	0.72
6	3.62	3.69	0.98	5.52	5.74	0.96
7	3.24	3.33	0.98	5.12	5.37	0.95
8	3.16	3.23	0.97	4.97	4.85	1.02
9	6.5	8.5	0.76	13.7	14.7	0.93
10	4.9	5.5	0.89	9.4	8.2	1.14

9.2.2 GFRP 筋混凝土梁的裂缝宽度计算

由弯曲实验得出，不同的配筋率和不同的混凝土抗压强度在不同的荷载水平下，第一条裂缝总是出现在跨中附近的垂直裂缝，这是由弯矩引起的与拉应力方向垂直的正裂缝，即弯曲裂缝。随着荷载的增加，在纯弯区出现更多的弯曲裂缝，弯剪段出现越来越宽的斜裂缝。

9.2.2.1 计算理论

在《混凝土结构设计规范》基础上，通过与混凝土结构裂缝宽度的计算公式相比较，综合分析得 GFRP 筋混凝土梁的裂缝宽度计算公式如下。

$$w_{cr\,max}=\gamma\alpha_{cr}\psi\frac{\sigma_{fk}}{E_s}\left(1.9c+0.08\frac{d_{eq}}{\rho_{te}}\right)\times\left(\frac{E_s}{E_f}\right)\left(\frac{1}{\nu}\right)^{\frac{1}{3}} \tag{9-15}$$

其中，$\sigma_{fk}=\dfrac{M}{0.95h_0A_f}$；$\rho_{te}=\dfrac{A_f}{0.5bh}$；$d_{eq}=\dfrac{\sum n_id_i^2}{\sum n_iv_id_i}$；$\psi=1.2-\dfrac{0.72f_t}{\rho_{te}\sigma_{ss}}$

式中 $w_{cr_{max}}$——GFRP 筋混凝土受弯构件的纵向受拉 GFRP 筋截面形心水平处混凝土侧表面的最大裂缝宽度；
σ_{fk}——按荷载效应标准组合计算的 GFRP 筋混凝土梁受弯构件纵向受拉筋应力；
γ——裂缝宽度调整系数，通过试验值与计算值的比较确定；

α_{cr}——构件受力特征系数，受弯构件取 2.1，偏心受拉取 2.4，轴心受拉取 2.7；

ψ——受拉 GFRP 筋的应变不均匀系数；

f_t——混凝土抗拉强度设计值；

c——最外层纵向受拉 GFRP 筋外边缘至受拉区底边的距离，mm，当 $c<20$ 时，取 $c=20$，当 $c>65$ 时，取 $c=65$；

ν——纵向受拉筋相对黏结特性系数，对变形筋 $\nu=1.0$，对光面筋 $\nu=0.7$；对环氧树脂涂层的带肋钢筋，其相对黏结特性系数应按上述值的 0.85 倍使用，本试验的 GFRP 筋的相对黏结特性系数取 0.85；

ρ_{te}——按有效受拉混凝土截面面积计算的纵向受拉钢筋配筋率；

A_f——受拉 GFRP 筋的面积；

n_i——第 i 根受拉 GFRP 筋；

d_i——第 i 根受拉 GFRP 筋的直径；

d_{eq}——受拉区纵向筋材的等效直径；

E_s——钢筋弹性模量；

E_f——GFRP 筋弹性模量。

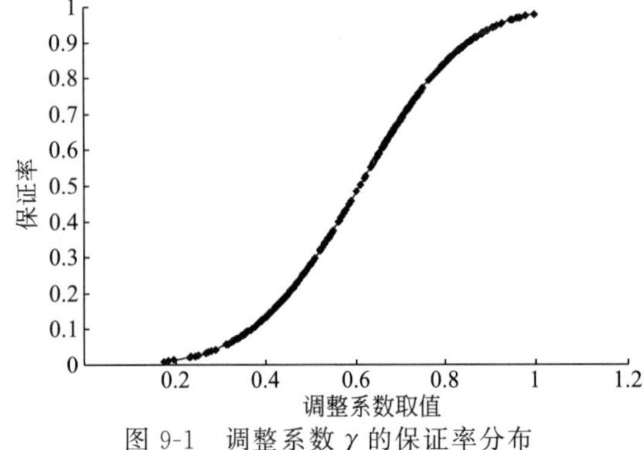

图 9-1　调整系数 γ 的保证率分布

通过对试验值和计算值的比较，确定调整系数 γ 值。

通过取 $\gamma=1$ 时的计算值与试验值进行对比分析，计算结果大于试验值。故引入 γ 系数进行调整。根据统计得到每级荷载下最大裂缝宽度试验值与计算值的比值 $\gamma_i=\omega_{cri.e}/\omega_{cri.c}$，得出 $\overline{\gamma}=0.61$，$\sigma_n=0.188$。经进一步统计分析，得到调整系数和裂缝宽度保证率的关系，如图 9-1 所示。对于 GFRP 筋混凝土梁，按照 95% 的保证率取值，可得 $\gamma=0.92$。

9.2.2.2　试验结果与理论计算的对比

最大裂缝宽度的计算能提前预测不同 GFRP 筋混凝土构件在正常使用时的最大裂缝宽度。为了验证计算公式的合理性，计算出加载过程中 50%M_u 和 75%M_u 的最大裂缝宽度值，然后和试验值进行对比，具体数据见表 9-2。可见计算值和试验值非常接近，而且计算值略大于试验值，满足安全要求。

表 9-2　最大裂缝宽度试验值与计算值对比表

试件组号	50%M_u			75%M_u		
	试验值 $W_{cr,e}$	计算值 $W_{cr,c}$	$W_{cr,e}/W_{cr,c}$	试验值 $W_{cr,e}$	计算值 $W_{cr,c}$	$W_{cr,e}/W_{cr,c}$
1	1.98	1.99	0.99	3.26	3.58	0.91
2	1.24	1.41	0.87	2.34	2.41	0.97
3	0.1	0.12	0.83	0.18	0.2	0.90
4	0.11	0.13	0.85	0.18	0.19	0.95
5	2.07	2.11	0.98	3.13	3.16	0.99
6	2.16	2.23	0.96	3.28	3.3	0.99
7	0.13	0.16	0.82	0.19	0.21	0.90

续表

试件组号	$50\%M_u$			$75\%M_u$		
	试验值 $W_{cr,e}$	计算值 $W_{cr,c}$	$W_{cr,e}/W_{cr,c}$	试验值 $W_{cr,e}$	计算值 $W_{cr,c}$	$W_{cr,e}/W_{cr,c}$
8	2.25	2.29	0.98	3.31	3.39	0.98
9	2.13	2.3	0.93	3.08	3.17	0.97
10	2.18	2.45	0.89	3.15	3.26	0.97

9.3 基于能量和变形性能的GFRP筋混凝土梁抗弯设计方法

9.3.1 结构安全储备基本概念

在实际结构中因为不可避免地存在工程材料性能、结构构件尺寸、实际荷载的变异性，以及结构分析和设计计算公式的不准确性，工程结构需要具有一定的安全储备，也就是指结构和构件的设计目标状态（或实际工作状态）到实际极限破坏状态的距离，这个“距离”包括承载力和变形两个部分。

在通常的结构设计中，承载力储备大小是首要关注的指标，也是目前工程结构所采用的最主要的安全储备指标。工程结构承载力的安全储备可以在结构的计算过程中通过适当减小结构的抗力或者适当增大荷载的效应来实现。

$$R_d=\frac{R_k}{K_R} \tag{9-16}$$

式中 R_d——结构构件抗力设计值；

R_k——结构构件抗力标准值，用材料强度标准值按结构构件抗力计算公式计算得到；

K_R——结构构件抗力系数，是大于1的数值，它是一个综合的系数，在我国的设计规范中，K_R是各种材料的强度分项系数的综合反映，在美国的规范中反映为承载力降低系数。

考虑到荷载设计值可能会小于荷载实际值，所取用的荷载设计值应足够大，即结构构件设计荷载效应取值可表示为：

$$S_d=\gamma_G G_k+\gamma_Q Q_k+\cdots=K_p P_k \tag{9-17}$$

$$P_k=G_k+Q_k \tag{9-18}$$

式中 S_d——荷载效应设计值；

G_k——按恒荷载标准值计算得到荷载效应值；

Q_k——按活荷载标准值计算得到荷载效应值；

γ_G，γ_Q——恒荷载分项系数和活荷载分项系数，通常也是不小于1.0的数值；

K_p——荷载系数，是荷载分项系数的综合反映；

P_k——总荷载标准值。

可见，设计得到的实际结构承载力的安全储备来自于两个方面：一方面在于对荷载作用的偏高估算；另一方面在于对结构抗力的偏低计算。我国规范体系中采用分项系数表达的以概率理论为基础的极限状态设计方法，通过统计分析确定荷载分项系数，通过控制结构构件的失效概率确定各材料的分项系数。基于各材料分项系数对构件承载力进行计算，可获得结构构件的抗力系数K_R。

对于普通适筋钢筋混凝土梁，在达到屈服承载力后通常可在承载力基本不变的情况下发生很大的塑性变形，这部分塑性变形能力也是结构安全储备的一个重要组成部分。为体现在相同承载力储备下塑性变形能力的大小，目前工程结构中常用延性系数来表示结构构件的塑性变形能力。延性系数定义为极限变形与屈服变形之比，即

$$\mu=\frac{D_u}{D_y} \tag{9-19}$$

式中　D_u——构件的极限变形；

D_y——构件的屈服变形。

针对所研究的情况不同，构件的变形可以取曲率、转角和位移（挠度）。

9.3.2　GFRP筋混凝土梁基于能量和变形的设计方法

GFRP筋混凝土梁的受力性能明显不同于普通钢筋混凝土结构，因此设计方法也应有所不同。GFRP筋的力学性能与普通低碳钢和混凝土有很大的差别：①低碳钢和混凝土有明显的屈服平台段或下降段，而GFRP在达到其极限强度前基本保持线弹性；②低碳钢和混凝土在进入塑性阶段后卸载，有明显的残余变形，而GFRP的卸载曲线和加载曲线基本重合；③到达极限变形时，低碳钢和混凝土的总变形中塑性变形占主要部分，破坏过程具有明显预兆；GFRP在断裂破坏前主要为弹性变形，几乎无塑性变形发生，属于弹脆性材料，脆性特征极其显著。

因为材料性能的不同，GFRP筋混凝土梁的受力特性也和普通混凝土结构有所不同。钢筋混凝土适筋梁具有延性，塑性行为非常明显。这可预示结构破坏的发生，还可以吸收能量防止进一步的破坏，同时在超静定结构中可以实现内力重分布，提高整个结构的承载能力。但是目前在实际设计中，并没有计算钢筋混凝土梁的延性指标，而是根据承载力来进行设计的。这是由于钢筋混凝土构件的延性是作为结构必要的安全储备隐含在结构设计要求中的，正因为如此，不具有延性的超筋梁在设计中不能采用。

使用了GFRP筋的构件或结构，其受力性能与延性结构的差别很大，该类结构没有明显的屈服平台。对于没有明显屈服平台的GFRP筋混凝土梁，如果仍用延性来衡量，就可能得出“不能应用”的错误结论，而直接单纯地用承载力指标来设计GFRP筋混凝土梁，又因忽视了变形能力的影响而得到实际安全储备不足的结果。因此，有必要针对GFRP筋混凝土梁的特点确定合理的设计指标，以保证获得的设计结果具有足够的安全储备。

对于不具有塑性变形特征的GFRP等新型材料，传统的延性指标不再适用，也不能简单直接地套用基于传统理想弹塑性受力特征结构构件建立起来的安全储备理论来衡量具有屈服后刚度的受力特征的结构构件的安全储备，因此，针对GFRP筋混凝土梁，应采用基于能量表达形式的延性系数，或者不再采用延性的概念，而采用直接基于变形性能的设计方法。

Jaeger和Mufti等针对FRP配筋混凝土梁和预应力FRP筋混凝土梁提出了J指标。

$$J=S_J D_J=\frac{M_u}{M_c}\times\frac{\phi_u}{\phi_c} \tag{9-20}$$

$$S_J=\frac{M_u}{M_c} \tag{9-21}$$

$$D_J=\frac{\phi_u}{\phi_c} \tag{9-22}$$

式中　S_J——承载力系数；

D_J——变形性系数；

M_u——极限弯矩；

ϕ_u——极限曲率；

M_c，ϕ_c——混凝土梁受压边缘应变 ε_c 等于 0.001 时的弯矩和曲率。对矩形梁 J 应不小于 4；对于 T 形梁 J 不小于 6。

Newhook 等人以 FRP 配筋混凝土梁中的裂缝宽度控制要求出发，以相应 FRP 筋拉应变等于 0.002 时梁的状态点作为设计点，并据此建议了类似 J 指标的变形性 D_F 指标。

$$D_F=\frac{M_u}{M_s}\times\frac{\phi_u}{\phi_s} \tag{9-23}$$

$$S_J=\frac{M_u}{M_s} \tag{9-24}$$

$$D_J=\frac{\phi_u}{\phi_s} \tag{9-25}$$

式中，下标 s 表示相应 FRP 筋拉应变，ε_{fs} 等于 0.002 的状态点，并建议 D_F 应不小于 4。

叶列平、冯鹏等人根据结构构件在正常情况下不允许发生明显屈服的基本原则，以及理想弹塑性结构构件以承载力储备指标表达的传统结构构件安全储备方法，提出基本承载力安全储备的概念；基于结构构件在意外作用下的安全储备需要，提出“附加安全储备”的概念。传统的钢筋混凝土构件和钢结构构件具有接近理想弹塑性的受力特征，该类结构安全储备组成如图 9-2(a) 所示；而配置 FRP 材料的结构安全储备组成如图 9-2(b) 所示。

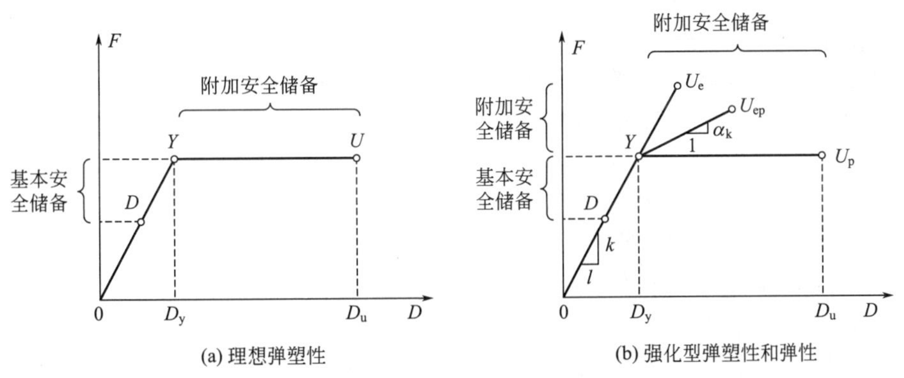

图 9-2 结构安全储备组成

在此基础上，采用承载能力、变形能力和变形能等指标，给出不同受力性能构件的安全储备统一表达，提出等效承载力安全储备指标。由极限点和设计点的荷载及变形，即可计算得到等效承载力安全储备指标 K_{eq}。

变形能力储备指标 K_D 按式(9-26) 计算。

$$K_D=\frac{D_u}{D_d} \tag{9-26}$$

变形能储备指标 K_E 按式(9-27) 计算。

$$K_E=\frac{E_u}{E_d} \tag{9-27}$$

等效承载力安全储备指标按式(9-28) 计算。

$$K_{eq}=\frac{K_E}{K_D}=\frac{E_U}{D_U}\times\frac{D_D}{E_D} \tag{9-28}$$

对于如图 9-3 所示具有二次刚度的结构，K_{eq} 可以简化为式(9-30)。

$$K_0=\frac{F_y}{F_d} \tag{9-29}$$

$$K_{eq}=\frac{2K_0K_D-K_0^2+\alpha(K_D-K_0)^2}{K_D} \tag{9-30}$$

式中　K_0——基本承载力安全储备；

K_D——变形能力储备指标；

K_E——变形能储备指标；

K_{eq}——等效承载能力安全储备指标；

D_u，E_u——结构构件达到极限点时的变形能力和变形能；

D_d，E_d——结构构件达到设计点时的变形能力和变形能。

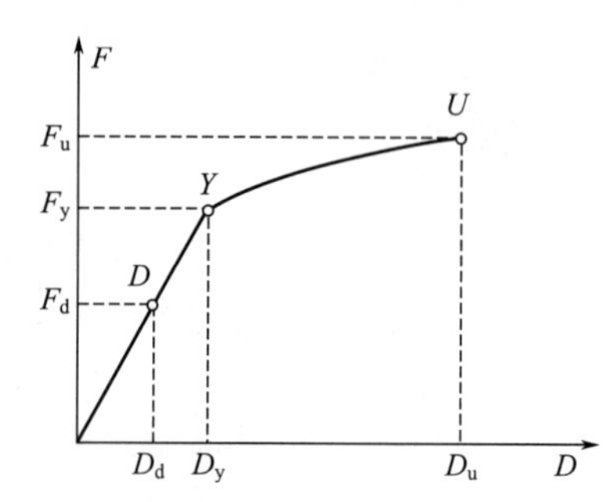

图 9-3　具有二次刚度结构的设计特征点

K_{eq}这个指标同时考虑了材料的分项系数和荷载的分项系数的影响，所以当荷载分项系数一定的时候，材料的离散性越大，其对应的K_{eq}的值也越大。冯鹏等根据现行规范的设计方法，针对传统混凝土和钢结构构件，分析所建议安全储备指标的取值；进而由所建议的安全储备统一表达，对不同类型的含 FRP 构件的安全储备进行分析，并建议应以 $K_0\geqslant1.5$ 和 $K_{eq}\geqslant2.1$ 作为对各类构件的安全储备要求。

第10章 GFRP筋混凝土柱的受压承载力

近年来，国内外学者对GFRP筋混凝土结构进行了大量的试验研究，通过对试验分析和理论推导，较为系统地制定出部分工程应用规范和技术标准，对GFRP材料在工程上得以推广起到了积极的推动作用。虽然在GFRP筋混凝土梁、板结构的应用方面已取得了较多的成果，但是，对于GFRP筋混凝土柱力学性能的研究却仍然较为滞后。根据偏心情况，GFRP筋混凝土柱的受压可以分为轴心受压GFRP筋混凝土柱和偏心受压GFRP筋混凝土柱。

10.1 研究成果

10.1.1 GFRP筋抗压强度

FRP筋的抗压强度不如其抗拉强度，且弹性模量大多低于钢筋。现有的力学性能研究主要针对FRP筋的拉伸性能方面，所涉及的耐久性能研究也侧重考虑不利因素对其抗拉强度及与混凝土间黏结性能方面的影响，而忽略了其材料本身的抗压性能。FRP筋的抗压强度主要取决于树脂母体的强度，由于树脂母体的强度较低，FRP筋的抗压强度一般都较低。因此，应该尽量避免将FRP筋应用于受压区。在FRP筋混凝土构件方面的研究侧重于FRP筋混凝土梁等受弯构件的研究，在相关设计规范中还提出不建议将FRP筋用作受压筋，这在一定程度上限制了对FRP筋混凝土受压柱方面的研究，导致缺乏系统的试验研究。

由于FRP筋为各向异性材料，沿纤维方向上的抗压强度与垂直纤维方向的强度存在很大区别，试件的直径、长径比、断面平整度以及纤维种类和含量的差异也导致了试验研究结果的多样性。研究表明：FRP筋的受压破坏模式可分为斜向拉断、纤维翘屈以及剪切破坏三种。对于GFRP、CFRP和AFRP筋，其抗压强度分别为相应各自抗拉强度的55％、78％和20％，受压时的弹性模量分别为受拉时弹性模量的80％、85％和100％。

GFRP筋的抗压强度和试件的受力状态、长细比（受压试件高度与试件直径之比）有关。在无约束条件下进行受压试验，FRP筋抗压性能较难发挥，容易发生失稳而导致破坏，有约束时则使失稳现象得以缓解。为了避免试件在端部发生压碎破坏，FRP筋的受压试验可采用如图10-1所示的端部约束试件。长细比较大的GFRP筋受压弯曲较大，试验结果与真实值偏差越大。

如图10-2所示为实测GFRP筋的抗压应力-应变曲线，抗拉应力-应变曲线，在破坏前一直呈现线弹性特征。一般情况下，FRP筋的抗拉强度越高，其抗压强度也越高。

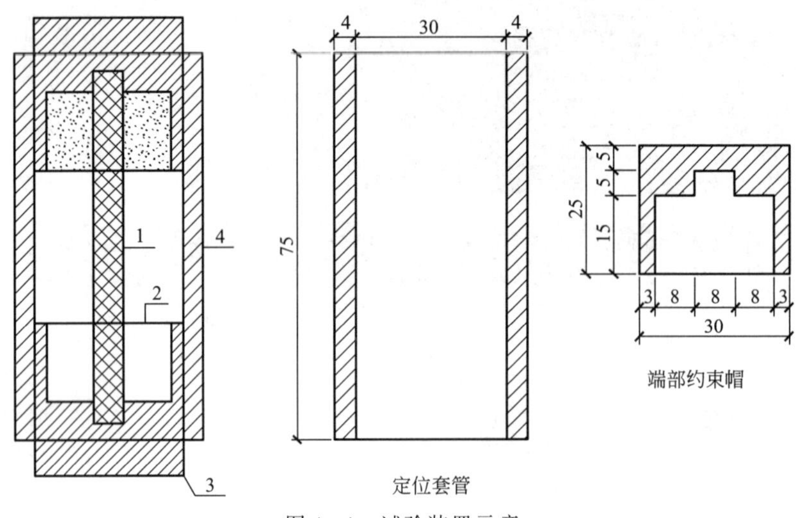

图 10-1 试验装置示意

1—CFRP 筋；2—环氧树脂；3—端部约束帽；4—定位套管

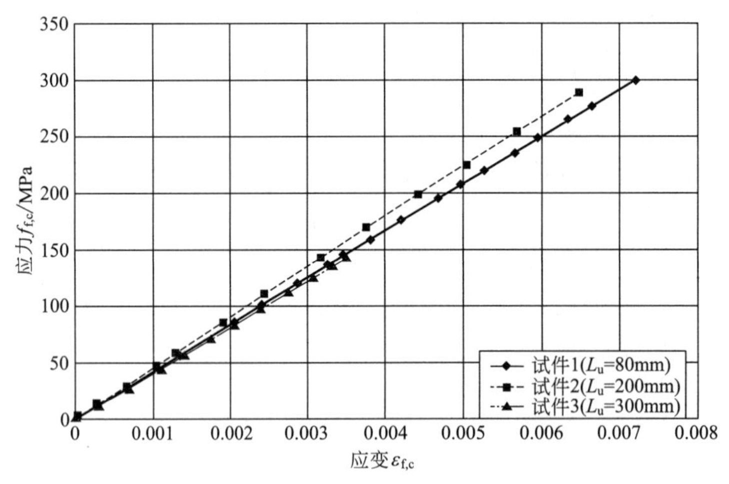

图 10-2 实测 GFRP 筋的抗压应力-应变曲线

10.1.2 GFRP 箍筋的弯折强度

GFRP 箍筋一般需在工厂内按设计规格、尺寸和形状制作成型，与直筋相比，生产工艺更为复杂，且不便于像钢箍筋那样在施工现场加工成形。将 GFRP 直筋弯曲形成的箍筋，其弯曲段的强度（GFRP 箍筋弯折抗拉强度）会显著降低，其值一般为直线段的 30%～80%。这主要由两个原因造成的：①箍筋在受力时，弯曲段同时受到混凝土的挤压，会产生横向力和平行于纤维方向的纵向力，从而处于复杂受力状态，由于 GFRP 筋横向强度较低，所以弯曲段易先发生破坏；②FRP 筋弯曲会导致弯曲段内侧 GFRP 纤维发生褶皱和纽结，如图 10-3 所示，从而使应力分布不均，外侧纤维应力集中。

GFRP 箍筋弯折抗拉强度的试验可参考美国标准 ACI 440.3R-04 规程中给出的 B.5 和 B.12 两种测试方法。根据我国《纤维增强复合材料建设工程应用技术规范》，GFRP 箍筋弯折的构造应满足一定的要求，并且主要的材料力学指标也应满足该规范要求。近年来，国内外土木工程界已越来越认识到 GFRP 箍筋的重要性和存在的问题，并逐渐形成一个新的研究热点。

影响 GFRP 筋弯曲段的弯拉强度的主要因素为弯曲半径 r_b 与 GFRP 筋直径 d_b 的比值 (r_b/d_b)，以及与弯曲段相连的锚固段长度 l_{thf}，如图 10-4 所示。当 r_b/d_b 接近零时，GFRP 箍筋在应力很小时就发生断裂，而且随着比值的增大，弯曲段承载力也增大，应尽量避免采用 $r_b/d_b<3$ 的 FRP 箍筋。当 $l_{thf}>12d_b$ 时，箍筋将力传递给混凝土时不会发生滑移，也不会影响竖肢的抗拉强度，因此，l_{thf} 的影响可通过构造措施消除。此外，试验结果表明，弯曲段强度虽然也受混凝土强度影响，但影响较小。

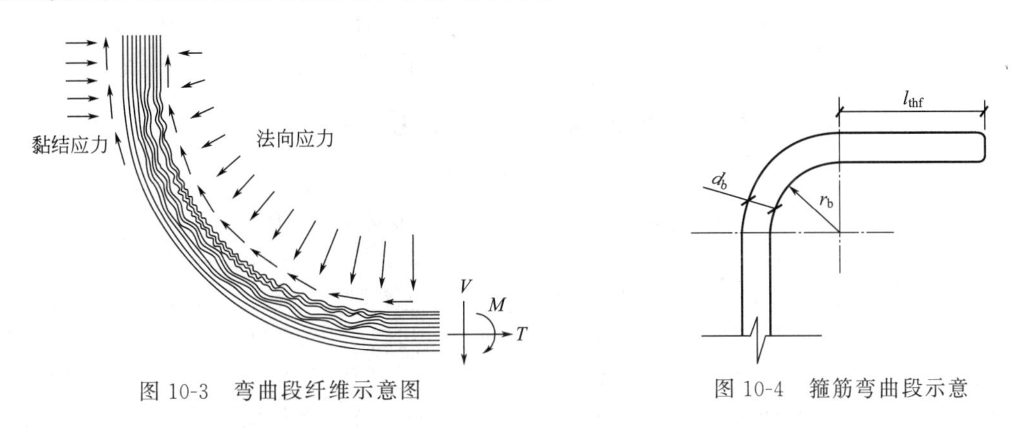

图 10-3 弯曲段纤维示意图

图 10-4 箍筋弯曲段示意

针对 FRP 箍筋弯曲段强度，日本 JSCE 曾建议采用 r_b/d_b 和直线段强度 f_{fuv} 作为弯拉强度影响因素，于 1997 年提出了如下计算公式。

$$f_{fb}=\frac{\left(0.05\dfrac{r_b}{d_b}+0.3\right)f_{fuv}}{\delta} \tag{10-1}$$

式中 f_{fb}——弯曲段强度；

f_{fuv}——直线段强度；

δ——安全系数，可取 1.0～1.5。

10.1.3 全 FRP 筋混凝土柱的轴心受压性能

采用 FRP 纵筋和 FRP 箍筋的混凝土柱被称为“全 FRP 筋混凝土柱”。虽然 FRP 筋在国外应用较广，但对其在混凝土柱的轴压性能仍然研究较少。美国国家高速公路和交通运输协会建议在设计计算中不应计入 FRP 筋对受压承载力的贡献，这样的设计显得过于保守。

早期的全 FRP 筋混凝土柱中的 FRP 箍筋常采用 FRP 布或者 FRP 网片，相关研究成果如下所述。对于 GFRP 布约束混凝土柱，在试件发生破坏时，内部配置的 GFRP 筋基本未发生破坏，箍条间距对构件的极限承载力几乎没有影响，在理论计算中可以应用钢筋混凝土理论进行 FRP 筋混凝土柱承载力的计算。另外，GFRP 筋混凝土柱的破坏具有较大的脆性，当采用相同体积配筋率的 GFRP 纵筋代替纵向钢筋时导致柱的承载力比对比柱下降了 13%；而 GFRP 箍筋代替钢箍筋又导致柱的承载力下降了 10%。在混凝土压碎破坏时，GFRP 筋基本保持完好，GFRP 箍筋间距对 FRP 筋混凝土柱破坏形式有很大的影响。

近年来，少量试验研究中已经开始应用工厂加工成型的 GFRP 箍筋。研究表明，减少箍筋间距会得到更好的约束效果，同时箍筋间距可以控制纵向 GFRP 筋是否发生屈曲，使 GFRP 筋对混凝土柱的承载能力达到 10%以上。因此，只要有足够的约束减轻 GFRP 筋的屈曲，就可以将 FRP 纵筋应用在受压构件中，并可考虑 FRP 纵筋对柱子承载力的贡献。GFRP 筋混凝土柱在轴压作用下，达到峰值荷载 85%之前应力-应变曲线呈线性特征，

GFRP 筋在混凝土压碎后仍然可以提供有效的抗压承载力。FRP 筋混凝土柱在体积配箍率少于 1.5%时会发生脆性破坏，而约束良好的 FRP 筋混凝土柱的失效则归因于核心混凝土的压碎和 GFRP 箍筋的断裂。

关于钢箍筋和 GFRP 纵筋组成的混凝土短柱的轴心受压性能研究表明，GFRP 筋混凝土短柱的破坏形式主要是混凝土的压碎破坏与 GFRP 筋侧向失稳的破坏。由于 GFRP 筋的应力-应变关系呈线性，GFRP 筋混凝土轴心受压短柱在加载过程中没有钢筋混凝土短柱常见的屈服阶段，柱身裂缝开裂不是很明显。但是，达到极限荷载后，短柱破坏比较突然，破坏时内部的 GFRP 筋大多未被压屈，混凝土与箍筋共同作用阻止了 GFRP 筋的局部弯曲，而位于角部的 GFRP 筋弯折断裂，没有发生 GFRP 筋断裂先于混凝土压碎破坏的现象。

10.1.4 全 FRP 筋混凝土柱的偏心受压性能

对于 GFRP 筋混凝土柱的偏心受压柱，与钢筋混凝土柱相比，GFRP 筋混凝土柱受拉侧裂缝宽度较小，最终破坏形式则表现为混凝土压碎破坏或 GFRP 筋侧向失稳破坏。以混凝土压碎为破坏特征的偏心受压构件，根据平截面假定计算得到的极限荷载理论值均低于试验结果的极限荷载值。在混凝土压碎时，GFRP 纵筋基本保持完好，能有效地发挥其增强作用，试件破坏时未发生 CFRP 纵筋拉断破坏，卸载后其侧向变形有所恢复。GFRP 筋混凝土短柱的破坏形式为受压破坏，随着初始偏心距的减小，GFRP 筋混凝土柱的承载力有增大趋势；GFRP 筋作为受压筋与混凝土的协同作用良好，且试件加载时的初始偏心距越小，混凝土与 GFRP 筋的协同作用越好。

GFRP 筋混凝土柱在偏心荷载作用下主要有三种失效模式，即混凝土压碎破坏、GFRP 筋拉断破坏和 GFRP 筋压碎破坏。以混凝土压碎破坏为失效模式的 GFRP 筋混凝土柱，截面的应变梯度符合平截面假定，混凝土受压区的 GFRP 筋的破坏对 GFRP 筋混凝土柱的性能影响不大，可参考钢筋混凝土柱的计算理论进行受压承载力的计算。

10.2 GFRP 筋混凝土柱轴心受压承载力计算方法

通过试验研究 GFRP 筋混凝土柱轴心受压承载力，并且与素混凝土轴心受压承载力进行对比，统计出 GFRP 筋混凝土柱的稳定性系数。试验筋材为 ϕ14GFRP 筋，混凝土强度等级为 C30。试件尺寸及组数见表 10-1，每组 3 个试件。GFRP 筋混凝土柱轴心受压试验值见表 10-2。

表 10-1　试件尺寸及组数

尺寸/mm		150×150×150	150×150×300	150×150×600	150×150×900	150×150×1200
长细比(l/b)		1	2	4	6	8
类型	素混凝土	3	1	1	1	1
	ϕ14	—	1	1	1	1

表 10-2　GFRP 筋混凝土柱轴心受压试验值

试件尺寸/mm	筋材直径/mm	强度/MPa	强度均值/MPa	标准差	强度标准值/MPa	轴心受压强度标准值/MPa	轴心设计强度/MPa	素混凝土柱稳定系数 φ	GFRP 筋混凝土柱稳定系数 φ
150×150×150	素	29.2	28.3	1.3	26.2	17.5	12.5	—	—
		38.3							
		27.4							

续表

试件尺寸/mm	筋材直径/mm	强度/MPa	强度均值/MPa	标准差	强度标准值/MPa	轴心受压强度标准值/MPa	轴心设计强度/MPa	素混凝土柱稳定系数 φ	GFRP 筋混凝土柱稳定系数 φ
150×150×300	14	28.8	27.0	1.5	24.5	16.4	11.7	1.00	0.90
		26.3							
		26.0							
	素	28.7	29.9	1.1	28.1	18.8	110.4		
		30.8							
		30.2							
150×150×600	素	29.0	28.9	0.5	28.1	18.8	110.4	0.98	—
		28.4							
		29.4							
150×150×150	素	19.7	19.1	0.6	18.1	12.1	8.7	—	—
		18.8							
		18.7							
150×150×600	14	16.9	16.8	0.4	16.1	10.8	7.7	0.98	0.84
		17.2							
		16.4							
150×150×150	素	37.3	37.7	1.6	35.0	210.4	16.7	—	—
		36.3							
		39.5							
150×150×900	14	20.5	21.8	1.6	19.3	12.9	9.2	0.96	0.87
		21.4							
		210.6							
	素	210.6	24.2	0.9	22.7	15.2	10.9		
		24.8							
		17.2							
150×150×1200	14	26.6	210.3	10.5	17.6	11.8	8.4	0.91	0.84
		20.1							
		25.5							
	素	25.8	25.3	0.7	24.1	16.1	11.5		
		11.4							
		24.8							

在计算玻璃纤维增强聚合物筋混凝土柱稳定性系数过程中，认为其稳定性系数与轴心受压极限强度成正比（与素混凝土柱进行对比）。由于样本数量有限及试验结果不完全具有规律性，因此，玻璃纤维增强聚合物筋混凝土稳定性系数取样本值中满足 95%保证率的标准值，求得玻璃纤维增强聚合物筋混凝土轴心受压柱稳定性系数 φ 为素混凝土柱稳定系数的 0.81 倍。素混凝土柱与纤维筋混凝土柱稳定性系数和长细比的关系对比如图 10-5 所示。

GFRP 筋混凝土轴心受压柱的计算方法参考现行《混凝土结构设计规范》中钢筋混凝土

轴心受压柱的计算公式。其稳定系数应按素混凝土柱稳定系数乘以 0.81 确定，见表 10-3。

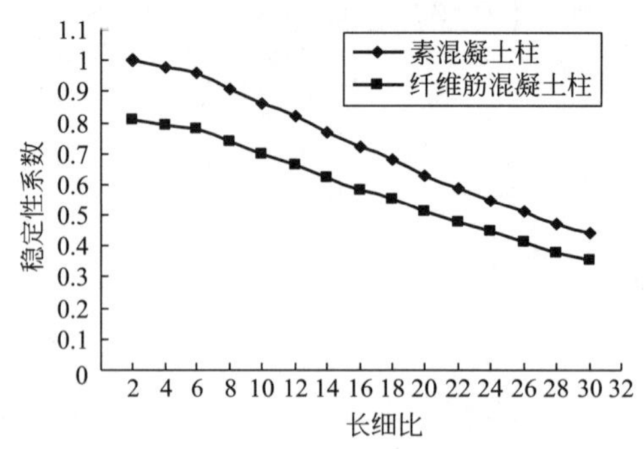

图 10-5 素混凝土柱与纤维筋混凝土柱稳定性系数和长细比关系对比

表 10-3 GFRP 筋混凝土构件的稳定系数 φ

l_0/b	—	<4	4	6	8	10	12	14	16	18	20	22	24	26	28	30
l_0/d	—	<10.5	10.5	5	7	8.5	10.5	12	14	15.5	17	19	21	22.5	24	26
l_0/i	—	<14	14	21	28	35	42	49	56	63	70	76	83	90	97	104
φ	1.0	0.81	0.79	0.77	0.74	0.69	0.66	0.62	0.58	0.55	0.51	0.48	0.44	0.41	0.38	0.36

注：1. 表中 l_0 为构件的计算长度，对纤维筋混凝土柱可按《混凝土结构设计规范》(GB 50010—2002) 规定取值。

2. 在计算 l_0/b 时，b 的取值：对偏心受压构件，取弯矩作用平面的截面高度；对轴心受压构件，取截面短边尺寸。

3. i 为截面的最小回转半径；d 为圆形截面的直径。

其正截面受压承载力计算表达式为

$$N \leqslant 0.9\varphi f_c A \tag{10-2}$$

式中 N——轴向压力设计值；

φ——GFRP 筋混凝土柱的稳定系数，按表 10-3 取值；

A——柱截面面积。

GFRP 筋混凝土轴心受压柱的计算方法参考现行《混凝土结构设计规范》中钢筋混凝土轴心受压柱的计算公式，但不考虑受压玻璃纤维增强聚合物筋的承压作用。其稳定系数 φ 应按素混凝土柱稳定系数乘以 0.81 即可。

10.3 GFRP 筋混凝土柱偏心受压承载力计算方法

通过 GFRP 筋混凝土柱的偏心受压试验，对受压区的应力与混凝土轴心抗压强度的对比进行分析，得出不同主筋类型、配筋率和偏心距对破坏形态的影响。利用对受压、受拉区混凝土的应力-应变关系，通过统计积分计算，提出用于 GFRP 筋混凝土柱偏心受压承载力的简化计算公式及其相关系数。

试件尺寸如图 10-6 所示，加载示意如图 10-7 所示。根据梁高、配筋率和偏心距的不同情况，试件的破坏情况分为混凝土受压破坏和 GFRP 筋受拉破坏两种破坏形式，如图 10-8。钢筋混凝土柱及不同破坏形态的 GFRP 筋混凝土柱的荷载与侧向位移的关系如图 10-9 和图 10-10 所示。

在偏心压力作用下，当钢筋混凝土柱临近破坏时，受拉钢筋首先达到屈服，然后受压区混凝土压碎。破坏前有明显的征兆，钢筋屈服过程中构件的变形急剧增大（图 10-9），裂缝显著开展，属于塑性破坏的性质。对于 GFRP 筋，先拉断混凝土柱，破坏前没有明显的征兆，属于脆性破坏，破坏形态如图 10-8(b) 所示。荷载-挠度曲线如图 10-9(b) 所示，破坏时侧向挠度较小。

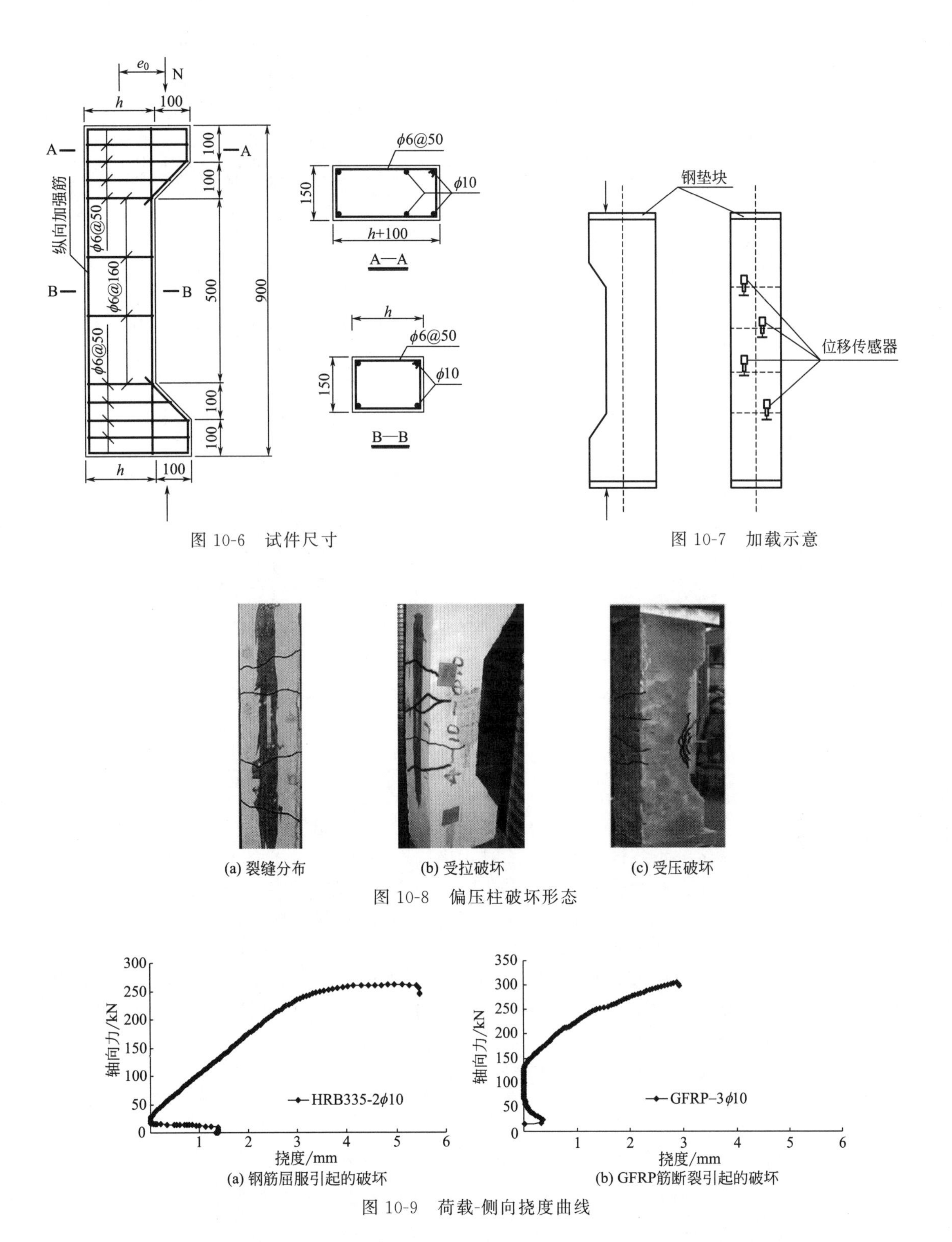

图 10-6　试件尺寸

图 10-7　加载示意

图 10-8　偏压柱破坏形态

(a) 钢筋屈服引起的破坏

(b) GFRP筋断裂引起的破坏

图 10-9　荷载-侧向挠度曲线

对于 GFRP 筋混凝土柱，由受压区混凝土压碎引起的破坏现象，在荷载加到 200kN 左右时，受压一侧的混凝土出现小范围压溃现象，随着荷载的增大，压溃范围增大，跨中挠度急剧增加，受拉区也相应出现横向裂缝，随之受压柱破坏。破坏形态如图 10-8(c) 所示，挠

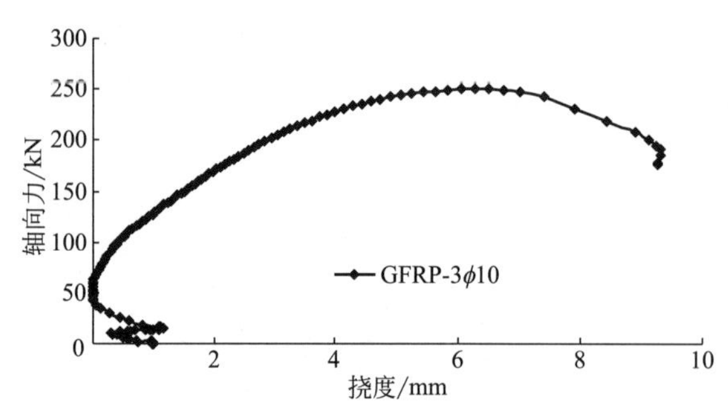

图 10-10　受压区混凝土压碎破坏时的荷载-侧向挠度曲线

度随荷载的变化如图 10-10 所示。破坏时有一定的预兆性即“延性”。

对于钢筋混凝土柱，在超筋破坏和适筋破坏之间存在一种界限破坏（或称平衡破坏），其破坏特征为当纵向受拉钢筋屈服的同时混凝土被压碎。发生界限破坏时的纵向受力钢筋的配筋率称为界限配筋率（或平衡配筋率），用 ρ_b 表示。对于 GFRP 筋混凝土结构，由于 GFRP 材料的应力-应变关系不存在屈服阶段，界限破坏的破坏特征可定义为纵向受拉 GFRP 筋拉断的同时混凝土被压碎，而此时的配筋率称为界限配筋率 ρ_{fb}。FRP 筋混凝土柱发生界限破坏时的截面应力和应变分布如图 10-11 所示。

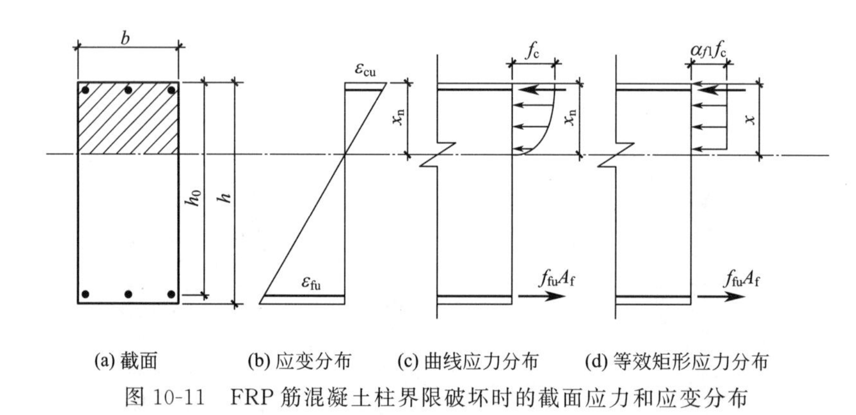

图 10-11　FRP 筋混凝土柱界限破坏时的截面应力和应变分布

当 $\xi>\xi_b$ 时，构件破坏模式为受压区边缘混凝土被压碎，发生受压破坏，在破坏前具有较大的变形，具有一定的预兆性；当 $\xi<\xi_b$ 时，构件破坏模式为受拉区筋被拉断，发生受拉破坏，破坏前变形较小，此类破坏是应该避免的；当 $\xi=\xi_b$ 时，受拉破坏与受压破坏同时发生，此时能充分发挥材料的强度。因此，从发挥材料的性能和破坏形式的角度来看，应将 GFRP 筋混凝土柱设计为受压破坏模式。

为了简化计算，借鉴现行混凝土结构设计规范，把 GFRP 筋混凝土柱的受压区的曲线形应力分布图形简化成等效矩形应力图形，简化后的应力分布图形［图 10-11(d)］为受压区边缘混凝土达到极限状态时的等效应力图形。

根据简化的等效矩形应力图形，建立平衡方程。

$$N\leqslant\alpha_1 f_c bx+\sigma_f' A_f'-\sigma_f A_f \tag{10-3}$$

$$Ne\leqslant\alpha_1 f_c bx\left(h_0-\frac{x}{2}\right)+\sigma_f' A_f'(h_0-a') \tag{10-4}$$

$$e=\eta e_i+\frac{h_0}{2}-a \tag{10-5}$$

尚应符合下列规定。

① 相对受压区高度表达式为

$$\xi=\frac{x}{h_0} \tag{10-6}$$

② 且满足

$$0.85>\xi>\xi_b$$

式中　ξ_b——界限受压区高度，其计算方法如下。

首先求界限破坏时截面的受压区高度，如图 10-11 所示，依据平截面假定可得

$$\frac{x_n}{h_0}=\frac{\varepsilon_{cu}}{\varepsilon_{cu}+\varepsilon_{fu}} \tag{10-7}$$

从而可得界限受压区高度为

$$\xi_{fb}=\frac{x}{h_0}=\frac{\beta_{f1}x_n}{h_0}=\frac{\beta_{f1}\varepsilon_{cu}}{\varepsilon_{cu}+\varepsilon_{fu}}=\frac{\beta_{f1}\varepsilon_{cu}}{\varepsilon_{cu}+\frac{f_{fu}}{E_f}} \tag{10-8}$$

依据力的平衡方程

$$f_{fu}A_f=\alpha_{f1}f_cb\frac{\beta_{f1}\varepsilon_{cu}}{\varepsilon_{cu}+\frac{f_{fu}}{E_f}}h_0 \tag{10-9}$$

故界限配筋率为

$$\rho_{fb}=\frac{A_f}{bh_0}=\alpha_{f1}\beta_{f1}\frac{f_c}{f_{fu}}\frac{\varepsilon_{cu}E_f}{\varepsilon_{cu}E_f+f_{fu}} \tag{10-10}$$

$$\varepsilon_{cu}=0.0033-0.5(f_{cu,k}-50)\times10^{-5}$$

③ 纵向 GFRP 筋应力按式(10-11) 计算

$$\sigma_{f_i}=E_f\varepsilon_{cu}\left(\frac{\beta_1h_{0_i}}{x}-1\right) \tag{10-11}$$

也可按下列公式近似计算。

$$\sigma_{f_i}=\frac{f_{fu}}{\xi_b-\beta_1}\left(\frac{x}{h_{0_i}}-\beta_1\right) \tag{10-12}$$

对于偏心受压柱，受压区高度 x 与实际中和轴高度 x_c 的关系为 $\beta_1=x/x_c$。根据对试件截面应力值的统计分析，对受压区的面积进行积分，受压区高度 ξ 为小偏压受压状态时，求出统计的 β_1 值为 0.85。

计算 GFRP 筋混凝土柱偏心受压承载力时，不宜考虑受压 GFRP 筋的作用。利用式(10-3)～式(10-5)，考虑式(10-1)和式(10-12) 的修正，得出不同条件下偏压试件的计算承载力。

第11章 GFRP筋混凝土板正截面疲劳试验研究

11.1 研究内容

由于纤维增强复合材料（fiber reinforced polymer，FRP）具有抗拉强度高、重量轻、耐腐蚀和电磁绝缘性好等优点，正逐渐广泛应用于钢筋锈蚀严重的桥面板、机场道面、水下结构工程中。然而，该类结构大部分时间都在经受疲劳荷载的作用。虽然近年来随着 FRP 材料在结构工程中的不断使用，国内外对 FRP 筋混凝土构件的研究也越来越多，但是，截至目前，国内外对疲劳荷载作用下 FRP 混凝土结构受力性能研究得还不够深入，关于在疲劳荷载下 FRP 混凝土结构的计算理论还不完善。

FRP 筋虽然具有较高的拉伸强度，但是剪切强度不及钢筋，弹性模量也小于钢筋，FRP 筋材料的本构关系与同类钢筋也有所不同。在拉应力作用下，FRP 筋从初始受力至断裂破坏其应力与应变关系呈直线上升趋势，无明显的屈服阶段。经过本次试验与其他文献的参考研究发现，FRP 筋的拉伸试验，其破坏带有一定的脆性，从建筑结构设计的角度来看，应充分考虑 FRP 筋材这一特性，应尽其可能地避免 FRP 混凝土结构脆性破坏的发生。另外，从国内外已经使用 FRP 筋材料的工程类型上看，如公路的铺装层、桥面板、机场道面、悬索桥等，此类工程结构大多都在经受疲劳荷载的作用。目前，国内外对 FRP 材料的疲劳性能研究较少，国内对 FRP 材料的疲劳性能的研究刚进入起步阶段，还未形成比较完善的 FRP 材料的制造、应用、施工等标准。现行的钢筋混凝土各类标准并不完全适用于 FRP 材料。所以，为了将 FRP 筋这种特殊的材料更广泛地应用于土木工程结构之中，有必要对 GFRP 筋混凝土板的疲劳性能进行试验研究，研究 GFRP 筋板在疲劳荷载作用下变形、挠度、刚度及裂缝的变化。本章介绍 GFRP 筋混凝土板的疲劳性能试验研究成果，为今后的理论研究及工程应用提供借鉴与参考。

因此，本章通过 2 个 GFRP 筋混凝土板的静力荷载和 8 个 GFRP 筋混凝土板疲劳荷载试验，研究纵筋配筋率、应力水平、应力比、荷载振幅以及疲劳循环次数对试件刚度和裂缝宽度的影响。主要研究内容如下。

① 在静力加载下，分别对两种配筋率下的 GFRP 筋混凝土板的变形（纵向受力 GFRP 筋、混凝土受压区受拉区）、跨中挠度、刚度及裂缝形态随荷载的变化，研究分析两种不同配筋率的 GFRP 筋混凝土板在静载作用下的荷载挠度关系、GFRP 筋与混凝土的荷载应变关系，提出 GFRP 筋混凝土板在静载作用下的正截面承载力和裂缝宽度的计算公式。

② 在疲劳试验下，以应力水平、应力比及荷载振幅为变动因素，观察应力水平、应力

比及荷载振幅的变动对 8 块疲劳试验混凝土板的影响。研究分析每块疲劳试验板的疲劳寿命、挠度、变形及裂缝，并对 8 块取不同参数的疲劳试验板的结果进行对比分析，找出变动因素对疲劳试验板的变形、挠度、裂缝及疲劳循环次数的影响规律。提出 GFRP 筋混凝土板裂缝、刚度在疲劳循环荷载下的计算公式。

11.2 GFRP 筋拉伸试验研究

11.2.1 试验目的

玻璃纤维增强复合材料筋（GFRP 筋）是由增强材料玻璃纤维丝和基体材料树脂并经过挤拉工艺而形成的复合材料，具有强度高、重量轻、耐腐蚀、绝缘性好、热胀系数与混凝土相似等优点，特别是近些年来，已经在一些特定的结构里代替了钢筋，具有良好的效果和广阔的应用前景。在国内，由于 GFRP 筋的生产工艺还没有形成严格的标准，其各类性能参数还具有一定的离散性。所以有必要对本次试验所使用的 GFRP 筋进行抗拉强度试验研究，确定各种必要的试验参数，如筋的极限抗拉强度以及弹性模量，对 GFRP 筋板的疲劳性能试验研究和计算提供基础数据。

11.2.2 GFRP 筋

本次试验所使用的 GFRP 筋共有两种规格，其直径分别为 10mm 及 12mm。10mm 的为横向筋，起固定骨架作用；12mm 的为纵向分布筋，主要起正截面抗弯作用。生产商所提供的 GFRP 筋的性能指标见表 11-1。

表 11-1　GFRP 筋的性能指标

性能参数	GFRP 筋	性能参数	GFRP 筋
外观	质地纹路均匀、无气泡裂纹	弹性模量/GPa	≥42
杆体直线度/(mm/m)	≤3	剪切强度/MPa	≥110
抗拉强度/MPa	≥600		

11.2.3 GFRP 筋拉伸试验概况

GFRP 筋拉伸试件的设计与制作参考了美国 ACI 440.3R-04《纤维增强聚合物（FRP）筋增强混凝土结构试验方法指南》中的 FRP 筋纵向拉伸试验方法研究部分。

（1）GFRP 筋拉伸试件的设计　试件的设计参考了 ACI 440.3R-04，试件的总长度包括试验部分（即两端锚固中间部分）及锚固部分。试验部分的长度不应小于 100mm 或不应小于 40 倍的 d（d 为筋的有效直径，其有效直径为 12mm）。试件的个数不应少于 5 个，如果试件的拉伸破坏发生在锚固区域，则认为试样试验失败，试件的破坏需要发生在中间的试验部分。

基于上述设计要求及相关文献的参考，本次试验试件的总长度为 1m，两端锚固长度为 250mm，试验部分长度为 500mm。GFRP 筋拉伸试件尺寸如图 11-1 所示。

（2）GFRP 筋拉伸试件的制作　根据一些相关文献的试验研究发现，由于 FRP 筋的抗

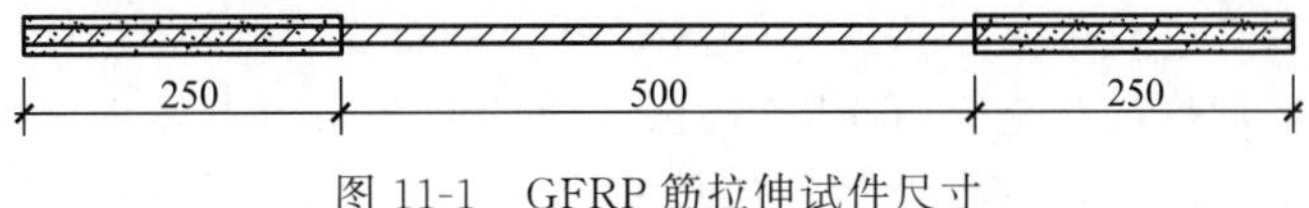

图 11-1　GFRP 筋拉伸试件尺寸

剪强度远低于它的纵向抗拉强度。因此，如果直接把 FRP 筋试件安装在拉伸试验机夹头部位，在 FRP 筋还未达到它的纵向拉伸极限强度就会在试件端部出现挤压破坏的现象，无法实际测试出 FRP 筋的极限拉伸强度。

所以本次试验所采用的试验方法为铸铁套筒注胶式锚固 GFRP 筋，其试件制作步骤如下。

① 准备长约 250mm 的铸铁套筒，作为试件的夹持端，铸铁套筒外径为 32mm，壁厚为 3mm。

② 使用无水酒精对铸铁套筒内壁进行清洗，使其内部无粉尘锈迹，使胶体与铸铁套筒内壁做到很好的黏结与亲和。

③ 使用硬纸板制作居中垫片，垫片试样为同心圆，其外圆直径为 32mm，内圆直径与 GFRP 筋直径相同，为 12mm，居中垫片的作用是为了使 GFRP 筋居于套筒的中心。

④ 通过使用制作好的居中垫片对套筒底端进行封堵，然后把长 1m 的 GFRP 筋插入套筒内。使用环氧树脂和固化剂以 2∶1 的比例配置胶体，把配制好的胶体缓慢注入已经插入 GFRP 筋的套筒内，浇注过程中可缓慢旋转 GFRP 筋，尽可能不使胶体内存有多余气体。等胶体注满套筒后，使用居中垫片对套筒顶端筋行封堵。

⑤ 将浇注好的一端竖直放置，等胶体固化一天后可进行另一端浇注，浇注好的一端如图 11-2 所示。

⑥ 试件的另一端浇注与上述步骤相同，另一端浇注完毕后将试件竖直放置 3～5 天，让胶体完全固化，随后可进行拉伸试验。制作好的试件如图 11-3 所示。

图 11-2 浇注后的试件一端

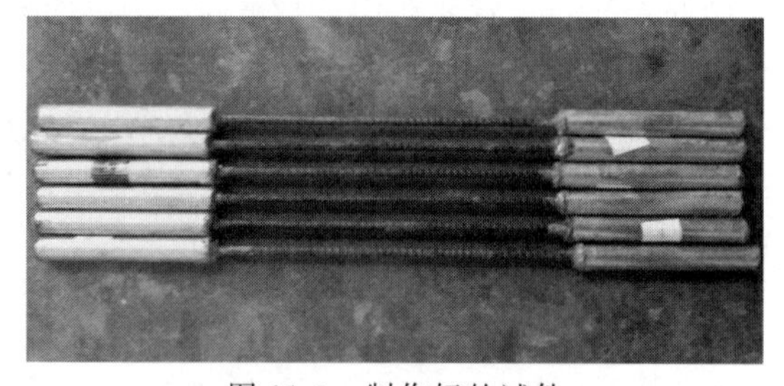

图 11-3 制作好的试件

(3) 试验方法 本次拉伸试验所采用的试验仪器为华龙拉力试验机、计算机数据采集系统、200mm 引伸计。首先，将成型的试件放入仪器夹头内，设定试验控制参数，将加载速率设置为 0.2kN/s，将引伸计放置在试件的中间位置，使用橡皮筋进行固定。其次，用控制仪器将试件进行预加载，加载至 2kN，检查各仪器设备是否运作正常。最后，试件正式加载。仪器设备及试件加载过程如图 11-4 所示。

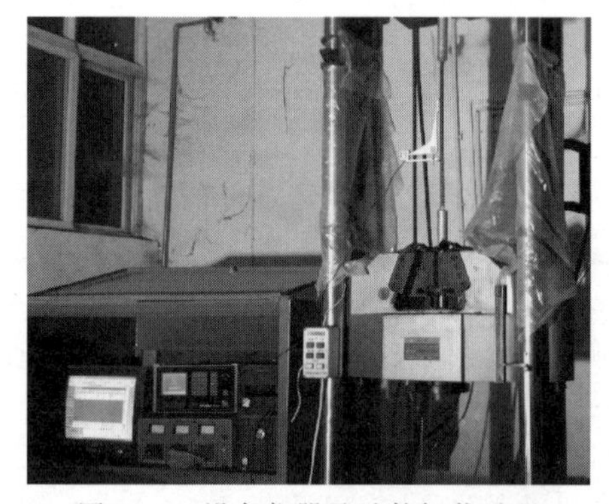

图 11-4 设备仪器及试件加载过程

(4) 试验现象及破坏形态 从试验整个过程上来看，GFRP 筋拉伸结果均为脆性破坏，没有明显的塑性阶段。从 0 加载至 60kN 左右时，试件会持续出现“啪啪”玻璃纤维丝断裂的声音。加载至最后，随着“嘣”的一声，GFRP 筋试件脆性拉毛断裂，形状呈“炸散状态”。GFRP 筋试件破坏形态如图 11-5 所示。

通过处理分析试验数据，试件的荷载位移曲线均为线性上升趋势，直至试件破坏，无明显的屈服和塑性阶段。典型的GFRP筋拉伸曲线如图11-6所示。

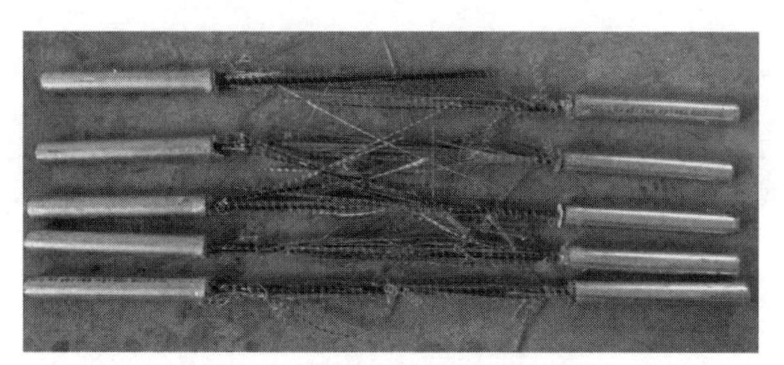

图11-5 GFRP筋试件破坏形态

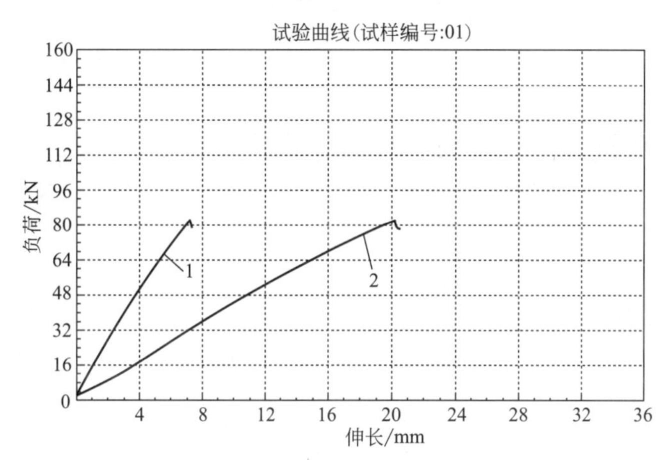

图11-6 典型的GFRP筋拉伸曲线

1—变形；2—位移

(5) 试验结果及计算　参照ACI 440.3R-04《纤维增强聚合物(FRPS)筋增强混凝土结构试验方法指南》所给出的FRP筋拉伸计算公式，其中FRP筋拉伸强度计算公式为

$$f_u=\frac{F_u}{A} \tag{11-1}$$

式中　f_u——GFRP筋试件的极限拉伸强度，MPa；

F_u——GFRP筋试件的极限承载力，N；

A——GFRP筋试件的横截面面积，mm^2。

FRP筋的纵向拉伸模量的应力与应变应取筋的拉伸强度的20%～50%的线性区间，其筋的拉伸承载力也取极限承载力的20%～50%，其FRP筋的弹性模量计算公式为

$$E_L=\frac{F_1-F_2}{(\varepsilon_1-\varepsilon_2)A} \tag{11-2}$$

式中　E_L——FRP筋的纵向拉伸模量，MPa；

A——FRP筋的横截面面积，mm^2；

F_1,ε_1——极限荷载和极限应变的50%，F的单位为N，ε为无量纲；

F_2,ε_2——极限荷载和极限应变的20%。

GFRP筋的极限应变的计算公式为

$$\varepsilon_u=\frac{F_u}{E_LA} \tag{11-3}$$

式中　ε_u——FRP筋的极限应变。

通过 5 个 GFRP 筋试件的拉伸试验，并使用以上公式进行计算，得到的结果见表 11-2。

表 11-2　GFRP 筋拉伸试验结果

试件编号	极限拉力/kN	弹性模量/GPa	抗拉强度/MPa	极限应变/%
G12-1	82.3	49.05	728.3	1.484
G12-2	81.7	50.07	722.5	1.443
G12-3	77.9	49.52	689.3	1.392
G12-4	82.4	52.02	729.5	1.401
G12-5	82	51.17	725.4	1.403
平均值	81.3	50.37	719	1.425

11.3　GFRP 筋混凝土板疲劳试验概况

11.3.1　混凝土

11.3.1.1　混凝土的配合比

试验分为两批进行，混凝土强度等级为 C40，混凝土配合比见表 11-3，仅变化纵筋配筋率。

表 11-3　第一批浇筑所使用的混凝土的配合比

C40 混凝土	W/C	水泥	砂	碎石	水	减水剂
密度/(kg/m^3)	0.45	430	722	1083	190	4.3

第一批浇筑的 GFRP 筋混凝土板的配筋率为 1.59%，共 5 个试件，包括 1 个静载试件和 4 个疲劳加载试件。

第二批浇筑的 GFRP 筋混凝土板的配筋率为 2.23%，共 5 个试件，包括 1 个静载试件和 4 个疲劳加载试件。

11.3.1.2　混凝土的材料性能试验

在浇筑 GFRP 筋混凝土板试件的同时需要对每个试件预留一定数量的混凝土试块，并预留一定数量的试块作为 GFRP 筋与混凝土的补偿试块，测定混凝土材料的性能参数。需测定的混凝土材料的性能参数包括：立方体抗压强度、轴心抗压强度、劈拉强度和弹性模量。其中立方体抗压强度和劈拉强度试块尺寸均为 150mm×150mm×150mm，轴心抗压强度与弹性模量试块尺寸均为 150mm×150mm×300mm。每个试件所需要的试块数量为：6 个立方体试块（测试抗压和劈拉强度）和 6 个棱柱体试块（测试轴心抗压强度和弹性模量）。

混凝土试块与混凝土板同条件养护，GFRP 筋混凝土板与试块均在温室内养护，其室内温度为 25℃左右。养护期间在试块与板的顶面放置塑料薄膜，期间应洒水，保证水泥水化作用的进行。

在每个 GFRP 筋混凝土板试验之前，需要对每个板所对应的试块进行材料性能试验，得到第一批和第二批混凝土的材料性能参数，见表 11-4 和表 11-5。

表 11-4 第一批混凝土材料性能试验结果

试件编号	立方体抗压强度/MPa	轴心抗压强度/MPa	劈裂抗拉强度/MPa	弹性模量/MPa
B0-1	46.67	39.20	3.00	31600
B1	45.47	38.65	2.96	31550
B3	46.23	39.16	2.93	31500
B5	47.1	39.66	3.03	31700
B7	48.3	41.15	3.12	31650

表 11-5 第二批混凝土材料性能试验结果

试件编号	立方体抗压强度/MPa	轴心抗压强度/MPa	劈裂抗拉强度/MPa	弹性模量/MPa
B0-2	47.3	37.7	3.4	34700
B2	48.2	35.3	3.6	35540
B4	49.5	36.1	3.6	34400
B6	49.3	34.2	3.7	36500
B8	50.1	36.8	3.8	36400

11.3.2 试件的设计与制作

试件尺寸为1600mm×450mm×100mm，第一种配筋率的钢筋混凝土板，板底共布置5根直径为12mm的纵向GFRP筋，横向布置10根直径为10mm的GFRP筋。第二种配筋率的钢筋混凝土板，板底共布置7根直径为12mm的纵向GFRP筋，横向布置10根直径为10mm的GFRP筋。尺寸和配筋情况如图11-7和图11-8所示。

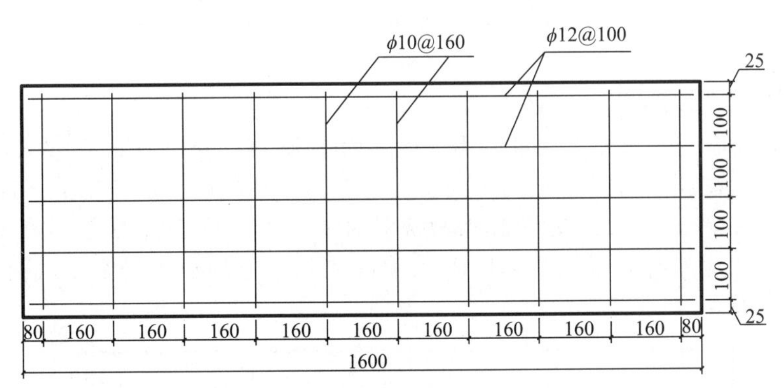

图 11-7 第一种配筋率板尺寸及配筋情况

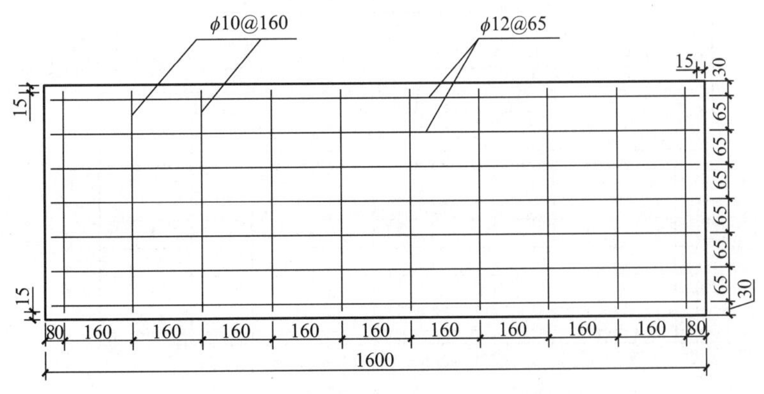

图 11-8 第二种配筋率板尺寸及配筋情况

11.3.3 测量内容及测点布置

11.3.3.1 测量内容

2 个静载试件加载时，主要测量 GFRP 筋混凝土板在竖向荷载逐渐增大的情况下，板的跨中挠度、纵向 GFRP 筋应变、受拉区和受压区的混凝土应变以及裂缝长度与宽度等的变化。随后进行 8 个 GFRP 筋混凝土板的疲劳试验，主要测量挠度、裂缝宽度、纵向 GFRP 筋应变、受拉区和受压区混凝土应变等随着配筋率、疲劳循环次数、应力水平的不断增大所显示出的变化规律。

其中为了避免疲劳试验机的荷载误差，准确对 GFRP 筋混凝土板施加荷载，在混凝土板的跨中位置放置标定后的 100kN 荷载传感器，连接至 80 点应变采集仪，通过反馈出的应变变化值并由疲劳试验机控制器控制荷载的增加。GFRP 筋混凝土板静载试验加载及应变数据采集如图 11-9 所示。

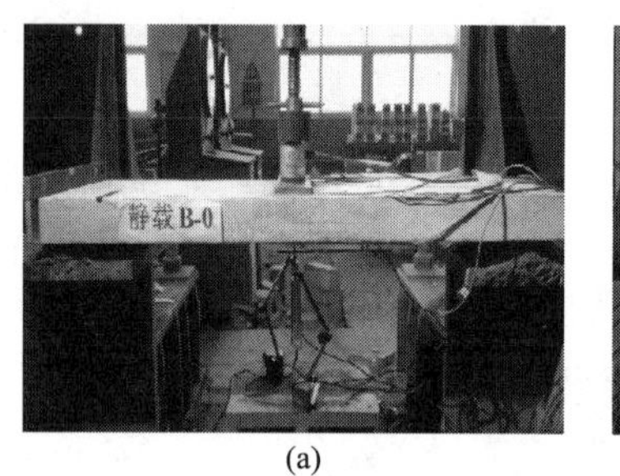

(a)

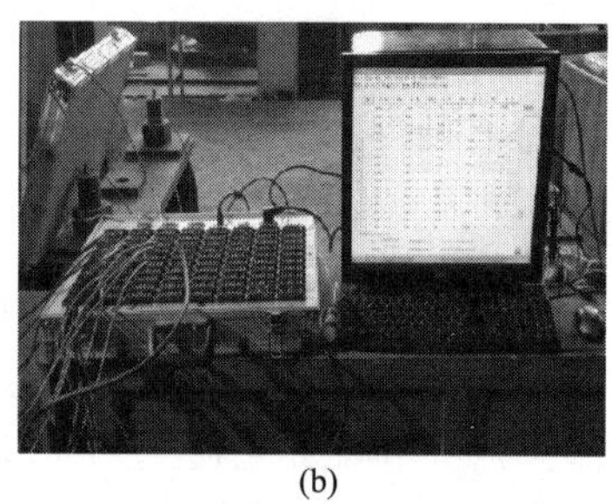

(b)

图 11-9 GFRP 筋混凝土板静载试验加载及应变数据采集

11.3.3.2 测点布置

(1) GFRP 筋应变片布置 底部受力纵向 GFRP 筋的应变片采用 3mm×2mm 电阻应变片，应变片均粘贴在纵向 GFRP 筋的中间位置，在第一种配筋率的情况下，选取第 1、3、5 根纵向 GFRP 筋粘贴应变片；在第二种配筋率的情况下，应变片测点为第 1、3、4、6 根 GFRP 筋粘贴布置应变片，以测得 GFRP 筋混凝土板正截面位置筋在不同荷载情况下的应变，如图 11-10 所示。

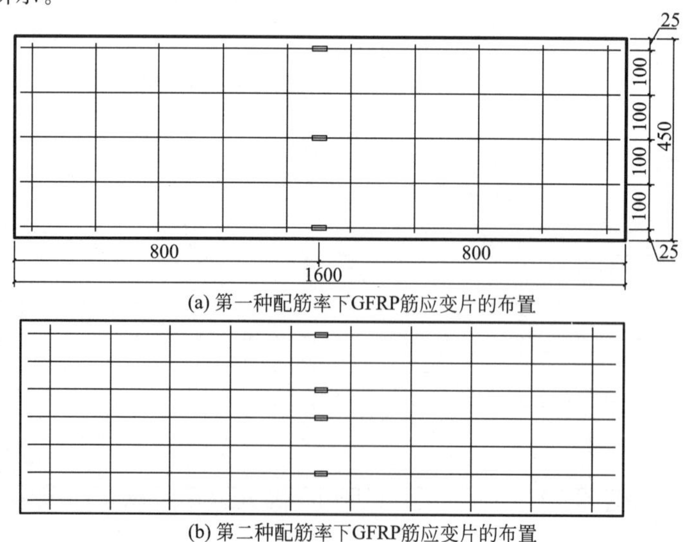

(a) 第一种配筋率下GFRP筋应变片的布置

(b) 第二种配筋率下GFRP筋应变片的布置

图 11-10 纵向 GFRP 筋应变测点

（2）混凝土应变片布置　混凝土应变的测量采用100mm×3mm的混凝土应变片，在每个试件的跨中位置的板底布置3个应变片、板顶布置2个应变片，共5个，如图11-11所示。受拉区混凝土应变片粘贴在距离两侧边25mm和225mm处，受压区混凝土应变片粘贴在距离两侧边50mm处。

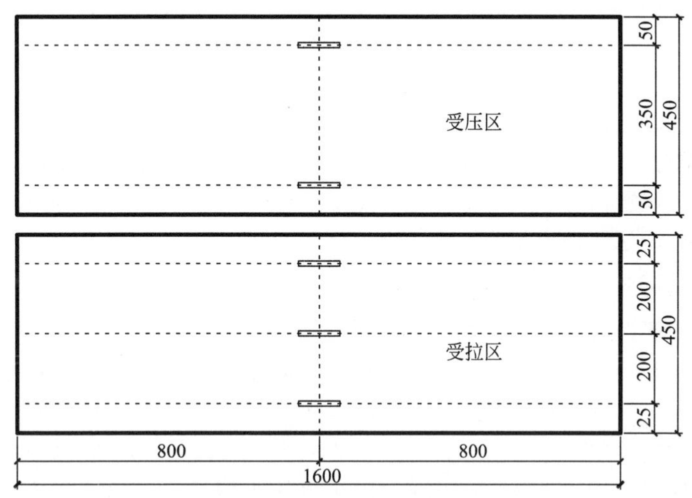

图11-11　混凝土应变片的布置

（3）位移计布置　在静载试验和疲劳试验加载时，板的两端支座距离板两端100mm处各布置1个位移计，跨中位置距离侧面125mm处布置2个位移计，共4个。支座处位移计用以测量混凝土板支座处的位移，跨中处位移计用以测量板在承受不同荷载时的跨中挠度。位移计布置及加载示意如图11-12所示。

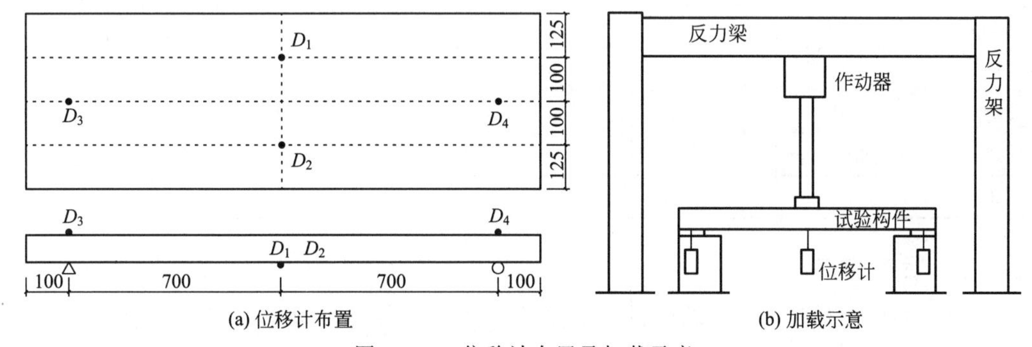

图11-12　位移计布置及加载示意

11.3.4　GFRP筋混凝土板试验方案

11.3.4.1　疲劳性能影响因素

目前，国内外对钢筋混凝土受弯构件及其他混凝土构件的疲劳性能已有了广泛的研究，由于混凝土构件正截面疲劳性能主要取决于底部受力纵筋及混凝土材料内部的微观构造，影响此次试验构件的疲劳性能因素颇多。经过研究相关文献与资料发现，影响混凝土构件疲劳性能的因素主要包括应力水平、应力比、荷载幅值。应力水平越大，混凝土构件承受的疲劳荷载上限就越大；应力比越小，混凝土构件承受的疲劳荷载幅值就越大，越容易发生疲劳破坏。

经过研究一些相关文献还发现，构件在初期疲劳循环后，随着裂缝的发展，混凝土的疲劳强度有所降低，混凝土构件的疲劳性能及最终破坏都与受力筋的断裂有关。由于GFRP筋纵向受力至破坏具有一定的脆性，所以FRP筋混凝土受弯构件的正截面破坏形态大致分为两类：①底部纵向受力筋仍处于工作作态，顶部受压区混凝土被压碎；②底部纵向受力筋断裂破坏，构件由主裂缝处断裂破坏。因此，混凝土与GFRP筋在承受疲劳荷载时的受力状况都与所选取的应力水平、应力比、荷载幅值密切相关。

以往关于加载频率对钢筋混凝土结构疲劳性能影响的研究表明，在最大应力水平低于静载强度的75%左右，加载频率在1～15Hz间的情况下，加载频率的大小对钢筋混凝土构件的疲劳强度的影响较小。在较高应力水平下，混凝土构件的疲劳强度随着频率的降低而降低。所以，加载频率选取在1～5Hz之间对混凝土构件的疲劳强度不会造成太大的影响，本试验采用的加载频率为3Hz。

11.3.4.2 疲劳试验参数

本次GFRP筋混凝土板疲劳试验根据相关研究确定4种应力水平，分别为：0.25、0.3、0.35、0.4。疲劳下限固定为0.15倍的极限承载力，第一批配筋率为1.59%的静载混凝土板的极限承载力为60.5kN，第二批配筋率为2.23%的静力加载的GFRP筋混凝土板的极限承载力是66kN。随着应力水平（疲劳上限荷载）的提高，每个板的应力比和荷载振幅也有所变动。GFRP筋混凝土板疲劳试验参数的确定见表11-6。

表11-6 GFRP筋混凝土板疲劳试验参数

试件编号	应力水平	应力比	下限荷载/kN	上限荷载/kN	荷载幅度/kN	配筋率/%
B1	0.25	0.6	9	15	6	1.256
B2	0.25	0.6	9.9	16.5	6.6	1.758
B3	0.30	0.5	9	18	9	1.256
B4	0.30	0.5	9.9	19.8	9.9	1.758
B5	0.35	0.429	9	21	12	1.256
B6	0.35	0.429	9.9	23.1	13.2	1.758
B7	0.40	0.375	9	24	15	1.256
B8	0.40	0.375	9.9	26.4	16.5	1.758

11.3.4.3 试验设备

本次试验加载设备由疲劳试验机、输油管、100kN脉动作动器、反力钢架、支座等组成，如图11-13所示。静力加载时为静态控制，疲劳循环加载为动态控制。GFRP筋板的静

(a)

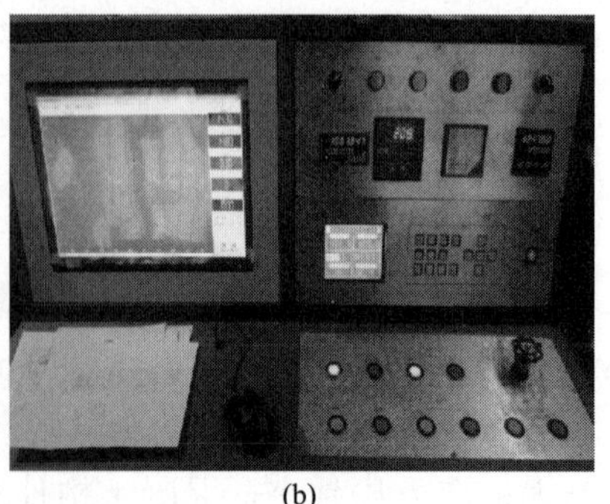
(b)

图11-13 疲劳试验机和加载控制器

载及疲劳试验均采用单点加载，在竖向作动头下放置尺寸为400mm×80mm×15mm的刚性垫板。为了避免长时间疲劳荷载后作动器对试件造成错位，以及支座处的应力集中等问题，GFRP筋混凝土板两端支座处放置的均为两个圆形橡胶支座，其直径为200mm，厚度为30mm。为了保证加载荷载具有较高的精确度，荷载读数以标定后的100kN荷载传感器为准。对所使用的4个位移传感器进行标定，使其符合一定的精度要求。

11.3.4.4 试验方案

（1）静力加载试验步骤

① 将第一个GFRP筋混凝土板吊装至疲劳试验机作动器正下方，使其作动器加载点对准混凝土板的中心位置。用水平尺对混凝土板的横向及纵向进行找准、找平，使加载过程中不会发生竖向力分配不均的情况。

② 将荷载传感器、位移传感器放置在正确位置，并将荷载传感器、位移传感器、GFRP筋应变片、混凝土应变片连接至80点应变采集仪上，检查各类数据在计算机采集系统上反馈是否正常、各个应变数值是否通畅。

③ 在静力加载之前，进行1～2次预加载，预加载荷载为4kN。检查疲劳试验机、荷载控制、计算机数据采集是否工作正常。

④ 进行分级静力加载，1kN为一级，待裂缝数量趋于稳定时转为2kN一级。荷载的增加均需采集并记录每级荷载所对应的位移、应变的变化量。使用裂缝观测仪测量裂缝出现后每级荷载下的裂缝宽度，并记录每条裂缝的初始荷载及每条裂缝随荷载增加的变化。

⑤ 由于本次试验要求得到GFRP筋混凝土板的极限承载力和破坏形态，故在试件挠度与裂缝宽度较大时若试件并未发生破坏，则应持续施加荷载至试件破坏。

（2）疲劳试验步骤

① 通过第1个静载GFRP筋板的极限承载力得到4个疲劳试验试件的疲劳上限。在疲劳试验之前做初次静载试验，试验步骤与静载试验相似，分级加载至疲劳荷载上限，记录并采集各类数据，并与随后经历一定疲劳循环次数后的静载试验做比较。

② 初次静载试验后进行疲劳试验，拟定的疲劳试验频率为3Hz，正弦波疲劳加载。通过使用加载控制器将荷载加至疲劳上下限中值荷载时，将加载控制器调整为动态，缓慢增加荷载振幅，将动态循环荷载的波峰与波谷加至疲劳荷载上下限位置。

③ 疲劳循环加载期间，不记录与采集数据。在试件循环至1万、3万、5万、10万、20万、30万、50万、100万、200万次时，分别停止疲劳试验，做该次数对应的静载试验，步骤与初次静载试验相同，观测裂缝宽度变化并标记在一定疲劳循环次数下新出现的裂缝，记录并采集数据。每次静载做对比。

④ 如试件在经历至200万次之后并未发生破坏，则停止疲劳试验。将该试件做从0至破坏的静力加载。加载步骤与静力加载步骤相当，观测并记录各类数据，测试试件在经历200万次后加载的剩余强度。

11.4 GFRP筋混凝土板疲劳试验结果分析

11.4.1 两种不同配筋率的静载试件试验结果及分析

11.4.1.1 试验现象分析

第一个配筋率为1.59%的静载GFRP筋混凝土板（B0-1）的开裂荷载为10kN。试件破坏之前，在跨中位置共出现了13条裂缝，其中宽度最大的为第一条裂缝，宽度为1.5mm，位于跨中右侧 10cm 处。根据观察来看，试件的破坏在第一条裂缝处发生，破坏形态为跨中位置受拉区开裂破坏。此时，试件的跨中挠度为 24.1mm，受压区混凝土与受拉区 GFRP 筋的最大应变分别为 $2487.5\times10^{-6}\varepsilon$ 和 $3299.5\times10^{-6}\varepsilon$。第二个静载试件的配筋率为 2.23%(B0-2)，开裂荷载为 10kN，直至试件破坏，跨中竖向裂缝一共出现 12 条，以及 2 条居于跨中左侧与右侧的斜裂缝。裂缝宽度最大的为居于跨中右侧 5cm 处的裂缝①［图 11-14(b)］，其最大宽度为 1.2mm。试件在极限承载力下，底部纵向 GFRP 筋的最大应变分别为 $4317\times10^{-6}\varepsilon$、$6056\times10^{-6}\varepsilon$、$4155\times10^{-6}\varepsilon$、$5535\times10^{-6}\varepsilon$，此时板的受拉区纵向受力 GFRP 筋应力分别为 216MPa、303MPa、208MPa、277MPa 这说明纵向受力 GFRP 筋还有承载荷载的能力，发生在靠近支座处的混凝土剪切破坏使纵向 GFRP 筋剪弯破坏，从而使混凝土板发生破坏。两块静载试件的裂缝分布如图 11-14 所示。

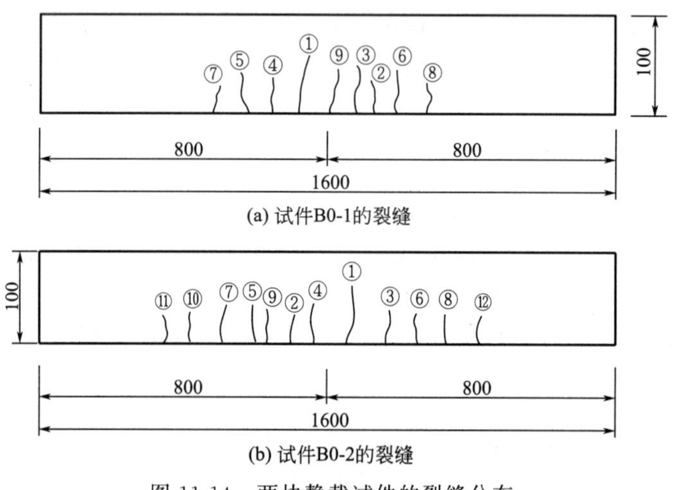

(a) 试件B0-1的裂缝

(b) 试件B0-2的裂缝

图 11-14　两块静载试件的裂缝分布

①～⑫表示裂缝

第一个配筋率为 1.59%的静载试件的破坏形态为底部受力筋的断裂，致使试件由跨中位置发生开裂和破坏。相比第一个静载试件，配筋率高的试件其承载力有所增加，但破坏形态有所改变，跨中位置纵向 GFRP 筋未发生断裂，试件的破坏发生在较为薄弱的弯剪区域。

11.4.1.2　GFRP 筋混凝土板静载试件受力分析

(1) 静载试件的荷载-挠度曲线　在两种不同配筋率下，两个静载试件的荷载挠度曲线有一定的相似性，静载试件的荷载-挠度曲线如图 11-15 所示。从图中可以看出，静载试件板底出现裂缝之前，板跨中挠度随荷载的变化成线性增长；当荷载加至 10kN 左右时，板试

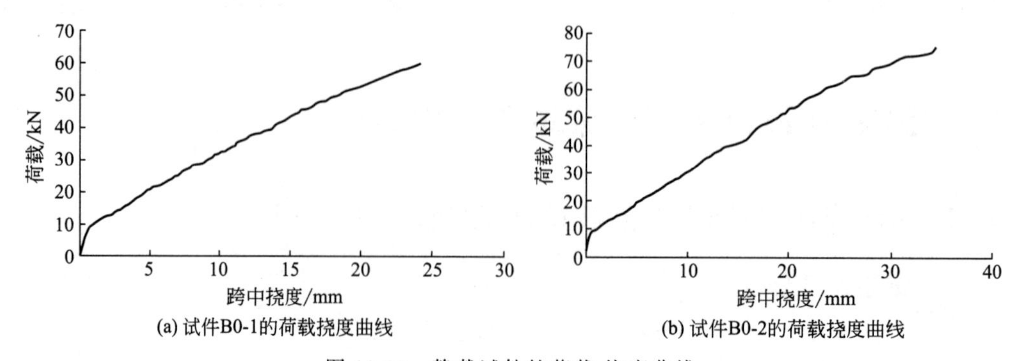

(a) 试件B0-1的荷载挠度曲线

(b) 试件B0-2的荷载挠度曲线

图 11-15　静载试件的荷载-挠度曲线

件底部出现裂缝，跨中挠度突然增大，曲线有一个明显的转折点；继续增大荷载，跨中挠度随荷载的变化基本呈线性增长，直至试件失效。相比低配筋率试件，较高配筋率的静载试件无论是承载力或者是跨中挠度，均有所增加。观察试件的荷载挠度曲线，两个静载试件的破坏均表现出一定的脆性。

（2）静载试件 GFRP 筋受力分析　静载试件 GFRP 筋应变曲线如图 11-16 所示。由 GFRP 筋的应变随荷载的变化曲线可知，低配筋率静载试件，GFRP 筋的应变随着荷载的增大也在不断增大，从曲线上观察出，增大到一定程度，GFRP 的应变随着荷载的增加不再增加，而是降低，这表明，受力 GFRP 筋有部分断裂现象。这也证实了，低配筋率静载试件的破坏形态是由跨中位置的 GFRP 筋断裂所引起的。

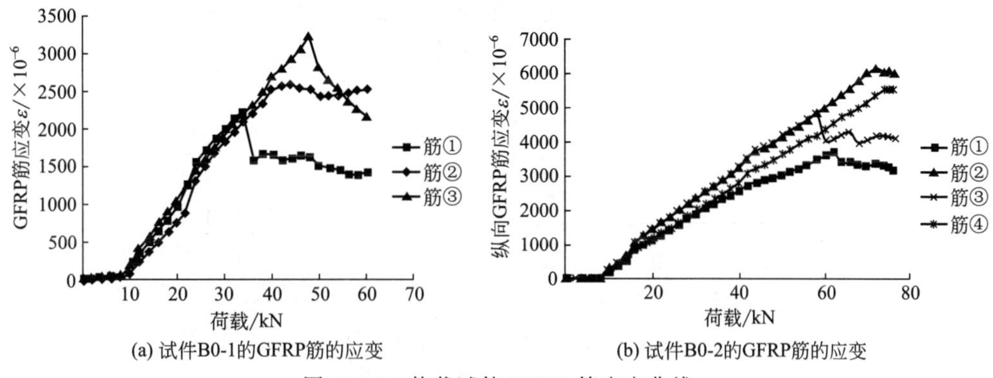

图 11-16　静载试件 GFRP 筋应变曲线

高配筋率静载试件的 GFRP 筋应变变化现象与低配筋率的大致相似，但有所不同的是，高配筋率静载试件的底部有两根 GFRP 筋的应变在全部过程都呈现增加趋势。这表明，该试件底部 GFRP 筋继续承担着跨中荷载，只有部分筋的部分纤维出现了断裂，该试件跨中位置的 GFRP 筋均未发生断裂。

（3）受压区混凝土荷载应变分析　在两种配筋率下，两块静载试件的受压区混凝土的应变变化非常相似。随着混凝土受拉区裂缝的发展，混凝土受拉区逐步退出工作，而混凝土受压区应变随荷载的变化如图 11-17 所示。由图可见，受压区混凝土应力-应变曲线存在一个拐点，混凝土受拉区开裂前，整个构件混凝土受拉区、受压区与 GFRP 筋保持共同应变，协同工作，当混凝土受拉区裂缝出现后，GFRP 筋和受压区混凝土承担的应力水平均有所增大。继续加载，混凝土受压区应变随荷载的增大基本上呈线性，试件截面的中和轴向上移动，混凝土受压区所承受的应力增大。

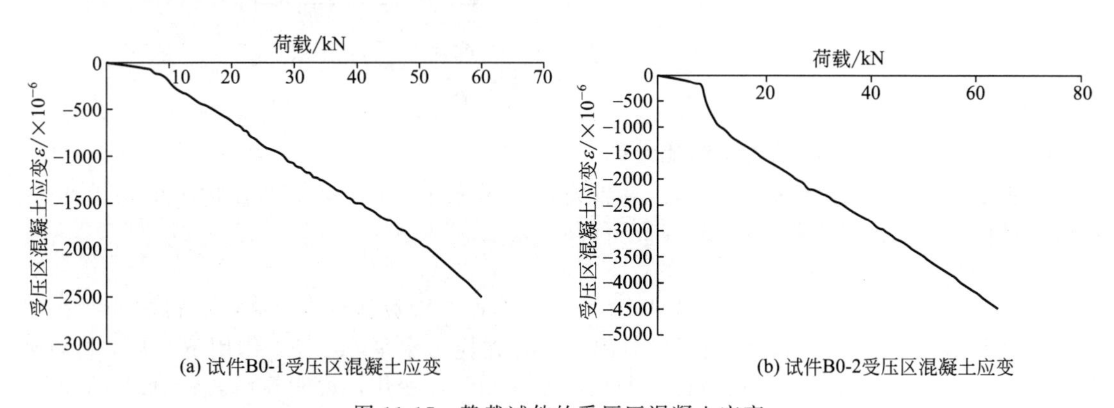

图 11-17　静载试件的受压区混凝土应变

11.4.2 GFRP筋混凝土板试件B1、B2疲劳试验结果及分析

11.4.2.1 试件B1、B2疲劳试验过程分析

试件B1的配筋率为1.59%，试件B2的配筋率为2.23%。疲劳试件B1的疲劳荷载上限为15kN，疲劳荷载下限为9kN，应力比$R=0.6$；疲劳试件B2的疲劳上限为16.5kN，疲劳下限为9.9kN，应力比$R=0.6$。

试件B1在初次静载试验时，只出现两条裂缝，最大宽度仅为0.06mm。1万次静载试验出现第三条裂缝③。200万次以后，在静力破坏试验过程中，当荷载增至22.5kN时，出现第四条裂缝④。继续加载，当荷载达到27.5kN、35kN、40kN时分别出现⑤～⑦三条裂缝。继续加载至40kN，听到一声脆响，试件部分纵向受力筋断裂，板底裂缝迅速向加载点处混凝土受压区发展，此时试件跨中挠度为17.69mm，最大裂缝宽度约为3mm，超过1.5mm，试件断裂、破坏，裂缝分布如图11-18所示。

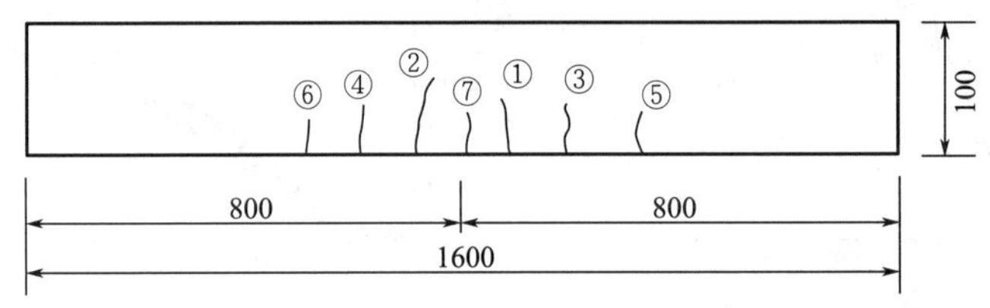

图11-18　试件B1的裂缝分布

①～⑦表示裂缝

试件B2在初次静载试验时，共出现8条裂缝，裂缝分布如图11-19所示。其中裂缝①与裂缝③宽度较为明显，分别为0.18mm与0.2mm。在荷载疲劳循环至90万次之前，无新的裂缝产生。在试件B1疲劳循环100万次左右，出现新裂缝⑨和⑩，靠近左右支座处，较细微，直至破坏其宽度没有很大变化。其余较为明显的为裂缝②和③，其宽度均为0.24mm。当疲劳试验循环至135万次时，裂缝①～④、⑦均向板顶部延伸，超过中和轴。试件B2的裂缝分布如图11-19所示。

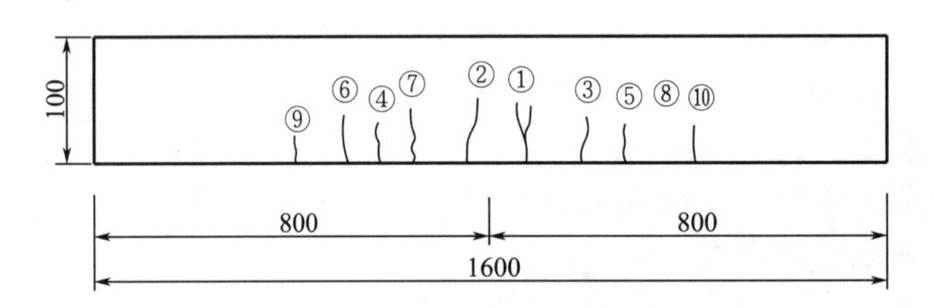

图11-19　试件B2的裂缝分布

①～⑩表示裂缝

11.4.2.2 试件B1、B2的受力性能分析

为研究试件B1、B2的疲劳性能，分别对试件B1、B2在疲劳荷载作用下的跨中挠度、GFRP筋应变、受压区混凝土应变进行分析。

（1）跨中挠度的分析

① 试件B1跨中挠度的分析　试件B1在各疲劳循环次数结束后静载试验得到的荷载-跨中位移曲线如图11-20所示。由图可以看出，试件在应力水平$0.25F_u$作用下，从0静载到最终200万次后的静载试验，荷载挠度曲线斜率并无明显变化，说明经历疲劳荷载作用后试件抗弯刚度并无太大变化，但累计损伤较严重；随着疲劳循环次数的增加，板的挠度逐渐增

大，板疲劳次数达到 200 万次后跨中挠度为 3.04mm，满足使用要求。

当疲劳循环次数达到 200 万次后，试件 B1 静载破坏试验得到的剩余承载力荷载-跨中位移曲线如图 11-21 所示。

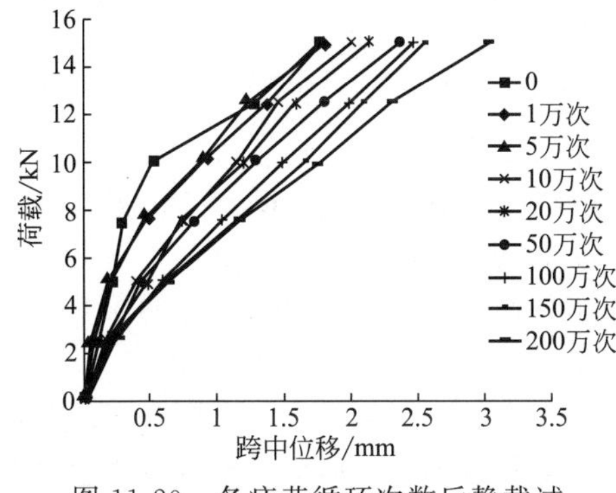

图 11-20　各疲劳循环次数后静载试验的荷载-跨中位移曲线

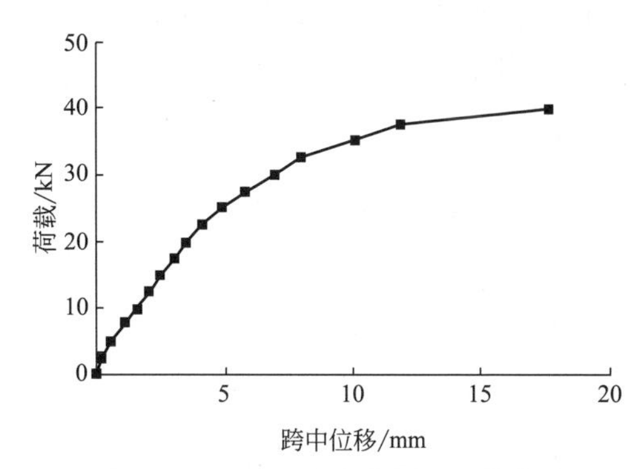

图 11-21　200 万次疲劳循环后静载破坏试验荷载-跨中位移曲线

由图 11-21 可以看出，试件 B1 在疲劳荷载上限 $0.25F_u$ 的作用下，经过 200 万次循环次数后，剩余承载力约为静力极限荷载的 67%，试件破坏特征和静载试验相似，曲线表现出良好的线性特征。

② 试件 B2 跨中挠度的分析　试件 B2 在疲劳试验之前做静载试验，之后在疲劳循环至 1 万次、5 万次、10 万次、20 万次、50 万次、100 万次各做一次静载试验，加载至疲劳上限。由于在首次静载试验加载至疲劳上限时的最大弯矩值大于开裂弯矩值，加之混凝土内部的损伤和裂缝的发展，卸载后便有显著的残余挠度的存在。这种残余挠度在疲劳荷载循环过程中也有所增加，但增速放缓。观察曲线可知，GFRP 筋混凝土板随着疲劳荷载循环次数的逐渐增加，其挠度有明显增加。通过分析数据，GFRP 筋混凝土板在疲劳荷载循环至 100 万次时，跨中最大挠度为 7.485mm，挠度超过初次静载时的挠度，如图 11-22 所示。当疲劳循环至 136 万次时，纵向 GFRP 筋的损伤迅速扩大，直至断裂。此次疲劳试验在应力水平 0.25 的情况下进行，破坏也具有一定的脆性，试件 B1 的疲劳寿命为 136 万次。

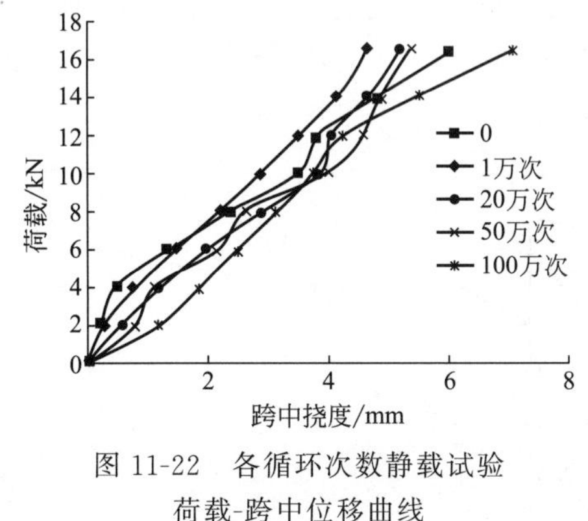

图 11-22　各循环次数静载试验荷载-跨中位移曲线

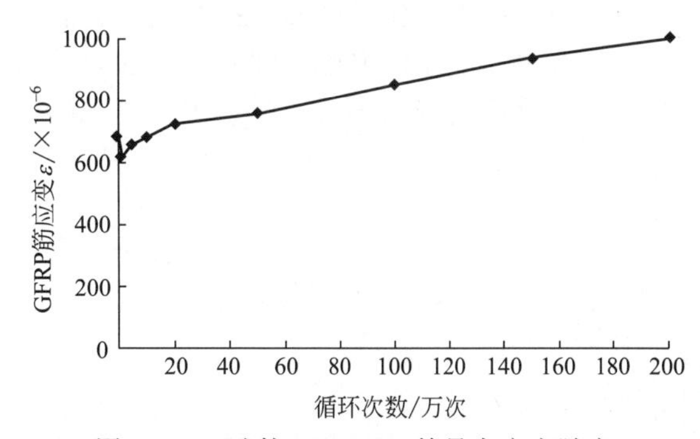

图 11-23　试件 B1 GFRP 筋最大应变随疲劳次数的变化

(2) GFRP 筋应变的分析

① 疲劳试件 B1 纵向 GFRP 筋应变的分析　试件 B1 中 GFRP 筋最大应变随疲劳次数的变化如图 11-23 所示，从图中可以看出，GFRP 筋应变随疲劳循环次数增加呈曲线变化。1 万次

时 GFRP 筋最大应变为 $680.3\times10^{-6}\varepsilon$，100 万次时 GFRP 筋最大应变为 $745.5\times10^{-6}\varepsilon$，100 万次之后，GFRP 筋的应变增长速率变大，200 万次循环结束后，GFRP 筋最大应变达到 $1000\times10^{-6}\varepsilon$，为 1 万次时筋应变的 1.5 倍，此时 GFRP 筋应力达到 48.54MPa，GFRP 筋最大应变值占静载试件 B0 破坏时筋应变 $2170.5\times10^{-6}\varepsilon$ 的 46.1%，远未达到其设计强度。

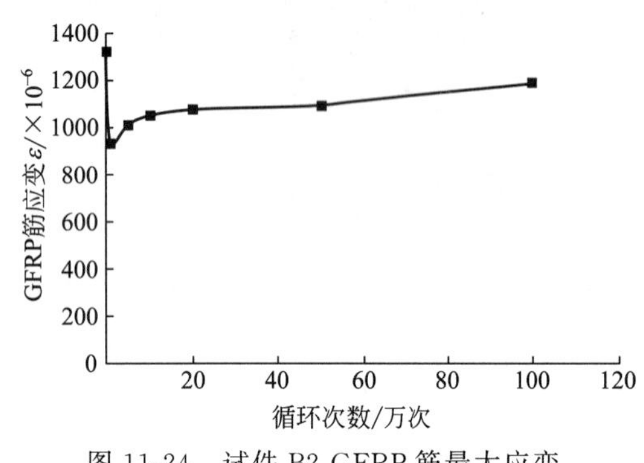

图 11-24　试件 B2 GFRP 筋最大应变随疲劳次数的变化

② 疲劳试件 B2 纵向 GFRP 筋应变的分析　试件 B2 在应力水平 0.25 的情况下疲劳加载 136 万次，疲劳循环次数与纵向 GFRP 筋的应变的关系如图 11-24 所示。在 0 静力加载时，此时的 GFRP 筋的最大应变较大，为 $1322\times10^{-6}\varepsilon$，相比试件 B1 的最大应变要高。随着疲劳循环次数的增加，GFRP 筋的应变在 1 万次时逐渐增大。这说明，0 静力加载致使 GFRP 筋有较多的残余应变。随后应变逐渐增加，能充分说明随着疲劳循环次数继续增加和 GFRP 筋的疲劳损伤累积，应变也逐渐增大，部分 GFRP 筋玻璃纤维出现断裂，使纵向 GFRP 筋承担荷载的能力逐渐下降，致使主要裂缝迅速扩大，最后试件脆性破坏。

（3）受压区混凝土应变的分析

① 疲劳试件 B1 受压区混凝土应变分析　受拉区混凝土的 3 个应变片在疲劳循环次数达到 8030 次左右时相继破坏，受压区混凝土最大应变随疲劳循环次数的变化如图 11-25 所示。从图中可以看出受压区混凝土最大应变在 20 万次范围内有较小的波动，之后随着循环次数的增加受压区混凝土的应变基本上呈线性增长，受压区混凝土最大应变为 $334.5\times10^{-6}\varepsilon$，仅占静载试件 B0 破坏时 $2487.5\times10^{-6}\varepsilon$ 的 13.4%。在试验中观察发现，随着循环次数的增大，板侧面裂缝逐步向板顶扩展，此时中和轴高度向上移动。

② 疲劳试件 B2 受压区混凝土应变的分析　试件 B2 受压区与受拉区混凝土随着疲劳荷载循环次数的增加也有明显的变化。其中，三条受拉区混凝土应变片在疲劳循环靠近 1 万次时逐渐断裂，退出工作。试件 B2 受压区混凝土应变随疲劳循环次数的变化如图 11-26 所示。从图中可看出，受压区混凝土在 0 静力加载时最大应变为 $1047\times10^{-6}\varepsilon$，积累了一定的残余应变，在 1 万次应变减小后逐步增大，直到构件破坏。

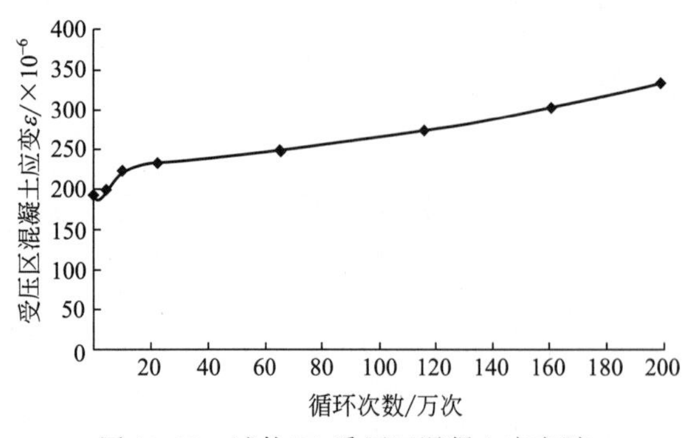

图 11-25　试件 B1 受压区混凝土应变随疲劳次数的变化

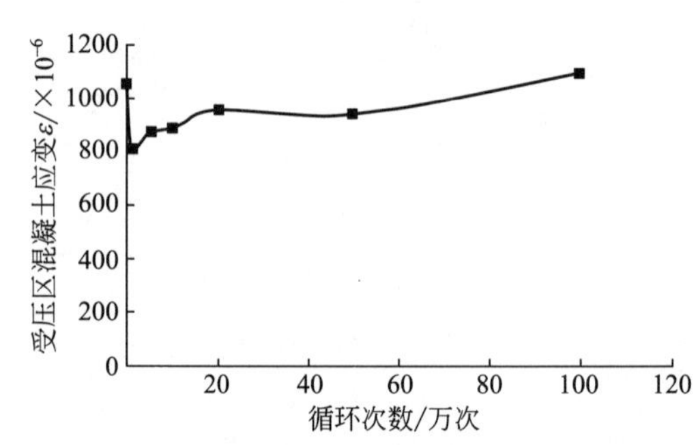

图 11-26　试件 B2 受压区混凝土应变随疲劳次数的变化

11.4.3 GFRP 筋混凝土板试件 B3、B4 疲劳试验结果及分析

11.4.3.1 试件 B3、B4 疲劳试验过程分析

疲劳试件 B3 的疲劳荷载上限为 18kN，疲劳荷载下限为 9kN，应力比 $R=0.5$，0 静载加载至 9kN 时，试件东侧距离跨中截面 10cm 处和西侧距离跨中截面 14.5cm 处分别出现一条南北贯通细微裂缝①和②，加载至 12kN 时与裂缝①对称的位置上出现第三条贯通裂缝③，继续加载至 18kN，与裂缝②对称的位置上出现第四条贯通裂缝④，此时最大裂缝宽度为 0.26mm，受压区混凝土应变为 $418.5\times10^{-6}\varepsilon$，筋应变为 44.0MPa。之后，开始施加循环荷载，当循环次数达到约 4320 次时，板底受拉区混凝土三个应变片相继破坏，退出工作；大概 6000 次时，靠近板北侧的 GFRP 筋应变片失效。1 万次循环荷载过程中并未出现新的裂缝，循环结束后进行 1 万次静载试验，当荷载增至 9kN 时，板试件跨中截面出现第五条细裂缝⑤。在随后的循环荷载和相应的静载试验过程中，未出现新裂缝。当循环次数达到 32 万次左右时，裂缝宽度明显增大并向板顶扩展，导致板试件南侧受压区混凝土应变片破坏。最终，当疲劳循环进行到约 34.12 万次时，听到一声脆响，纵向受力筋在跨中位置断裂，试件被破坏，停止试验。试件破坏形态如图 11-27 和图 11-28 所示，裂缝示意如图 11-29 所示。

图 11-27 试件 B3 破坏形态

图 11-28 试件 B3 的实际裂缝

试件 B4 的应力水平为 0.3，疲劳上限为 19.8kN，疲劳下限为 9.9kN，应力比 $R=0.5$。初次静载试验，试件 B4 从 0 加载至疲劳上限 19.8kN 的过程中，共出现了 7 条裂缝。其中当荷载加至 10kN 时，裂缝①出现在跨中，其宽度为 0.12mm。荷载加至 12kN，距离跨中 15cm 左右两侧同时出现裂缝②和③，裂缝②和③宽度分别为 0.08mm、0.12mm。持续加载至 15kN，跨中右侧 5cm 处出现裂缝④，宽度为 0.05mm。裂缝⑤和⑥出现在跨中左右两侧 25cm 处，较细微。裂缝⑦在跨中左侧 5cm 处，宽度为 0.05mm。当荷载为 19.8kN 时，裂缝宽度变化较明显的是跨中的裂缝①，宽度增加到 0.24mm。其中多条裂缝由板底部贯通至板的背侧。当疲劳循环至 3000 多次时，在靠近左右支座 15cm 处各出现裂缝⑧和⑨，在 1 万次静载试验量时其宽度为 0.06mm、0.04mm。试件 B4 正面的裂缝分布如图 11-30 所示。

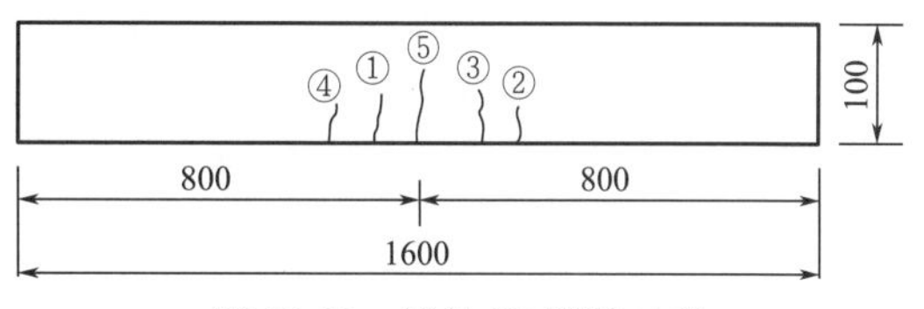

图 11-29 试件 B3 裂缝示意

①～⑤表示裂缝

根据观察，疲劳循环至 20 万次之前，主要裂缝宽度均无太大变化。在 20 万次静载试验

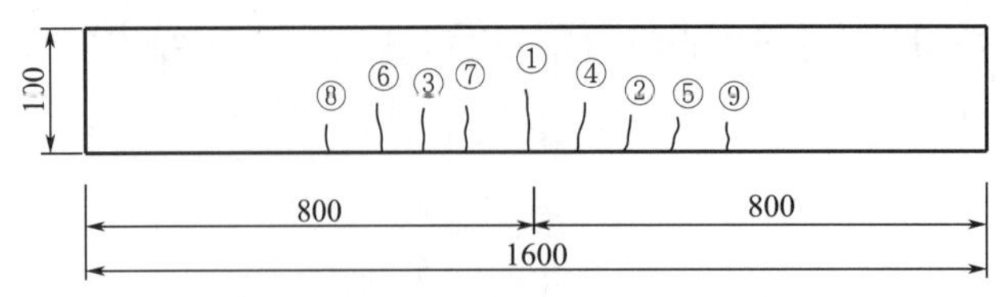

图 11-30　试件 B4 正面的裂缝分布
①～⑨表示裂缝

时，量得裂缝①的宽度为 0.26mm，其余裂缝的宽度均在 0.2mm 以下。但在疲劳循环 20 万次与 30 万次之间，裂缝①变宽明显，宽度达到 0.4mm，有在此裂缝破坏的征兆。此时，多数裂缝均超过中和轴，大部分疲劳荷载由纵向 GFRP 筋承担。疲劳循环 34 万次以后，裂缝①的宽度迅速变大，在跨中能听见清脆的玻璃纤维断裂的声音。最后试件 B4 发生脆性破坏，由裂缝①处断为两截，疲劳循环次数为 35.6 万次。试件 B4 的破坏形态如图 11-31 所示。

图 11-31　试件 B4 的破坏形态

11.4.3.2　试件 B3、B4 受力性能分析

通过处理采集到的数据，对 B3、B4 试件，各疲劳循环次数下的跨中荷载挠度、纵向 GFRP 筋的应变及混凝土应变进行分析。

（1）跨中挠度的分析

① 试件 B3 跨中挠度的分析　试件 B3 在各疲劳循环次数结束后静载试验得到的荷载-跨中位移曲线如图 11-32 所示，由图可以看出，试件在应力水平 0.3 作用下，从 0 静载到 20 万次后的静载试验，荷载挠度曲线斜率变化不大，但累计损伤严重，随着疲劳循环次数的增多，板的挠度逐渐增大。

② 试件 B4 跨中挠度的分析　相比试件 B3，试件 B4 的疲劳循环次数有所增加，在静载试验时，试件 B4 积累较多的残余变形。导致 1 万次、5 万次、10 万次、20 万次静载试验板的最大挠度均未超过 0 静载时的挠度。观察此各疲劳循环下的荷载挠度曲线可知，随着疲劳循环次数的增加，曲线的斜率有所减小，跨中挠度也有所增加。这可充分说明，在受拉区混凝土逐渐退出工作、纵向 GFRP 筋疲劳损伤不断累积的情况下，GFRP 筋混凝土板的跨中挠度也在不断增加，直至破坏。试件 B4 各循环次数静载试验荷载-位移曲线如图 11-33 所示。

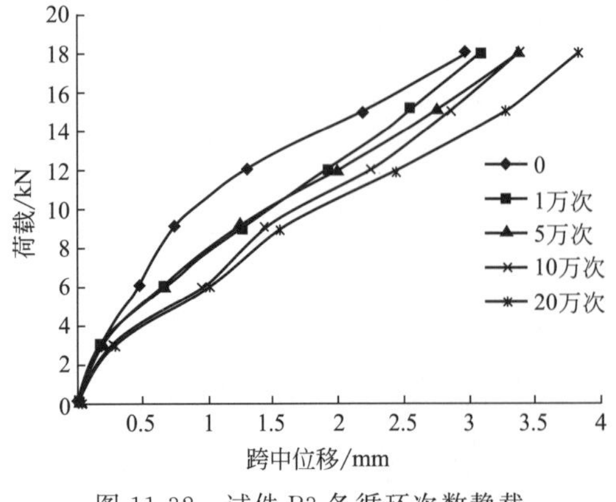

图 11-32　试件 B3 各循环次数静载试验荷载-跨中位移曲线

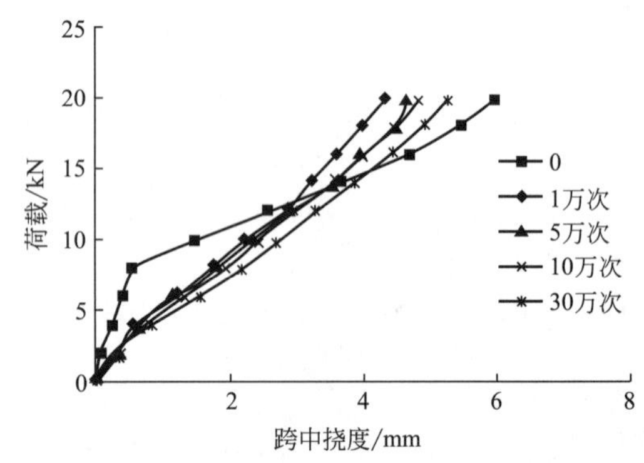

图 11-33　试件 B4 各循环次数静载试验荷载-跨中挠度曲线

（2）纵向 GFRP 筋应变分析

① 试件 B3 纵向 GFRP 筋应变的分析　试件 B3 GFRP 筋最大应变随疲劳次数的变化曲线如图 11-34 所示。从图中可以看出，在 5 万次范围内，GFRP 筋最大应变随疲劳循环次数有所增大，之后基本上呈水平状态。0 静载时 GFRP 筋最大应变为 $905.5\times10^{-6}\varepsilon$，20 万次时 GFRP 筋最大应变为 $1126.5\times10^{-6}\varepsilon$，为 0 静载时筋最大应变的 1.24 倍，此时 GFRP 筋应力达到 54.68MPa。

② 试件 B4 纵向 GFRP 筋应变的分析　B4 试件 GFRP 筋最大应变随疲劳次数的变化曲线如图 11-35 所示。试件 B2 在应力水平 0.3 下静力加载时，GFRP 筋的最大应变为 $1521\times10^{-6}\varepsilon$，应力为 76.05MPa。随着疲劳循环次数的增加，GFRP 筋的应变在0～1 万次之间有所减小，然后逐渐增大。与试件 B2 类似，试件 B4 在 0 静载试验时，GFRP 筋积累了一定的残余应变。在应力水平增大的情况下，纵向 GFRP 筋在相同疲劳循环次数下有较大的疲劳损伤积累，从而致使 GFRP 筋混凝土板疲劳寿命缩短。

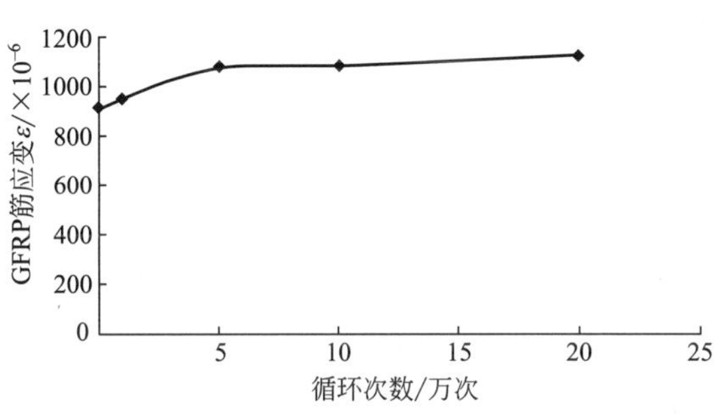

图 11-34　B3 试件 GFRP 筋最大应变随疲劳次数的变化曲线

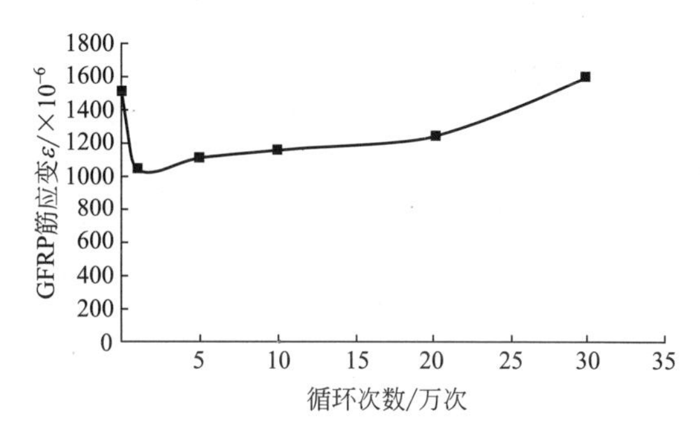

图 11-35　B4 试件 GFRP 筋最大应变随疲劳次数的变化曲线

（3）受压混凝土应变的分析

① 试件 B3 受压区混凝土应变的分析　试件 B3 受压区混凝土最大应变随疲劳次数的变化曲线如图 11-36 所示。从图中可以看出，受压区混凝土最大应变在 5 万次循环次数范围内有大的波动，之后随着循环次数的增加，受压区混凝土最大应变基本上无变化，受压区混凝土最大应变为 $645.5\times10^{-6}\varepsilon$。在试验中观察发现，随着循环次数的增大，板侧面裂缝逐步向板顶扩展，此时中和轴高度向上移动。

② 试件 B4 受压区混凝土应变的分析　试件 B4 受压区混凝土最大应变随疲劳次数的变化曲线如图 11-37 所示，与试件 B1 相比，受压区混凝土在较高应力水平下的应变有所增大。试件 B4 在 0 静载时受压区应变达到 $1268\times10^{-6}\varepsilon$，由于试件的残余应变，在 0～1 万次之间应变减小，受压区混凝土的应变变化趋势与试件 B3 相似，之后应变增加缓慢。

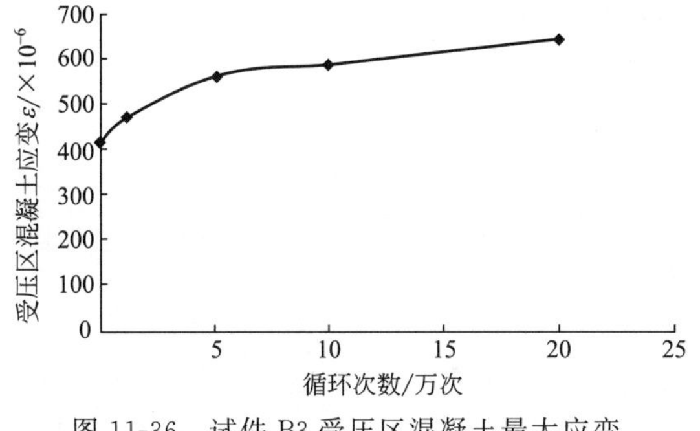

图 11-36　试件 B3 受压区混凝土最大应变随疲劳次数的变化曲线

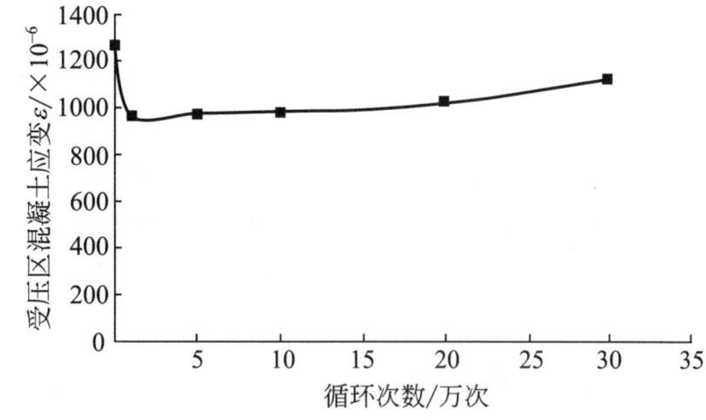

图 11-37　试件 B4 受压区混凝土最大应变随疲劳次数的变化曲线

11.4.4 GFRP筋混凝土板试件B5、B6疲劳试验结果及分析

11.4.4.1 试件B5、B6疲劳试验过程

疲劳试件B5的疲劳荷载上限为21kN，疲劳荷载下限为9kN，应力比$R=0.429$。静载加载至14kN时，板试件东侧距离跨中截面约10cm、24.5cm处和跨中截面处分别出现一条南北贯通裂缝①～③，在裂缝②的附近出现细短裂缝④。加载至17.5kN，与裂缝③对称的位置上出现第四条贯通裂缝⑤。继续加载至21kN，与裂缝①对称的位置上出现第四条贯通裂缝⑥，此时最大裂缝宽度为0.3mm。之后，开始施加1万次循环荷载，在循环过程中并未出现新的裂缝，原有裂缝有所发展；1万次循环荷载结束后进行静载试验，静载加载至21kN时，在板两侧距离跨中截面约37.5cm处各出现一条细微贯通裂缝⑦和⑧。在之后的疲劳试验和静载试验中没有新裂缝产生，原有裂缝在试验过程中有不同程度的发展。最终，当疲劳循环进行到约5.3万次时，听到一声脆响，纵向受力筋在跨中位置断裂，试件破坏，停止试验。如图11-38所示为试件B5的裂缝分布。

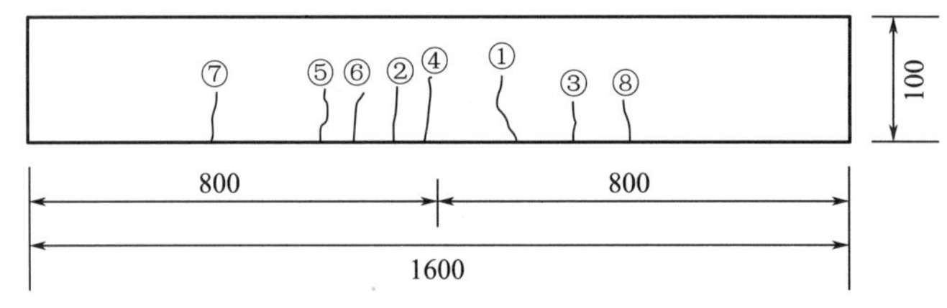

图11-38 试件B5的裂缝分布

①～⑧表示裂缝

在试验过程中，当静载加载至14kN时，板试件靠近北侧的受拉区混凝土应变片破坏退出工作；1万次循环荷载过程中，由于裂缝的开展受拉区混凝土应变片均失效，退出工作。在整个试验过程中，GFRP筋应变片工作正常，位移计接触良好。

试件B6的疲劳循环次数相比试件B5多10万次。试件B6的应力水平为0.35，应力比$R=0.429$，疲劳上限为23.1kN，疲劳下限为9.9kN，振幅为13.2kN。同样，试件B6在疲劳试验之前做次0静载试验，加载至疲劳上限，观察裂缝开展情况。

试件B6静力加载，加载至8kN出现第一条裂缝①，宽度为0.08mm，位于跨中右侧5cm处。10kN时距离跨中5cm的右侧出现裂缝②，宽度为0.06mm。裂缝③在11kN时出现，在跨中左侧15cm处，比较细微。荷载持续加载至疲劳上限23.1kN时，陆续出现裂缝④～⑦，其中裂缝⑦出现在正跨中位置。其余裂缝宽度均有所增加，其中裂缝宽度最大的为裂缝①，宽度达到0.22mm。试件B6的裂缝分布如图11-39所示。

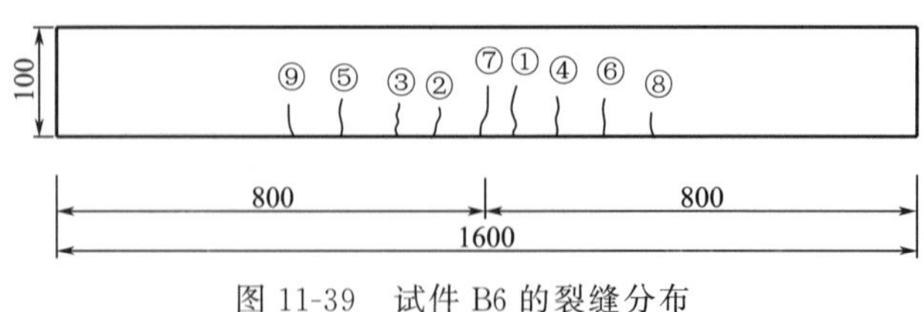

图11-39 试件B6的裂缝分布

①～⑨表示裂缝

当试件B6疲劳循环至3000次时出现裂缝⑧，位置靠近右侧支座。疲劳循环至5000次左右时，在靠近左侧支座20cm处出现裂缝⑨。裂缝⑧和⑨的宽度至疲劳破坏时无明显变

化。随着疲劳循环次数的增加，多条裂缝均由板的底部贯通至背侧，宽度也有所增加。10万次静载试验，当试件加载至疲劳上限23.1kN时，裂缝①～③、⑦均已延伸至中和轴上部，宽度增加明显，其宽度分别为0.24mm、0.22mm、0.2mm、0.2mm。在疲劳循环至15万次时，裂缝⑦宽度迅速增加，试件B6有在此裂缝断开的征兆。当疲劳循环至155400次时，试件B6由裂缝⑦处断裂破坏，破坏具有一定的脆性，其破坏形态如图11-40所示。

图11-40　试件B6的破坏形态

11.4.4.2　试件B5、B6受力性能分析

为研究试件B5、B6的疲劳性能，以下分别对试件B5、B6在疲劳荷载作用下的跨中挠度、GFRP筋应变、受压区混凝土应变进行分析。

(1) 跨中挠度的分析

① 试件B5跨中挠度的分析　试件B5各循环次数静载试验荷载-跨中挠度曲线如图11-41所示。由图可以看出，板试件在应力水平0.35作用下，从0静载到最终5万次后的静载试验，荷载-跨中位移曲线斜率变化不大，但累计损伤严重，0静载结束后试件B5存在残余挠度，导致1万次静载试件的最大跨中挠度减小；1万次静载后，随着疲劳循环次数的增多，板的挠度逐渐增大，板疲劳次数达到5万次后跨中挠度约为6.0mm。

② 试件B6跨中挠度的分析　试件B6在各循环次数静载试验荷载-跨中挠度曲线如图11-42所示，同样，试件B6在0万次静载试验卸载后也积累了较大的残余挠度，导致1万次、5万次、10万次静载试验的最大挠度均未超过0万次时的挠度。观察此各疲劳循环下的荷载挠度曲线可知，随着疲劳循环次数的增加，曲线的斜率有所减小，跨中挠度也有所增加。

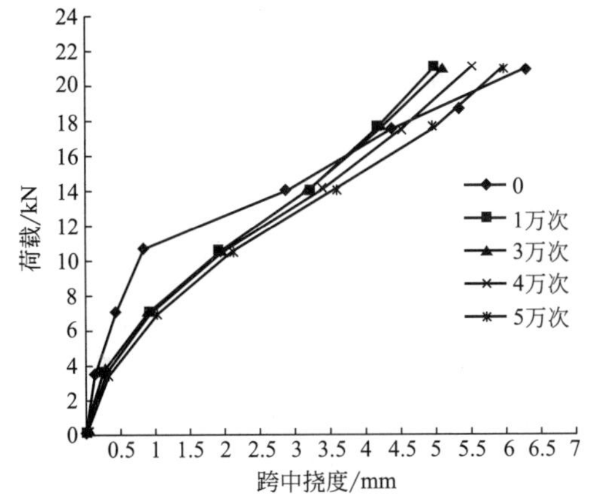

图11-41　试件B5各循环次数静载试验荷载-跨中挠度曲线

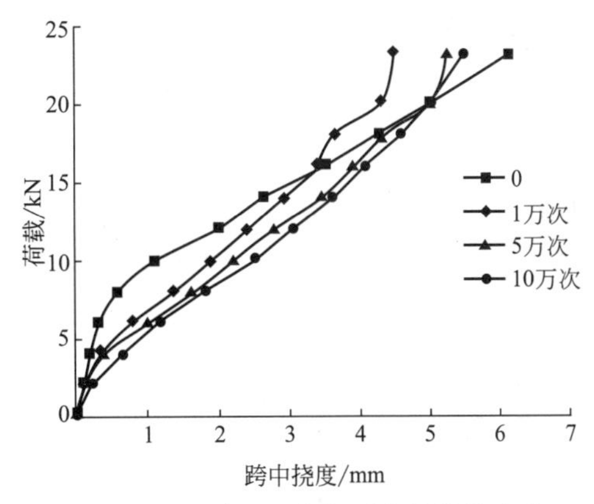

图11-42　试件B6各循环次数静载试验荷载-跨中挠度曲线

(2) GFRP筋应变的分析

① 试件B5 GFRP筋应变的分析　试件B5 GFRP筋最大应变随循环次数的变化曲线如图11-43所示。从图中可以看出，在5万次范围内，GFRP筋最大应变随疲劳循环次数的增大先减小后增大，0静载GFRP筋最大应变较大，因为0静载后GFRP筋存在残余应变，之

后 1 万次静载 GFRP 筋应变有所减小。在应力水平 0.35 作用下，0 静载时 GFRP 筋最大应变为 $1876.3\times10^{-6}\varepsilon$。

② 试件 B6 GFRP 筋应变的分析　试件 B6 GFRP 筋最大应变随循环次数的变化曲线如图 11-44 所示。试件 B6 在应力水平 0.35 作用下，GFRP 筋的最大应变为 $1603\times10^{-6}\varepsilon$，应力为 80.15MPa。可以看出，应力水平的增加是导致 GFRP 筋的应力与应增变大的主要原因。随着疲劳循环次数的增加，GFRP 筋的应变在 0～1 万次之间有所减小，然后逐渐增大。与之前试件相同，试件 B6 在 0 静载试验时，GFRP 筋积累了一定的残余应变。从试件 B6 的疲劳寿命及数据分析中可知，在较高应力水平的疲劳循环加载下，纵向受力的 GFRP 筋的损伤较大，试件 B6 的疲劳寿命相对缩短。

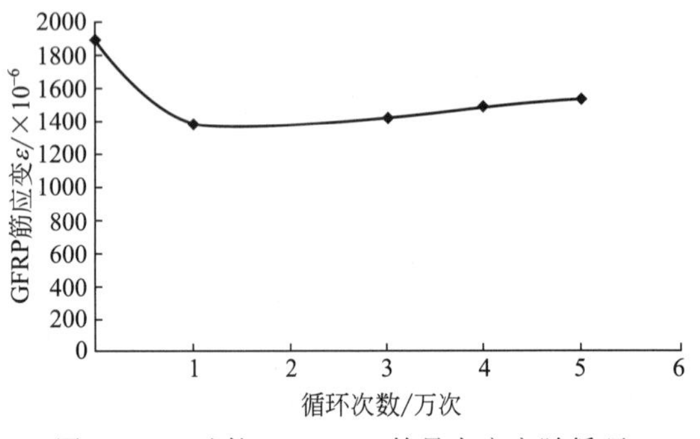

图 11-43　试件 B5 GFRP 筋最大应变随循环次数的变化曲线

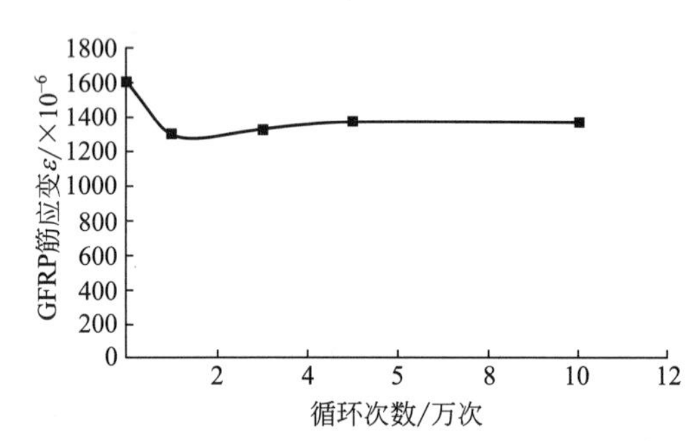

图 11-44　试件 B6 GFRP 筋最大应变随循环次数的变化曲线

（3）受压区混凝土应变的分析

① 试件 B5 受压区混凝土应变的分析　试件 B5 受压区混凝土应变随循环次数的变化曲线如图 11-45 所示。从图中可以看出受压区混凝土最大应变在 5 万次循环次数范围内先减小后增大，静载 GFRP 筋最大应变较大，1 万次静载 GFRP 筋应变有所减小，是由于静载后 GFRP 筋存在残余应变。受压区混凝土最大应变为 $560.2\times10^{-6}\varepsilon$，同时在试验中观察发现，随着循环次数的增加，板侧面裂缝逐步向板顶扩展，板截面中和轴高度逐渐向上移动，直至构件破坏。

② 试件 B6 受压区混凝土应变的分析　试件 B6 受压区混凝土应变与循环次数的变化曲线如图 11-46 所示。试件 B6 在静载时受压区应变达到 $1144\times10^{-6}\varepsilon$，由于受压区混凝土的残余应变，受压区混凝土的应变变化趋势与之前试件相似，在静载与 1 万次之间应变减小，之后，应变随疲劳循环次数的增加而增长，直至试件破坏。

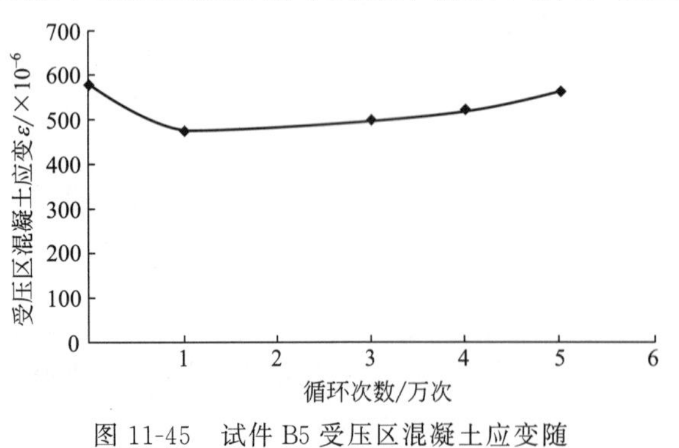

图 11-45　试件 B5 受压区混凝土应变随循环次数的变化曲线

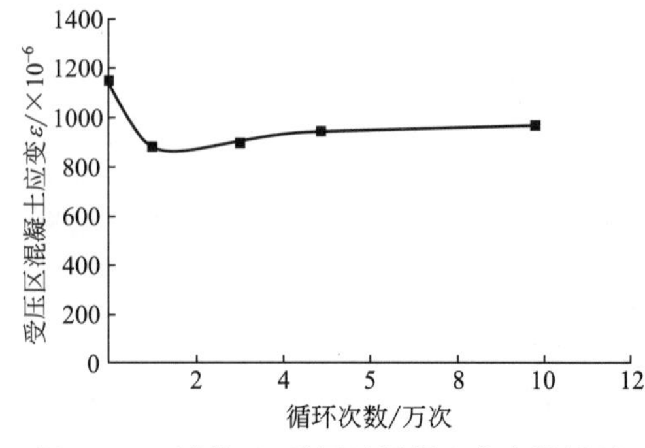

图 11-46　试件 B6 受压区混凝土应变随循环次数的变化曲线

11.4.5 GFRP筋混凝土板试件B8疲劳试验结果及分析

11.4.5.1 试件B8疲劳试验过程

B8是GFRP筋混凝土板第四块疲劳试验试件，试件B8的应力水平为0.4，应力比$R=0.375$，疲劳上限为26.4kN，疲劳下限9.9kN，振幅16.5kN。同样，试件B8在疲劳试验之前做次0静载试验，加载至疲劳上限，观察裂缝开展情况，得出试件B8的混凝土及纵向GFRP筋的应变数据。

荷载加至8kN时，跨中右侧5cm位置出现裂缝①，宽度为0.04mm。在12kN和13kN时在跨中的左侧10cm处和正跨中位置出现裂缝②和③，宽度分别为0.04mm、0.1mm，正跨中位置裂缝③的宽度较大。当荷载加至16kN时，出现裂缝④，位置在跨中右侧10cm处。持续加载，18kN时跨中左右两侧出现裂缝⑤～⑦，宽度比较细微。荷载至25kN时，在跨中左右两侧30cm处各出现裂缝⑧和⑨。在荷载加载到疲劳上限26.4kN时，裂缝均由板底部贯通至背侧，靠近跨中位置的裂缝宽度增加明显，宽度最大的为裂缝③，宽度为0.22mm。试件B8正面的裂缝分布如图11-47所示。

在疲劳循环500次左右时，出现新裂缝⑩和⑪。由于试件B8的应力水平与振幅较大，在疲劳循环1000次左右时，跨中主要裂缝就超过中和轴，受拉区混凝土承担荷载的能力下降变快。混凝土受拉区应变片也相继退出工作。

在疲劳循环5万次时，试件B8静力加载至疲劳上限26.4kN，裂缝③的宽度达到0.36mm。根据试验观察，疲劳循环至6万次时裂缝③的宽度已达到1mm。在疲劳循环63000次时，疲劳试验机有卸荷现象，同时裂缝③持续变宽。在疲劳循环66000次时，试件B8破坏，破坏形态与之前试件类似，从主裂缝处断裂。试件B8的破坏形态如图11-48所示。

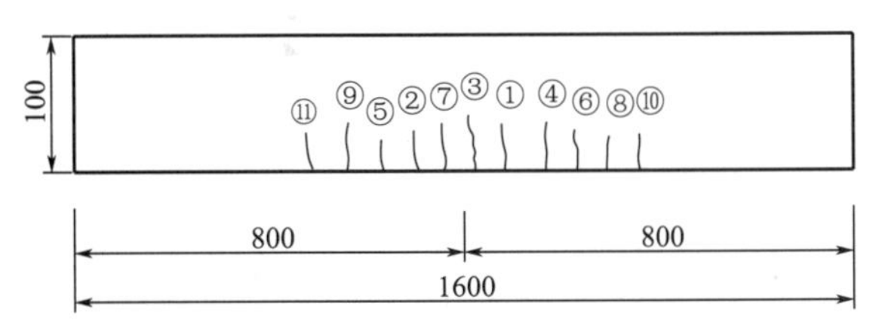

图11-47 试件B8正面的裂缝分布
①～⑪表示裂缝

图11-48 试件B8的破坏形态

11.4.5.2 试件B8受力性能分析

通过采集到的数据，对试件B8各疲劳循环次数下的荷载挠度、纵向GFRP筋应变及受压区混凝土应变进行分析。

(1) 试件B8荷载挠度的分析 试件B8在各疲劳循环次数下的荷载-跨中挠度曲线如图11-49所示。与之前试件荷载挠度曲线相类似，试件B8在0静载试验卸载后也存在较大的残余挠度，导致1万次、3万次、5万次静载试验的最大挠度均未超过0静载时的挠度。同样，随着疲劳循环次数的增加，曲线的斜率也有所减小。这可充分说明，在受拉区混凝土逐渐退出工作、纵向GFRP筋疲劳损伤不断累积的情况下，GFRP筋混凝土板的跨中挠度也在不断增

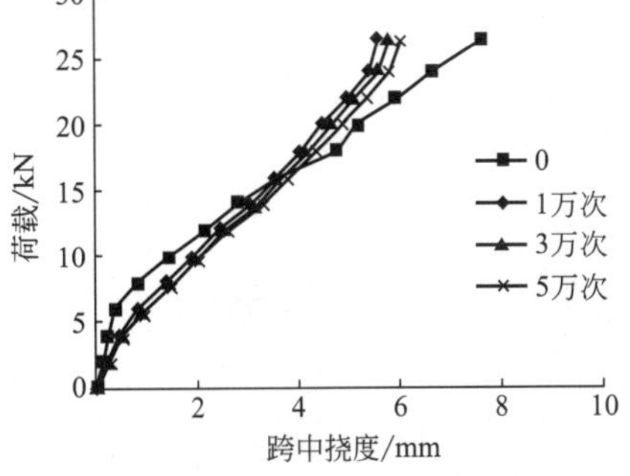

图11-49 试件B8在各疲劳循环次数下的荷载-跨中挠度曲线

加，直到试件破坏。

（2）纵向 GFRP 筋应变的分析　循环次数与纵向 GFRP 筋的应变关系如图 11-50 所示。试件 B8 在静力加载时，GFRP 筋的最大应变为 $2048\times10^{-6}\varepsilon$，应力为 102.4MPa，增加明显。可以看出，试件 B8 随着应力水平变大，相比之前的疲劳试件，纵向 GFRP 筋的应变也相对变大。随着疲劳循环次数的增加，GFRP 筋的应变在 0～1 万次之间有所减小，然后逐渐增大。同样，试件 B8 在 0 静载试验时，GFRP 筋积累了一定的残余应变。此次在应力水平 0.4 的疲劳荷载循环下，纵向 GFRP 筋疲劳损伤较为严重，加快了试件的破坏。

（3）受压区混凝土应变的分析　试件 B8 受压区混凝土应变与疲劳循环次数的关系曲线如图 11-51 所示。试件 B8 在 0 静载时受压区应变达到 $1264\times10^{-6}\varepsilon$。由于应力水平的增高，受压区应变较之前试件有所增加；又由于受压区混凝土的残余应变，受压区混凝土的应变变化趋势与之前试件相似，在 0～1 万次之间应变减小，然后应变随疲劳循环次数的增加而增长，直至试件 B8 破坏。

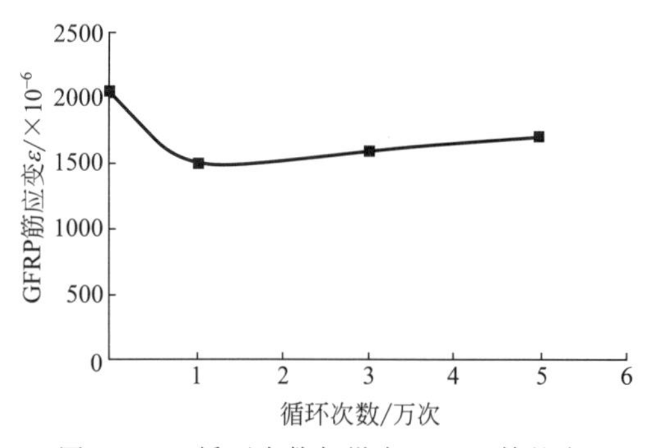

图 11-50　循环次数与纵向 GFRP 筋的应变的关系曲线

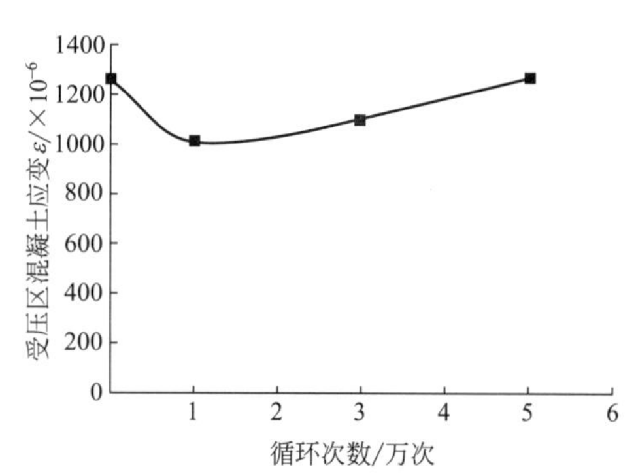

图 11-51　试件 B8 受压区混凝土应变与疲劳循环次数的关系曲线

11.4.6　试验结果总结

通过本次试验，对参数取值不同的试件的试验结果进行对比和分析，研究配筋率、应力水平、应力比、疲劳荷载振幅对构件的跨中挠度、疲劳寿命、GFRP 筋的应力应变、混凝土应变的影响，总结如下。

① 配筋率的增大，对 GFRP 筋混凝土板的疲劳寿命有较大的影响，随着应力水平的增加，高配筋率试件的疲劳寿命要明显优于低配筋率试件。

② 对比分析两种不同配筋率的静载试件，高配筋率试件的极限承载力有所增加。两种配筋率的破坏形态也不相同，低配筋率试件的破坏形态为跨中断裂破坏，高配筋率试件为弯剪区域的剪切破坏，跨中纯弯段承受荷载的能力有待发挥，弯剪区域为高配筋率 GFRP 筋混凝土板较为薄弱的地方。

③ 静载试验情况下，两种配筋率的 GFRP 筋混凝土板跨中挠度随荷载的变化情况大致相同，高配筋率试件的裂缝数量偏多，加之跨中左右侧两条斜裂缝的出现，高配筋率试件的总体变形要大。

④ 随着应力水平从 0.25 增加至 0.4、荷载振幅的不断增大，GFRP 筋混凝土板的疲劳寿命也急剧减少，试件疲劳寿命的减少是非常明显的。通过观察两种配筋率试件及疲劳试验期间试件的裂缝开展情况可知，受拉区混凝土在较高应力水平下承担荷载的能力下降迅速。这也解释了纵向 GFRP 筋在高应力水平及较大荷载振幅下疲劳损伤累积加快，导致纵向 GFRP 筋逐渐破裂，从而导致 GFRP 筋混凝土板迅速破坏。两种配筋率的疲劳试验试件的

破坏形态相同，均为跨中 GFRP 筋断裂造成的试件断裂破坏。

⑤ 随着应力水平的提高，每个疲劳试件静力加载至疲劳上限时，跨中挠度也在不断增大。由于混凝土受拉区裂缝的不断增多、变宽，无法完全闭合，导致试件在 0 静载加载后有一定的残余变形；又由于反复荷载作用下混凝土的残余变形逐渐积累后趋于稳定，如抛开混凝土残余变形这一因素，观察各试件的荷载挠度曲线，试件的跨中挠度随着应力水平的增大、循环次数的增多，也有着明显的变大。

⑥ 通过观察各个 GFRP 筋混凝土板的破坏形态，无论是承受静力荷载或是一定应力水平下的循环荷载，GFRP 筋混凝土板的最终破坏都表现出一定的脆性。静力加载至迅速剪切破坏，循环荷载在最后较短循环次数内主裂缝迅速扩大，至最终破坏。从混凝土结构的设计的角度来向，应避免这种脆性破坏。

总之，提高试件的配筋率不仅能提高试件极限承载力，疲劳寿命也在增加，而增加应力水平和荷载振幅对试件的疲劳寿命、GFRP 筋的应力应变、试件跨中挠度都有着不小的影响。这两种参数的增加也对受疲劳循环荷载 GFRP 筋结构的可靠性及安全性提出了新的要求。

11.5 GFRP 筋混凝土板疲劳性能理论分析与计算

11.5.1 GFRP 筋混凝土板的刚度计算

11.5.1.1 短期刚度计算公式

根据《纤维增强复合材料建设应用技术规范》中公式 6.2.4-1，以及考虑重复荷载作用下，筋的应力不断改变，从而使筋与混凝土间发生了一定的黏结破坏，因而将重复荷载作用下裂缝间筋的应变不均匀系数 ψ 调整为 1，即不考虑筋与混凝土的黏结作用。然后将该值代入受弯构件在短期荷载作用下的刚度计算公式，从而得出构件在重复荷载作用下的刚度计算公式为

$$B_s=\frac{E_f A_f h_{0f}^2}{1.15\psi+0.2+\dfrac{6\alpha_{fE}\rho_f}{1+3.5\gamma_f'}} \tag{11-4}$$

式中 B_s——短期抗弯刚度；

ψ——裂缝间纵向受拉 FRP 筋应变不均匀系数；

α_{fE}——FRP 筋弹性模量与混凝土弹性模量的比值，$\alpha_{fE}=E_f/E_c$；

ρ_f——纵向受拉 FRP 筋的配筋率；

E_f——FRP 筋的弹性模量；

A_f——FRP 筋的总面积；

h_{0f}——受拉 FRP 筋形心到混凝土受压区边缘的距离；

γ_f'——受压翼缘截面面积和腹板有效截面面积的比值。

根据上述规范，在计算 FRP 筋混凝土受弯构件承载力时可进行一些基本假定：

① 截面应变保持平面；

② 不计入混凝土的抗拉强度；

③ 混凝土受压的应力-应变的关系曲线应按现行国家标准《混凝土结构设计规范》（GB 50010）的有关规定执行；

④ 受拉 FRP 筋的应力应取等于 FRP 筋应变与其弹性模量的乘积，但其绝对值不应大于其抗拉强度设计值；

⑤ 不计入受压区 FRP 筋的影响。

11.5.1.2 受弯构件跨中挠度计算公式

构件的最大挠度可根据其刚度及材料力学的理论计算，在短期荷载作用下受弯构件的跨中最大挠度的计算公式为

$$f=S\frac{Ml^2}{B_s} \tag{11-5}$$

式中 f——跨中最大挠度；

M——跨中最大弯矩；

l——计算跨度，取 1.4m；

S——与荷载形式、支撑条件有关的系数，本试验为单点加载，S 取 0.1065；

B_s——截面抗弯刚度。

本试验根据试件实际承受的荷载情况，采用跨中最大弯矩的刚度来作为板试件的刚度，因此，在知道某级荷载作用下板试件的跨中挠度时，可以利用式(11-5）来计算在该级荷载作用下试件的试验刚度。

11.5.2 GFRP 筋混凝土板刚度试验结果

根据 GFRP 筋混凝土板各个试件试验挠度值以及式(11-5)，计算得出试件 B0 在静力加载下每级荷载的试验刚度和疲劳加载试件在静力加载下的试验刚度，以及得出疲劳加载试件 B1～B4 在疲劳循环一定次数后的刚度值。观察疲劳试验现象及过程发现，疲劳试件在静载试验后，裂缝的数量基本趋于稳定。通过分析所得数据发现，在初始裂缝出现前后，试件的刚度衰减较快，之后在疲劳循环过程中，刚度衰减平缓。各个疲劳试件在不同疲劳循环次数下的刚度值见表 11-7～表 11-12，配筋率为 1.59％的疲劳试件为 B1、B3、B5，配筋率为 2.23％的试件为 B2、B4、B6。

表 11-7 疲劳荷载作用下试件 B1 的跨中截面刚度

疲劳循环次数/万次	1	5	10	20	50	100	150	200
挠度 f/mm	1.80	1.83	2.01	2.14	2.37	2.47	2.55	3.04
刚度值/kN・m²	608.8	600.5	544.5	512.7	463.4	443.7	430.2	360.2

表 11-8 疲劳荷载作用下试件 B3 的跨中截面刚度

疲劳循环次数/万次	1	5	10	20
挠度 f/mm	3.09	3.39	3.38	3.84
刚度值/kN・m²	426.3	388.7	388.7	342.9

表 11-9 疲劳荷载作用下试件 B5 的跨中截面刚度

疲劳循环次数/万次	1	3	4	5
挠度 f/mm	4.99	5.13	5.50	5.96
刚度值/kN・m²	307.6	299.4	279.0	257.6

表 11-10 试件 B2 在一定疲劳循环次数后的刚度计算值

疲劳循环次数/万次	1	5	10	20	50	100
挠度 f/mm	6.21	6.43	6.57	6.73	6.98	7.21
刚度值/kN・m²	202	181	175	156	132	125

表 11-11　试件 B4 在一定疲劳循环次数后的刚度计算值

疲劳循环次数/万次	1	5	10	30
挠度 f/mm	6.72	7.07	7.43	7.97
刚度值/kN・m^2	259	243	233	214

表 11-12　试件 B6 在一定疲劳循环次数后的刚度计算值

疲劳循环次数/万次	1	3	5	10
挠度 f/mm	7.13	7.77	8.33	8.90
刚度值/kN・m^2	292	269	252	232

11.5.3　疲劳荷载下刚度计算方法

GFRP 筋混凝土板在疲劳循环荷载作用下挠度的不断增大直至试件破坏，其主要原因是由于试件刚度的不断降低，而刚度降低的主要原因与压区混凝土的徐变、受拉区混凝土的开裂、纵向受拉 GFRP 筋疲劳损伤积累的纤维逐渐断裂有关。因此，可以通过纵向受拉 GFRP 筋与受压区混凝土在疲劳荷载作用下应变的增大来分析刚度在疲劳循环次数下的变化，选择短期刚度计算公式［式(11-4)］来推导疲劳荷载作用下的刚度计算公式。

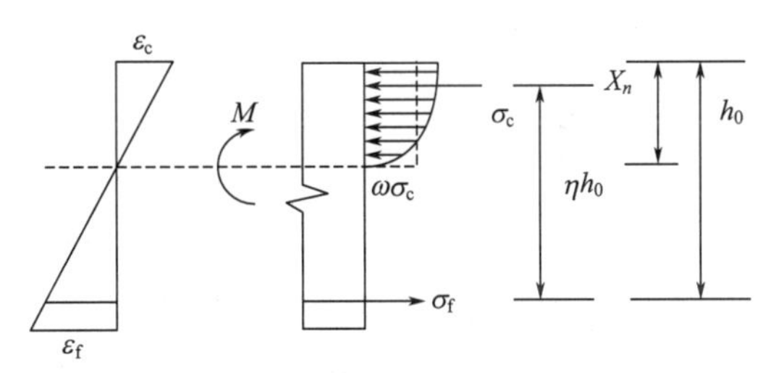

图 11-52　GFRP 筋混凝土板裂缝截面的应力分布

GFRP 筋混凝土板受弯状态与钢筋混凝土构件受弯状态相同。GFRP 筋混凝土板裂缝截面的应力图形，如图 11-52 所示。

根据力矩平衡条件和几何关系得

$$M=\sigma_f A_s \eta h_0 \tag{11-6}$$

$$M=\gamma\omega\eta\sigma_c bh_0^2 \tag{11-7}$$

根据平均应变符合平截面假定，可得 GFRP 筋混凝土板在受弯状态下的平均曲率。

$$\theta=\frac{\varepsilon_c+\varepsilon_f}{h_0} \tag{11-8}$$

$$B_{fs}=\frac{M}{\dfrac{\varepsilon_c+\varepsilon_f}{h_0}}=\frac{Mh_0}{\varepsilon_c+\varepsilon_f} \tag{11-9}$$

式中　M——截面弯矩；

ε_f——纵向 GFRP 筋承担的应力；

ε_c——受压区混凝土承担的压应力；

η——截面内力臂长度系数，根据其公式计算所得值为 0.93；

B_{fs}——GFRP 筋混凝土板的短期刚度。

根据以上公式可以推导出该截面的纵向 GFRP 筋与受压区混凝土的平均应变。

$$\varepsilon_f=\frac{\psi M}{\eta A_f h_0 E_f} \tag{11-10}$$

$$\varepsilon_c=\frac{M}{\gamma\omega\eta E_c bh_0^2} \tag{11-11}$$

式中　ψ——纵向 GFRP 应变不均匀系数；

γ,ω,η——受压区混凝土平均应变综合系数。

根据相关资料表明，$\gamma\omega\eta=\alpha_E\rho/(0.2+6\alpha_E\rho)$，所以将式(11-10) 和式(11-11) 代入式(11-9) 可得

$$B_{fs}=\frac{Mh_0}{\frac{\psi M}{\eta A_f h_0 E_f}+\frac{M}{\gamma\omega\eta E_c bh_0^2}}=\frac{E_f A_f h_0^2}{\frac{\psi}{\eta}+\frac{\alpha_E\rho}{\gamma\omega\eta}} \tag{11-12}$$

式中 α_E——GFRP 筋弹性模量与混凝土弹性模量之比；

ρ——纵向 GFRP 筋的配筋率。

根据相关试验研究表明及本次试验的观察与研究，在疲劳荷载作用下，受弯构件在经历一定次数的疲劳循环后，纵向 GFRP 筋与受压区混凝土应变都随疲劳循环次数的增加而增大，而且仍然符合平截面假定，即认为受压区混凝土应变增大系数与纵向 GFRP 筋应变增大系数相同。所以

$$\xi_{f_n}=\frac{\varepsilon_{f_n}}{\varepsilon_f}=\xi_{c_n}=\frac{\varepsilon_{c_n}}{\varepsilon_f}=\xi \tag{11-13}$$

式中 ξ_{f_n}，ξ_{c_n}——疲劳荷载作用下 GFRP 筋与受压区混凝土的应变增大系数。

这时，由公式(11-12) 和式(11-13) 可以得出试件在疲劳循环 n 次后的疲劳刚度。

$$B_{nfs}=\frac{E_f A_f h_0^2}{\xi\frac{\psi}{\eta}+\xi\frac{\alpha_E\rho}{\gamma\omega\eta}}=\frac{1}{\xi}\times\frac{E_f A_f h_0^2}{\frac{\psi}{\eta}+\frac{\alpha_E\rho}{\gamma\omega\eta}}=\frac{1}{\xi}B_{fs} \tag{11-14}$$

式中 B_{fs}——GFRP 筋混凝土板静载作用下的短期刚度。

纵向 GFRP 筋的应变增大系数 ξ_{f_n} 与受压区混凝土应变的增大系数 ξ_{cN} 与疲劳循环次数有关，通过式(11-13) 并对试验数据的分析，得出在疲劳循环荷载下的应变增大系数分别为

$$\xi_{f_n}=0.478+0.1287\lg n \tag{11-15}$$

这样，就可以运用式(11-5)、式(11-14) 和式(11-15)，得出疲劳循环荷载下 GFRP 筋混凝土板的跨中挠度计算公式，进行 GFRP 筋混凝土板在一定疲劳循环次数下的挠度计算。

11.5.4 GFRP 筋混凝土板裂缝宽度的计算

11.5.4.1 疲劳荷载下影响裂缝宽度的主要因素

(1) 疲劳循环次数 n 根据疲劳试验的数据分析，两种配筋率的 GFRP 筋混凝土板试件的最大裂缝宽度都随着疲劳循环次数的增加而增大，如图 11-53 和图 11-54 所示。

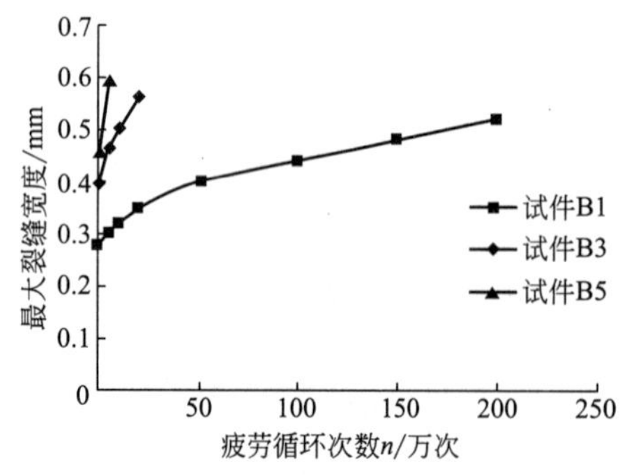

图 11-53 配筋率 1.59%的试件疲劳循环次数对裂缝的影响

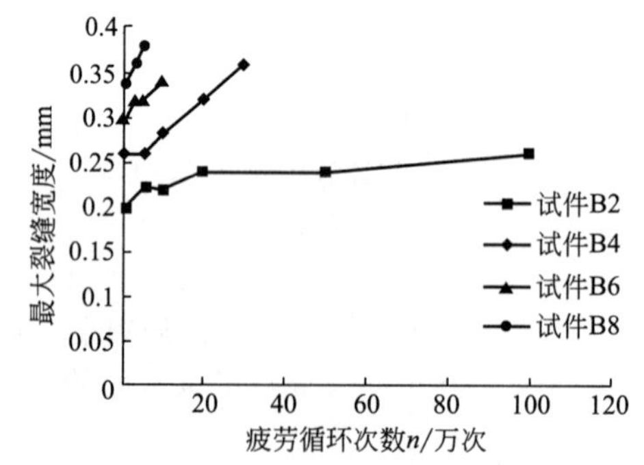

图 11-54 配筋率 2.23%的试件疲劳循环次数对裂缝的影响

(2) 应力水平及荷载振幅 本次疲劳试验选取的应力水平为 0.25、0.3、0.35、0.4，

相应的应力比为0.6、0.5、0.429、0.375。试验表明，应力比 R 越小，荷载振幅就越大，裂缝扩展就越迅速。从图11-53和图11-54中可以看出，在疲劳循环荷载作用下，裂缝宽度不仅随着疲劳循环次数的增加而增大，而且随着应力水平与荷载振幅的增加，裂缝的扩展速度越快，对试件就越不利。

11.5.4.2 疲劳荷载下最大裂缝宽度的计算方法

（1）疲劳荷载下GFRP筋混凝土板最大裂缝宽度　根据黏结-滑移理论，平均裂缝宽度 ω_m 等于构件裂缝区段内筋的平均伸长与相应水平处构件侧表面混凝土平均伸长的差值。

$$\omega_{max}=\varepsilon_f l_{cr}-\varepsilon_c l_{cr} \tag{11-16}$$

在疲劳循环荷载作用下，经历一定疲劳循环次数后，纵向受拉GFRP筋应变有所增大，所以GFRP筋混凝土板的裂缝宽度为

$$\omega_{max}=(\varepsilon_{f_n}-\varepsilon_{c_n})l_{cr} \tag{11-17}$$

又因受压区混凝土的应变远小于GFRP筋的应变，可以忽略不计，所以式(11-16)可以简化为

$$\omega_{max}=\varepsilon_f l_{cr}=\alpha_c\psi\frac{\sigma_f}{E_f}l_{cr} \tag{11-18}$$

式中　ε_f——纵向GFRP筋的平均拉应变；

ψ——纵向GFRP筋应变不均匀系数；

α_c——裂缝间混凝土自身伸长对裂缝宽度的影响系数，其值为0.85。

$$l_{cr}=\beta(1.9c+0.08\frac{d}{\rho_{te}}) \tag{11-19}$$

式中　l_{cr}——平均裂缝间距，试验表明，试件在经历一定的疲劳循环次数后趋于稳定；

β——考虑疲劳次数影响的裂缝间距系数，受弯构件 β 取值为1。

通过相关研究和本次试验研究发现，在疲劳循环荷载作用下，平截面假定也基本成立，GFRP筋残余应变的增加、GFRP筋与混凝土滑移量的增大，可利用混凝土受压区边缘的变形增加而反映出来。根据图11-55，可计算出GFRP筋的平均应变。

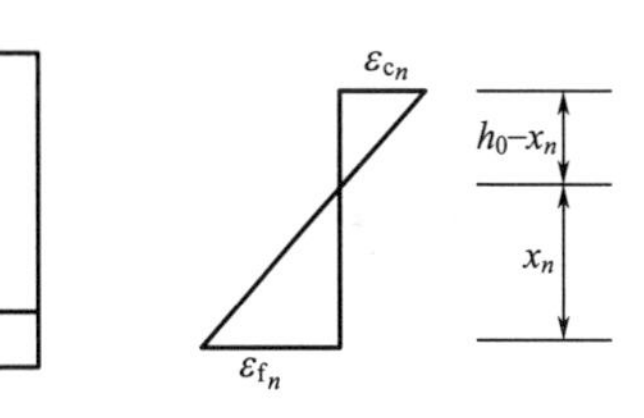

图11-55　GFRP筋板正截面应变图

$$\varepsilon_{fn}=\frac{x_n}{h_0-x_n}\varepsilon_{cn}=\frac{x}{h_0-x}\varepsilon_{cn} \tag{11-20}$$

式中　x,x_n——静载和疲劳循环 n 次后的受压区高度，$x\approx x_n$；

ε_{cn}——疲劳循环 n 次后，最大荷载作用下混凝土的平均应变。

施加疲劳荷载之前，在静载作用下，GFRP筋应变为

$$\varepsilon_f=\frac{x}{h_0-x}\varepsilon_c \tag{11-21}$$

则令

$$\frac{\varepsilon_{fn}}{\varepsilon_f}=\varphi_{f_n} \tag{11-22}$$

所以可以得出

$$\varphi_{fn}=\frac{\varepsilon_{cn}}{\varepsilon_c}=\varphi_{c_n} \tag{11-23}$$

式中　$\varphi_{fn},\varphi_{cn}$——疲劳循环荷载作用下GFRP筋与受压区混凝土的应变增大系数。

根据黏结-滑移理论，受弯构件静载作用下裂缝平均宽度计算公式为

$$\omega=\int_0^{l_{cr}}\varepsilon_{fx}\,\mathrm{d}x \tag{11-24}$$

式中 l_{cr}——裂缝间距；

ε_{fx}——筋的应变。

由于在疲劳荷载下，疲劳试件的纯弯段几乎没有新的裂缝产生，裂缝间距 l_{cr} 基本保持不变，所以可以假定裂缝之间各区段筋的应变分布形式也保持不变，于是可以得到在疲劳循环 n 次后的平均裂缝宽度为

$$\omega_n=\int_0^{l_{cr}}\varphi_{fn}x\,\mathrm{d}x=\int_0^{l_{cr}}\varphi_{fn}\varepsilon_{fx}\,\mathrm{d}x=\varphi_{fn}\omega_{max} \tag{11-25}$$

式中 ω_{max}——疲劳试验时试件静力加载至疲劳上限时的最大裂缝宽度。

所以，通过式(11-23) 和式(11-25) 可得疲劳荷载下最大裂缝宽度计算公式为

$$\omega_{n\,max}=\varphi_{fn}\alpha_c\psi\frac{\sigma_f}{E_f}l_{cr} \tag{11-26}$$

(2) 裂缝截面GFRP筋应力　裂缝截面纵向GFRP筋应力分布如图11-56所示。静载下，通过力矩平衡条件可以得到GFRP筋的应力。

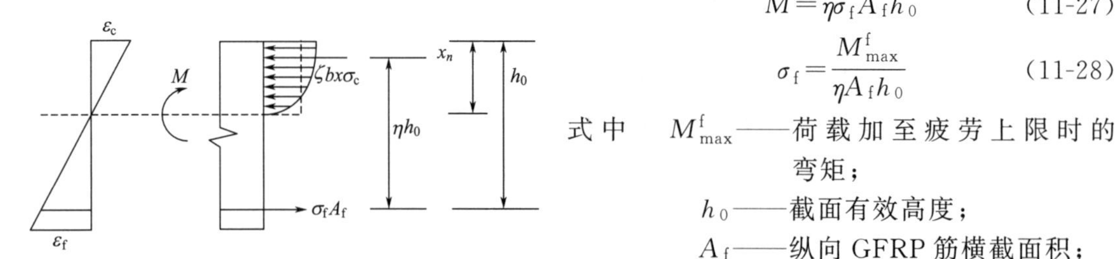

图11-56　裂缝截面纵向GFRP筋应力分布

$$M=\eta\sigma_f A_f h_0 \tag{11-27}$$

$$\sigma_f=\frac{M_{max}^f}{\eta A_f h_0} \tag{11-28}$$

式中 M_{max}^f——荷载加至疲劳上限时的弯矩；

h_0——截面有效高度；

A_f——纵向GFRP筋横截面积；

η——裂缝截面处内力臂长度系数。

在疲劳荷载作用下，纵向GFRP筋应力与应变随着疲劳循环次数增加会相应增大，根据公式(11-28) 和式(11-15) 可以推算出疲劳荷载循环 n 次时的纵向GFRP筋的应力为

$$\sigma_f=\frac{\gamma M_{max}^f}{\eta A_f h_0} \tag{11-29}$$

式中 γ——疲劳循环 n 次时纵向GFRP筋应变增大系数。

根据试验数据分析，γ 可按式(11-15) 计算。

(3) 疲劳荷载下最大裂缝宽度计算公式　综上所述，由式(11-19)、式(11-26) 和式(11-29) 可得，疲劳荷载下GFRP筋混凝土板正截面最大裂缝宽度计算公式为

$$\omega_{n\,max}=\alpha_{cr}\psi\left(1.9c+0.08\frac{d}{\rho_{te}}\right)\frac{M_{max}^f}{\eta A_f h_0 E_f}\gamma \tag{11-30}$$

11.5.5 GFRP筋混凝土板疲劳寿命分析

11.5.5.1 疲劳破坏特征

在疲劳循环荷载作用下，疲劳强度的逐渐下降是由混凝土的刚度衰减和GFRP筋的疲劳损伤积累所造成的。通过观察本章疲劳试验构件的破坏形态，从混凝土裂缝的不断扩展到GFRP筋损伤的不断累积，致使GFRP筋混凝土板跨中挠度迅速增大，最终的破坏形态均为跨中截面受拉区GFRP筋的受拉断裂。

在疲劳荷载作用下，GFRP筋的疲劳损伤累积是由于在裂缝处GFRP筋的应变增加相对较快，GFRP筋内的玻璃纤维不断断裂所造成的。随着跨中主裂缝的扩展，主裂缝处的

GFRP 筋的应变迅速增大，积累的损伤也就越大。随着这个状态的不断循环，直至构件断裂。

根据分析与总结两种配筋率下的各个疲劳试件的疲劳寿命，影响这一寿命的因素很多，如配筋率、应力水平、应力比、荷载振幅、混凝土和 GFRP 筋的强度等。各疲劳试件与各参数的对应关系见表 11-13，可以发现，应力水平和应力振幅对疲劳寿命的影响最为显著。

表 11-13　各疲劳试件与各参数的对应关系

试件	配筋率/%	应力水平	应力比	荷载振幅/kN	疲劳寿命/万次	疲劳破坏特征
B1	1.59	0.25	0.6	6	200	GFRP 筋断裂
B2	2.23	0.20	0.6	6.6	136.3	GFRP 筋断裂
B3	1.59	0.30	0.5	9	35.6	GFRP 筋断裂
B4	2.23	0.30	0.5	9.9	34.1	GFRP 筋断裂
B5	1.59	0.35	0.429	12	5.3	GFRP 筋断裂
B6	2.23	0.35	0.429	13.2	15.6	GFRP 筋断裂
B7	1.59	0.40	0.375	15	6.7	GFRP 筋断裂
B8	2.23	0.40	0.375	16.5	0.9	GFRP 筋断裂

11.5.5.2　疲劳寿命曲线

疲劳破坏指构件在承受重复周期性荷载作用，经过一定的疲劳循环次数后由于筋材疲劳断裂或受压区混凝土疲劳破坏等突然脆性破坏的现象，在破坏之前所能承受的应力循环次数通常称为构件的疲劳寿命。

根据以往疲劳试验研究表明，疲劳分析和设计的标准方法都是以应力为基础的应力-寿命（S-N）法。根据疲劳试验数据，绘制外加应力与疲劳寿命的双对数坐标曲线，如图 11-57 所示。在两种配筋率情况下，根据试验结果回归出两个典型的 S-N 曲线方程，配筋率 1.59%的方程为式(11-31)，配筋率 2.23%的方程为式(11-32)。

$$\lg N_f = 10.953 - 5.843\lg\Delta\sigma \tag{11-31}$$

$$\lg N_f = 8.85125 - 3.29315\lg\Delta\sigma \tag{11-32}$$

式中　N_f——疲劳失效时的循环次数；

$\Delta\sigma$——外加应力幅值。

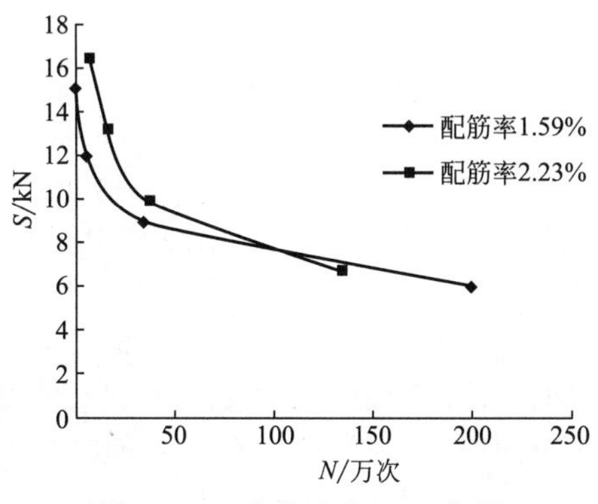

图 11-57　疲劳试验 S-N 曲线

第12章

GFRP筋相关标准和规程

就目前来看GFRP筋还属于新材料的范畴，也符合国家大力发展复合材料的产业方向，近些年随着一些工程应用技术的开发，为了响应市场的需求，陆续由相关单位和部门出台了一些地方、行业和国家标准，这些技术标准的制定为行业的发展起到了推动作用。下面简要介绍现有的关于FRP筋的技术标准。

12.1 土木工程用玻璃纤维增强筋（JG/T 406—2013）

根据建标函［2008］103号文“关于印发《2008年住房和城乡建设部归口工业产品行业标准制定、修订计划》的通知”第62条的要求，编制制定了建筑工业行业标准《土木工程用玻璃纤维增强筋》。

虽然在2008年，我国玻璃纤维的产量已经跃居世界第二，仅次于美国，但是由于生产和成本方面的原因，我国FRP材料产业的高附加值产品还十分有限，产品种类也不多。其中，玻璃纤维增强筋产品在土木工程中的有关应用逐渐发展起来。当时许多高等学校和科研单位相继开展了大量试验研究，但使用的FRP筋多为国外公司生产，关于我国自主研发的FRP筋产品还是比较匮乏的。理论研究和工程应用证明，玻璃纤维增强筋可用于岩土锚杆支护、盾构进出洞口的围护桩、连续墙配筋、类似穿越混凝土工程、连续配筋混凝土路面和桥面板配筋、抗腐蚀情况的特殊应用（水工混凝土）、加固砖石结构以及抵抗电磁干扰等其他特殊需要的工程，近年来也开展了一系列的应用研究。但是长期以来，没有相应的产品标准，没有形成统一的FRP筋力学指标及其测试方法，相关FRP筋结构的设计和施工规范更无从谈起，严重制约了FRP筋的研究和应用。

从行业调查以及工程应用来看，碳纤维筋（CFRP）和芳纶纤维筋（AFRP）的产品目前基本没有国产化，即使存在少量试制产品也缺乏代表性，更少有相关的工程应用，CFRP和AFRP也暂时不具备编制产品标准的条件。美国混凝土协会、日本土木工程学会、加拿大土木工程学会、英国结构工程师协会等已经相继出版了相关的设计指导规程。鉴于此，广东省出版了国内最早的类似标准《土木工程用玻璃纤维增强复合材料（GFRP）》（DB44/T 497—2008），后来在此基础上完成了建筑工业行业标准《土木工程用玻璃纤维增强筋》（JG/T 406）。该标准于2009年1月开始编制，根据大量的材料测试数据，调查了技术推广情况，参考相关专家意见，考虑到便于该类产品在国内的推广，同时兼顾国际上使用的原则，最终将名称确认为“土木工程用玻璃纤维增强筋”，编制过程中参考了美国ACI 440委员会的系列相关标准。

本标准最大的实用意义在于根据我国的钢筋规格，制定了不同直径的玻璃纤维筋的主要力学技术参数，包括抗拉强度、弹性模量、剪切强度等具体的技术指标，其中关于抗拉强度的标准值是在不同规格数百组试验的条件下，结合不同检测单位和不同生产厂家的检测数据，经过正态分布统计分析得到的，反映了目前我国的实际情况。当时筋材抗拉强度标准值是根据美国 ACI 440.3R—04［Guide Test Methods for Fiber Reinforced Polymers（FRPs）for Reinforcing or Strength Concrete Structures］的要求，将单组超过 25 根筋材在试验机上进行拉伸，然后计算均值和方差，最终按照我国要求减去 1.645 倍方差计算得到。玻璃纤维筋的抗拉强度离散性较大，因此玻璃纤维筋抗拉强度标准值主要是生产厂家在高样本条件（同一规格不低于 25 组样本）下自行控制的质量标准，施工检测时只要求材料抗拉强度不低于抗拉强度标准值即可。

本标准规定了土木工程用玻璃纤维增强筋的术语、定义、符号、要求、试验方法、检验规则、标志、包装、运输和储存；适用于隧道、矿山、边坡和基坑的锚固支护，盾构工作井的围护结构，连续配筋混凝土路面和桥面板结构等土木工程用玻璃纤维增强筋；不适用于预应力混凝土结构用的玻璃纤维增强筋。

12.2 盾构可切削混凝土配筋技术规程（CJJ/T 192—2012）

根据建标函［2008］102 号文“关于印发《2008 工程建设标准规范制定、修订计划（第一批）》的通知”第 95 条的要求，编制制定了《盾构可切削混凝土配筋技术规程》。

我国城市地铁系统建设发展至今，已有 40 多年的历史，最初只有北京地铁 40 多千米的运营线路，自 20 世纪 90 年代以来，又有上海、广州等城市建成了现代化的新型地铁项目，截至 2005 年 7 月为止，全国一些大城市相继建成的地铁或轻轨项目就有 18 条线路之多，线路总里程已达到 500km 左右（不包含中国香港和中国台湾）。2005 年开工建设的地铁与轻轨项目在建工程也有 10 条线路，线路总长度为 262km。后来又获批准开工了杭州、沈阳、成都、西安、苏州、郑州等城市的地铁项目。据有关资料统计，现已纳入我国城市近期规划建设的项目就有 65 条线路之多，线路总长度将达 1700km，这些线路预计都将在 10～15 年的时间内建成。这意味着大量地下隧道的开挖，需要采用现代先进施工技术的盾构掘进法来完成。然而，当前盾构技术的掘进适用范围，仅局限于地铁站区间隧道的工况条件，当遇到地铁车站同步施工时，盾构机将被地铁站周围的钢筋混凝土护壁围护结构所阻挡而无法通过，只能频繁进出竖井，待重新进入区间再行掘进施工。这样不仅增加了工人的劳动强度和降低了工作效率，也带来了施工的危险性，同时也增加了隧道开挖的周期。为了克服上述缺陷，达到盾构机从线路起点入地后不再多次进出竖井即可全线贯通的目的，就需要对钢筋混凝土围护结构的配筋技术加以改革，满足盾构机可直接穿透混凝土墙体而仍能保持车站结构的设计强度要求。这项技术在国外已有成熟经验，如 1998 年泰国曼谷快运署地下通道工程、2000 年新加坡捷运东北线（地铁）工程、2002 年荷兰阿姆斯特丹地铁工程等；我国从 2003 年开始，开展了一些地铁试验段，如 2003 年北京地铁 5 号线工程、2006 年中国成都地铁 1 号线工程、2007 年杭州万象城地铁盾构穿越项目以及 2009 的沈阳地铁、深圳地铁、广佛地铁、南宁地铁等试验段，即 GFRP 来代替钢筋，不仅承载力可以满足要求，同时也保证了盾构机在掘进过程中顺利切割穿透而不损坏机器。从而避免了工人频繁进出竖井的机会，提高了施工安全性，有效地降低了工程成本，缩短了整体施工周期，使经济效益明显提升。通过多年的推广应用，全国多数城市的地铁和轻轨建设，均开始采用盾构机可切削混凝土结构的设计理念，并在实际应用过程中进一步完善，获得了可观的经济和社会效益。

《盾构可切削混凝土配筋技术规程》标准是从 2008 年 6 月开始编制的，历时 5 年时间。标准制定过程中，对于玻璃纤维增强筋（GFRP 筋）与混凝土的黏结性能进行了重点研究，无论是混凝土结构工程还是岩土锚固工程，由于该结构形式主要依靠 GFRP 筋材与黏结材料之间的黏结力来进一步发挥材料的抗拉强度，GFRP筋材与混凝土、水泥砂浆等黏结材料的黏结强度都是影响结构使用的重要因素。经过大量研究，各国学者发现了许多共同的结论：GFRP螺纹筋与混凝土的黏结强度约为钢筋与混凝土黏结强度的80%左右，而且两者都有随黏结长度的增加而出现黏结应力逐渐降低的趋势。表面全螺纹形式的GFRP筋与混凝土的黏结效果最好，其次为表面喷涂石英砂的形式，而表面光滑的GFRP筋的黏结效果最差。以此为基础不仅系统开展了矩形截面混凝土结构的试验研究，也针对圆形截面混凝土构件进行了试验分析，最终为该标准的核心技术内容打下基础。

标准内容部分参考了Guide Test Methods for Fiber—Reinforced Polymers (FRPs) for Reinforcing or Strength Concrete Structures ACI 440.3R—04（用于混凝土结构中的FRP筋性能测试方法）、Guide for The Design and Construction of Concrete Reinforced with FRP Bars ACI 440.1R—03（FRP筋混凝土结构设计指南）、ACI 440.6M Specification for Carbon and Glass Fiber-Reinforced Polymer Bar Materials for Concrete Reinforcement（水泥混凝土用碳纤维或玻璃纤维增强复合材料筋规程）以及混凝土结构设计规范GB 50086。

标准适用于盾构机可切削玻璃纤维筋混凝土临时结构配筋工程的设计、施工和质量验收。标准中针对这一特定的工况，规定了玻璃纤维筋的材料性能，以及围护桩和地连墙构件的正截面受弯曲承载力、正截面受压承载力、斜截面受剪切承载力的计算方法。采用盾构机可切削混凝土配筋技术后，理论上原有的端头井围护结构加固措施可以优化，但由于轨道交通建设的特殊性，规程中对于该部分的内容还没有具体的解决建议，将在未来不断研究和大量工程实践的基础上，在标准未来的修订过程中逐步完善。

12.3 纤维增强复合材料筋基本力学性能试验方法（GB/T 30022—2013）

根据国家质量监督检验检疫总局和国家标准化管理委员会2010年联合下达的“2010年国家标准项目计划”，编制制定了国家标准《纤维增强复合材料筋基本力学性能试验方法》，项目编号为20100976-T-609。全国纤维增强塑料标准化技术委员会土木工程用复合材料及纤维分技术委员会（SAC/TC39/SCI）负责归口。

与钢筋不同，由于纤维增强复合材料筋（FRP筋）的力学性能受纤维的排列方向和体积率的影响很大，所以FRP筋在纤维增强的方向具有很高的抗拉强度，而在其他方向则显著不同。FRP材料这种各向异性的特点，影响了其剪切强度（dowel action暗销作用）和与混凝土的黏结性能。关于FRP筋的力学指标（抗拉强度、与混凝土的黏结强度、弹性模量），生产企业会提供相关试验数据和设计推荐值，但是由于缺乏统一的材料标准，因此很难对不同生产企业的相同产品进行对比。此外关于FRP材料在环境因素作用下（湿度、高低温、碱环境）的耐久性也需要被考虑，所以需要进一步确定相关的试验方法，进而研究材料力学性能以及环境作用下的耐久性情况。ASTM D 391《拉挤玻璃纤维增强塑料棒拉力特性的试验方法》(Standard Test Method for Tensile Properties of Pultruded Glass-Fiber-Reinforced Plastic Rod)，较早提出了有关FRP筋类拉伸性能的试验方法，ASTM A 944出版了用梁端试样比较混凝土和钢筋黏结强度的标准试验方法（Standard Test Method for Comparing Bond Strength of Steel Reinforcing Bars to Concrete Using Beam-End Specimens)，ACI 440.3R制定了用于混凝土结构增强的FRP筋试验方法［Guide Test Methods for Fiber Reinforced Polymers (FRPs) for Reinforced or Strengthening Concrete Structures］，以上试验方法推动了FRP筋检测方法的进步，并在世界范围产生了较大的影响。

我国目前已经具备生产纤维增强复合材料筋的基本能力，但是产品质量与国外发达国家相比还有一定的差距，相应产品的基本力学性能试验方法还没有国内统一执行的标准，在实际应用过程中存在很大地不便之处，同时也不能很好地规范市场，已有的国家标准《拉挤玻璃纤维增强塑料杆拉伸性能试验方法》与土木工程用 FRP 筋拉伸检测存在一定的不同，不能直接反应 FRP 筋的拉伸力学性质。因此，结合市场应用的需要，有必要编制《纤维增强复合材料筋基本力学性能试验方法》。

该标准所涉及的产品是在土木工程中所使用的纤维增强复合材料筋制品，目前应用的主要产品包括四种，即碳纤维筋、玻璃纤维筋、芳纶纤维筋及玄武岩纤维筋，本着标准“名称力求简练”的原则，将标准名称确定为《纤维增强复合材料筋基本力学性能试验方法》。本标准规定了纤维增强复合材料筋基本力学性能试验的拉伸性能试验、剪切强度试验、黏结强度试验、试验结果和试验报告。本标准适用于测定直径为 8～32mm 的纤维增强复合材料筋的拉伸性能、剪切强度和纤维增强复合材料筋与混凝土的黏结强度。

12.4 玻璃纤维增强复合材料筋的高温耐碱性试验方法

根据国家标准化管理委员会的国标委综合［2014］89 号文，国家标准《玻璃纤维增强复合材料筋的高温耐碱性试验方法》（项目编号：20142501-T-609）被批准列入《2014 年国家标准计划项目（第二批）》，从 2015 年开始了编制工作，目前已经完成。

混凝土结构中钢筋的锈蚀会影响结构使用性能，降低耐久性。当混凝土结构应用于侵蚀性环境或暴露性环境时，钢材锈蚀问题将更加严重！英国建造在海洋及含氯化物介质环境中的钢筋混凝土结构，因钢筋锈蚀需要重建或更换钢筋的占 1/3 以上。我国在 20 世纪 80 年代初的调查发现，使用了 10～30 年的水工建筑物有近六成出现钢材锈蚀破坏，使用了 7～25 年的海港码头有近九成出现钢材锈蚀破坏。目前我国基本建设方兴未艾，大型水利工程、房屋建筑、桥梁、海港工程的建设层出不穷，重大工程的加固改造越来越多，提高结构耐久性和安全性成为非常急迫的问题。根据目前国际的研究结果，纤维增强复合材料筋材料具有良好的耐久性使用功能，其在抗腐蚀等方面具有传统钢筋无法比拟的优势。基于这种现状，为了增强结构的耐久性和结构安全性，利用玻璃纤维增强复合材料筋（glass fiber reinforced polymer，GFRP）及其制品具有良好的力学性能和耐腐蚀性能，甚至一些“特点”，将其替代混凝土结构中的钢筋组成某些构件，既能发挥 GFRP 筋混凝土与钢筋混凝土相似的力学特点，又可避免钢筋锈蚀带来的混凝土病害。

目前，国内对于 GFRP 筋的性能研究着重在其抗拉性能、抗剪性能以及其与混凝土的黏结性能等方面，而关于 GFRP 筋耐久性方面的研究相对较少。事实上，GFRP 筋在混凝土工程中的应用不仅取决于其物理力学性能是否优于钢筋，还取决于其耐腐蚀性能是否满足工程使用。国内外大量研究均表明 GFRP 筋耐氯离子腐蚀性能和耐酸性能优于钢筋，可部分替代钢筋用于混凝土等特殊工程中，而碱性环境对 GFRP 筋的腐蚀性较强。在碱性环境下，玻璃纤维增强复合材料筋的杆体直径会有所减少且表面颜色也会产生变化，对杆体抗拉强度的影响均比在酸、盐环境下的大。不容忽视的是 GFRP 筋在混凝土中的应用正处于这种碱性环境中，其耐碱性能是否能满足设计并没有相关研究给出明确答案，相应的耐碱性试验方法国内还没有统一执行的标准。在这种情况下，缺乏相应依据进行产品标准的细化，并预测合理的 GFRP 筋混凝土结构寿命，这将制约我国 GFRP 筋材料在土木工程行业的发展。综上所述，按照我国目前生玻璃纤维增强复合材料筋的能力，以及在实际应用中取代钢筋用于混凝土工程中的普及度，若无法规范玻璃纤维增强复合材料筋在碱性环境下的快速试验方法，那么在实际应用过程中（包括工程设计与施工、产品生产等）将存在很大的不便之处，也不能很好地规范市场，因此结合市场应用编制《玻璃纤维增强复合材料筋高温加速耐碱性试验方法》是很有必要的。

《玻璃纤维增强复合材料筋的高温耐碱性试验方法》编制组在全国纤维增强塑料标准化技术委员会土木工程用复合材料及纤维分技术委员会（SAC/TC39/SC1）的指导下，进行了大量的调研和试验研究工作，并参考了日本 JIS A1193—2005 混凝土加筋用纤维增强聚酯（FRP）棒材和栅网的抗碱性的试验方法《Test Method for Alkali Resistance of Fiber Reinforced Polymer（frp）Bars and Grids for Reinforcement of Concrete》（此标准中关于碱性溶液的要求为与混凝土中含有的细孔溶液组成相当的碱性水溶液或者 10%的氢氧化钠水溶液）和 ACI 440. 3R 用于混凝土结构增强的 FRP 筋试验方法《Guide Test Methods for Fiber Reinforced Polymers（FRPs）for Reinforced or Strengthening Concrete Structures》等试验方法。最终本标准规定了玻璃纤维增强复合材料筋高温耐碱性试验方法的术语、试验原理、试样、试验仪器、试验条件、试验步骤、计算、试验报告。本标准适用于水泥混凝土工程的玻璃纤维增强复合材料筋高温耐碱性的试验，包括不持荷碱液浸泡状态和持荷碱液浸泡状态两种试验方法，其他纤维增强筋也可参照使用。

12.5 水泥混凝土用碳（玻璃）纤维增强复合材料筋规程（ACI 440. 6M—08）

ACI（American Concrete Institute）成立于 1904 年，组织前身为全国水泥用户协会（National Association of Cement Users，NACU），致力于有关混凝土和钢筋混凝土结构的设计、建造和保养技术的研究，传播有关领域的情报。ACI 是一个拥有 30000 多名会员和 30 多个国家的 93 个分会的技术及教育协会，制定了 400 多个有关混凝土的技术文件、报告、指南、规格和规范；每年召开 150 多个教育学术研讨会，有 13 个不同的混凝土专业人员认证计划，此外还有学术计划来促进工业发展。从 1906 年起制定标准；所有标准通过 ANSI 程序制定；标准草案可提供评议。标准编号：ACI＋三位数字的委员会代号＋制定年份，如：ACI 318—71。ACI 标准的分类是以其制定委员会三位数代号为分类号的。代号分配情况如下：100——研究与管理；200——混凝土材料与性能；300——设计施工规程；400——混凝土增强与结构分析；500——特殊应用于加固。

其中 ACI 440 技术委员会是专门从事 FRP 技术的有关组织，并且已经制定出版了多本与此关系密切的技术标准，比如 FRP 筋混凝土结构设计和施工指南［Guide for the Design and Construction of Structural Concrete Reinforced with FRP Bars（ACI 440. 1R-06)］、混凝土结构用 FRP 筋测试方法［Guide Test Methods for Fiber-Reinforced Polymers（FRPs）for Reinforcing or Strengthening Concrete Structures（440. 3R-12)］等标准，在业内产生了积极影响。

《水泥混凝土用碳（玻璃）纤维增强复合材料筋规程》是行业内较早提出明确产品有关技术要求的标准。它主要包括混凝土增强用碳（玻璃）纤维增强复合材料筋的使用条件、评价以及控制测试的内容。该标准规定了 FRP 筋的尺寸应该与钢筋（ASTM A 615/A 915M）保持一致，CFRP 筋和 GFRP 筋的名义极限抗拉应变至少应为 0.5%和 1.2%，详见表 12-1 和表 12-2。除此之外，标准还对于组成 FRP 筋的纤维含量、树脂基体、填料与添加剂进行了要求，并对产品的玻璃化温度进行了建议。

表 12-1　FRP 圆筋的规格

设计直径/mm	名义直径/mm	公称截面积/mm^2
6	6.4	32

续表

设计直径/mm	名义直径/mm	公称截面积/mm²
10	9.5	71
13	12.7	129
16	15.9	199
19	19.1	284
22	22.2	387
25	25.4	510
29	28.7	645
32	32.3	819

表 12-2 FRP 筋的最小抗拉强度

名义直径/mm	最小名义抗拉强度/MPa	
	GFRP	CFRP
6	760	1450
10	760	1310
13	690	1170
16	655	1100
19	620	1100
22	586	
25	550	
29	517	
32	480	

12.6 其他相关标准

此外和玻璃纤维筋有关的标准还有一些，简述如下。

煤炭行业标准《树脂锚杆 玻璃纤维增强塑料杆体及附件》（MT/T 1061—2008），这是规定玻璃纤维筋杆体制作巷道锚杆的产品标准，主要是体现在煤矿巷道中杆体应具有阻燃和抗静电的要求，杆体本身的力学指标要求还是比较低的。

国家标准《结构工程用纤维增强复合材料筋》（GB/T 26743—2011），该标准对于未来可能规模化应用的碳纤维筋、玄武岩纤维筋、玻璃纤维筋的基本技术指标进行了规定，但是缺乏直径超过 20mm 的筋材技术要求，实用性受到一定的限制。

国家标准《纤维增强复合材料建设工程应用技术规范》（GB 50608—2010），该标准主要也是立足于 FRP 加固工程领域范畴，并在 2016 年获得了中国标准贡献奖。

江苏省地方标准《玻璃纤维增强复合材料筋基坑工程应用技术规程》（DGJ32/TJ 162—2014）。其是根据江苏省住房和城乡建设厅《关于印发〈2011 年度江苏省工程建设标准编制、修订计划〉的通知》（苏建科［2010］495）的要求编制的。该规程适用于基坑工程结构体系中的临时结构构件，主要包括基坑工程中排桩、地下连续墙、冠梁、围檩、锚杆、土钉等。玻璃纤维增强复合材料（GFRP）筋在结构构件设计与施工安全条件下，可完全或部分替代传统钢筋使用。

第13章 工程应用

由于钢筋混凝土结构中存在的钢筋锈蚀问题，使工程结构中的耐久性问题日益受到关注，多年来一直是学术界和工程界的研究热点和技术难题，纤维增强复合材料筋的出现，为提高混凝土结构的耐久性提供了根本性的解决方法，已在土木、水利和交通等工程领域得到了广泛应用。尤其是玻璃纤维增强复合材料（GFRP）筋，生产工艺比较成熟，价格相对较低，应用更加广泛。下面介绍几种 GFRP 筋的工程应用实例。

13.1 “路面工程”应用实例：GFRP 筋连续配筋混凝土路面

13.1.1 工程概况

某国道一级公路改造项目，全长 20.6km，其中试验路长度为 466m，路面采用的是连续式配筋混凝土路面（continuously reinforced concrete pavement，CRCP），路基顶面宽 22.5m，路面宽 20m，从 2008 年 10 月 8 日开始施工至 10 月 21 日试验路混凝土浇筑完成，总工期共计 13 天；此试验路段也是全国首次将高强玻璃纤维筋（glass fiber reinforced polymer，GFRP）用于连续式配筋混凝土路面施工的公路，如图 13-1 所示。

(a)

(b)

图 13-1　某国道一级公路改造项目

根据美国钢铁协会（American iron and steel institute）2004 年报告，使用 CRCP 路面通过 30 年的研究数据分析，从寿命周期经济性指标比较，可以比普通沥青混凝土路面（asphalt concrete pavement，ACP）节省 14%；比混凝土路面（jointed concrete pavement，JCP）节省 58%，比全厚式沥青混凝土路面（full depth asphalt concrete pavement，FDACP）节省 74%。采用 GFRP 筋“连续配筋混凝土路面”的使用寿命比传统钢筋“连续配筋混凝土路面”更长，长远看来经济和社会效益更加突出。

13.1.2 GFRP筋的应用

GFRP筋连续式配筋混凝土路面是在混凝土路面板的纵横向配置足够数量的连续GFRP筋，由于GFRP筋具有高强、耐久性好的特点，可以有效避免传统使用钢筋的“连续式配筋混凝土路面”由于裂缝间距扩展，最终导致钢筋由于雨水等渗入而锈蚀断裂的情况；并且GFRP筋的热胀系数与混凝土更为接近，所以由于温度应力作用导致的路面开裂将会减少，进而提高“连续配筋混凝土路面”的路用性能；相比于钢筋，GFRP筋虽然弹性模量较低，在允许一定开裂宽度的条件下，路面性能完全可以满足使用需要，在通过合理设计GFRP筋的配筋率后，甚至可以达到与“连续式配筋混凝土路面”相同的技术指标，但是道路使用寿命却要远远大于传统的使用钢筋的“连续式配筋混凝土路面”。为了更好地验证GFRP筋“连续式配筋混凝土路面”在实际工程中的应用；选择了长为446m试验路进行了相应的实际工程项目的试验和应用（试验路段路面结构见表13-1）。

表13-1 试验路段路面结构

行车道路面	硬路肩路面
26cm GFRP筋连续配筋混凝土面层	7cm沥青再生面层
1cm沥青封油层	沥青黏层
20cm水泥稳定碎石再生混合料	旧基层(包含调平层)
旧20cm水泥稳定碎石下基层	
旧18cm级配碎石底基层	

GFRP筋连续配筋混凝土路面宽8m，连续配筋混凝土路面纵向配筋率一般在0.6%～0.8%之间。对于GFRP筋来讲，根据美国现有经验，一般是钢筋推荐配筋率的2倍，在1.2%～1.5%之间。本试验路中GFRP筋连续配筋混凝土路面宽8m，采用纵向筋为ϕ25的GFRP筋，配筋率为1.2%，设置50根GFRP筋，放置于板中。横向筋采用ϕ20的GFRP筋，横向筋的间距为70cm。纵筋与横筋垂直布置，设置于混凝土板中间。

由于现阶段国内关于GFRP筋连续式配筋混凝土路面的施工方法并没有太多的经验和理论可以遵循，故试验过程中的一些施工方案的制定和施工方法的选择主要依据国外相关GFRP筋连续式配筋混凝土路面的相关资料、《公路水泥混凝土路面施工技术规范》(JTG F30—2003) 和施工现场的一些技术人员的经验，所以本次试验中的一些关于GFRP方面的施工技术的总结也可以为以后GFRP筋连续式配筋混凝土路面的施工提供一些方面的帮助。在此，对GFRP筋连续式配筋混凝土路面进行的施工过程和一些重点施工方法进行简单说明及介绍。

① 做好相应的施工现场准备工作（包括人员、机械、材料），做好现场施工人员的岗前培训、机械进入现场前的检查和操作人员的专业培训、工程材料的相关检查和验收工作。

② 做好模板的支护工作，试验过程中使用的是钢模板。在模板支护过程中要保证模板的形状尺寸和相互位置正确、支拆方便、表面平整、接缝严密不漏浆；同时，从施工安全性的角度考虑，模板一定要具有足够的刚度和稳定性，保证在施工的过程中不变形、不破坏、不倒塌。

③ 做好GFRP筋的连接，形成钢筋网。纵向GFRP筋紧密绑扎、安装好且稳固可靠(所有接点必须稳固)，搭接点可采用细铁丝绑扎，纵向GFRP筋搭接长度为1m，搭接位置错开布置。横向GFRP筋布置于纵向GFRP筋之下，无搭接。纵横向GFRP筋绑扎的GFRP筋网平直成带片状，至板边的侧距保持相等。除了临时中断的施工缝以外，GFRP筋网都保持连续。如图13-2和图13-3所示为GFRP筋网的布置和搭接。混凝土摊铺和振捣期

间，GFRP筋的排列和间距保持及控制在正确的位置，且在规定的允许误差范围内，其竖向允许误差为±5mm，GFRP筋网间距允许误差为±5mm。

图 13-2　GFRP筋网布置

图 13-3　搭接处接头错开

④ 混凝土的运输和浇捣。自卸汽车装运混凝土拌和物时，不得漏浆，并应防止离析，本试验路采用一次完成半幅路面摊铺施工；摊铺时，采用侧向进料方式，在摊铺时，应保证混凝土板的板厚、密实度、平整度及饰面质量。施工时要求尽量保证连续施工，以减少横向缝的数量。当遇实际情况不得不中断施工时，在施工缝处增加纵向抗剪GFRP筋，横向GFRP筋的数量比纵向GFRP筋数量少2根，其布置位应保证距两根纵向GFRP筋的间距相等，且具有足够的长度。

⑤ 端部处理施工按桥梁伸缩缝中毛勒缝的施工工艺进行处理，其施工要求按桥梁工程中有关规定进行。毛勒缝制作如图13-4所示。

(a)　(b)　(c)　(d)

图 13-4　毛勒缝制作

13.1.3　所用GFRP筋的力学性能

项目中的GFRP筋，采用乙烯基树脂和E-玻璃无捻粗纱制作而成。其密度是1.8～2.1g/cm^3，抗拉强度为450～700MPa。增强材料力学性能见表13-2。

表13-2　增强筋材力学性能

直径/mm	抗拉强度/MPa	剪切强度/MPa	弹性模量/GPa
20	656	134	40
25	692	158	40

13.1.4　GFRP筋的应用效果

GFRP筋连续配筋混凝土路面在路面纵向配有足够数量的钢筋，以抵抗混凝土路面板纵向收缩产生的拉应力。但GFRP筋连续配筋混凝土路面并非没有裂缝，只是由于混凝土的收缩变形被GFRP筋所约束，收缩应力为GFRP筋所承担，因此裂缝分散在更多的部位，通常每隔1.5～4.0m即有一微小裂缝。但是由于GFRP筋的作用，使其仍然保持紧密接触，裂缝宽度极微小，通常肉眼无法看清，只是在雨后开始干燥的时候，才能勉强看出来。这种微小的裂缝不至于破坏路面的整体连续性和行车的平稳性，如同无缝的路面一样，路面表面雨水也不易渗入，使用效果比较理想。

GFRP筋连续配筋混凝土的纵向配筋设计，采用以下3项设计指标：

① 混凝土横向裂缝间距为1.0～2.5m；

② 裂缝缝隙的最大宽度为1mm；

③ GFRP筋拉应力不超过GFRP筋屈服强度。

裂缝观测时间为从试验路段施工完毕湿养结束后一个月，连续配筋混凝土路面面板在有少量行车荷载的情况下经历了一个月，所以能够比较全面地观测到裂缝的具体形态和发展情况，进而充分研究影响裂缝发展的各种因素并得出初步的使用效果。通过观测，对已经出现的裂缝变化情况进行统计分析，裂缝数量为56条，平均间距为6.87m，平均裂缝宽度为0.6mm。

横向裂缝是结构型裂缝，且调查发现其随时间是不断增多的；纵向（斜向）裂缝并没有随时间发生改变，在后期数量基本不变。因此，对于GFRP筋连续配筋混凝土路面应着重关注横向裂缝的发展情况。横向裂缝出现的原因是混凝土在温缩和干缩的综合作用下，板内应力超过了其极限抗拉强度而产生断裂。通过大量实地观测，发现横向裂缝的形态主要有3类：第1类裂缝为常规裂缝，当混凝土内部应力超过其极限抗拉强度后出现断裂，裂缝间距控制在设计间距范围内1.0～3.0m；第2类裂缝是由于局部区域混凝土浇筑不够均匀，在较大的应力作用下出现了多处破裂面，当裂缝相距较近且多条出现时称为群集裂缝，这种裂缝会导致面板出现剥落及冲断破坏；第3类裂缝又称为Y裂缝，裂缝相交处现较小的交角，对面板受力相当不利。

裂缝的平均间距反映了纵向筋对面板的约束程度，约束程度越强，平均间距越小，裂缝宽度也约小。此外，裂缝间距又是随时间不断变化的，在裂缝发展初期，温缩和干缩作用使得较长的板内应力很快大于水泥混凝土的极限抗拉强度，板体断裂；板体开裂后，应力迅速消散，在后继的温缩和干缩作用下较短的板体内应力积聚，达到极限应力后在板内薄弱处将慢慢裂开；因此裂缝间距是不断缩小的，直至达到设计的裂缝间距。

试验段的裂缝平均间距为6.87m，GFRP筋“连续配筋混凝土”设计横向裂缝的间距为

1.0～3.0m，相关研究表明，连续配筋混凝土路面的裂缝数量还会继续增加。

综上可知，在竣工完成后投入使用初期，GFRP筋连续配筋混凝土路面在指标和性能上是可以满足预期要求的，为了更好地推广GFRP筋连续配筋混凝土路面在工程中的应用，建议应长期对此试验路段进行相应指标的跟踪。

13.2 “水工混凝土结构”应用实例：港区码头工程和护岸工程

13.2.1 工程概况

GFRP筋海工胸墙结构需要考虑水压力、土压力以及浪潮动力引起的最大组合倾覆力矩与折减后的GFRP筋混凝土正截面的抗力力矩的大小，以平衡配筋率为基础验算其结构自身的承载能力和裂缝控制效应。

某港区分为工作船码头工程和南一护岸工程两部分，其中工作船码头工程包括总长969.42m（兼顾一个登陆舰泊位）的支持保障系统岸线、护岸以及后方陆域回填等配套工程。南一护岸工程包括危险品港池北侧西北向911.755m直立式护岸及其后方陆域形成。

13.2.2 GFRP筋的应用

项目属于海洋潮间带，作为临水面和腐蚀最严重的区域，钢筋锈蚀会造成大面积的混凝土脱落。本工程主要使用与混凝土界面黏结良好的、全螺纹的GFRP筋弯直组合替代钢筋，根据设计和施工要求，在工厂预先成型各种型式的特殊筋材（图13-5）。区段某C型沉箱折角连接处，GFRP筋网片尺寸为5m×2.2m。胸墙截面的标高为4～6.2m，保证GFRP筋网片处于干湿循环的潮间带，其保护层厚度为35mm；防波堤的素混凝土表面黏结碳纤维，以防止强烈浪潮对混凝土挡块的腐蚀。

(a) 港区码头工程

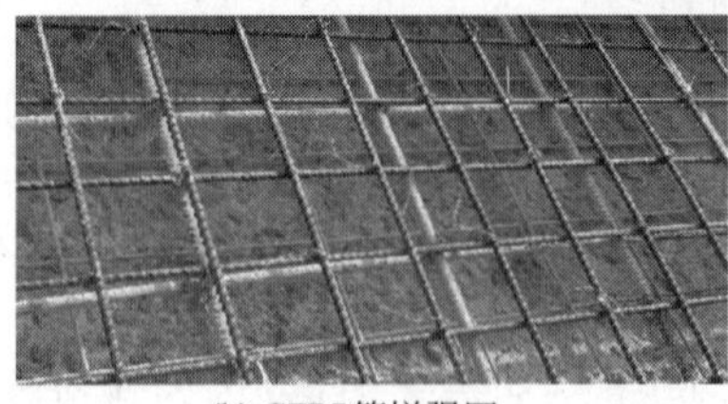

(b) GFRP筋增强网　(c) 垂直FBG传感器的配置

图13-5　GFRP筋港区码头施工

防裂增强面层的作用主要是防止表面大体积混凝土保护层素混凝土过厚，会产生构造裂缝，加上海陆循环带来的盐雾、高氯离子浓度的降水、海潮带来的具有一定浓（湿）度的海水等对其表面进行渗透，腐蚀钢筋。该增强层提高了混凝土的表面刚度，增加其抗裂特性，在一定程度上延长结构整体的耐久性的。该设施主要针对不需要对主体沉箱、胸墙等位置进行高造价 GFRP 筋替换的结构，可以以防护作用为主，引导港口工程进行自身防护设计，也可以看作是对Ⅳ类环境厚素混凝土保护层的增韧设计。

采用基于作业流程的六阶段实施方案：①胸墙基层预留筋；②预留筋上绑扎 GFRP 筋；③预留筋上 GFRP 筋连通绑扎形成稀疏支架；④5m×2.2m 钢筋网片假设；⑤浇筑基层第一阶段混凝土至既定标高并检查预留网片与预留筋的位置是否牢靠；⑥浇筑剩余混凝土面层至设计表面高程。两种类型的 GFRP 筋混凝土内置 GFRP 筋需要符合表 13-3 规定的安装标准。

表 13-3　GFRP 筋安装标准

<table>
<tr><td rowspan="8">允许偏差/mm</td><td rowspan="3">GFRP 筋骨架外轮廓尺寸</td><td>长度</td><td>+5
−10</td><td rowspan="3">用钢尺量两端和中部</td></tr>
<tr><td>宽度</td><td>+5
−10</td></tr>
<tr><td>高度</td><td>+5
−10</td></tr>
<tr><td colspan="2">受力筋层/排距</td><td>±10</td><td>取两端和中断面的大值</td></tr>
<tr><td colspan="2">受力筋间距</td><td>±15</td><td>用钢尺量 3 个位置</td></tr>
<tr><td colspan="2">弯起筋弯起点位置</td><td>±20</td><td>用钢尺量 2 个位置</td></tr>
<tr><td colspan="2">箍筋、分布筋间距</td><td>±20</td><td>用钢尺量 3 个位置</td></tr>
<tr><td colspan="2">保护层</td><td>+10
−0</td><td>用钢尺量 9 个位置</td></tr>
</table>

13.2.3　所用 GFRP 筋的力学性能

采用规格 $\phi 8$ 的筋材，由玻璃纤维无捻粗纱（EDR31-9600-386T）与乙烯基树脂以及引发剂等原材料制备而成，纤维体积分数为 66%，质量分数为 83%，拉伸模量为 48.2GPa，抗拉强度为 930MPa，筋材极限拉力为 47kN，满足直径小于 16mm 筋材强度大于 600MPa、模量大于 40GPa 的要求。

弯曲筋材的制作需要精确计算弯曲位置，并对其拉挤成型前定位，拉挤成型后定型。应注意弯折部分的易折性和固化过程中的交联作用，需要采用激光快速固化工艺，做到早固化，固化度高，弯角处锚固效率高。弯折部分需要进行复丝缠绕，以增强局部的强度和稳定性，做到弯折部位的强度不低于直线部分，弯折部分的刚度不低于直线部分，缠绕截面呈现缓和增减，不造成局部的应力集中，并避免分叉、纤维脱黏、断丝、树脂鼓包等现象。绑扎过程中，弯角部分与架立筋的连接需要在反弯点处固定。

13.2.4　GFRP 筋的应用效果

海工 GFPR 筋混凝土胸墙的设计与施工应用，为国内港口工程使用 GFRP 筋混凝土积累了工程技术经验。GFRP 筋可以通过改善其界面黏结系统，增加闭合力，从而降低裂缝宽度，弥补了其弹性模量不足带来的劣势。项目设计思路简单，可以通过简单的公式来设计其配比；施工过程中引入了 FBG 智能监测技术，可以同步验证其施工过程及工程竣工后的耐久性数据。同时对 FBG 10 个月监测数据表明，布设 GFRP 筋的混凝土结构，其氯离子浓度和钢筋腐蚀速率均比钢筋混凝土结构低。另外，采用 GFRP 筋后，通过裂缝显微镜观察混凝土表面得出，GFRP 筋混凝土的裂缝在 0.05m 以下，小于钢筋混凝土结构裂缝宽度的 0.10～0.15mm。

经过44h水化热后，从表13-4的温度光栅和纵横向光栅换算可以发现，表层混凝土温度升高将近20℃。随着时间增长，混凝土水化热将降低，光栅波长将趋于初始值。通过扣除温度光栅，可以长期全寿命监测GFRP筋的工作状态。

表13-4 光栅波长数据 单位：nm

光栅编号	对应位置	初始值(波长)	44h后
1530	横向铠装光栅	1530.292	1530.477
1554	纵向铠装光栅	1554.134	1554.416
3-7	铠装温度光栅	1553.984	1554.185
1550-2	横向铠装光栅	1550.142	1550.457
1558-2	纵向铠装光栅	1557.956	1558.281

13.3 “地铁工程”应用实例：盾构可切削混凝土结构工程

随着世界范围内的交通急速膨胀，在繁忙、拥挤的城市中，美国开始大力发展地下交通系统“地铁”，在欧洲，城市地铁已经相当普遍。然而地铁站台必须在开挖基坑后修建，施工人员即使采用TBM（盾构机）技术进行隧道的最小开挖，也会导致行人与交通的中断。

位于地下水位之下不稳定土层中的坑壁经常会发生倒塌，在地铁站周围的混凝土护壁围护结构是必须被切割的，所以很厚的混凝土防水墙被建造用以阻挡地下水渗透和井壁的坍塌物，只有这样才可以形成一个干燥的基坑，然而，盾构机是不能够有效切割钢筋混凝土结构的。即使是现在，依然采用的方法是：在盾构机开挖之前，首先通过人工操作清除地铁站台护墙的部分；此外，为了阻挡由于混凝土中钢筋被人工拆除而导致的水或土由于水压力的作用而渗入，在防水墙的外面，工人必须灌注一些密实的土体，甚至是素混凝土。这样的操作无疑增加了工人的劳动强度，甚至是施工危险性，同时也增加了隧道开挖的周期。事实上国外最先进的洞口进出墙体结构常常采用最新的GFRP筋混凝土结构，用GFRP筋代替钢筋。应用于地铁站台的混凝土结构中，不仅承载力可以满足要求，同时由于GFRP筋混凝土结构具有在盾构机开挖中可以被切割优点，可以免除工人频繁地进出竖井，加快施工速度和安全性，进而也使得盾构机刀片的使用寿命大大延长，有效地降低了工程成本。

随着我国轨道建设的规模逐渐扩大，相似的盾构机可切削混凝土配筋技术应运而生。目前我国北京、广州、深圳、成都、南京、南宁、长沙、武汉、兰州、太原、长春、厦门、福州、南昌等城市都有应用。

13.3.1 工程概况

本项目为长沙地铁线路一期工程的某地铁站，该站为地下两层10m标准岛式车站，标准段总宽18.5m，车站总长179.6m，有效站台长118m，主体结构建筑面积6779.52m²，附属建筑面积为2078.51m²，总建筑面积为8858.03m²，造价1.6亿元，开工时间为2009年12月，竣工时间为2011年11月。

13.3.2 GFRP筋在地铁工程中的应用

13.3.2.1 GFRP筋应用于盾构支护桩的设计

GFRP筋混凝土结构作为一种全新的结构形式，这个项目没有相应的国家设计标准可依照，主要是参考《盾构可切削混凝土配筋技术规程》征求意见稿，以及混凝土结构设计规范等技术资料。借鉴传统的混凝土结构设计原理，GFRP筋混凝土结构采用以概率理论为基础的极限状态设计方法，引入GFRP筋的抗拉性能标准值和设计值；同时考虑盾构支护结构为临时结构，设计以承载能力极限状态为主，同时结构变形应满足相应基坑支护技术规程中的相关要求。

（1）基本假定　钢筋混凝土结构正截面承载力计算时，通常以平截面、线弹性假定作为前提假设；不考虑混凝土抗拉强度；混凝土最大压应变 $\varepsilon_{cu}=0.0033$，最小压应变 $\varepsilon_0=0.002$；混凝土构件受压区应力图形可简化为等效矩形应力图形。对于GFRP筋混凝土结构，也可以按此假定进行相应的计算分析；同时需要对与GFRP筋的相关性能给予限定，不考虑GFRP筋的抗压强度；GFRP筋的最大拉应变暂取0.015；采取构造措施保证混凝土和GFRP筋良好黏结。

（2）设计要点

① 考虑盾构机工作井凿除的地下连续墙为临时结构，因此将GFRP筋的抗拉强度和极限应变不经折减地直接应用到设计中。

② GFRP筋的强度高于钢筋，又多数情况下采用GFRP筋时以混凝土受压控制，故采用矩形截面正截面受弯性能进行受弯承载力、受剪承载力计算，GFRP筋相关参数取现场试样的试验结果。

③ 对于需要控制变形的地下连续墙来讲，等面积代换显然会降低墙体的刚度，增大墙体的变形。进行地下连续墙的GFRP筋配筋设计时，应该以变形作为控制指标，以满足工程要求。

根据上述的设计原理和实际工程的综合考虑，设计本项目支护桩主筋时，采用 $\phi32$ 玻璃纤维筋，箍筋为 $\phi14$ 玻璃纤维筋，另外加设 $\phi20$ 加强筋。由于GFRP筋的性能要求，施工过程严禁出现焊接，筋体间绑扎采用梅花形布置型式，间距为10cm，所有绑扎一定要牢固。主筋采用搭接连接，搭接长度为 $40d$（本项目长度为1.28m），此长度要严格控制。

13.3.2.2　GFRP筋应用于盾构支护桩的施工

GFRP筋应用于盾构支护桩的全施工过程与传统的钢筋混凝土的施工过程大致相似，其主要的差异主要在于筋笼的制作、吊装和安装过程。玻璃纤维筋支护桩布置如图13-6所示。

项目的具体施工过程如下。

（1）GFRP筋笼制作　GFRP筋笼的制作按照设计结果进行，设计的玻璃纤维筋（非纵向主筋）之间的连接采用12#（2.8mm）镀锌铁线绑扎连接。但此方法在实际施工中存在一定弊端，因为玻璃纤维钢筋为纯绑扎固定，在吊起过程中，绑扎丝过细，无法承受玻璃纤维钢筋笼的自身重力影响，出现笼体变形，后经过研究采用16#绑扎丝进行施工，效果良好。制作完成后的筋笼如图13-7所示。

（2）下GFRP筋笼　GFRP筋笼采取两端起吊，即同时使用吊机主副钩（或用两台吊车抬吊）先将笼水平吊起，离开地面后再一边起主钩、一边松副钩，在空中将整节玻璃纤维笼吊至竖直，严禁单钩吊住笼一端在地上拖曳升高来吊起笼身，以防止骨架变形；笼竖直后，检查其竖直度，进入孔口时扶正，缓慢下放，严禁摆动碰撞孔壁，最后灌注水下混凝土。

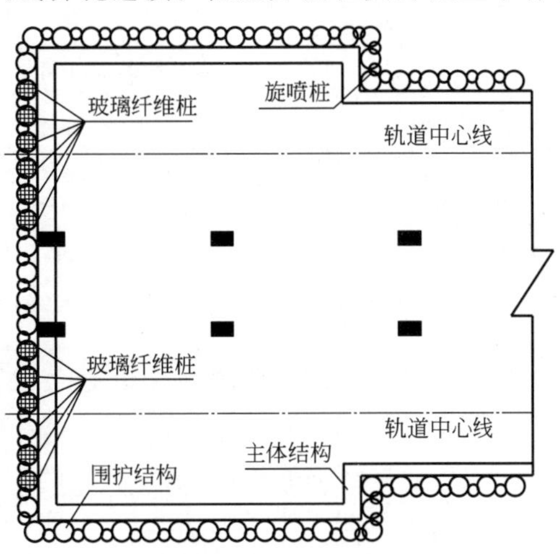

图13-6　玻璃纤维筋支护桩布置

图 13-7　制作完成后的筋笼

13.3.2.3　GFRP 筋应用于盾构支护桩的施工要点

① 玻璃纤维筋不宜用作受压筋，但可作为架立筋。不允许采用光圆表面的玻璃纤维筋。为增强玻璃纤维筋与混凝土之间的握裹力，玻璃纤维筋表面须缠绕成型并喷砂，以保证与混凝土的有效黏结；同时为不降低玻璃纤维筋的有效面积，缠绕深度不大于 1mm。

② 由于玻璃纤维筋弹性模量和延性较低，且抗剪性能较差，起吊过程要注意。折断的玻璃纤维筋不建议继续或者搭接使用。

③ 使用的玻璃纤维筋表面不得有裂纹、结疤和纤维露出；玻璃纤维体积含量宜为 70%～80%，且保证玻璃纤维筋必须为无碱玻璃纤维粗纱；玻璃纤维中的树脂最好是乙烯基树脂，或者能够满足工况使用的树脂。

④ 玻璃纤维筋均采用热固性树脂制作，形状成型后一段不会改变。在外力作用下会产生一定的变形，但卸荷后即恢复原有形状。另为保证笼体顺利下放，可利用 12# (2.8mm) 镀锌铁线将笼底的玻璃纤维主筋绑扎，起到收口的效果。

13.3.2.4　注意事项

GFRP 筋的表面很容易受到损伤，从而导致材料强度的降低，也会由于碱性介质的渗入而造成耐久性的降低。为了减少对于 GFRP 筋和操作工人的损伤，必须注意以下方面。

① 操作工人应该戴手套，用以防止 GFRP 筋表面纤维和锋利边缘造成的伤害。

② 不要将 GFRP 筋直接放置在地面上，为了保持材料的清洁和操作方便，应该将 GFRP 筋放置在垫板的上面。

③ 由于高温、紫外线和化学物质可能会对 GFRP 筋造成损害，所以尽量使材料远离这样的情况。

④ 一些外加剂或者其他物质会对 GFRP 筋造成一定的表面污染，这样会导致其与混凝土的黏结效果，所以在其在混凝土结构中被使用之前，操作人员应该用溶剂将这些污染物质擦拭干净。

⑤ 在运输 GFRP 筋的过程中，使用横撑杆是必要的，用以避免在吊装 GFRP 筋时造成过度弯曲。

⑥ 必要时，GFRP 筋可以用电锯来切割。在进行切割 GFRP 筋时，应该戴防尘面具、手套、眼镜，用以保护操作人员。

13.3.2.5　GFRP 筋的检测

在 GFRP 筋进入施工现场之前，需要对 GFRP 筋进行相应的力学性能检测，以决定是否可以运用于实际工程之中。主要技术指标包括试样规格、截面面积、抗拉最大力、抗拉强度、弹性模量、剪切最大力和剪切强度等。

13.3.2.6 盾构可切削 GFRP 筋的应用效果

传统的国内地铁项目盾构机进出洞一般采用人工凿除盾构机范围的支护桩（围护墙）后再进行掘进的方式，该种方式对支护桩（围护墙）前地层加固和止水的要求相对较高，因而存在一定施工过程中的风险，同时使用人工凿除支护桩（围护墙）费时费力。

GFRP 筋是一种具有抗拉强度高、抗腐蚀性能好、抗电、磁性能高、重量轻、热传导和电传导能力低、可切割性好的纤维复合材料，在特殊环境下可以用来代替普通钢筋。根据 GFRP 筋抗拉性能和同直径的普通钢筋相当但是抗剪性相对较差的特点，将其置入作为盾构机始发井的主体围护状体中，并浇筑混凝土，形成主体支护桩（围护墙），既起到对主体结构相应的围护作用，又为后期盾构机预留了通道，避免后期对支护桩的处理，使盾构机在进出洞时可以直接切削支护桩（围护墙）进行掘进。这样既可以加快施工进度、减少施工风险，同时还可以降低支护桩（围护墙）前地层加固范围和降低地层与支护桩（围护墙）间的止水要求，又节约整个施工过程中的投资。

应用效果表明，GFRP 筋笼代替钢筋笼，应用于地铁站台的混凝土结构中，承载力可以满足设计要求；GFRP 筋笼具有在盾构机开挖中可以被切割的优点，有效减少盾构机的损伤；大大加快后期施工速度，避免由于人工破筋施工的危险性。

13.4 “边坡支护工程”应用实例：高等级公路边坡 GFRP 锚杆加固技术

高等级公路边坡加固结构的使用寿命一般规定在 50 年以上，要求锚杆具有良好的耐久性能，但是金属锚杆的抗腐蚀和耐久性能差，大大影响了岩土锚固技术的应用范围和工程寿命，尤其是在许多特殊地层和永久性岩土锚固工程的应用中受到很大限制。在《锚杆喷射混凝土支护技术规范》（GB 50086—2001）中的条文说明中记有：国际预应力协会（FIP）曾对 35 个锚杆断裂实例进行调查，其中永久锚杆占 69%，临时锚杆占 31%，锚杆使用期在 2 年内及 2 年以上发生腐蚀断裂的各占一半。

由于 GFRP 筋的耐腐蚀、耐疲劳和优良的力学性能，国外用 GFRP 筋取代钢筋用于混凝土结构中，试图从根本上解决混凝土结构的耐久性问题，并取得不错的成绩。国外许多公司，比如 Weldgrip、Rockbolt System AG、Weidmann 都生产 GFRP 锚杆产品，并且已经广泛应用于工程实践，其中尤以隧道、边坡居多，应用的国家涉及美国、英国、德国、意大利、挪威、瑞典、比利时、澳大利亚等，应用的案例如 HBL/HBCM（法国的煤矿）、Cape Breton Coal（加拿大的煤矿）、Coal Mine Chile（智利的煤矿）、Gengiols（瑞士的铁路隧道）、Chlus tunnel（瑞士的公路隧道）、Langeten-Stollen（瑞士的 Wateradit 排水平硐隧道）、Road A42（英国的边坡稳定）、Hoben Salzburg（美国的公路隧道）等。

13.4.1 工程概况

该边坡支护工程位于某高速公路其中一个标段，坡长分别为 80m 和 135m。1# 边坡为Ⅱ级边坡，上部坡比为 1∶1，下部坡比为 1∶0.75；2# 边坡也为Ⅱ级边坡，上下部坡比均为 1∶1。其中 1# 边坡地貌单元属剥蚀山丘，边坡剖面出露白垩系强至弱风化泥、钙质砂岩。坡顶最高处高程为 165.871m，与路面最大高差约 27m，坡比为 1∶1.33，坡角 38°，走向 NEE85°，倾向 SSE。2# 公路路基高程为 141.1～144.3m，坡顶最高高程为 171.9m，坡高 6～28m。其中上部为全分化泥质砂岩，最大厚度 6m，坡比约为 1∶1.5，坡角为 33.7°，中间有1.5m宽的平台；下部22m为强至弱风化泥、钙质砂岩，坡比为（1∶0.845)～(1∶0.830)，坡角约为50.3°，边坡走向265°，倾向SSE。由于开挖原因，除上部的土坡坡面比较平整外，下部22m高的红砂岩坡面极不平整，超挖和欠挖的现象较严重。

两处边坡的地质条件大致相同，风化程度为强风化至弱风化。其中：1#边坡岩层倾向与边坡倾向相同，易发生顺层滑坡，不利于边坡的稳定。2#边坡岩层倾向与边坡的坡向相反，不会发生顺层滑坡，但该边坡的岩石节理裂隙十分发育，岩层为厚层夹薄层相间分布，易发生大块崩塌。项目施工过程中在其中的某段选取了两个路堑边坡进行了现场玻璃纤维锚杆加固公路边坡的相关试验，以便将来更好地开展相应的理论研究和技术推广工作。

13.4.2 GFRP锚杆在道路工程中的应用

13.4.2.1 GFRP锚杆在公路边坡加固的设计

GFRP筋是一种复合材料，由于其应力-应变关系近乎线性，具有高抗腐蚀性、较小的弹性模量、较低的抗剪强度、较大的强度离散性的特点，这决定了GFRP筋作为一种新型锚杆材料的设计思路与传统金属锚杆材料有所不同。GFRP锚杆应根据GFRP筋自身的力学性能和产品特点，在保证整体边坡结构安全性的前提下进行设计。因而在用GFRP筋代替普通钢筋和预应力钢筋进行边坡加固设计时，首先必须以GFRP筋的基本试验为理论设计的基础，同时应注意以下几点。

① 由于GFRP筋为脆性材料，不具有相应的屈服点，塑性较差。如果锚杆的破坏是由于GFRP筋的断裂引起的，其破坏形式为脆性断裂破坏。而且，其应变延伸率小，为1%～2%，因此GFRP锚杆设计应考虑较大的安全度。

② GFRP筋的抗剪、抗挤压能力低，所以在应用GFRP锚杆进行加固时，应考虑GFRP筋的抗剪、抗挤压能力能否满足要求。

③ 虽然GFRP筋的抗拉强度比钢筋大，但是由于GFRP筋为弹性模量较小、延性差的脆性材料，所以GFRP锚杆的最大张拉控制荷载水平应该小于传统的金属锚杆（笔者建议如果锚具具备张拉条件，张拉荷载也不要超过设计强度的20%）。

④ 由于GFRP材料的优良抗腐蚀性能，规范中传统金属锚杆划分永久锚杆和临时锚杆的基本分界期限、安全系数、防腐措施和防腐保护标准等相关一些耐久性指标对于GFRP锚杆来说将不再适合。

GFRP锚杆加固公路边坡的设计工作包括确定外荷载的类型和大小、确定锚杆的布置和安设角度、锚杆体系的结构设计、验算锚杆支护的稳定性等。GFRP筋锚杆的结构设计包括锚固体设计、拉杆设计以及锚头设计等内容。与钢筋锚杆相比，GFRP锚杆对横向荷载有较强的敏感性，因此，为了发挥GFRP筋拉杆的纵向高抗拉性能，还必须设计与GFRP筋拉杆相适应的端部锚具。

具体设计参数取值见表13-5。

表13-5 GFRP锚杆的设计参数取值

杆长/m	直径/mm	弹性模量/GPa	抗拉强度/kN	抗剪强度/kN	砂浆黏结强度/MPa	土层黏结强度/MPa
9/6	25	40.5	355.9	124.9	3.9	15.0

13.4.2.2 GFRP锚杆在公路边坡加固的施工

边坡支护过程同时兼顾试验研究，故将边坡分两侧不同锚杆（一侧使用GFRP锚杆、另一侧使用传统钢筋锚杆）以作结果对比。具体布置示意如图13-8所示。

GFRP锚杆加固公路边坡的具体施工流程如下。

（1）成孔　使用钻机在边坡设计位置成孔，注意成孔过程中一定要控制好各个孔位，钻机就位后一定要接上自来水用作成孔护壁，防止孔洞的塌陷。

（2）GFRP 锚杆放置　放置于制作完成的孔洞中的 GFRP 锚杆直径为 28mm，边坡下面 5 排的 GFRP 锚杆，长为 6m，上面 GFRP 锚杆的长度为 9m，入孔锚杆与水平面呈 15°夹角（图 13-9），锚杆入洞完成之后在锚杆尾部安装锚固体托盘，再用专用螺母上紧，此阶段施工过程一定要严格按照设计要求进行，保证锚杆在边坡的加固作用可以最大限度地发挥出来。

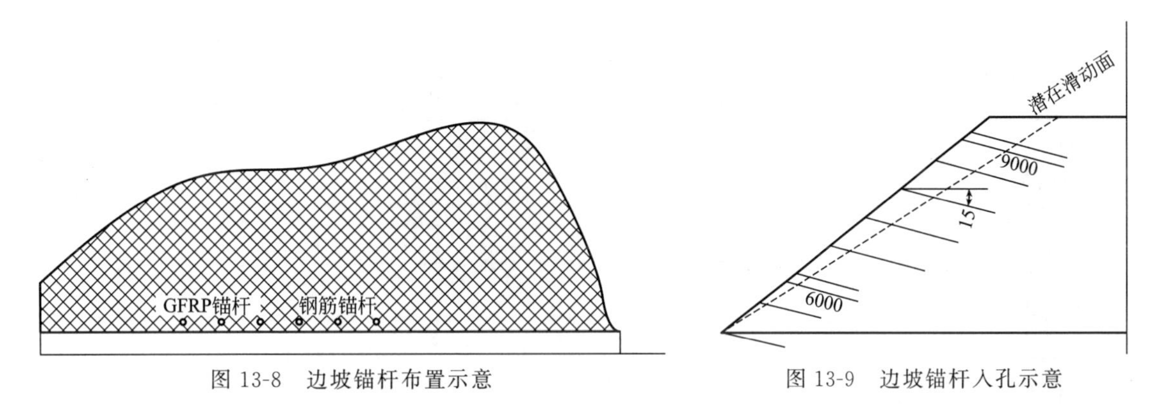

图 13-8　边坡锚杆布置示意　　图 13-9　边坡锚杆入孔示意

（3）注浆　注浆锚固剂采用 M20 水泥浆液，掺少量膨胀剂，注浆压力控制在 0.5MPa 左右，锚杆和成孔之间须保持密封状态，防止浆液从孔隙处外溢，当浆液从锚杆端部中空管里流出时，停止注浆并用止浆塞塞住，注浆结束。

13.4.3　质量检测

在 GFRP 锚杆进入施工现场之前，需要对 GFRP 锚杆进行相应的力学性能检测、其与金属螺母的咬合试验；由于 GFRP 锚杆在工程中还缺少成熟的应用经验，故也需要一些现场试验以检测其是否可以使用于边坡加固工程中。

13.4.3.1　GFRP 力学指标检测

相关检测结果见表 13-6～表 13-8 和图 13-10。

表 13-6　GFRP 锚杆拉伸性能力学测试

拉伸试验序号	直径/mm	实际直径/mm	截面积/mm^2	极限荷载/kN	拉伸强度/MPa
ϕ25(1)	25	24.5	471.2	259.2	550
ϕ25(2)				258.2	548
ϕ25(3)				254.3	539.6
ϕ25(平均)				257.2	545.8

表 13-7　GFRP 锚杆剪切测试

拉伸试验序号	直径/mm	实际直径/mm	截面积/mm^2	极限荷载/kN	剪切强度/MPa
ϕ25(1)	25	24.5	471.2	56.5	120
ϕ25(2)				55.7	118.2
ϕ25(3)				55.1	116.9
ϕ25(平均)				55.8	118.4

表 13-8　GFRP 锚杆与水泥砂浆的黏结性能

试验序号	M20(C∶S∶W＝357∶1472∶258),425 号水泥　W∶C＝0.72					
	ϕ20/kN	黏结强度/MPa	ϕ25/kN	黏结强度/MPa	ϕ25(钢筋)/kN	黏结强度/MPa
1(7 天)	21.9	2.39	25.6	2.22	30.9	2.62
2(7 天)	25.1	2.73	24.8	2.15	35.8	3.04
3(7 天)	22.66	2.47	31.29	2.71	27.77	2.35
平均(7 天)	23.22	2.53	27.23	2.36	31.49	2.67
1(28 天)	32.54	3.54	41.21	3.57	44.70	3.80
2(28 天)	36.18	3.94	37.76	3.27	52.08	4.42
3(28 天)	30.79	3.35	37.72	3.27	38.18	3.24
平均(28 天)	33.17	3.61	38.90	3.37	44.99	3.82

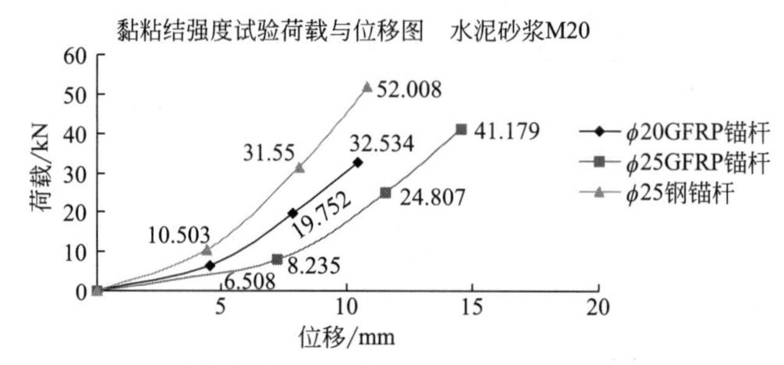

图 13-10　三种锚杆与 M20 水泥砂浆黏结强度试验荷载与位移

13.4.3.2　GFRP 锚杆现场试验

对 GFRP 锚杆以及 HRB335 钢筋锚杆进行了现场拉拔试验，参照《岩土锚杆（索）技术规程》（CECS22：2005），对其荷载-位移关系、拉拔破坏模式、极限承载力进行了分析和研究。

试验过程中的加载模式为：$0 \rightarrow 0.1f_a \rightarrow 0.3f_a \rightarrow 0.1f_a \rightarrow 0.3f_a \rightarrow 0.5f_a \rightarrow 0.3f_a \rightarrow 0.1f_a \rightarrow 0.3f_a \rightarrow 0.5f_a \rightarrow 0.7f_a \rightarrow 0.5f_a \rightarrow 0.3f_a \rightarrow 0.1f_a \rightarrow 0.3f_a \rightarrow 0.5f_a \rightarrow 0.7f_a \rightarrow 0.9f_a \rightarrow 0.7f_a \rightarrow 0.5f_a \rightarrow 0.3f_a \rightarrow 0.1f_a \rightarrow 1.0f_a \rightarrow$加载至破坏。GFRP 锚杆所加/卸荷的每一级荷载都必须持荷至少 5min，主加荷一级必须持荷至少 10min，并至锚头位移增量稳定（小于 0.1mm）之后，方可施加下一级荷载。

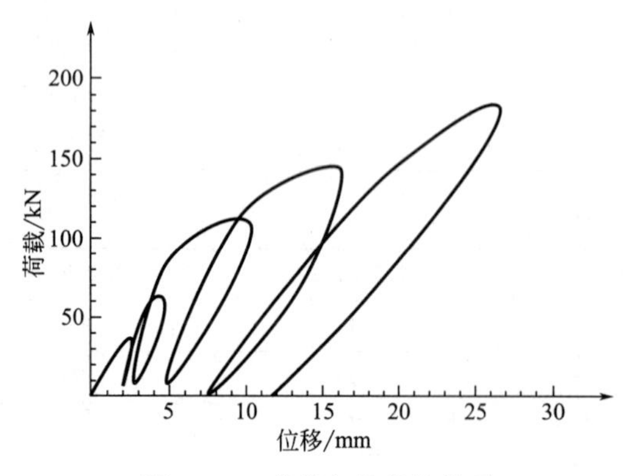

图 13-11　载荷与位移的关系

加载结束后记录试件的极限荷载和破坏荷载，并记录试件的破坏形式。荷载-位移曲线通过试验仪器读取绘制（图 13-11）；拉拔破坏模式可以通过试样的破坏形式分析得到；极限承载力可由极限荷载和破坏荷载结合相关计算公式求解得出。

13.4.3.3　GFRP 锚杆的应用效果

对于项目中的一个边坡，分别在 GFRP 锚杆加固段选取了一个剖面，在钢筋锚杆加固段选取了一个剖面进行监测，整个过程共监测了 180d，每隔 30d 量测一次数据；另一个边坡只在 GFRP 锚杆加固段选取了一个剖面进行监测，整个过程共监测了 300d，每隔 30d 量测一次数据。应变计安装在每个剖面内的四根锚杆内，每根锚杆安装 4 个应变计。

通过数据分析和现场追踪观察，两个边坡的应变监测点的值在 120d 以后增长幅度逐渐放缓，基本上应变已取得了最大值，趋于稳定状态，这说明 GFRP 锚杆加固边坡的效果还是相当不错的。

项目还对加固后的边坡进行了土压力测试，以观察相应的加固效果。土压力采用土压力盒进行测试，两种筋材加固的边坡各测试一个断面，每个断面埋设土压力盒 6 个。一个边坡分别在 GFRP 锚杆加固段选取了一个剖面，在钢筋锚杆加固段选取了一个剖面进行监测；另一个边坡只在 GFRP 锚杆加固段选取了一个剖面进行监测。土压力盒分别埋设以锚杆应力监测的三个剖面上，每个剖面埋设 6 个土压力盒，土压力盒埋设在格构梁的节点处。整个过程共监测了 150d，每隔 30d 量测一次数据。根据对三个断面的监测，其中两个监测剖面土压力变化在 90d 后都趋于平缓，变化量很小，而且 150d 后的总体变化值很小。

通过数据分析和现场追踪观察，GFRP 锚杆加固的两个边坡，很好地经受住了南方的一个完整雨季以及南方地区出现的 50 年一遇的冰灾的考验，边坡岩土体已处于稳定状态。

13.5 “隧道工程”应用实例：GFRP 筋锚杆在隧道支护结构中的应用

常规锚杆因为其腐蚀性问题已经受到工程界的广泛重视，虽然在施工过程中采用了诸如锚杆注浆浆液中掺入防腐剂、外套波形管等防腐技术措施，但由于隧道工程具有地质条件复杂、地下水丰富且常含有氯离子等对金属具有较强腐蚀性等特点，因此，锚杆的防腐技术目前无法从根本上解决，不能保证工程结构使用 100 年的寿命问题。目前 GFRP 筋锚杆代替钢筋锚杆用于隧道支护结构是一种可从根本上解决其抗腐蚀问题的办法。GFRP 筋锚杆主要成分是耐腐蚀材料，同时具有强度高、重量轻、抗冲击、耐腐蚀、介电性能好的特点。

13.5.1 工程概况

深圳市某主干道隧道，设计速度为 50km/h，双向四车道，双洞单向行车，如图 13-12 所示。设计车行道宽度 2m×3.5m（另设 3.0m 紧急停车道），隧道建筑限界净高 5m；隧道纵坡坡度设计为 0.5%～3%，路面横坡为 1.5%。路面设计荷载标准为城-A 级，隧道设置为二级防水等级，具有大型电器设备洞室防水等级一级。设计隧道结构安全等级为一级。抗震烈度Ⅳ级，地震加速度值为 0.05g。路面结构为沥青混凝土路面。

图 13-12 隧道外观

13.5.2 GFRP 筋锚杆的应用

在此隧道中的Ⅳ级和Ⅴ级围岩各选取 20m 长度进行 GFRP 筋锚杆的实际应用，Ⅳ级围岩选取 ZK2＋665～ZK2＋685 段，Ⅴ级围岩选取 ZK2＋720～ZK2＋740 段。

Ⅳ级围岩 ZK2＋665～ZK2＋685 段主要为微风化花岗闪长岩，上部少量强风化，上部土体结构松散，强风化节理裂隙较发育，呈坚硬土状，极软岩，岩体易破碎。下部微风化节理裂隙较发育，呈微张至闭合，岩体呈大块状砌体结构或块状整体结构，较硬岩，岩体较破碎至较完整，围岩稳定性差，处于裂隙发育区，带内富含裂隙水，对隧道施工非常不利，围岩开挖后，拱顶无支护，可产生局部大坍塌，侧壁有时易失稳，地下水呈淋雨状或涌流状出水。

Ⅴ级围岩ZK2＋720～ZK2＋740段主要为全至微风化花岗闪长岩，局部为碎裂岩，全至强风化岩节理裂隙极发育，呈坚硬土状，极软岩，岩体极易破碎。受附近构造破碎带的影响，中至微风化岩节理裂隙发育至较发育，呈微张至闭合，岩体呈碎石状压碎结构、碎块状镶嵌结构或块状整体结构，较软岩至较硬岩，岩体破碎至较破碎。围岩稳定性差。处于裂隙发育区，带内富含裂隙水，对隧道施工非常不利，围岩开挖后，拱顶无支护，可产生局部大坍塌，侧壁有时易失稳，地下水呈淋雨状或涌流状出水。

在测试区段将隧道边墙及拱脚的系统锚杆替换为同直径和长度的GFRP锚杆，设计的环向间距和纵向间距不变，均为100cm×50cm。具体在测试区段内结合隧道现场施工情况选定轴力测试锚杆布设断面，普通钢筋锚杆和玻璃纤维锚杆各一个断面，在测试断面左、右拱腰和左、右边墙各埋设一根锚杆进行锚杆轴力测试，并在锚杆附近0.5m范围内埋设机械式多点位移计，对围岩内部位移进行测试，并在测试区段内埋设测试锚杆进行拉拔力测试。Ⅳ级围岩测试区段轴力测试和抗拉拔力测试锚杆长度均为3.5m，采用锚固剂全长黏结，锚杆测点埋深为0.5m（距隧道洞壁）、1.5m、2.5m。位移计长度为3.5m，测点位置同锚杆测点。Ⅴ级围岩测试区段轴力测试和抗拉拔力测试锚杆长度均为4.5m，锚杆测点埋深为1.0m、2.0m、3.0m。玻璃纤维锚杆抗拉拔测试做了两组，其中一组用锚固剂全长黏结锚固，另一组用水泥砂浆全长黏结锚固。位移计长度为4.5m，测点位置同锚杆测点。锚杆轴力及围岩内部位移测点布设示意如图13-13所示。

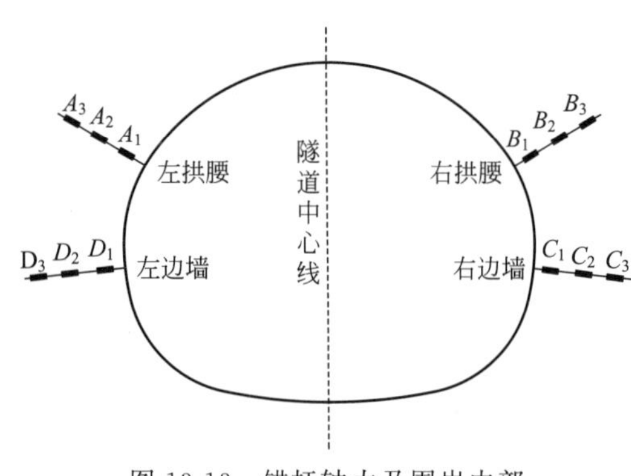

图13-13 锚杆轴力及围岩内部位移测点布设示意

13.5.3 GFRP筋力学测试结果

对采用的GFRP筋锚杆进行了力学性能测试，主要力学指标包括截面面积、弹性模量、抗拉强度和极限拉应变等，见表13-9。

表13-9 GFRP筋力学性能指标

项目	技术要求	实测数据				
样品编号	—	WDa20160726 001a1	WDa20160726 001a2	WDa20160726 001a3	WDa20160726 001a4	WDa20160726 001a5
规格 d(mm)/横截面面积 A(mm^2)	—	22/330				
弹性模量 E/GPa	≥40	42.5	41.2	42.8	42.5	41.1
荷载最大值/kN	—	232	226	222	230	237
抗拉强度 f_u/MPa	—	703	685	673	697	718
抗拉强度平均值/MPa	≥550 ($16 \leqslant d < 34$)	695				
极限拉应变/%	≥1.2	1.7	1.7	1.6	1.6	1.7
破断部位	—	纤维筋	纤维筋	纤维筋	纤维筋	纤维筋
检验结论	—	所检项目结果符合JG/T 406—2013的相关技术要求				

13.5.4 GFRP筋锚杆的应用效果

为检验GFRP筋锚杆在隧道支护结构中的应用效果，分别在测试段中进行了GFRP筋锚杆轴力和抗拔力的测试（图13-14和图13-15），另外在测试区段进行了拱顶下沉和周边收敛的量测，以此来判定GFRP筋锚杆杆体的受力特性以及支护段隧道的稳定性。

图13-14 GFRP筋锚杆（测试用）

经过现场测试数据收集及分析得出以下结论。

① GFRP筋锚杆在Ⅳ级围岩段所受最大拉力为14.5kN，对应最大应力为38.19MPa；在Ⅴ级围岩段所受最大拉力为18.7kN，对应最大应力为49.21MPa；远小于玻璃纤维锚杆的设计抗拉强度值550MPa，说明GFRP筋锚杆取代普通钢锚杆用于隧道支护时，其杆体本身的强度是足够的。

② GFRP筋锚杆应用于Ⅳ级围岩段支护时，累积拱顶沉降值为14.0mm，累积周边收敛值为12.7mm，且日变化值均小于预警值，总变形量为预留变形量（12cm）的10.6%～11.7%；GFRP筋锚杆支护Ⅴ级围岩段时，累积拱顶沉降为16.9mm，累积周边收敛值为15.3mm，日变化值均小于预警值，总变形量为预留变形量（15cm）的10.2%～11.3%。

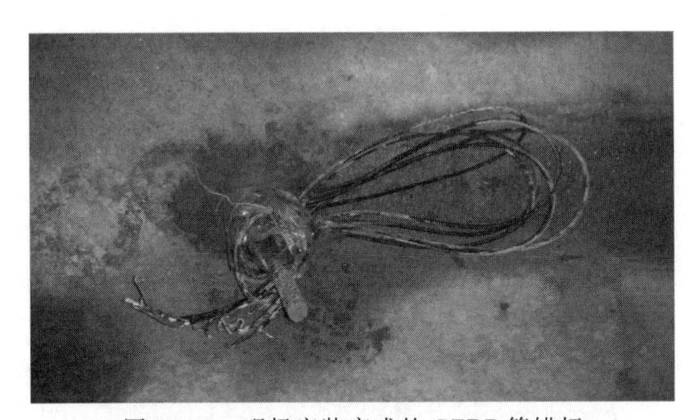

图13-15 现场安装完成的GFRP筋锚杆

从上述数据可以看出，GFRP筋锚杆用于支护隧道时，其杆体本身受力和支护段隧道的稳定性均无问题。而且GFRP筋锚杆具有普通钢锚杆不具备的耐腐蚀能力以及自重轻、易安装等优点，可大大降低现场施工人员劳动强度的同时保证锚杆支护体系的耐久性。随着GFRP筋锚杆产业规模化的扩大、生产成本的降低，其应用在隧道支护体系中将会有非常光明的前景。

参考文献

[1] 吴浩. 玻璃纤维聚合物（GFRP）筋混凝土板正截面疲劳性能试验研究［学位论文］. 郑州：郑州大学，2014.

[2] 惠慧. 玻璃纤维增强聚合物（GFRP）筋搭接性能试验研究［学位论文］. 郑州：郑州大学，2014.

[3] 徐夏征. FRP 箍筋混凝土梁受剪承载力理论分析［学位论文］. 郑州：郑州大学，2015.

[4] 贺红卫. FRP 箍筋混凝土梁受剪承载力试验研究［学位论文］. 郑州：郑州大学，2013.

[5] 张飞. 玻璃纤维聚合物（GFRP）筋混凝土板疲劳性能试验研究［学位论文］. 郑州：郑州大学，2015.

[6] 付亚男. 玻璃纤维聚合物筋高温性能试验研究［学位论文］. 郑州：郑州大学，2009.

[7] 高丹盈，李士会，朱海堂，赵科. 玻璃钢/复合材料，2009（03）：28-32.

[8] 王英来. 高温后 FRP 筋拉伸性能及其与混凝土粘结性能试验研究［学位论文］. 郑州：郑州大学，2013.

[9] 朴战东. 高温后玄武岩纤维混凝土力学性能试验研究［学位论文］. 郑州：郑州大学，2016.

[10] 于爱民. 纤维增强聚合物筋耐久性试验研究［学位论文］. 郑州：郑州大学，2011.

[11] 刘泽. 混醚化三聚氰胺树脂的合成及其在 GFRP 筋中的应用基础研究［学位论文］. 郑州：郑州大学，2015.

[12] 刘海双. 玻璃纤维增强聚合物筋力学性能及耐久性能研究［学位论文］. 郑州：郑州大学，2015.

[13] 惠慧. 玻璃纤维增强聚合物（GFRP）筋搭接性能试验研究［学位论文］. 郑州：郑州大学，2014.

[14] 李趁趁，王英来，赵军，钱辉. 建筑材料学报，2014，17（06）：1076-1081.

[15] 汤寄予，高丹盈，赵军，付亚男. 工程塑料应用，2009，37（03）：63-66.

[16] 汤寄予，高丹盈，赵军，付亚男. 新型建筑材料，2008（13）：128-131.

[17] 赵科，李趁趁. 可弯曲型 FRP 筋分析. 工业建筑，2009：63-66.

[18] 赵科，高丹盈，李趁趁. 工业建筑，2009：67-70.

[19] 赵科. 钢筋、FRP 筋弯曲方程式［A］. 工业建筑. 2009：71-77.

[20] 赵科. 工业建筑，2011：110-114.

[21] 赵科，李趁趁. 工业建筑，2011：110-114.

[22] 庞育阳，张普，高丹盈，赵科，莫飞. 江苏大学学报：自然科学版，2014，35（05）：589-594.

[23] 高丹盈，赵军，Brahim B. 水利学报，2001（08）：53-58.

[24] 李明，李品钰，赵军，董瑞常，胡勇，何唯平. 中外公路，2016，36（01）：285-288.

[25] 李明，赵军，吴浩，李品钰. 公路交通科技：应用技术版，2015，11（08）：140-142.

[26] 赵军，吴浩，孙宏贤，张飞. 河北工业大学学报，2015，44（05）：115-118.

[27] 王占桥，高丹盈，张启明，赵军. 工业建筑. 2009：118-122.

[28] 张杰，唐协，李志业，李明. 工业建筑，2011：79-84.

[29] 师晓权，张志强，李志业，娄西慧. 西南交通大学学报，2010，45（06）：898-903，913.

[30] 张普. FRP-混凝土组合梁受力性能试验研究［学位论文］. 郑州：郑州大学，2011.

[31] 赵军，高丹盈. 建筑结构，2005，35（4）：59.

[32] 唐协. 玻璃纤维（GFRP）筋混凝土构件正截面承载力设计方法研究［学位论文］. 成都：西南交通大学，2007.

[33] 崔强. 玻璃纤维（GFRP）筋混凝土构件斜截面抗剪性能及工程设计研究［学位论文］. 成都：西南交通大学，2007.

[34] 宋伟. 玻璃纤维（GFRP）筋混凝土构件裂缝及变形计算研究［学位论文］. 成都：西南交通大学，2008.

[35] 过镇海，时旭东. 钢筋混凝土的高温性能及其计算. 北京：清华大学出版社，2003.

[36] Nanni A. FRP reinforcement for concrete structures . Elsevier Science Publishers，1993：12-17.

[37] 霍然，胡源，李元洲. 建筑火灾安全工程导论. 合肥：中国科学技术大学出版社，1999.

[38] 董毓利. 混凝土结构的火安全设计. 北京：科学出版社，2001.

[39] 范维澄，王清安，张人杰等. 火灾科学导论. 武汉：湖北科学技术出版社，1993.

[40] 霍然，王清安. 中国安全科学学报，1997，7（3）.

[41] 阂明保，李延和，高本立等. 建筑物火灾后诊断与处理. 南京：江苏科学技术出版社，1994.

[42] Quincy，MA，SFPE Handbook of Fire Protection Engineering，17 Edition. National Fire Protection Association，1995.

[43] Iding R H，Bresler B，Nizamuddin Z. FIRES-RC II-A Computer program for the fire response of structures Reinforced Concrete Frame. Report No. Berkeley：University of California，1977.

[44] 陈博. 纤维增强环氧树脂复合材料成型工艺及其应用. 北京：中国玻璃钢工业协会，2005.

[45] Chaallal O，Benmokrane B. Elsevier，1996，(16)：34-39.

[46] Nanni，A.（ED.）Elsevier：Developments in Civil Engineering，1996.

[47] 李树新，李贵春. 河北建筑工程学院学报，2006，24（1）：10-12.

[48] Nanni A. FRP reinforcement for concrete structures. Elsevier Science Publishers，1993：12-17.

[49] Charles Dolan W. Concrete International，1999，(10)：21-24.
[50] Wang Y C，Wong P M H，Kodur V. Composite Structures，2007，(80)：131-140.
[51] 吕西林，周长东，金叶. 建筑结构学报，2007，28 (5)：32-39.
[52] 周长东，吕西林，金叶. 建筑科学与工程学报，2006，23 (1)：23-28.
[53] 周长东. GFRP 筋增强混凝土结构抗火性能研究 [学位论文]. 上海：同济大学，2005.
[54] GB/T 4338—2006.
[55] 余志武，王中强，史召峰. 建筑结构学报，2005，26 (2)：112-116.
[56] GB/T 1447—2005.
[57] Benmokrane B，Chaallal O. Masmoudi R. ACI Structural Joumal，1996. 93 (1)：23-26.
[58] Michaluk C R，Rizkalla S H，Tadros G，Benmokrane B. ACI Struct J，1998，95 (3)：353-365.
[59] Tureyen A K，Froseh R J. ACI Struct J. 2002，99 (4)：427-434.
[60] Yost J R，Gross S P，Dinehart D W. J Composition Constructure，2001，5 (4)：268-275.
[61] Dally J W，Riley. McGraw Hill，1991，(3)：29-34.
[62] 吕彤光. 钢筋高温性能的试验研究 [学位论文]. 北京：清华大学，1996.
[63] 李是会. 纤维增强聚合物筋及其与混凝土的粘结性能 [学位论文]. 郑州：郑州大学，2008.
[64] Javier Malvar L. ACI Material and Journal，1995，92 (3)：276-285.
[65] Nanni A，Tanigaki M. ACI Structural Journal，1992，89 (4)：433-441.
[66] Tighiouart B，BenmokraneB U，Gao D. Construction and Building Materials，1998，(12)：453-462.
[67] Benmokrane B，Tighiouart B，Chaallal O. ACI Materials Journal，1996，93 (3)：246-253.
[68] Tighiouart B，Benmokrane B，Mukhopadhyaya P. Construction and Building Materials，1999，(13)：383-392.
[69] Galati N，Nanni A，Dharani，L R et al. Composites，2006，(37)：1223-1230.
[70] 薛伟辰. 玻璃钢/复合材料，2003 (5)：10-13.
[71] 高丹盈，Brahim B. 水利学报，2001，(11)：70-78.
[72] 田明革. 火灾后钢筋混凝土结构破损评估研究与应用 [学位论文]. 长沙：湖南大学，2002.
[73] 张大长，吕志涛. 南京建筑工程学院学报，1998，45 (2)：25-31.
[74] 杨建平，时旭东，过镇海. 工业建筑，2002，32 (3)：26-28.
[75] 李卫，过镇海. 建筑结构学报，1993，14 (1)：8-16.
[76] 姜颖. 钢筋混凝土简支梁的抗火性能研究 [学位论文]. 哈尔滨：哈尔滨工程大学. 2006.
[77] 叶列平，冯鹏，林旭川，齐玉军. 土木工程学报，2009，42 (9)：21-31.
[78] ACI Committee 440. 4R-04.
[79] 冯武强. 钢丝-连续纤维复合板及其抗弯加固混凝土梁试验研究 [学位论文]. 南京：东南大学，2009.
[80] Abdelrahman A A，Tadros G，Rizkalla S H. ACI StructuralJournal，1995，92 (4)：451-458.
[81] JohnNewhook，Anin Ghali. ASCE Journal of structural Engineering，2002，128 (9)：1195-1201.
[82] ACICommittee 440. 1R-06.
[83] 陈小兵. 高性能纤维复合材料土木工程应用技术指南. 北京：中国建筑工业出版社，2010.
[84] 薛伟辰，刘华杰. 建筑结构学报，2004，25 (2)：104-123.
[85] Nanni A. Cement and Concrete Composites，1994，16 (1)：65-66.
[86] 胡伟红. FRP 约束钢筋混凝土圆柱抗震性能研究 [学位论文]. 北京：清华大学，2004.
[87] 贺拴海，任伟. 建筑科学与工程学报，2005，22 (3)：20-24.
[88] 胡芳芳，刘伯权，王步. 建筑科学与工程学报，2006，23 (1)：63-67.
[89] 楼梦麟，白建芳. 建筑科学与工程学报，2005，22 (2)：21-24.
[90] 于清，韩林海，张静. 中国公路学报，2003，16 (3)：58-63.
[91] Bentz，Lauren. Journal of composites for construction，2010，6，(14)：637-646.
[92] Hegger，Kurth M. ACI Special Publication，2011，10.
[93] Grace N F，Soliman A K. Journal of composites for construction，1998，10：186-194.
[94] Currier，Justin. Proceeding of the Materials Engineering Conference，1994，9：592-597.
[95] 薛伟辰. 纤维塑料筋研究进展. 第十届全国纤维混凝土学术会议论文集，2004.
[96] 屈文俊. 梁志强. 混杂配筋混凝土梁抗剪性能研究 [学位论文]. 上海：同济大学，2007.
[97] 师晓权，张志强. 西南交通大学学报，2011，46 (5)：745-751.
[98] 徐新生，纪涛. 建筑结构，2008，38 (11)：45-48.
[99] 周继凯，李根鑫. 河海大学学报，2008，36 (4)：542-545.
[100] 梅葵花，徐进. 中外公路，2010，30 (4)：247-250.

[101] 郭范波. 碳纤维预应力筋夹片式锚具的研究及开发 [学位论文]. 南京：东南大学，2006.
[102] 王文炜. 混凝土，2001，10：37-39.
[103] 朱虹，钱洋. 建筑科学与工程学报，2006，23 (3)：26-31.
[104] 王荣国，武卫莉，谷万里. 复合材料概论. 哈尔滨：哈尔滨工业大学出版社，1999，68.
[105] 阮积敏，王柏生，张奕薇. 公路，2003 (3)：96-99.
[106] 熊光晶，赵若红. 工业建筑，2003，33 (8)：59-60.
[107] 郝庆多，王勃，欧进萍. 建筑技术，2007，38 (1)：15-17.
[108] 薛伟辰，刘华杰. 建筑结构学报，2004，25 (2)：104-123.
[109] 薛伟辰，王晓军. 中国公路学报，2007，20 (4)：41-47.
[110] 杨剑，方志. 铁道学报，2007，20 (4)：41-47.
[111] 王鹏，丁汉山，吕志涛等. 东南大学学报，2007，37 (6)：1061-1065.
[112] Hamid Saadatamanesh. ACI Structural Joumal，1994，(5-6)：346-354.
[113] Vicki Brown L. ACI Structural Joumal，1993 (1-2)：34-38.
[114] Saadatmanesh H，Ehsani M R. Concrete Intemational，1990 (3)：66-70.
[115] Thanasis Triantafillou C. ACI Structural Joumal，1998 (3-4)：107-114.
[116] 张耀明，李巨白，姜肇中. 玻璃纤维与矿物棉全书. 北京：化学工业出版社，2003.
[117] 阮积敏，王柏生. 公路，2003 (3)：97-99.
[118] 贺钰. 钢筋混凝土结构受剪承载力公式的可靠性分析 [学位论文]. 天津：天津大学，2002.
[119] Vecchio F，Collins J. ACI Journal Proceeding，1986，83 (2)：219-231.
[120] Pang. ACI Structural Journal，1996，93 (2)：196-208.
[121] Hsu T T C. ACI Structural Journal，1997，94 (5)：483-492.
[122] Hsu T T C. ACI Structural Journal，1988，85 (6)：624-635.
[123] British Standards Institution，BS EN 1992，Euro code 2：Design of Concrete Structures，2004：103-105.
[124] British Standards Institution，Structural use of Concrete (BS-8110)，Part Ⅰ：Code of Practice for Design and Constructions，1997：223-231.
[125] 李刚. 中美混凝土结构设计规范安全度设置水平的比较 [学位论文]. 武汉：武汉大学，2001，50-51.
[126] 刘立新. 建筑结构学报，1995，16 (4)：13-21.
[127] Park R. Journal of structural engineer，1998，124. 275-283.
[128] Priestley Park M J N. Structural Engineering，1992，70 (5) 16：279-289.
[129] Watson. Journal of Structure Engineering of ASCE，1994，120 (6)：1798-1824.
[130] Ang Beng Ghee Priestiey M J N. ACI Structure Journal，1989：45-59.
[131] Pauly T. 钢筋混凝土和砌体结构的抗震设计. 北京：中国建筑工业出版社，1999.
[132] 莫小宁，王铁成. 高强钢筋混凝土梁受剪性能研究 [学位论文]. 天津：天津大学，2008，8
[133] 蒋大骅. 土木工程学报，1984，17 (3)：24-34.
[134] Ehsani M R. Glass-fiber Reinforcing Bars. Alternative Materials for the Reinforcement and Prestressing of Concrete. London：Academic Professional，1993.
[135] 张新越，欧进萍. 西安建筑科技大学学报：自然科学版，2006，38 (4)：467-472.
[136] Tavassoli A. Master，2013.
[137] Paramanantham N. Investigation of the Behavior of Concrete Columns Reinforced with Fiber Reinforced Plastic Rebar [Master of Engineering Science Thesis]. Texas：Lamer University.
[138] Tobbi H，Farghaly A S，Benmokrane B. ACI Structural Journal，2012，109 (4)：551-558.
[139] Mohamed H M，Afifi M Z，Benmokrane B. Journal of Bridge Engineering，2014，19.
[140] 孙丽，王世光，侯娜，张娜. 长安大学学报：自然科学版，2014，31 (4)：23-28.